Furniere und Sperrholz
(Veneers and Plywood)

von

E. Vernon Knigth und Meinhard Wulpi

*

Einzige autorisierte und erweiterte deutsche Ausgabe
herausgegeben von

Direktor L. M. Cohn-Wegner
Civil-Ingenieur B. D. C.-I.

In 2 Bänden

I. BAND: Eigenschaften und Herstellung von
Furnieren und Sperrholz

II. BAND: Verwendung von Furnieren und Sperrholz
Prüfung und Handelsgebräuche

M. KRAYN, Technischer Verlag G. m. b. H., BERLIN W

Furniere und Sperrholz

(Veneers and Plywood)

BAND I

Furniere und Sperrholz

I. Band

Eigenschaften und Herstellung von Furnieren und Sperrholz

Mit 190 Abbildungen

M·KRAYN
BERLIN·W·

1930

Inhalt

Vorwort der amerikanischen Auflage.

Dieses Buch hat den Zweck, die Entstehung und den gegenwärtigen Stand der Fertigung von Furnieren und Sperrholz, sowohl in historischer wie technischer Hinsicht, darzustellen. Es ist bestimmt für den Studenten und Lehrer des Kunstgewerbes, denjenigen, der Möbel kaufen will, und den Verkäufer von Möbeln, der sich über die von ihm zu verkaufende Ware genau unterrichten will, für den Volkswirt und den interessierten Leser im allgemeinen.

Bisher sind authentische Nachrichten über dieses wichtige Industriegebiet, das z. Z. sehr viel dazu beiträgt, im allgemeinen Interesse die in dauernder Abnahme begriffenen Vorräte an Waldprodukten zu schonen, nur zerstreut und unvollständig zu finden; so z. B. in Regierungsbestimmungen, in vereinzelnten Kapiteln der Naturgeschichte oder in Studienberichten über Waldprodukte; ferner in einzelnen Buchabschnitten über Möbel, und in ausführlichen Erörterungen über bestimmte Phasen der Fabrikation und in anderen Veröffentlichungen ähnlicher Art. Eine verhältnismäßig kleine Gruppe von interessierten Persönlichkeiten hat es daher unternommen, diesem Mangel abzuhelfen und eine vollkommene Zusammenstellung und einwandfreie Darstellung der Tatsachen, die sich mit dieser Industrie befassen, herauszugeben.

Eine Durchsicht des Inhaltsverzeichnisses zeigt die breite Behandlung des Stoffes. Es werden praktische Winke sowohl für den Handwerker und Tischler gegeben wie auch ausführliche und korrekte Informationen erzieherischer Natur. Die verschiedenen Themen und Ueberlegungen, die sich hieraus ergeben, sind aber in möglichst zusammengedrängter Form wiedergegeben, soweit dieses den Herausgebern mit Rücksicht auf das vorliegende Material möglich war. Die historische und wirtschaftliche Entwicklung von Furnier und Sperrholz sind in der natürlichen Entwicklungsreihe gegeben, von dem Walde zur Furniermühle, wo das Holz verschiedene Fabrikationsstadien durchläuft, bis es als Einzelfurnier für den Sperrholzfabrikanten bereit ist, der es weiter verarbeitet und aus ihm das Produkt herstellt, das als Sperrholz bekannt ist.

In der Fabrikation von guten Möbeln, kunstgewerblichen Kabinettstücken, schönen Pianos und anderen Musikinstrumenten, Türenbekleidungen, Innenausstattungen, Aeroplanen oder auch zusammengesetzten Automobilrädern, Furnierkisten, Kästen, Behältern, Eisschränken usw., kurz für jeden Verwendungszweck, wo die Vereinigung von gutem Aussehen, Zuverlässigkeit, Haltbarkeit und Festigkeit mit Wirtschaftlichkeit in der Holzkonstruktion verlangt wird, hat kein anderes Material größere Bedeutung, als das aus Furnier auf Furnier in verschiedenen Lagenkonstruktionen „Holz auf Holz“ aufgebaute, das „Sperrholz“ genannt wird.

Die Herausgeber hoffen, daß diese Darstellung von Furnieren und Sperrholz als Nachschlagebuch sowohl dem Interesse der Studierenden wie auch den praktischen Ansprüchen der Öffentlichkeit dienen wird, und daß es ihnen neben verwertbaren Tatsachen und Zeichnungen die Daseinsberechtigung dieser bedeutenden Industrie klarlegen wird.

Die Herausgeber haben den Wunsch, besonders zu betonen, daß sie es nur durch ausgiebige Benutzung der Hilfsquellen, die ihnen die Fabrikanten von Furnier und Sperrholz zur Verfügung gestellt haben, und dem Entgegenkommen der Fabrikanten von Maschinen und Einrichtungen für diese Industrien, zu verdanken haben, daß sie so viel Originale wie auch ins Einzelne gehende Informationen über die geschichtliche Entwicklung und über die Praxis dieser Industrie haben zusammentragen können.

Die führenden Fabrikanten von Furnier und Sperrholz haben großes Interesse für die Herausgabe dieses Buches gezeigt und bereitwilligst alle ihnen mögliche Hilfe hierfür zur Verfügung gestellt. Ganz besonderer Dank gebührt den Firmen: Genevieve M. Edmonds, Wausau Wis. — Thomas D. Perry, Boston, Mass. — William Clendenin, Chicago Ill. — Glover M. Birk, New Albany, Ind. — Henry Hooper, Cincinnati, Ohio. — Howard C. Hobbs, Louisville, Ky. — B. L. Grondal, Seattle, Wash. — Fred L. Leary, New York N. Y. — George N. Lamb, Chicago Ill. — John N. Pritchard, Memphis, Tenn.

Wo irgend möglich, ist der Dank denjenigen im Text selbst abgestattet, welche Photographien, Zeichnungen, Karten, Tabellen zur Verfügung gestellt haben, und wenn an irgendeiner Stelle der verdiente Dank nicht ausgesprochen worden ist, so ist die einzige Ursache hierfür lediglich ein Versehen.

Viele Autoren und Verleger von Büchern und Zeitschriften haben in liebenswürdiger Weise den Abdruck von Auszügen gestattet, die durch besondere Fußnoten anerkannt worden sind.

Die Hilfsbereitschaft, die wir in liebenswürdigster Weise bei verschiedenen Bibliotheken und Museen fanden, soll hier besonders anerkannt werden, außerdem soll dieser Dank auch auf die vielen anderen ausgedehnt werden, deren Hilfe und Assistenz es ermöglicht haben, die Geschichte von „Fournieren und Sperrholz“ zu schreiben.

Den 16. Januar 1927. Die Herausgeber.

Vorwort der deutschen Ausgabe.

Mit Beginn des Weltkrieges hat die Entwicklung der europäischen Industrien eine gewaltsame, jähe Unterbrechung erfahren. Das, was speziell der Durchführung des Weltkrieges diente, konzentrierte alle Kräfte auf sich. Die Wirrnisse der Nachkriegszeit mit ihrem Geldmangel verzögerten die Anknüpfung an die zerrissenen Fäden. Amerika, lange verschont von diesen Ereignissen, aus dem Kriege reicher hervorgegangen als je zuvor, in den besten Beziehungen zu den Auslandsmärkten, die seine Konkurrenten jahrelang nicht hatten bearbeiten können, hatte einen bedeutenden Vorsprung gewonnen. Was Wunder, daß, sobald die Wege hierfür frei geworden, viele, die es sich leisten konnten, aber verschwindend wenige, gemessen an denen, denen es Not tat, Studienreisen nach Amerika unternahmen, wo ihnen der Amerikaner in seiner in dieser Hinsicht bekannten Großzügigkeit Eingang in seine Werke gestattete. Wer nicht herüber konnte, versuchte wenigstens aus der Fachliteratur sich wieder mit dem Stand der Technik dort drüben bekannt zu machen. Leider war dieses für das Gebiet „Furnier und Sperrholz“ nicht möglich, weil auch in Amerika bis zum Erscheinen der dortigen Ausgabe dieses Buches geeignete Fachliteratur nicht vorhanden war.

Die Furnier- und Sperrholzindustrie hat durch den Krieg selbst hüben wie drüben eine Förderung erfahren, da das schnell sich entwickelnde Flugzeugwesen als Kampfmittel ihrer nicht entbehren konnte. Sie war jedoch in Europa gezwungen, ohne Unterstützung der wissenschaftlichen Forschung, rein empirisch zu arbeiten, während in Amerika noch während des Krieges der Staat bedeutende Mittel für diese Forschungen zur Verfügung stellte, da dort nicht nur für Flugzeuge, sondern auch für Schiffbau Holz für Metall in größerem Ausmaße eintreten mußte. Diese staatlichen Forschungsstellen haben auch später weiter gearbeitet und bestehen jetzt noch. Da sie in engster Fühlung mit der Praxis arbeiten, erfolgt die Umsetzung der gefundenen Erkenntnisse recht schnell in praktische Auswertung. Der Erfahrungsaustausch, in dem die Werke drüben stehen, erhöht den Wirkungsgrad dieser Auswertung.

In Europa war die wissenschaftliche Forschung auf dem Gebiete des Werkstoffes „Holz“ Stiefkind bis in die allerletzte Zeit. Hatte doch selbst der Fachmann oft irrige Vorstellungen von dem, was die Erfahrungen aus dem rein empirischen Arbeiten, aus den Werkmeistererfahrungen, mit einem so wenig gleichförmigen Stoff, wie das gewachsene Holz es ist, ihm zeigten, so waren und sind noch heute die Anschauungen der Verbraucher, der Kunden, über die Eigenschaften und den Wert von Furnier und Sperrholz in den weitaus meisten Fällen entwender völlig abwegig oder jedenfalls sehr unzureichend, gleichgültig, ob es sich um Verbraucher von Möbeln oder um Architekten und Ingenieure handelt.

Die Herausgeber des amerikanischen Buches, und mit ihnen die amerikanische Furnier- und Sperrholzindustrie, haben erkannt, daß nur die Offenbarung dessen, was dem Werkstoff seine besonderen Eigenschaften verleiht, ihm Vertrauen erringen kann, nicht die Behauptung allein, daß er sie besitze. Das Buch enthält keine Anleitung für die Errichtung und Führung eines Furnier- und Sperrholzbetriebes, wohl aber ist es ein Handbuch über das, was der Verbraucher dieses Werkstoffes wissen muß, um ihn richtig zu werten und zu verwenden, gleichzeitig bringt es die Erfahrungen der wissenschaftlichen Forschung von drüben — und in dieser deutschen Bearbeitung auch von hüben — und mit diesen vieles Wesentliche, was dem Fabrikanten des Werkstoffes von Wert sein dürfte. Auch der Student und der am Holz interessierte Laie werden in der Lage sein, aus dem Buch Erkenntnisse über die Eigenart des Holzes in seiner veredelten Form zu schöpfen.

Derjenige deutsche Fabrikant, der nicht über den großen Teich gehen konnte, findet in rückhaltloser Offenheit die amerikanischen Herstellungsmethoden beschrieben, auch der, der drüben war, wird manches finden, was er dort nicht gesehen hat, und im Austausch wird der Amerikaner in der deutschen Bearbeitung manches finden, was im Prinzip unsere europäische Industrie von der seinen unterscheidet. Da die Entwicklung wesentlicher Neuerungen auf dem hier behandelten Gebiet bei Erscheinen des amerikanischen Werkes in Europa in Fluß war, die in der deutschen Ausgabe möglichst noch berücksichtigt werden sollte, hat sich das Erscheinen der deutschen Bearbeitung etwas verzögert.

Der Amerikaner schreibt, wie bekannt, seine technischen Aufsätze und Bücher anders wie wir. Er stellt eine ziemlich starre Systematik auf, die den Nachteil zahlreicher Wiederholungen, jedoch den Vorteil hat, die einzelnen Hauptabschnitte für sich verständlich zu machen, ohne daß man gezwungen ist, das Ganze zu lesen, wenn im Augenblick nur eine besondere Frage interessiert.

Da es sich um die Herausgabe einer *amerikanischen* Arbeit handelt, habe ich geglaubt, im großen ganzen die gewählte Systematik beibehalten zu müssen, nur dort, wo Kapitel größtenteils Wiederholungen von bereits Ausgeführtem enthalten, ist eine Zusammenziehung erfolgt.

Die amerikanischen Herausgeber betonen in ihrem Vorwort, daß sie die Materie, ausgehend vom Grundstoff, bis zu seiner höchsten Veredelung und

Anwendung behandeln wollten. Tatsächlich ist jedoch in der amerikanischen Ausgabe zunächst anschließend an die Behandlung der ersten geschichtlichen Spuren von Furnier und Sperrholz im ersten Abschnitt die Entwicklung der Anwendung vorweggenommen, aus Gründen, die vielleicht in dem Bestreben zu finden sind, sich der Psyche der amerikanischen Leser anzupassen und sie über leichtere Darstellung in die schwierigeren Probleme hereinzuführen, eine Tatsache, die dem deutschen Leser technischer Aufsätze in Fachzeitschriften oft den Eindruck gibt, der Amerikaner sage im Gegensatz zu seinen Geflogenheiten im Geschäftsleben in seinen Artikeln eine Unmenge, bevor er überhaupt im Sinne der Arbeit etwas sagt.

Die deutsche Ausgabe, die mit einem anders gearteten Leserkreis zu rechnen hat, führt die Absicht der amerikanischen Herausgeber durch. Sie behandelt zuerst die Entwicklung des Werkstoffes im geschichtlichen und fabrikatorischen Werden, definiert ihn nach Aufbau und Eigenschaften, erst dann folgt die Anwendung in Vergangenheit und Gegenwart. Wo die amerikanische Darstellung sich auch mit den europäischen Verhältnissen deckt, ist ihr gefolgt, wo die europäischen Verhältnisse Ergänzungen oder andere Darstellungen notwendig machten, sind solche eingefügt. Zum Teil sind es größere Kapitelabschnitte, da, wo grundlegende Verschiedenheiten, z. B. im Fabrikationsweg, es erforderten, oder wo neuere Erkenntnisse, unter anderem z. B. bei den Bindemitteln und technischen Verwendungszwecken, es notwendig machten. Um das Lesen des Buches nicht zu erschweren, sind sie in dasselbe hineingearbeitet, ohne sie besonders kenntlich zu machen, ihr Umfang ist jedoch derart, daß die Teilung des Buches in zwei Bände ratsam erschien. Das einleitende Kapitel sagt Näheres hierüber.

Die Fachliteratur ist ein Bindemittel zwischen den Industrien verschiedener Länder und auch deren Verbraucher, sie soll das gegenseitige Verstehen erleichtern und es nicht durch gewaltsame Verdeutschung üblich gewordener Fachausdrücke, auch fremdländischen Ursprungs, erschweren. Hier ist auf die Schaffung neuer Fachausdrücke verzichtet worden, trotzdem reichlich Gelegenheit dafür vorhanden war, im Gegenteil, zur Erleichterung des gegenseitigen Verstehens, sind den deutschen Fachausdrücken in Klammern die amerikanischen nachgesetzt, und auch im Stichwortverzeichnis aufgenommen worden, was wohl manche Mißverständnisse beseitigen wird, die heute bereits durch irrige Auslegung amerikanischer und deutscher Ausdrücke auf beiden Seiten des großen Teiches bestehen.

Den Firmen, welche mir für dieses Werk Originalaufnahmen ihrer Einrichtungen und Produkte bereitwilligst zur Verfügung gestellt haben, sei auch an dieser Stelle der beste Dank ausgedrückt.

Berlin, Dezember 1929. Der Herausgeber.

Kapitel I.

Einleitung.

Amerika und Europa.

Die Kulturgeschichte lehrt uns, daß zur Ausübung einer Kunst oder eines Handwerks in alten Zeiten auch die Fähigkeit zählte, den Grundstoff, wie auch die Werkzeuge selbst herzustellen und vorzubereiten, die zur Ausübung der besonderen Kunst dienten. Wir wissen, daß die alten Maler ihre Farben selbst zusammensetzten, selbst herstellten, daß sie auch ihre Pinsel nach besonderen Verfahren herrichteten, daß der Kunsthandwerker, der Geigenbauer z. B., das Holz im Walde aussuchte, fällte, pflegte, zerteilte und alle, auch die kleinsten Arbeiten und Maßnahmen selbst durchführte, um den Werkstoff bis in seine vollendete Form zu bringen. Selbst noch zur Zeit König Ludwig XV. von Frankreich pflegten die Handwerker, welche die herrlichen Einlegearbeiten der damaligen Zeit herstellten, sogar ihre Sägen selbst zu machen. Die Industrialisierung des Handwerks brachte die Arbeitsteilung, die Spezialisierung auf allen Gebieten. Auf dem Gebiete der im großen Maßstab gebrauchten Werkstoffe war sie am weitesten zurückgeblieben beim Holz.

Wenn man die Sägemühle schon als Industriebetrieb auffassen wollte, so war mit der Schaffung des Brettes bis vor wenigen Jahrzehnten die Spezialisierung in der Behandlung des Werkstoffes Holz beendet. Vom Brett an bis zum fertigen Gebrauchsgegenstand setzte die rein handwerksmäßige Bearbeitung wieder ein, freilich mit moderneren Werkzeugen und Hilfsmitteln, die ihrerseits schon andere Spezialindustrien lieferten.

In der alten und in der neuen Welt ist die weitere Spezialisierung und Industrialisierung auf dem Gebiete von Holz als Werkstoff fast ganz unabhängig voneinander erfolgt. Es darf daher nicht Wunder nehmen, wenn heute die Furnier- und Sperrholzfabriken, besonders die letzteren, in ihren Endprodukten in diesen beiden Welten verschiedene Fertigkeitsgrade im Sinne der fortschreitenden Arbeit zeigen.

Die europäische Industrie liefert der Hauptsache nach ein Halbfabrikat, das nicht ohne weiteres durch einfache Montage oder Zusammenbau zu einem Gebrauchsgegenstand verarbeitet werden kann, vielmehr wird besonders für bessere Arbeiten noch eine handwerksmäßige Oberflächenverschönerung an diesem Halbfabrikat vorgenommen, während der Amerikaner seine Produkte meist bereits in dem Zustand liefert, in dem sie sozusagen montagefertig an den weiterverarbeitenden Handwerker oder an die weiterverarbeitende Industrie gelangen.

Die Ursache für diese verschiedene Arbeitsentwicklung liegt wohl nicht zuletzt darin, daß in Amerika in größerem Maße mit äußerlich gleichartig erscheinenden Dingen gerechnet werden kann, als in der alten Welt, wo man den vom wirtschaftlichen Standpunkt aus freilich nicht so günstigen Punkt der Befriedigung des individuellen Geschmacks des Einzelnen mehr Rechnung zu tragen gewohnt ist. Dieser Unterschied wirkt sich nicht nur in dem Fertigungsprogramm des Halbfabrikates aus, sondern auch in seinen Maßen. In Amerika die große Menge der fertig zugeschnittenen Maße, in Europa größere, leider noch nicht genormte Fabrikationsmaße, aus denen je nach Bedarf vom Verarbeiter des Halbfabrikates das jeweils gewünschte Maß geschnitten wird, da die größere Fläche im allgemeinen wirtschaftlich günstigeren Zuschnitt bei stark verschiedenen Ansprüchen gibt, daher in Europa weit größere Flächenabmessungen als in Amerika.

Diese prinzipiellen Unterschiede wirken sich natürlich bei der Besprechung des vorliegenden Stoffes in diesem Buche aus, sie haben zur Erzeugung desselben Werkstoffes verschiedenartige Bearbeitungsmethoden und Bearbeitungsmaschinen geschaffen, die in den nachfolgenden Kapiteln berücksichtigt worden sind.

Bekanntlich ist das Maßsystem in den verschiedenen Ländern der Erde immer noch verschieden. Auch Länder, die das Dezimalsystem an sich eingeführt haben, rechnen im Furnier- und Sperrholzhandel nach Zoll, weil ihr Hauptabsatzgebiet in den englisch sprechenden Ländern liegt. Deswegen sind in den nachfolgenden Kapiteln beide Maßsysteme berücksichtigt, damit der Faden nicht durch Nachschlagen und Umrechnen beim Lesen zerrissen zu werden braucht. Die Umrechnung ist jeweils mit der Genauigkeit erfolgt, die der Gegenstand gerade erfordert. Handelt es sich um amerikanische Angaben, so sind die deutschen Zahlen in Klammern daneben gesetzt, handelt es sich um deutsche, so stehen die amerikanischen Maßeinheiten in Klammern daneben.

Zwei Bände.

Soll man die Möglichkeit der Anwendung und die Vorzüge eines Werkstoffes erläutern und das Vertrauen zu ihm gewinnen helfen, so kann man nichts besseres tun, als in das Wesen des Werkstoffes und in sein Werden Einsicht zu geben. Die Beschreibung der Schönheiten, die er erzielen läßt und der Zweckmäßigkeit allein, überzeugen nicht. Der Zweck des ersten

Bandes dieses Buches ist es, den Leser in das Wesen von Furnier und Sperrholz einzuführen und ihn durch die Werkstätten wandern zu lassen, in denen er nach verschiedenen Methoden hergestellt wird.

Der zweite Band zeigt, wie zunächst die äußeren Vorzüge, die wunderbaren künstlerischen Effekte, die man mit Furnier und Sperrholz erzielen konnte, diese Kunst großgezogen haben, was im Laufe der Geschichte auf diesem Gebiete geleistet worden ist, und was die Gegenwart auf ihm erzielen läßt.

Die Gegenwart ist das Zeitalter der Technik, nicht allein der schönen Künste, und auch auf dem Gebiete der technischen Veredelung bieten Furnier und Sperrholz Möglichkeiten, die zu wenig bekannt sind. Auch die Grundlagen für diese Möglichkeiten werden im zweiten Bande dieses Buches gegeben. Die technischen Prüfmethoden und diejenigen Zahlen, welche der technischen Verwertung des Sperrholzes die Wege ebnen müssen.

Es gibt kaum einen Winkel auf unserer Erde, in dem nicht nach verwendbarem Holz gesucht wird und alle Waldgegenden liefern ihre besten und schönsten Stämme den Furnier- und Sperrholzfabrikanten.

Ist schon in den Maßeinheiten auf der Welt keine Einstimmigkeit zu erzielen, so findet man unter den Bezeichnungen der verschiedenen Stämme, aus denen die Furniere hergestellt werden, eine verwirrende Mannigfaltigkeit. Die wesentlichsten Holzarten, die heute zur Verarbeitung kommen — also der Grundstock nach dem heutigen Stande — sind im zweiten Band dieses Buches ebenfalls eingehend behandelt. Es ist versucht, dem Durcheinander in den Bezeichnungen dadurch etwas abzuhelfen, daß für die wesentlichsten Holzarten, nicht nur die englischen und deutschen Bezeichnungen, sondern auch die klassischen lateinischen Namen in einer Zusammenstellung gegeben werden. Handelsbräuche der verschiedenen Länder, Abnahmevorschriften, Prüfvorschriften usw. ergänzen dann diese Angaben.

Kapitel II.

Der Gebrauch von Furnieren.

Das Furnier in der Geschichte.

Verfolgt man die Geschichte des Furniers von seinem ersten nachweisbaren Auftauchen in der Blütezeit des königlichen Glanzes des alten ägyptischen Königtums bis zu unserer modernen hoch entwickelten Furniertechnik, so findet man reichlich Gelegenheit, sich sowohl von der Dauerhaftigkeit und Beständigkeit der Furniere, wie auch von den künstlerischen Möglichkeiten zu überzeugen, die ihre Verwendung bietet.

Es ist kaum ein Nachweis dafür zu finden, daß in der allerältesten Zeit die Notwendigkeit wirtschaftlicher Ausnutzung von Holz oder auch die Erkenntnis der höheren Zweckmäßigkeit Ursache für die Verwendung von Furnieren gewesen ist. Der Hauptsache nach fand es augenscheinlich für Verzierungen Verwendung. Stücke aus ältester Zeit, die auf uns überkommen sind, zeigen, daß es damals schon durch Einlegearbeiten, unter Verwendung von Elfenbein, kostbaren Steinen, Metallen und ausgesuchten Hölzern gelang, die wunderbarsten dekorativen Wirkungen zu erzielen. Vielfach wurden dünne Blättchen oder Streifen von Elfenbein, Gold oder Silber mit verschiedenen kostbaren Hölzern zu Einlege- und Reliefarbeiten vereinigt. Aus ältester und byzantinischer Zeit sei hier je ein Beispiel dafür gezeigt. Figur 1 zeigt z. B. eine Reisetruhe, die im Grabe Tutankhamens gefunden worden ist, und Figur 2 zeigt den Stuhl von St. Peter aus der byzantinischen Zeit.

Die Verwendung von Furnieren für Einlagearbeiten in symmetrischen oder kontrastierenden Bildern ohne Benutzung von anderem Werkstoff scheint allgemein erst seit dem 17. oder 18. Jahrhundert und später geübt worden zu sein. Es sind eine große Anzahl von Stücken aus dieser Zeit auf uns überkommen, die sehr viel Geschmack und schon außerordentlich komplizierte Zusammensetzarbeiten zeigen. Als Beispiel ist in Figur 3 ein Schreibtisch aus dem 18. Jahrhundert und in Figur 4 das bekannte Büffet der Bank von England aus dem Anfang des 19. Jahrhunderts gezeigt.

Schon in dieser Periode wurden die Furniere nicht nur zur Veredlung von geraden Flächen angewandt, vielmehr in ausgedehntem Maße auch dort, wo bei geschweiften und unregelmäßigen Formen unbedeckte Schnittkanten der Schönheit der äußeren Erscheinung abträglich gewesen wären. Diese Kanten wurden durch Furniere in geeigneter Weise verkleidet, so z. B. die Kanten von winkligen oder geschweiften Tischplatten. Vielfach waren nur die Hirnflächen der Kanten mit Furnieren bedeckt, um diese in ihrem Aussehen mit den Seitenflächen in Einklang zu bringen. Jedoch oft wurden auch sämtliche Tischkanten durch Furniere mit aufrechtstehendem Faserverlauf verkleidet.

Fig. 1. Große Truhe aus Cedernholz, mit Ebenholz und Elfenbein furniert, mit Einlegearbeiten, ferner mit Tragstangen zum Transport. Aus dem Grabe Tutankhamens.
(Mit gütiger Genehmigung von Georg H. Doran Co., dem Herausgeber von „The Tomb of Tutankhamen" von Howard Carter und A. C. Mace.)

Erst Mitte des 19. Jahrhunderts traten nachweisbar wirtschaftliche Gesichtspunkte bei der Verwendung von schön gezeichneten Furnieren in den Vordergrund. Man verwendete statt der vollen Schnittholzstärke dieser seltenen schön gezeichneten Hölzer dünne Blätter derselben, um eine möglichst große Fläche aufeinander abgestimmter, einheitlich gestalteter Maserzeichnungen zu erhalten.

Es ist nicht ganz ausgeschlossen, daß auch in alten Zeiten, wie später in der Geschichte der griechischen Möbel gezeigt, als noch Handarbeit billig war und der Transport von großen Gütern außerordentlich langsam und teuer, die Kostenfrage bei der Verwendung von Furnieren mitgespielt hat. Wie dem auch sein mag, die Arbeitslöhne sind gestiegen, die Transportkosten und die Kosten für das Schneiden des Holzes mit

Fig. 2 Der Stuhl von St. Peter. Reich furniert mit Einlagen von Elfenbein und Gold, jetzt im Vatikan in Rom.

modernen Arbeitsmaschinen sind wesentlich gefallen, so daß für die meist gebräuchlichen, gewöhnlichen Hölzer zur Zeit die Herstellung von Gegenständen in massiver Form billiger ist als in Sperrholzkonstruktionen. Es ist die Überlegenheit des Sperrholzes in der Dauerhaftigkeit und Beständigkeit und in der Möglichkeit schönere Wirkungen zu erzielen, die die allgemeine Benutzung desselben für bessere Möbel und Innenausstattungen usw. ohne Rücksicht auf die höheren Kosten durchgesetzt hat.

Gleichzeitig etwa begannen die Fabrikanten auch die wirtschaftlichen Möglichkeiten zu erkennen, welche die Verarbeitung verschiedener

Fig. 3. Verschließbares Schreibtischpult mit Walnuß überfurniert, bei dem die Schreibplatte gleichzeitig den Verschlußdeckel bildet, eine Ausführung, die zu Beginn des 18. Jahrhunderts aufkam

Furnierlagen zur Herstellung von geschweiften Stücken boten. Diese reine Nutzanwendung der Möglichkeit von gebogenem Holz hat nichts mit den künstlerischen Gesichtspunkten zu tun, die vorher bei der Besprechung des Verdeckens von Schnittkanten, Hirnkanten usw. erwähnt worden sind.

Die wissenschaftliche Erkenntnis des Wertes von Querverleimungen und der Verleimung von vielen dünnen Lagen übereinander, die

Erkenntnis der Erhöhung der Festigkeit durch einen derartigen Aufbau, scheint erst zu Beginn des 20. Jahrhunderts weiteren Kreisen bekannt geworden zu sein.

Es ergibt sich also, daß, ausgehend von einer bescheidenen Benutzung der Furniere, ausschließlich zum Zwecke der Erzielung künstlerischer Wirkungen, sich das Furnier nunmehr als ein wichtiger wirtschaftlicher Faktor durchgesetzt hat.

Das Wort Furnier.

Das Wort „Furnier“ ist ursprünglich von dem deutschen Wort „furnieren“ abgeleitet. Es wurde auch altfranzösisch Furnier geschrieben. Ohne in der Aussprache sich zu ändern, wurde es dann im modernen Französisch, der neuen Schreibweise folgend, in „Fournier“ verändert. In späteren Jahren ist es dann nach französischem Muster auch im Deutschen „Fournir“ geschrieben worden. Vielfach wurde daneben „Fournier“ geschrieben, so z. B. in Meyers Konversationslexikon 1875. Erst neuerdings ist man auf die alte deutsche Schreibweise mit dem einfachen „u“ zurückgegangen, hat jedoch mit Rücksicht auf die landläufige Aussprache das „ie“ beibehalten und schreibt „Furnier“.

In älteren englischen Büchern findet man die Schreibweise „fenere“ für Furnier, woraus schließlich das jetzt gebräuchliche Wort „Veneer“ im Englischen entstanden ist. Dieses Wort war mit der Idee des „Finish“ als der Abarbeitung oder der dekorativen Wirkung verbunden. Damals ahnte man noch nichts von seiner weiteren Verwendungsmöglichkeit infolge seiner Festigkeit, Wirtschaftlichkeit, innerer Ausgeglichenheit usw.

Auch die Definitionen, die in den gebräuchlichen Konversationslexika für „Furnier“ zu finden sind, bestätigen die soeben wiedergegebene Auffassung über die Bedeutung des Furnieres. So findet man in der ersten Auflage von Meyers Konversationslexikon aus dem Jahre 1847 unter Furnier folgendes:

„Fournier fournieren (Tischler) Möbel und andere Gegenstände von einer geringeren Holzart (Blindholz) mit ganz dünnen Platten (Fournierplatten, Fourniere) von einer besseren und feineren Holzart (F.-Holz) bald glatt, bald in verschiedenen Figuren belegen oder ueberziehen.“

Etwa 30 Jahre später, in der dritten Auflage 1875, findet man:

„Fourniere (Furnüre, franz. Plaques en bois, Feuilles de placage, engl. Veneers) dünne Holzblätter, welche in der Tischlerei zum Überziehen (Fournieren) der aus geringerem Holz (Blindholz) gefertigten Möbel

dienen, um ihnen das Ansehen zu geben, als wären sie ganz aus der edleren Holzart gefertigt. Man schneidet Fourniere besonders aus Mahagoni, Jacaranda, Nußbaum, Kirschbaum, Ahorn, Esche usw.,

Fig. 4 Das Büffet der Bank von England von Shearer, mit Satinwood furniert.

seltener aus Eichenholz und bestrebt sich, sie so dünn wie möglich herzustellen, teils um an Material zu sparen, teils um eine mehrmalige Wiederholung der Zeichnungen oder Figuren des Holzes, welche sich oft schon in geringen Abständen innerhalb der Dicke einer Bohle bedeutend ändern, zu ermöglichen. Gewöhnliche, etwas starke Fourniere schneidet man 8—10, auch 25 mm, wobei die Dicke eines einzelnen Blattes etwa zu 1,25—1,50 mm ausfällt, da man die Hälfte als Abfall der Späne rechnen kann. Es kommen aber auch 0,5 mm starke Fourniere vor."

Freilich erscheint am Schluß hier schon in diesem deutschen Lexikon ein Durchschimmern der Idee, daß das Furnier noch andere Zwecke haben kann, denn das Lexikon fährt fort.

„*Die Fourniere werden auf Möbeln aufgeleimt und dienen denselben nicht nur zum Schmuck, sondern verhindern auch das Werfen derselben. Bisweilen verwendet man auch Unterfurniere von minderwertigem Holz, dessen Fasern sich dann mit denen des äußeren Blattes kreuzen müssen. Beklebt man das Furnierblatt mit Papier und erweicht es, so kann man es auch um das Blindholz biegen. Stärkere Fourniere schneidet man für Parkettfußböden, zu musikalischen Instrumenten usw. Auch aus Perlmutter, Elfenbein, Schildplatt werden Fourniere geschnitten und zu allerlei feinen Artikeln benutzt.*"

In dem Century Dictionary (1893) wird nach Tennyson Furnier wie folgt definiert:

Hauptwort: *Dünnes Stück Holz ausgesuchter Art, das auf ein anderes gewöhnlicherer Sorte aufgelegt wird, um im Möbel dem so behandelten Werkstück ein besseres und wertvolleres Ansehen zu geben.*

Verbum: *Das Auflagen oder das Bedecken der Oberflächen eines minderwertigeren Holzes mit Holz einer besseren und schöneren Art, um dem Ganzen das Aussehen zu geben, als wenn es aus wertvollem Material hergestellt ist.*"

Das Standard Dictionary (Funk & Wagnalls 1925) gibt eine ähnliche Erläuterung:

Hauptwort: *Eine dünne Lage von seltenem und schönem Werkstoff, wie Holz, Steine, Elfenbein, Perlmutt befestigt auf einer gewöhnlicheren Unterlage, um eine reiche und künstlerische Wirkung zu erzielen.*

Verbum: *Das Bedecken der Oberfläche mit Furnieren besonders aus seltenen und schön gemaserten Hölzern.*

Die neusten Ausgaben der deutschen Konversationslexika besagen folgendes:

Meyers Lexikon 1926:

Furniere, dünne Blätter von edlen Hölzern, dienen zum Überziehen von Möbeln zur Verschönerung der Oberflächen sowie zur Verhinderung des Werfens."

Der kleine Brockhaus 1925, der im übrigen der Meinung ist, daß das Wort „Furnieren“ aus dem Französischen stammt, besagt:

„Furnieren (frz.) Holzgegenstände mit Blättern feineren Holzes (furnieren) überziehen.“

In diesen Definitionen liegt die Möglichkeit, furnierte Ware als etwas nur oberflächlich Verschöntes, als etwas anzusehen, was nicht durchweg aus gutem Werkstoff gemacht ist.

In der Unterhaltungsliteratur findet man auch den Ausdruck „furniert“ im übertragenen Sinne angewandt, um Oberflächliches zu bezeichnen, so spricht Charles Dickens in seinem Buch „Our Mutual Friend“ von der „veneering family“, der „überfurnierten“ Familie im sarkastischen Sinne. Andere englische Autoren benutzen das Wort Furnier in ähnlichem Sinne, so z. B. G. L. Furniss in seinem Buch „The veneered savage“, der „überfurnierte“ Wilde.

In den folgenden Kapiteln, die die moderne Anwendung des Furniers behandeln werden, wird gezeigt, daß die Verwendung von Furnieren weit darüber hinausgewachsen ist, wofür sie ursprünglich geschaffen wurden, daß sie sowohl wirtschaftlich, wie auch künstlerisch einer höheren Einschätzung wert geworden sind, und daß das Wort „Furnier“ eine ganz andere Bedeutung erlangt hat, als in längst verflossenen Zeiten.

Moderne Grundsätze führen zur Bevorzugung von Furnieren.

Trotzdem, wie eben gezeigt, das Wort Furnier in früheren Jahren eine etwas zweifelhafte und kompromittierende Deutung erfahren hat, muß betont werden, daß die praktische Anwendung von Furnieren Jahrhunderte hindurch geübt worden ist, und daß die Gründe für seine Benutzung aus den Zeiten grauen Altertums bis in unsere heutige Zeit hinein sich ständig gemehrt haben, mit dem Endergebnis, daß heute die Verwendung von Furnieren, von den verschiedensten Gesichtspunkten aus gesehen, durchaus gerechtfertigt ist. Es soll nicht verschwiegen werden, daß manche übereifrige Fabrikanten sich dazu haben verleiten lassen, dort Furniere zu verwenden, wo vielleicht Massivholz zweckmäßiger gewesen wäre. Die Erfahrung hat gelehrt, daß so zweckmäßig es ist, Furniere an manchen Stellen zu verwenden, es andere Fälle gibt, in denen es töricht wäre, sie anzuwenden. Außerdem gibt es ein weites Gebiet, in dem sie ebenso gut verwendet werden könnten wie Massivholz, andererseits finden sich Verwendungszwecke, in denen wieder Massivholz vorteilhaft ist, und dann wieder solche, wo die Verwendung von Furnieren unbedingt vorzuziehen ist.

Der Wert des Werkstoffes.

Der ausschlaggebende Einfluß beim Ankauf von Möbeln und Einrichtungen bei der Gründung der Familie, wie auch später, liegt größtenteils bei der Frau und Mutter. Niemand wird bezweifeln, daß gerade sie es ist, die das Heim bequem und künstlerisch gestaltet. Bei ihren Einkäufen zeigt sie Geschmack und Gewandtheit und man darf als sicher voraussetzen, daß sie beim Möbeleinkauf noch mehr Sachkunde beweisen würde, wenn sie wüßte, wie sehr die fachmännisch richtige Verwendung von Furnieren in der Lage ist, Solidität und Schönheit der Möbel zu erhöhen. Sobald diese Erkenntnis sich durchgesetzt haben wird, werden die Vorurteile schnell überwunden sein, die heute noch gegen Furniere zu finden sind.

Als Beispiel nehme man einen neuen Tisch, zu dessen Anschaffung die Familie sich nach reiflichem Überlegen entschlossen hat. Ein massiver Mahagonitisch schien lange Zeit der Ausdruck der Gediegenheit und des Wertes zu sein, ähnlich wie ein massiver silberner Löffel oder eine Uhr aus „echtem" Gold. Eine „furnierte" Tischplatte erinnerte an plattierte Silberwaren oder Massenware. Tatsache ist dagegen, daß ein Silberlöffel viel dauerhafter und nicht weniger begehrt ist, wenn dem Silber andere Metalle legiert sind, die die Festigkeit desselben und seine Haltbarkeit erhöhen. Genau so steht es mit einer Uhr mit goldenem Gehäuse, bei dem das Gold auf einer Unterlage aus einer festeren Legierung aufgebracht ist, es ist leichter und dauerhafter als ein Gehäuse aus reinem Gold. Es ist jedem selbstverständlich, daß die bewegten Teile der Uhr aus Stahl, Bronze oder anderen Legierungen hergestellt werden müssen. Eine Uhr mit einem Werk aus massivem Golde wäre glatter Unsinn. Wird deswegen nicht ein sogenannter echt silberner Löffel, dem andere Legierungen in gewissem Grade aus Gründen der Brauchbarkeit des fertigen Gegenstandes beigegeben sind, und eine Uhr mit sogenanntem hohem Goldgehalt (der größte Teil derselben besteht überhaupt nicht aus Gold) nicht für das allerbeste gehalten, was es gibt?

Warum sollen nun nicht dieselben Überlegungen auch auf das Gebiet der Möbel übertragen werden können, auf die Benutzung von Furnieren für Oberflächen und in ihrer Anwendung zum Aufbau einer festeren und weniger teuren Holzunterlage für diese Oberflächenfurniere, besonders, wenn Festigkeit und Dauerhaftigkeit verlangt wird, wobei die Benutzung von weniger teueren Hölzern für den Innenaufbau in keiner Weise die Wertigkeit und Dauerhaftigkeit des Möbels beeinflußt. Die Vorteile von Furnierkonstruktionen werden in den nächsten Kapiteln unter Sperrholz weiter auseinandergesetzt werden.

Verkaufstechnik.

Will der Möbelhändler die gnädige Frau, seine beste Kundin, in richtiger Weise behandeln, so muß er außerordentlich gewandt sein. Er muß über alle modernen Stile, Möbeltypen, Konstruktionen, Dessins, über die moderne Abarbeitung, die in der Möbelfabrikation geübt wird, im Bilde sein, um Erfolg zu haben. Der heutige Verkäufer muß aber, wenn er erfolgreich sein will, sich über den früheren schlecht und falsch informierten Verkäufer stellen, der sehr wenig Möglichkeiten hatte, sich über den Wert von Furnier und Sperrholz genauer zu informieren. Augenscheinlich haben die Fabrikanten bisher den Wert der furnierten Ware zu wenig betont und erläutert. Der Verkäufer war gezwungen, oft furnierte Produkte des Fabrikanten auch an solche Kunden zu verkaufen, die, wenn auch irrtümlicherweise, als Qualität massive Ware verlangten. Es war das eine paradoxe Situation, in der leider oft der leichteste Weg gegangen wurde und die Wahrheit über den wirklichen Wert unterdrückt wurde.

Einer der ersten Zwecke dieses Buches ist es, Käufer und Verkäufer über die wahren Verhältnisse, die die Verwendung von Furnieren für Möbel und andere Waren mit sich bringt, zu informieren. Es wird dann nicht mehr notwendig sein, Ausflüchte zu machen oder Mißverständnisse bestehen zu lassen.

Richtig hergestellte furnierte Ware hat soviel innere Werte, daß man ihre Beurteilung den Käufern nach diesen, wenn sie richtig erkannt sind, ruhig überlassen kann. Die Darstellung der wahren Verhältnisse beim Angebot kann den Kunden niemals verletzen, und die heute vielfach noch gefundenen falschen Darstellungen werden verschwinden, wenn diese Tatsachen offen anerkannt sind. Unrichtige Angaben sollten von einem soliden Verkäufer nie gemacht werden. Ein Verkäufer, der einen Tisch als aus solidem Holz hergestellt verkauft, der es nicht ist, entweder, weil er es selbst nicht weiß, oder trotzdem er es weiß, sollte in unserem jetzigen Zeitalter überhaupt nicht mehr geduldet werden. Der gut informierte Verkäufer muß seinen Kunden erziehen, er muß in der Lage sein, ihm den Aufbau des Möbels zu erklären und ihm die Vorzüge klar zu machen, die dieser Aufbau mit sich bringt, damit erwirbt er das Vertrauen des Kunden. Traditionen, Gefühlsmomente und Unwissenheit müssen hierbei völlig ausscheiden.

Kapitel III.

Die Überlegenheit von Sperrholz.

Was ist Sperrholz?

Will man Furniere in der Praxis verwenden, so müssen entweder verschiedene Lagen von Furnieren miteinander verleimt werden, oder es müssen ein Furnier oder mehrere Lagen von Furnieren auf eine Unterlage von Schnittholz oder anderem Werkstoff aufgeleimt werden.

Sperrholz (Plywood) ist ein verhältnismäßig neuer Ausdruck. Man findet ihn in den Konversationslexika bis jetzt überhaupt nicht. Eine Definition, die allgemein Anerkennung gefunden hätte, gibt es bis jetzt auch noch nicht. Die Gegenüberstellung dessen, was in Amerika als Sperrholz bezeichnet und verkauft wird, was in Europa unter dem Namen Sperrholz gefertigt wird, und dessen, was der Tischler als Sperrholz im eigentlichen Sinne ansprechen muß, zeigen am deutlichsten, daß hier noch Klarheit geschaffen werden muß*).

Die Unklarheit über das, was für „Sperrholz" in der Fabrikation und im Handel an Ausdrücken gebraucht wird, wird noch dadurch vergrößert, daß in manchen Ländern der Ausdruck für dasselbe Produkt gewechselt hat. In Schweden z. B. hat man jahrelang für Sperrholz den Ausdruck „Kryssfaner" (gekreuzte Furniere) gebraucht. Da dieses erste Sperrrholz, das in Schweden hergestellt wurde, keinen guten Ruf genoß, hat man neuerdings, um für die nunmehr guten Fabrikate nicht unter dem alten Vorurteil gegen das frühere Wort zu leiden, dort den englischen Ausdruck „Plywood" adoptiert, den auch die baltischen Länder benutzen**). Oft wie auch bei anderen Waren findet man Warenzeichen einzelner Firmen statt des Gattungsnamens in Gebrauch.

Um die Unklarheiten nicht noch zu steigern, wird im folgenden das, was zur Zeit für die Produkte der verschiedenen Länder maßgebend ist, getrennt angegeben.

---

*) Wenn auch die Definition, die in dem amerikanischen Originalwerk gegeben wird, für den europäischen Markt kaum Bedeutung hat, so ist sie doch hier einmal der Vollständigkeit wegen, wenn auch gekürzt wiedergegeben, so dann auch deswegen, weil das Buch die Aufgabe hat, den Leser auch über die Verhältnisse, die drüben herrschen zu unterrichten. Die amerikanischen Bezeichnungen sind im englischen Wortlaut wiedergegeben, daneben die sinngemäße deutsche Uebertragung, um dem Leser, der mit Amerika zu verhandeln hat, die Bedeutung der amerikanischen Ausdrücke zu vermitteln.

**) Dr. H. von Eckermann. Timber Trade Journal 1929. Seite 834.

Bezeichnungen in Amerika.

Im Gebrauch der meisten holzverarbeitenden Industrien wird Plywood (Sperrholz) für Produkte angewandt, bei denen mehr als eine Holzlage (aus Schnittmaterial oder Furnier) auf die ganze Oberfläche miteinander verleimt sind. Diese zu weit gehende Auslegung des Begriffes „Furnier" oder furnieren, hat dazu geführt, klarere Bezeichnungen zu suchen. Dieses war der Anstoß für die Begründung der „Plywood Manufacturers Association" (Verband der Sperrholzfabrikanten) in Amerika im Jahre 1919, die aus den führenden Werken entstanden ist, welche Furniere zu Werkstoff durch Verleimung weiter verarbeiteten.

Das Forest Products Laboratory, welches von den Vereinigten Staaten in Madison (Wisconsin) als staatliche Forschungsstätte für Waldprodukte unterhalten wird, hat versucht, eine Einteilung für die verschiedenen Sorten von furnierten Produkten zu finden und kam dabei zu folgendem Ergebnis:

Laminated Wood (unterteiltes Holz) bedeutet Konstruktionen, in denen zwei oder mehrere Lagen von Holz so miteinander verbunden sind, daß der Faserverlauf in allen Lagen und allen Lamellen parallel läuft. (Unter Lamellen ist hier nicht wie in Europa eine feine Unterteilung des Holzes zu verstehen, sondern eine verhältnismäßig grobe Unterteilung.)

Cross banded veneered panels (abgesperrte furnierte Panele) bedeuten, daß der verleimte Werkstoff aus Furnierdecken (veneer faces) Absperrfurnier, (veneer crossbands) und eine Schnittholz-(Lumber-)mittellage (center oder core) besteht. Der Ausdruck Absperrfurnier deutet darauf hin, daß der Faserverlauf dieser Furniere quer zum Faserverlauf der Deckfurniere bzw. Mittellagen liegt, was jedoch nicht besonders ausgeführt ist.

Plywood (Sperrholz) bedeutet die Vereinigung von verschiedenen Furnierlagen, die gewöhnlich so miteinander verleimt sind, daß der Faserverlauf einer Lage unter einem rechten Winkel desjenigen der anliegenden Lage oder Lagen liegt.

Der Unterschied zwischen den beiden letzten Gruppen ist recht unbestimmt und unbequem. Deswegen wird das Wort Plywood (Sperrholz) für alle drei Sorten benutzt, lediglich nicht für unterteiltes Schnittholz. Hier zeigt sich schon der große Unterschied mit den europäischen Verhältnissen, bei denen man einen Aufbau, wie er für Laminated Wood gekennzeichnet ist, niemals als Sperrholz bezeichnen würde.

Die in Amerika handelsüblichen Bezeichnungen sind nicht klarer wie die Einteilung nach technischen Gesichtspunkten, die eben gegeben worden ist. Für die ersteren unterscheidet man folgende Gruppen:

P a n e l s (Panele). Dieser Ausdruck bedeutet hauptsächlich eine Konstruktion, in der drei Lagen von Furnieren miteinander verleimt sind. Sie bezieht sich auch auf eine derartige Konstruktion aus fünf Furnierlagen (stillschweigend ist hier ebenfalls vorausgesetzt, daß die Fasern von aufeinander folgenden Furnieren unter rechtem Winkel zueinander liegen).

T o p s (Oberplatten). Dieser Ausdruck ist von den Tischplatten. Schreibtischplatten, Komodenplatten usw. abgeleitet. Man versteht darunter eine Konstruktion aus fünf Lagen mit Schnittholzeinlage. Der Ausdruck wird jedoch auch wieder für Konstruktionen aus drei Lagen benutzt, bei denen die Mittellage aus Schnittholz hergestellt ist.

Diese Einteilung befriedigt nicht, weil sie zu viel Möglichkeiten offen läßt. Ein Fabrikant kann z. B. eine Schnittholzeinlage, ein anderer eine Furniermittellage zur Herstellung von Platten in derselben Stärke verwenden.

„Tops“ können für Seitenteile von Betten, für Möbel. Türen, für volle Teile von Schubladen usw. verwendet werden, entgegen der eigentlichen Bedeutung des Wortes. Das Wort „panel“ ist zu unbestimmt, da es auch für Metalle, für Steinplatten, für Schalttafeln usw. in Gebrauch ist. Es liegt im Interesse des Lesers, daß das Wort Sperrholz geklärt und nicht durch noch weitere Möglichkeiten verwirrt wird.

Während die amerikanische Ausgabe dieses Buches fertig gestellt wurde, hat die Plywood Manufacturer Association eine Definition zu finden versucht. Sie hat für die führenden amerikanischen Konversationslexika folgende Definition zusammengestellt:

P l y w o o d (Sperrholz). Schreibweise 1: plywud, Schreibweise 2: plywood. Ein zusammengesetztes Holz mit Oberflächen aus Furnier, gewöhnlich aus einer ungeraden Zahl von Lagen, 3, 5, 7, 9 usw., zusammengesetzt, bei dem die verschiedenen Lagen unter Druck miteinander verleimt sind (siehe Furnierpressen).

Richtig verleimte Sperrholzfugen sind vielmal fester und widerstandsfähiger gegen Zug und Druck als die Fasern von massivem Holz (s. die Zahlen das U. S. Forest Products Laboratory, Madison).

P l y w o o d - S t a n d a r t 3 p l y. (normales dreifaches Sperrholz). Die zwei Außenlagen liegen parallel, die Innen- oder Mittellage liegt unter dem rechten Winkel gegenüber den Außenlagen.

Plywood-Standard, 5 ply. (normales fünffaches Sperrholz). Die zwei Außenlagen, die Innen- oder Mittellage liegen parallel, während die beiden übrigen Lagen, genannt cross bands oder cross binders (Absperrlagen), unter rechtem Winkel zu den drei anderen Lagen und parallel zueinander liegen. Eine Absperrlage liegt zwischen der Vorderlage (face ply) und der Mittellage, die andere zwischen der Rückenlage (back ply) und der Mittellage. Dieser Aufbau wird angewendet, um Festigkeit, Stabilität und Ausgeglichenheit zu erzeugen, um einem Werfen, Splittern oder Verdrehen des fertigen Sperrholzes vorzubeugen. Normales Sperrholz wird hauptsächlich benutzt für die Fabrikation von Wohn- und Büromöbeln, für Pianokörper, Phonographen- und Radiomöbel, für Panele zur Innendekoration usw.

Gebogenes oder geschweiftes Sperrholz wird hauptsächlich für Stühle, Theatersitze, geschweifte Betthäupter, geschwungene Schubladen und Möbelseiten, Nähmaschinendeckel, Zylinderbüros usw. benutzt.

Verpackungssperrholz wird für Warenverpackungskisten, Behälter für Metalle und Glaswaren usw. verwendet.

Wasserfestes Sperrholz wird unter der Benutzung von wasserfestem Albuminleim hergestellt. Man kann Sperrholz soweit wasserfest machen, daß stundenlanges Weichen und selbst Kochen im Wasser die einzelnen verleimten Lagen nicht voneinander trennt. Wasserfestes Sperrholz wird weitgehend für die Fabrikation von Flugzeugen, Eisschränken, Automobilscheibenrädern, Karosserien, Außentüren, Stufen, Geländer oder wo sonst Sperrholz, das gegen Feuchtigkeit widerstandsfähig ist, gebraucht wird, benutzt.

Bezeichnungen in Europa.

In Europa werden Konstruktionen, wie sie vorher als Lamineted wood gekennzeichnet worden sind, kaum noch irgendwo ausgeführt, sicher nicht in Sperrholzfabriken.

Das, was der Amerikaner mit Cross banded veneered panels nach der Definition des Forest Products Laboratory bezeichnet, bei dem die Mittellage aus verhältnismäßig breiten Streifen von Schnittholz besteht, wird nur noch handwerksmäßig hergestellt und wohl mehr als abgesperrtes Schnittmaterial oder abgesperrte Holzplatten im Handwerk bezeichnet. Immerhin wird dieses aber als solches in verhältnismäßig großen Mengen in den Betrieben noch hergestellt, die noch kein fabrikationsmäßig erzeugtes Sperrholz verwenden, teilweise weil sie glauben, qualitativ bei der eigenen Absperrung besser zu fahren, teilweise, weil eine nicht immer richtig durchgeführte Kalkulation sie glauben macht, daß sie dabei auch billiger wegkommen.

Fast überall wird von den europäischen Sperrholzfabriken für ihre Produkte als allgemein gültig folgende Einteilung anerkannt:

Schwache Platten, auch wohl Möbelplatten schlankweg genannt sind Platten von 0,3 bis etwa 13 mm Stärke, die durchweg aus Furnieren aufgebaut sind. Bei diesen verlaufen der Regel nach die Fasern der aufeinanderfolgenden Furniere im rechten Winkel zueinander. Die Zahl der Lagen ist immer eine ungerade, sie besteht aus 3, 5, 7, 9 usw. Furnieren (nur in Ausnahmefällen findet man eine Abweichung in der Beziehung, daß statt eines mittleren Furniers zwei Furniere verwendet werden, die unter sich gleichen Faserverlauf haben, zu denen dann symmetrisch auf beiden Seiten mit abwechselndem Faserverlauf die übrigen Furnierlagen angeordnet sind). Man unterscheidet demnach 3 fach, 5 fach, 7 fach usw. abgesperrte schwache Platten*).

Multiplexplatten ist die Bezeichnung für derartige schwache Platten, die aus mehr als 3 Furnieren hergestellt sind.

In England werden diese schwachen Platten mit Plywood threeply, fiveply, sevenply usw., je nach der Zahl der Lagen bezeichnet.

Starke Platten (Tischlerplatten, Kümmelplatten, in England Batten plywood boards oder auch batten boards genannt) sind Sperrholzplatten, die handelsüblich Stärken von 10 bis 40 mm aufweisen; sie bestehen aus einer Mittellage von schmalen Schnittholzrippen, selten breiter als 25 mm, deren Fasern parallel verlaufen, und die mindestens an einzelnen Punkten, meist ganz miteinander verleimt sind. Auf beiden Seiten dieser aufgebauten Schnittholzmittellage liegen Furnierlagen, deren Fasern in rechtem Winkel zu den Fasern der Mittellage verlaufen. Ist auf jeder Seite ein Furnier vorgesehen, so wird die Sperrplatte als dreifach abgesperrte Tischlerplatte bezeichnet. Liegen auf jeder Seite der Mittellage je 2 Furniere, von denen die Fasern der äußersten parallel zur Faser der Mittellage verlaufen, so nennt man dies eine 5 fach abgesperrte Tischlerplatte. Häufig findet man, daß bei dieser 5 fachen Absperrung die äußeren Furniere bereits aus edleren Hölzern, wie z. B. Eiche, Nußbaum, Mahagoni, hergestellt sind.

*) Der Vollständigkeit wegen soll hier noch erwähnt werden, daß in Europa bei schwachen und Multiplex-Platten noch sogenannte „trocken“ und „naß verleimte“ Platten unterschieden werden, je nachdem die Furniere getrocknet (was die Regel ist), oder ungetrocknet verleimt worden sind. Letzteres wird nur noch in Rußland, Polen und vereinzelt in einigen baltischen Randstaaten geübt. Wenn bei Europäischen Platten nichts besonders gesagt wird, ist stets die aus getrockneten Furnieren verleimte Platte verstanden.

Stäbchenplatten (Englische Bezeichnung Laminated plywood boards oder kurz Laminated boards). Die Mittellage dieser Platte ist aus Furnieren aufgebaut von etwa 5 bis 10 mm Stärke, die in schmalen Rippen so miteinander verleimt sind, daß ihre Fasern parallel zueinander verlaufen. Auf beiden Seiten dieser Mittellage sind Furniere aufgeleimt, deren Fasern quer zu den Fasern der Mittellage liegen, meist nur je eine Furnierlage auf jeder Seite; jedoch auch von diesen Platten finden sich im Handel solche, denen als äußerste Lage auf die eben erwähnten zwei Furnierlagen noch Furniere aus edleren Hölzern so aufgeleimt sind, daß ihre Fasern parallel zur Mittellage, also quer zu den Fasern der beiden Furniere laufen, die zwischen ihnen und der Mittellage liegen.

Natürlich gibt es, besonders in den starken Platten, Varianten im Aufbau der Mittellage, die jedoch nicht mit besonderen Klassenbezeichnungen gewertet werden, sondern meist die Schutzmarkenbezeichnung der Fabrikantenfirma tragen. Hiervon wird bei der Besprechung der verschiedenen Aufbauarten der Mittellage später noch die Rede sein.

Die technische Definition für das, was man unter Sperrholz versteht, basiert nicht auf irgendeiner Beschreibung der Aufbauart, sondern auf der charakteristischen Eigenschaft des Sperrholzes, der es seinen Namen verdankt. Diese Definition lautet:

> „Unter Sperrholz versteht man eine Verbindung einzelner Holzelemente durch Verleimung in der Art, daß sie sich gegenseitig hindern, die Bewegungen auszuführen, die sie unter der Einwirkung von Feuchtigkeits- oder Temperaturänderung, welche auf die ganze Verbindung wirkt, als einzelne Elemente ausführen würden, d. h. die Elemente sperren gegenseitig die Auslösung der Spannungen ab, die durch das Bestreben zu quellen oder zu schrumpfen auftreten würden*).“

Wollte man dieser technischen Definition noch eine technische Klassifikation anschließen, so könnte sie in der Hinsicht erfolgen, daß der Aufbauart der Vorzug gegeben wird, bei der die auftretenden Spannungen, die durch die Absperrung abgefangen werden, möglichst gering sind und möglichst gleichmäßig über den ganzen Querschnitt sich verteilen.

Die Bedeutung dieser technischen Definition wird durch die in den nächsten Kapiteln folgenden Erläuterungen klar werden.

---

*) L. M. Cohn-Wegner, Zeitschrift des Vereins Deutscher Ingenieure 1927, Seite 981 ff.

Vorteile von Sperrholz.

Man kann die Gründe, die sich für die Bevorzugung von Sperrholz anführen lassen, in 6 Gruppen teilen. Die ersten 4 beziehen sich hauptsächlich auf die Verwendung im Möbelbau und Innenausstattung, bei denen Furniere in flachem Zustande verarbeitet werden. Diese sind in einem Kapitel zusammengefaßt.

Die Art der Benutzung von Furnieren in geschweiften Formen und für andere technische Zwecke sind so sehr voneinander verschieden, daß beide in besonderen Kapiteln behandelt worden sind.

Die 6 Hauptgründe sind folgende:

1. Schön gemasertes oder gezeichnetes Furnier, Edelfurnier (figured veneer) wird gewöhnlich quer zur Faserrichtung geschnitten. Es ist deswegen leicht zerbrechlich und benötigt einer tragenden Unterlage aus einem zäheren und stärkeren Holz.

2. Unregelmäßig gezeichnete Furniere müssen zur Erzielung eines symmetrischen und künstlerischen Effektes aus, in ihren Maserbildern, sich ergänzenden Stücken zusammengesetzt werden.

3. Wirtschaftliche Rücksichten erfordern, daß schön gemaserte Hölzer von bedeutendem Wert hauptsächlich zur Erzielung künstlerischer Effekte benutzt werden, und daß weniger teure Hölzer zur Erzielung der nötigen Festigkeit herangezogen werden.

4. Unausgeglichene innere Spannungen im Massivholz können durch richtige Verleimung mit gezeichneten oder einfachen Furnieren in zwei oder mehreren Lagen stets gerader Zahl ausgeglichen oder im Ausgleich gehalten werden.

5. Geschweifte regelmäßige oder unregelmäßige Formen, wie z. B. Theatersitze, große Flügelrahmen, geschweifte Betthäupter können aus dünnen Furnierblättern hergestellt werden, die bereits in der gewünschten Form miteinander unter Druck verleimt werden können.

6. Die Festigkeit von Holz wird gewöhnlich erhöht, wenn es aus verschiedenen Lagen zusammengeleimt wird, besonders wenn diese Lagen in ihrem Faserverlauf um je einen rechten Winkel versetzt sind, so ist z. B. die Festigkeit eines aus 5 Furnierlagen von je $^1/_{20}$ Zoll (1,27 mm) Stärke aufgebauten H o l z e s stärker als ein gewöhnliches Brett von 1 Zoll (25,4 mm Stärke), trotzdem dieses Brett viermal so stark ist, als das aus 5 Furnierlagen aufgebaute Sperrholz.

Am nächsten kommt dem eben Gesagten in der durchgesehenen Literatur das, was in der Enzyklopädia Amerikana für „Veneer and veneering“ ausgeführt ist. Dort ist gesagt: „Der Laie versteht unter der Bezeichnung „furnieren“ ein Verdecken von billiger und minderwertiger

Arbeit, z. B. diejenige, einem Möbelstück aus Pappelholz das Ansehen eines solchen aus Mahagoni zu geben. Aus dieser falschen Auffassung heraus hat sich die Ansicht entwickelt, daß alle Furnierarbeit minderwertige Arbeit ist. Es muß zugestanden werden, daß schlechte Arbeiten geleistet worden sind, deshalb ist es um so schwieriger, das Publikum zu überzeugen, daß furnierte Arbeit, wenn sie fachgemäß durchgeführt und wenn sie in der Art von Sperrholz durchgeführt ist, die beste und hochwertigste Arbeit ist, und zwar aus folgenden Gründen:

1. Es ist die einzige Möglichkeit um seltene Hölzer, wie z. B. solche aus Astknoten oder Gabelstücken (Crotch) von Satinwood und Mahagoni, von Amboinamaser, von Walnuß und von verwachsenem Holz mit schönen Zeichnungen zu verwenden, das sich drehen und werfen würde, wenn man versuchen wollte, es als Massivholz zu benutzen.
2. Die Furnierlagen verstärken und schützen das Holz, auf dem sie aufgebracht sind.
3. Nur durch Furniere hat man die Möglichkeit, auch große Flächen in Möbeln dekorativ zu gestalten dadurch, daß man die natürlichen Bilder der Holzmaserung zur Herstellung von Mustern auf den großen Flächen benutzt.
4. Die Arbeitsweise erfordert viel mehr Sorgfalt und Überlegung in der Auswahl des Holzes, seiner Vorbereitung, seiner Verarbeitung und seiner Abarbeitung, als dies bei massivem Holz notwendig ist."

Der Zusammenhalt durch Verleimung.

Es ist bekannt, daß mit Leim die stärkste Verbindung zwischen zwei Holzstücken hergestellt werden kann, gleichgültig, ob es sich da um Furniere, Bretter oder größere Holzstücke handelt. Holz wird ungünstig durch Feuchtigkeit beeinflußt, desgleichen Leim, mit Ausnahme besonders wasserbeständiger Leime. Aus diesem Grunde muß jedes gut abgearbeitete Stück an seiner Oberfläche durch eine Schutzschicht, durch einen Überzug, wie z. B. Firnis, Emaillelack oder Farbanstrich geschützt werden, auch die Unter- und Rückseiten einer Tischlerplatte, einer Schranktür, ebenso wie auch die Schnittkanten müssen mit Überzügen versehen werden, die dem Eindringen der Feuchtigkeit entgegenwirken. Man benutzt hierfür entweder eines der eben angeführten Mittel oder auch Schellack. Massivholz, wie auch Sperrholz sollte stets so abgearbeitet werden, daß alle nach außen gehenden Poren sowohl in den Flächen, wie auch in den Schnittkanten gefüllt sind.

Um die Verhältnisse an einem Vergleich zu erläutern, soll angenommen werden, daß zwei Tischplatten, und zwar die eine aus 5 fach abgesperrten Sperrplatten, die andere aus Massivholz dadurch ungenügend bearbeitet seien, daß die Unterseiten vollkommen roh gelassen sind und die Poren an den Kanten ungenügend gefüllt sind. Es sei angenommen, daß die Tischplatte oder die Möbel, für die sie verwendet worden sind, in einem feuchten Lagerraum aufbewahrt werden. Was wird nun in beiden Fällen eintreten? Die ungenügend geschützten Kanten sowohl der massiven Platten wie auch der Sperrplatte werden Feuchtigkeit aus der Atmosphäre aufnehmen und werden das Bestreben haben, sich auszudehnen, ebenso werden die Unterseiten der beiden Platten Feuchtigkeit aufnehmen. Die Platte aus Massivholz hat keine Möglichkeit, diesen Ausdehnungsspannungen Widerstand entgegenzusetzen, sie wird sich schließlich werfen, verdrehen und höchstwahrscheinlich reißen, die Leimfugen werden sich öffnen, Holzsplitter werden unter diesen großen Spannungen in der Nähe der Leimschicht losgerissen werden.

Die Sperrplatte hingegen verfügt über 4 Leimschichten, von denen jede ungefähr $^1/_{16}$ Zoll (1,6 mm) oder weniger von jeder Oberfläche entfernt ist. Die atmosphärische Feuchtigkeit wird daher diese Kombination von Holz und Leimschicht nicht so schnell durchdringen. Die Dehnungsspannungen, die durch die Feuchtigkeitsaufnahme des $^1/_{16}$ Zoll (1,6 mm) starken Außenfurniers entstehen, werden unschwer ausgeglichen werden durch den übrigen $^3/_4$ Zoll (19 mm) starken gegen Feuchtigkeit verhältnismäßig geschützten Werkstoff und werden daher praktisch wirkungslos sein. Auch die Feuchtigkeit, die von den Schnittkanten der Mittellage aufgenommen wird, wird Dehnungsspannungen verursachen. Die beiden Leimlagen und die beiden Furnierlagen, die auf jeder Seite der Mittelage vorhanden sind, werden aber diese Dehnungsspannungen leicht aufnehmen und ausgleichen können, was verständlich ist, besonders wenn man die verhältnismäßig große Leimfläche mit der verhältnismäßig kleinen Schnittkantenfläche der Mittellage oder des Massivholzes vergleicht.

Wird die Feuchtigkeit der Luft bei gewöhnlicher Temperatur die Leimverbindung zwischen den Furnieren schwächen? Diese Frage ist überhaupt nur dann zu beantworten, wenn Leim verwendet worden ist, der nicht als wasserfest angesprochen werden kann. Bei den gewöhnlich immer noch sehr viel in Tischlereien und Möbelfabriken angewendeten Leimsorten ist diese Frage daher auch zu erörtern und dahin zu beantworten, daß sehr wohl die theoretische Möglichkeit dazu besteht, daß aber die praktische Erfahrung vieler Jahrhunderte gelehrt hat, daß eine solche Befürchtung keine Berechtigung hat. Richtig abgebundener Leim in einer dichten Fuge wird eher das Holz zerreißen, als das Holz loslassen. Mit anderen Worten, eine richtig hergestellte Leimfuge ist fester als das Holz.

Wenn man die Sperrholzplatten unter Wasser bringt oder so in Wasser stellt, daß die Poren dieses aufsaugen können, oder wenn man es den Unbilden der Witterung aussetzt, so werden die Leimfugen sich öffnen, wenn gewöhnliche Tischlerleime verwendet worden sind und natürlich werden die Furniere lose werden. Unter denselben Bedingungen jedoch wird eine Massivholzplatte mindestens ebensoviel, wenn nicht mehr Feuchtigkeit aufnehmen, und zwar in Gestalt von Wasser, und wird mindestens genau so zerstört werden, wie eine Sperrholzplatte. Wie bereits erwähnt und wie unter dem Kapitel über die Leime noch weiter ausgeführt werden wird, gibt es Leimverbindungen, die selbst bei solchen Beanspruchungen ein Lösen der Leimfugen nicht eintreten lassen.

Kapitel IV.

Die Ursache der Überlegenheit von Sperrholz.

Die Empfindlichkeit von Furnier.

Viele der herrlichsten Maserzeichnungen im Holz werden durch Schnitte erzielt, die quer zu drehwüchsigen, welligen, knotigen, unregelmäßigen oder irgendwie aus ihrer Lage gebrachten Fasern gelegt werden, wie sie in Astgabelungen, Stümpfen, Wurzelstücken, Zwieseln, Auswüchsen (butt, stump, crotch, burl) oder sonstigen Wuchsabnormitäten vorkommen. Figur 5 zeigt den Verlauf eines solchen Schnittes im Schema. Wollte man es unternehmen, aus solchen Stammstücken selbst 1 oder 2 Zoll starke massive Bretter zu schneiden und zu verarbeiten, so würde das Holz sich derart werfen, drehen und reißen, daß in ganz kurzer Zeit die daraus gefertigten Möbel unbrauchbar würden.

Die meisten Maserzeichnungen sind auf Hirn- oder Gehrungsschnitte*) durch die Fasern zurückzuführen, die im Massivholz sehr selten eine gleichmäßige Färbung oder eine glatte Politur annehmen, da Hirnschnitt poröser ist, mehr Farbe aufnimmt und sich nicht in eine so glatte Fläche verarbeiten läßt, die so schön und dauerhaft ist, wie Schnitte längs dem Faserverlauf. Dünne Furnierblätter, die derartige Hirnschnitte aufweisen, sind wenig widerstandsfähig und brechen leicht. Tatsächlich müssen sie teilweise in feuchtem Zustande aufbewahrt und verarbeitet werden, wenn man Schäden bei ihrer Handhabung vermeiden will. Der Gefahr der Zerstörung derartiger dünner Furniere kann, wenn sie richtig geschnitten sind, durch Aufleimen auf eine entsprechende Holzunterlage erfolgreich begegnet werden. Die sogenannten Streifen im Mahagoni (ribbon-effect) rühren von den weicheren und flockigeren Holzteilen her, die mit den einfachen und härteren Teilen streifenförmig abwechseln. Ihre Verarbeitung ist dementsprechend schwieriger. Die Streifen (streak) in Walnuß oder Gumtree mit Flammung sind entweder auf die Jahresringe zurückzuführen oder auf lokale Ansammlungen von Pigment. Fladern und Flammungen (mottles, fiddlebacks, abgeleitet von den Maserbildern auf alten Geigenböden) sind andere Auswirkungen welligen Faserverlaufs. Die Ursache der Erscheinung der sogenannten Vogel-

*) End oder slanting grain.

augen (bird's eys) im Ahorn ist augenscheinlich bis jetzt noch nicht einwandfrei festgestellt. In Band II dieses Werkes sind eine große Anzahl von Abbildungen die einzelnen Maserbilder mit ihren englischen und deutschen Bezeichnungen wiedergegeben.

Die feste Grundlage.

Die Natur bietet dem Möbelarchitekten und Möbelfabrikanten durch den Wuchs schön gemaserten Holzes die Möglichkeit einer sorgsamen Auswahl zur Erzielung der gewünschten Effekte, aber aus praktischen Gründen können sie, wie gezeigt, nur dünne Lagen dieser wunderbar gezeichneten Hölzer verwenden und müssen diese auf eine zuverlässige

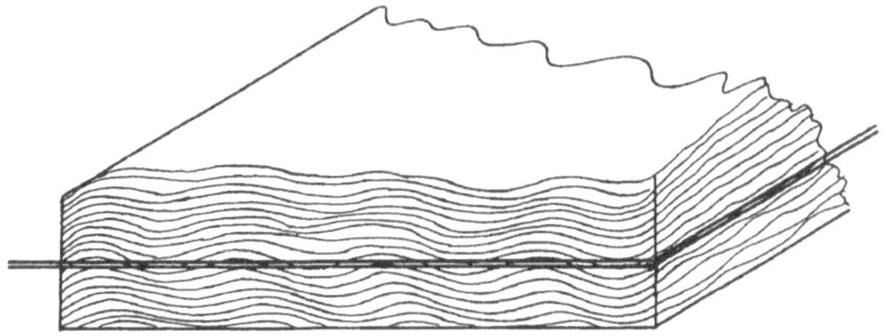

Fig. 5. Schema, das zeigt, warum wellenförmige Zeichnungen des Faserbildes entstehen, wenn ein gerader Schnitt durch Holz mit ungleichmäßigem Faserverlauf gelegt wird. Ein Schnitt wie der gezeichnete ergibt ein sogenanntes „buntes" Maserbild. Die meisten anderen Maserbilder sind auf ähnliche Ursachen zurückzuführen.

Holzunterlage aufbringen, die die Sicherheit gibt, daß die gewünschten Formen auch unter den verschiedenen klimatischen Bedingungen und bei normaler Benutzung erhalten bleiben, wenn möglich auch unter Bedingungen, die man nicht mehr als ganz normal ansprechen kann. Diese solide Unterlage für ein gemasertes Furnierblatt, mit seinen oft freiliegenden Hirnschnitten bedeutet eine Verstärkung des empfindlichen Furniers und gibt überhaupt erst die Möglichkeit, es zufriedenstellend weiter zu verarbeiten und zu polieren, was unbedingt notwendig ist, um die höchsten Effekte herauszuholen. Der Amerikaner nennt diese Unterlagen „Cores" oder „Centers", die aus Furnieren, Schnittholz oder aus anderen Werkstoffen ähnlichen Charakters bestehen können. Er benutzt also denselben Ausdruck, der im Deutschen für die Mittellage aus Sperrholz benutzt wird, weil hier vielfach, besser gesagt wohl immer, mindestens ein Absperrfurnier aus ungemustertem Holz zwischen die schön gemaserten Außenfurniere und die Mittellage geschaltet wird, und zwar im Faserverlauf quer zum Faserverlauf der Mittellage und der Außenfurniere.

Die Erzielung von ausgeglichenen und symetrischen Wirkungen.

Die Natur erzeugt die Maserbilder des Holzes in unregelmäßiger Form, in Zufallseffekten. Nur in Ausnahmefällen, wie z. B. bei bunten, gestreiften Maserbildern, beim Vogelauge, kann die natürliche Zeichnung so benutzt werden, wie sie entfällt. Wenn man dünne Furniere, so wie sie nacheinander von ein und demselben Stamm bei schön gemasertem

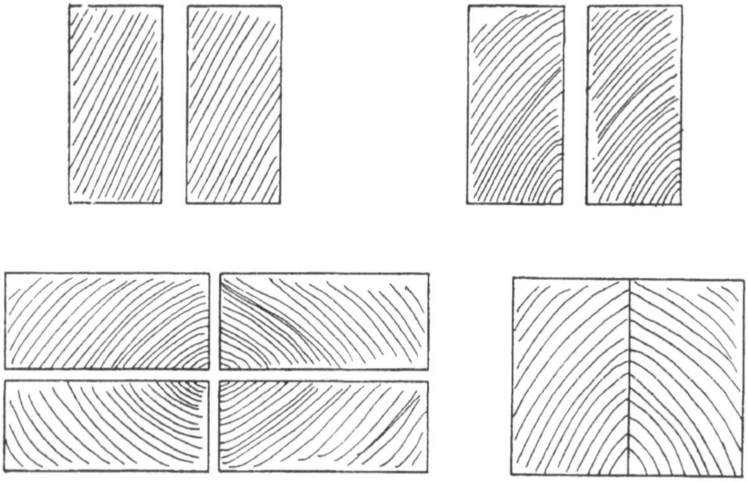

Fig. 6. Optische Täuschung bei der Verwendung von schrägen Maserungen. Die Kanten der oberen Figur scheinen nicht parallel zu laufen. Die untere Figur rechts zeigt, wie die Zeichnungen zusammengesetzt werden können und die untere Figur links zeigt eine Zusammensetzung im ausgeglichenen Bilde.

Holz entfallen, nebeneinander legen würde, so würde man kein besonders gutes Bild erhalten. Es würden keine Möglichkeiten zur künstlerischen Wirkung gegeben sein. Benutzt man solche Furniere einzeln, so kann man sehr leicht sogar einen grotesken Effekt erzielen. Schräge, excentrische Maserfiguren ergeben, wenn sie allein benutzt werden, oft optische Täuschungen. Man hat den Eindruck, als wenn sie nicht winklig zugeschnitten sind oder als wenn in der Zusammensetzung irgendwie ein Kunstfehler begangen worden ist. (Siehe Figur 6.) Zwei aus aufeinanderfolgenden Schnitten, vom selben Stamm erzeugten Furnierblätter werden praktisch nahezu dasselbe Muster zeigen. Wenn man nun das eine umdreht und die beiden Kante auf Kante zusammenstößt, bekommt man ein symmetrisch abgestimmtes Bild, das die Schönheit des einzelnen Stückes erhöht und das häufig das im Einzelstück gestört aussehende Muster zu einem künstlerischen Effekt bringt. (Figur 7.)

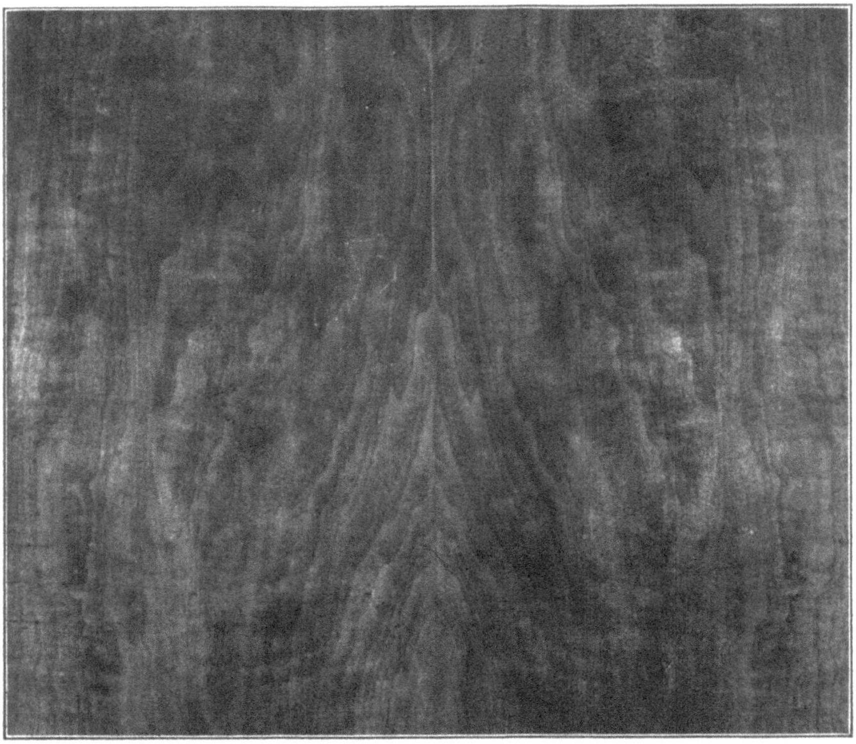

Fig. 7. Zwei Furniere von schwarzer Walnuß, von denen das eine gewendet ist, in der Mitte zusammengefügt, zeigen eine symmetrische und ausgeglichene Anordnung von Furnieren mit Faserverlauf unter verschiedenen Winkeln.
(Dank dem Entgegenkommen von Penrod Walnut and Veneer Co.)

Sägefurniere aus geviertelter Eiche, die gewöhnlich nur sehr schmal sind, müssen aus 2, 4 oder 6 Streifen zusammengesetzt werden, um die richtigen Arbeitsbreiten zu erhalten. Hierbei wird jeder zweite Streifen gewendet, wodurch man zwei oder drei Paare von abgestimmten Stücken erhält, die hintereinander angeordnet sind. Geschieht die Anordnung planmäßig, so erhält man gut ausgeglichene Wirkungen, entweder mit der bekannten großen Eichenzeichnung, Spiegel (splash), oder das moderne Grätenmuster (Herringbone) (siehe Figur 8). Andere Holzarten mit ausgesprochenem Streifencharakter werden zu sogenannten Zebramustern gerade oder unter Winkel zusammengesetzt (siehe Figuren 9a und 9b).

Zum Zwecke des seitlichen Zusammensetzens der Furniere werden die Kanten zunächst gefügt (jointing), d. h. gerade geschnitten, wobei

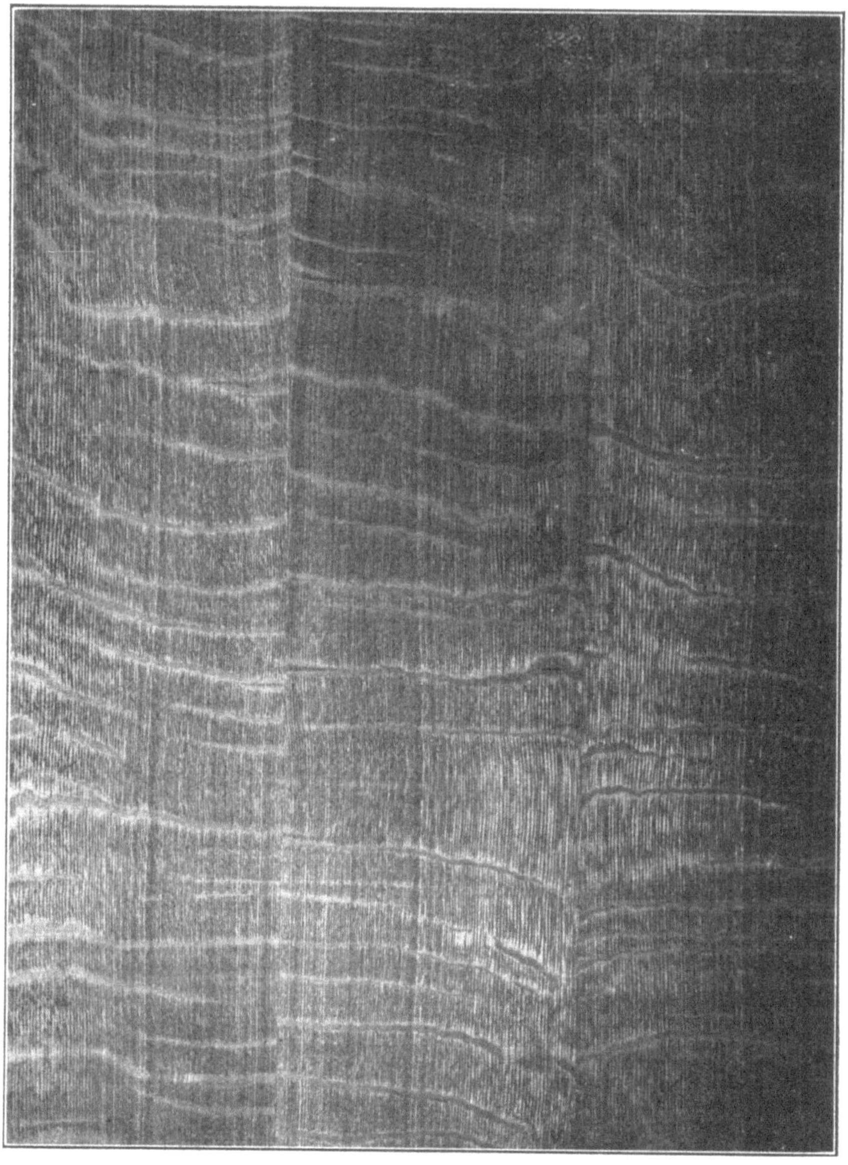

Fig. 8. Messerfurnier aus gevierteIter Eiche, aus drei Stücken zusammengesetzt, der mittelste Streifen ist gewendet.

(Dank dem Entgegenkommen von New Albany Veneering Co.)

die Schnittkanten möglichst senkrecht zur Fläche des Furniers stehen müssen. Die gerade geschnittenen Kanten der zu verbindenden Furniere werden dann mit gummiertem Papier zusammengeklebt (dieses wird, nachdem die zusammengefügten Furniere auf ihre Unterlage aufgeklebt sind, wieder entfernt), so daß die Fuge lediglich durch die Veränderung des Verlaufs der Fasern bemerkbar wird. Außer der seitlichen Zusammensetzung wird auch eine Zusammensetzung über Hirn geübt. Wenn 2 oder 4 nebeneinander entfallende Furnierblätter dieselbe Musterung oder dieselbe Zeichnung zeigen, werden sie an einem Ende oder auch an ihren beiden Enden und Seiten gefügt und zusammengeklebt.

Fig. 9a. Zebranoholz in diagonal geschnittenen und zusammengesetzten Streifen.
(Dank dem Entgegenkommen von Luce Furtinure Co.)

Es ergibt das außerordentlich überraschend schöne Effekte, wie dieses in Figur 10 und 11 gezeigt ist. Reich gezeichnete Furniere, die aus Wurzeln, Auswüchsen, Gabelungen usw. stammen, ergeben in den Händen von Fachleuten die wunderbarsten und schönsten Muster.

Es ist ganz klar, daß man aus gesägten Blättern normaler Stärke, selbst wenn sie aus sehr schön gemaserten Hölzern geschnitten werden, niemals derartig schöne und ausgeglichene Maserbilder herstellen könnte.

Pyramiden- und Segmentfiguren, Einlagen und Intarsien.

Die Verwendung von Holz mit schönen und charakteristischen Maserbildern für Segmentfiguren, Borten, Verzierungen, Einlagen und Intarsien usw. ist bei Sperrholz sehr verbreitet. Die vielen Möglichkeiten und Kombinationen sind zu zahlreich, als daß sie hier erörtert werden könnten, es mag genügen festzustellen, daß die unendlich vielen Möglichkeiten in der

Zusammensetzung von gleich gemaserten oder kontrastierenden Holzbildern weitgehende Anwendung finden für Einlagearbeiten, Bildwerken, bei denen das Holz mit seinen verschiedenen Farben, Zeichnungen und Schattierungen zu Medaillons, Ecken, Romben oder ganzen Bildern verarbeitet werden

Fig. 9b. Zebranoholz aus 4 aufgeteilten Furnieren zusammengesetzt, die ein Rombusmuster ergeben mit scharfen Farbenkontrasten.
(Dank dem Entgegenkommen von New Albany Veneering Co.)

kann. Es ist wohl kaum noch notwendig zu wiederholen, daß man nur mit Furnieren und niemals mit massivem Holz so viele Möglichkeiten zur Erzielung der mannigfachsten Kombinationen und Wirkungen für die verschiedensten Artikel hat.

Die Wirtschaftlichkeit.

Vergleichende Kosten einer Sperrplatte und einer Massivplatte.

Man pflegt allgemein anzunehmen, daß eine überfurnierte Sperrholztischplatte billiger und deswegen qualitativ minderwertiger ist, als eine solche aus massivem Holz. Analysiert man die Kosten, so klärt sich die Situation. Dieser Vergleich der Kosten soll sowohl für amerikanische wie für deutsche Verhältnisse, die im allgemeinen wohl auch für die übrigen europäischen Länder zutreffend sein dürften, getrennt durchgeführt werden, mit Rücksicht auf die verschiedene Art des Einschnittes, besonders von Eiche in Amerika und auch in Europa, ferner auch mit Rücksicht darauf, daß die Sperrplatten, wie sie für Tischplatten benutzt werden, in Amerika meist anders aufgebaut sind, wie in Europa, daher die Verteilung der Kosten auf Material und Lohn in Europa etwas anders sind wie drüben, wenn auch das Endergebnis in beiden Fällen so ziemlich das gleiche ist.

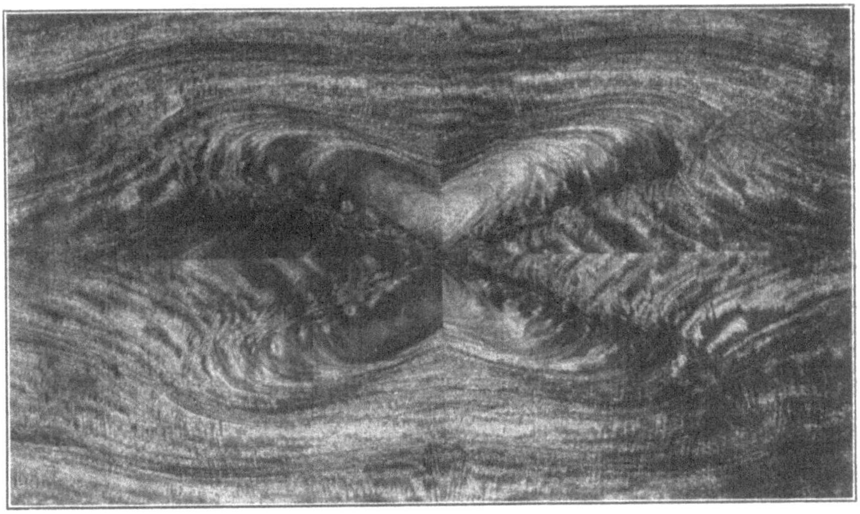

Fig. 10. Vier bunte geflammte Mahagonifurniere, die seitlich und über Hirn symmetrisch zusammengesetzt sind.
(Dank dem Entgegenkommen der Hanson, Ward Veneer Co.)

In Amerika liegen die Verhältnisse wie folgt:

Zunächst muß gesagt werden, daß die besten Holzqualitäten fast ausnahmslos zu Furnieren verarbeitet werden und nur die weniger guten zu Schnittholz zersägt werden. Der Preis für Furnierholz würde, wenn Schnittmaterial aus ihm hergestellt wird, letzteres unverkäuflich machen, andererseits würde ein Fachmann ein Furnier, das aus einem Stamm erzeugt ist, welcher nur die Qualität für Schnittware besitzt, nicht einmal geschenkt nehmen. Dieses trifft sowohl für Amerika als Europa zu. Als Beispiel sei folgendes angeführt:

Ein Furnierblatt von $^1/_{24}$ Zoll Stärke*) kann durchschnittlich für 2 Cent p. Quadratfuß gekauft werden. Der äquivalente Preis für Holz hierzu würde 48 Cent p. Quadratfuß betragen. Dabei muß bedacht werden, daß

*) Zur leichten Umrechnung der englischen Maße in Meter und seine Bruchteile sei au die übersichtlichen Tabellen im Anhang hingewiesen.

Fig. 11. Acht Furniere aus kaukasischem Nußbaum, seitlich und über Hirn zu abgestimmten Figuren zusammengesetzt.
(Dank dem Entgegenkommen der Firma F. Moritz Müller, Leipzig.)

eine Stärke von $1^1/_8$ Zoll des Stammes mit Rücksicht auf Schrumpfung und Schnittverlust beim Sägen notwendig ist, um ein Brett von 1 Zoll Stärke zu erhalten, wodurch der Wert auf 54 Cent erhöht wird. Dies bedeutet 540 Dollar p. 1000 Fuß für Bretter, ein Preis, der vollkommen undiskutabel ist. Tatsächlich entspricht einem Marktpreis von 2 Cent für Furnier, einem Brettpreis von 200 Dollar p. 1000 Fuß, wenn man für die Herstellung von Furnieren und Brettern die Qualität von Stämmen benutzt, die marktmäßig hierfür verwandt werden.

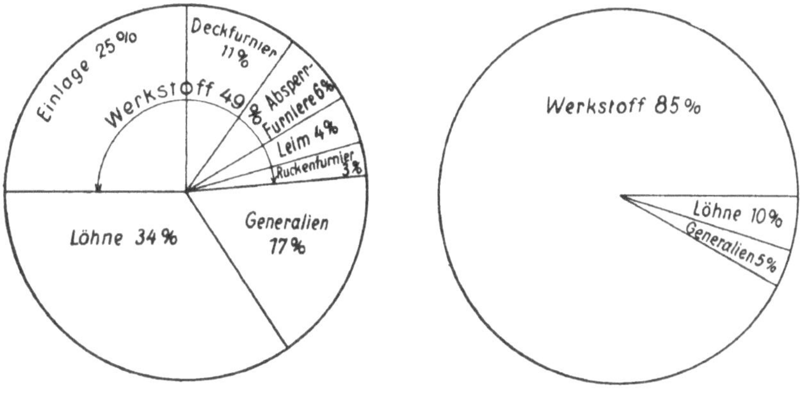

Fig. 12. Anteilige Kosten (Amerika) für Werkstoff und Arbeit bei Sperrholztischplatten links und Massivtischplatten rechts.

Untersucht man nun die Kaufkraft eines Dollars einmal für Sperrholztischplatten normaler Qualität und dann für eine massive Tischplatte einer möglichst gleichen Qualität, so wird man praktisch für jeden Dollar gleich viel Quadratmeter der beiden Plattensorten kaufen können. Untersucht man jedoch wie viel vom angelegten Preis auf Material- und Lohnkosten entfallen, dann kommt man zu sehr verschiedenen Ergebnissen. Das Diagramm der Figur 12 zeigt, daß aus dem Dollar, der für die massive Platte ausgegeben worden ist, hauptsächlich Werkstoffkosten gedeckt werden mußten und verhältnismäßig wenig Arbeitslohn, während von dem Dollar, der für die Sperrholztischplatte ausgegeben wird, viel weniger für Werkstoffkosten, sondern vielmehr in größerem Ausmaße Arbeitslöhne gezahlt werden.

Für Europa sei auf Grund der deutschen Preisverhältnisse ein ähnlicher Vergleich gezogen*). Eichenfurniere, die zum Sperrholzaufbau für Außenfurniere Verwendung finden, werden aus Rundholz erzeugt, das z. Z. etwa einen Wert von 200 RM. p. cbm hat. Eine aus gleichem

*) Diese Ausführungen verdanke ich Herrn Dir. Meißner der Firma Furnier- und Sperrholzwerke Francke, G. m. b. H., Spandau.

Rundholz hergestellte 10 mm Eichendickte würde, bei einem Schnittholzverlust, wie er bei den europäischen Einrichtungen wohl den Durchschnitt bildet, von etwa 45% einen Preis von etwa 5 RM. pro qm haben. Tatsächlich ist jedoch der Marktpreis für eine 10 mm Eichen-Massivplatte nur 3 RM., also das Verhältnis ist hier nicht so kraß wie in Amerika, jedoch ist immerhin der Unterschied groß genug, um massive Eichenbretter, die aus Furnierstämmen hergestellt sind, als unverkäuflich zu betrachten.

Ein Vergleich einer eichenfurnierten Platte und einer Eichen-Massiv-Tischplatte stellt sich hier wie folgt:

Eine eichenfurnierte Sperrplatte von insgesamt etwa 10 mm Stärke erfordert pro Quadratmeter:

1 qm 8 mm Sperrholz in abgepaßten Maßen . . .	4.— RM.
2 qm 0,8 mm Eichen-Messerfurnier à —.60 RM. =	1.20 „
1/3 Zuschlag für Verschnitt bei Furnier	—.40 „
	5.60 RM.

Dazu kommen noch Leim und Arbeitslohn für das Überfurnieren der Sperrplatten.

Bei Verwendung von 10 mm Eichen-Massiv-Holz und einem Quadratmeter-Preis von 3.— RM. ergibt sich unter Berücksichtigung von rund 30% Verschnitt d. s. 0.90 RM. = 3.90 RM. pro qm fertige Füllung, zu dem dann noch der Arbeitslohn und Leim für Abrichten und Zusammensetzen der Platte hinzukommt, die etwa den Kosten für das Überfurnieren der Sperrplatten gleichzusetzen sind.

In den 4.— RM. pro qm einer 8 mm Sperrholzplatte sind aber kaum 50% des Wertes die Kosten für das Holzmaterial und den Leim, da pro Quadratmeter und Millimeter Furnier z. B. bei einer Gaboon-Sperrplatte nur ca. 0.23 RM. in Ansatz zu bringen sind.

Die restlichen reichlich 50% setzen sich zu 2/3 aus Arbeitslöhnen und 1/3 aus Unkosten und Verdienst zusammen.

Bei den in Europa vorherrschenden Verhältnissen zeigt sich also, daß eine Sperrholztischplatte pro Oberflächeneinheit sogar teurer wird, wie eine massive Tischplatte.

Selbst für die falsche Schlußfolgerung, daß billiger mit minderwertiger identisch ist, ist bei europäischen Verhältnissen nicht einmal für die Beurteilung der Sperrholzplatte Raum gegeben. Da außerdem der Aufbau der Sperrholzplatte eine überlegene Anordnung des Holzes für den Ausgleich innerer Spannungen, wie auch für die Ausnutzung von Oberflächenfurnieren aufweist, scheint es mehr als gerechtfertigt, dafür höhere Kosten aufzuwenden. Was an Material in Amerika z. B. gespart wird, ist reichlich aufgewogen durch hochwertige Arbeit. Das Ergebnis ist ein sachgemäßer struktureller Aufbau der Platte und ein vielfach schöneres Aussehen der Oberfläche durch die Ausnutzung der Möglichkeiten, die zusammengesetzte Furniere bieten.

Ein zulässiger Vergleich dürfte der der Gestaltung der Gebäudefassaden sein, die aus Bruchsteinen, aus Verblendziegeln oder Terrakotten bestehen. Die Wand ist nie in voller Stärke aus Granit oder Verblendziegeln hergestellt. Stahl, Beton, Hohlziegel und andere Bauelemente, die Festigkeit und Leichtigkeit miteinander verbinden, bilden die tragende Konstruktion. Weder das Washington-Monument, noch die Wolkenkratzer des Equitablebuilding sind durchweg aus Granit gebaut.

Vergleich der Mengen.

Eine verhältnismäßig kleine Zahl von Tischplatten könnten wirtschaftlich aus Schnittholz hergestellt werden, die aus einem besonders ausgewählten Stamm geschnitten werden, während die Menge von Furnieren, die man aus einem ähnlichen Stamm herstellen kann, dazu ausreicht, um die Oberfläche von vielen Hunderten von Sperrholztischplatten zu bedecken.

Gibt es, im Falle man nun ein wunderbar gezeichnetes Stück Holz gefunden hat, von dem man Furniere von $^1/_{24}$ Zoll (1,05 mm) Stärke herstellen könnte, dann irgendeine anehmbare Entschuldigung dafür, daß man einen solchen Stamm in Bretter zerschneidet, von denen jedes Brett ungefähr 27 mal soviel Holz verbrauchen würde, wie ein Furnier? Warum soll man nicht 27 Haushalte mit diesen herrlichen Tischplattendecken versehen können, statt nur einen?

Um sich der eben ausgesprochenen Ansicht anschließen zu können, muß zunächst noch gezeigt werden, daß eine Sperrholztischplatte zum mindesten gleichwertig, wenn nicht der soliden Tischplatte im Gebrauch überlegen ist, und dieses soll jetzt geschehen.

Ausgeglichene innere Spannungen.

Jedes Holz wird normalerweise, wenn es unter verschiedenen Bedingungen verarbeitet wird, unter dem Einfluß der verschiedenen klimatischen Zustände, so wie es sein jeweilger Feuchtigkeitsgehalt mit sich bringt, schrumpfen oder quellen. Man sieht das am deutlichsten daraus, wie Türen und Fenster aus massivem Holz in unseren Wohnungen und Büros unter solchen verschiedenen klimatischen Bedingungen sich verhalten. Im feuchten Frühjahr oder bei Regenwetter, wenn wenig oder gar nicht geheizt wird, schließen sie dicht und fest, manchmal so fest, daß ihr Öffnen und Schließen Verdruß macht. Bei trockenem Sommerwetter oder auch unter dem Einfluß künstlicher Beheizung werden dieselben Türen und Fenster in ihren Füllungen lose hängen, werden oft dem Wind Durchtritt lassen, recht unangenehmen Zug verursachen und oft genug recht deutlich klappern. (Es soll hier bereits erwähnt werden, daß richtig hergestellte Sperrholztüren im normalen Wechsel der Jahreszeiten hingegen ihre Abmessungen wenig ändern und in dieser Beziehung sehr angenehm sich von massiven Türen unterscheiden.)

Holzart*)	Wassergehalt von sogenanntem „grünen" Holz	Schrumpfverlust durch Trocknung quer zur Faserrichtung in Prozenten	Breitenverlust quer zur Faserrichtung, bezogen auf 1 m Breite
Esche . , ...	40%	5%	50 mm
Linde	100	7	70 „
Birke, gelb	65	8	80 „
Douglas-Fichte	42	6	60 „
Gumtree, rot	71	9	90 „
Hemlock	34	4	40 „
Ahorn, hart	62	8	80 „
Eiche, rot	57	8	80 „
Eiche, weiß	60	9	90 „
Kiefer, weiß	36	5	50 „
Kiefer, gelb	50	8	80 „
Fichte	35	6	60 „

Um wie viel bei den bekannten Holzarten die Abmessungen zwischen Frischholz und trocknem Holz durch Schrumpfen sich ändern können, dafür sind in obiger Tabelle Durchschnittszahlen für einige Holzarten gegeben.

Der Wunsch, Beständigkeit in Abmessung und Form bei Holzprodukten zu erhalten, ist die Hauptursache dafür, daß man das Holz einem richtigen Trockenprozeß unterziehen muß. Holz ist nun leider durchaus hygroskopisch und porenreich. Seine Oberfläche nimmt nur zu willig Feuchtigkeit auf oder gibt sie ab, je nach dem Feuchtigkeitsgehalt seiner Umgebung und diese Änderung im Feuchtigkeitsgehalt führt z. B. zu der Tendenz zu Quellen oder zu Schrumpfen. Würde es gelingen, alle Poren und Öffnungen im Holz zu versiegeln oder irgendwie so zu füllen, daß keine Aufnahme und Abnahme von Feuchtigkeit möglich wäre, dann

*) Eine Ergänzung dieser Tabelle amerikanischer Hölzer durch europäische Hölzer konnte leider nicht gegeben werden, da zuverlässige Zahlen in der Literatur nicht zu finden sind. Natürlich liegen die Verhältnisse bei den europäischen Hölzern im Durchschnitt ähnlich.

könnte man hoffen, unveränderliche Abmessungen und Formen in Holzgegenständen zu erhalten. Das ist leider jedoch in der Praxis nicht zu erreichen.

Schnittholz, das künstlich getrocknet ist und sich in dem Zustande befindet, wie es für die Möbelfabrikation geeignet ist, ist immer porös und wird von Feuchtigkeit oder Wärme oder durch beide beeinflußt. Legt man zwei Bretter Seite an Seite auf die Erde und setzt sie dort einige Tage der Sonne aus, so werden die Kanten sich werfen, d. h. die untere Seite, die Feuchtigkeit von der Erde aufsaugt, wird länger als die obere Seite, die durch die Einwirkung der Sonne trocken gehalten

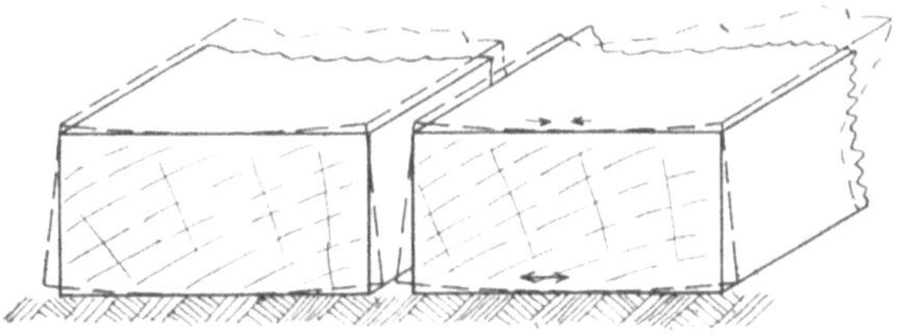

Fig. 13. Die unausgeglichene Spannung ist bei diesen Brettern, deren Oberseite gegen die Einwirkung der Feuchtigkeit geschützt ist, während die Unterseite Feuchtigkeit aufnehmen kann, sichtbar gemacht. In der Zeichnung sind die Verhältnisse etwas übertrieben, um graphisch die Spannungen darstellen zu können, die tatsächlich wirken, wenn die Wirkungen auch am Objekt selbst nicht so deutlich beobachtbar sind.

wird, wie dieses in Abbildung 13 gezeigt ist. Dreht man die beiden Bretter um, so werden zunächst die Kanten, die sich nach oben gebogen haben, zurückbiegen, um dann in entgegengesetzter Seite sich zu werfen. Dieses Beispiel zeigt in übertriebener Weise, was bei einer Tischplatte eintreten kann, die aus zwei massiven Brettern zusammengesetzt ist, deren Oberfläche z. B. gefirnist worden ist, während die Unterseite roh gelassen ist, wenn man eine solche Platte einer feuchten Atmosphäre aussetzt. Die Spannungen, welche nun tatsächlich nicht in der gezeichneten Übertreibung auftreten, wirken sich jedenfalls in der gezeichneten Weise aus, mit anderen Worten, bei Brettern treten innere Spannungen auf, die leicht unausgeglichen sein können, und wenn dieses der Fall ist, tritt ein Werfen, ein Verdrehen des Werkstoffes ein. Ist die Spannung so groß, daß sie die Adhäsion, mit der die einzelnen Fasern zusammenhängen, überwindet, so ist das Ergebnis ein Reißen. Ein richtig getrocknetes Brett, das mit Bezug auf seinen Trockengrad für die Weiterverarbeitung geeignet ist, wird nur so lange gerade bleiben, als die inneren Spannungen ausgeglichen sind. Die Aufgabe besteht also darin, die inneren Spannungen dauernd im Ausgleich zu halten. Bei massivem Holz ist dies außerordentlich schwer, wenn nicht unmöglich. Deswegen sieht man auch bei fast allen antiken, massiven Möbeln Teile, die sich stark geworfen haben und geöffnete Fugen besitzen.

Eine der Hauptursachen, warum man Sperrholz, das aus verschiedenen Lagen von Furnieren oder Holz aufgebaut ist, herstellt, ist eben die, diese innere Ausgeglichenheit dauernd zu erzielen. In Fig. 14 ist ein Schema einer Sperrplatte mit ihren verschiedenen Lagen voneinander abgehoben, gezeichnet, um den Lesern die Konstruktion einer 5 fach abgesperrten Platte mit Schnittholzeinlage oder auch einer 3 fach abgesperrten Platte, unter Benutzung einer starken Furniermittellage zu zeigen (siehe Figur 14). Der Faserverlauf der Vorder- und Rückenfurniere der fünffachen Platten ist parallel mit den Fasern der Schnittholzeinlage, und die dazwischenliegenden Absperrlagen zeigen einen Faserverlauf senkrecht hierzu. Wenn eine solche Holzkombination unter Druck zu einem soliden Stück Sperrholz verleimt und getrocknet ist, so erhält man eine starre Einheit.

Es ist bekannt, daß das Schrumpfen und Quellen beim Holz sich hauptsächlich in der Richtung quer zum Faserverlauf auswirken, das ist in der Richtung, in der das Holz die geringste Festigkeit aufweist. Betrachtet man nun den Faserverlauf in Figur 14 bei der obersten Darstellung, so sieht man, daß die beiden Absperrlagen, wenn sie fest durch die Leimschicht mit den Mittellagen und den Außenfurnieren verbunden sind, ein Quellen oder Schrumpfen quer zur Faser der Mittellage und Außenfurniere verhindern, da bei richtiger Bemessung die Festigkeit der Mittellage in der Faserrichtung, diese Kräfte aufzunehmen vermag. Umgekehrt werden Spannungen, die quer zur Faser der Absperrfurniere auftreten, durch die Festigkeit der Längsfasern von Mittellage und Außenfurnier aufgenommen.

Bei der dreifachen Absperrung liegen die Verhältnisse, wie die Zeichnung zeigt, genau so, nur daß dort die starke Furniermittellage mit den beiden Außenlagen in gleicher Wechselwirkung steht.

Die Außenfurniere eines derartig 5 fach abgesperrten Sperrholzes sind gewöhnlich $^1/_{32}$ bis $^1/_{16}''$ (0,8 bis 1,6 mm) stark, unterstützt durch das Absperrfurnier (das aus einem harten, engporigen Holz bestehen kann, um das weiche und leicht brechbare Außenfurnier zu unterstützen): Außenfurnier und Absperrfurnier werden dann auf eine Schnittholzmittellage geeigneten Holzes aufgeleimt, das fest ist, gut verleimt und sich nicht leicht verdreht, wie z. B. Kastanie, Pappel usw. Der Widerstand gegen Verdrehen hängt hauptsächlich von der Mittellage und den beiden Absperrlagen ab. Beide Seiten, das Rückenfurnier und dessen Absperrfurnier, müssen dieselbe Festigkeit, Stärke und Qualität haben, wie das Vorderfurnier und dessen Absperrfurnier, um die Spannungen aufheben zu können und einen vollkommenen Ausgleich zu schaffen.

Wenn man mit Kaltleim arbeitet, wie dies in Amerika meist der Fall ist, führt man die Verleimung in einem Gange aus. In Europa

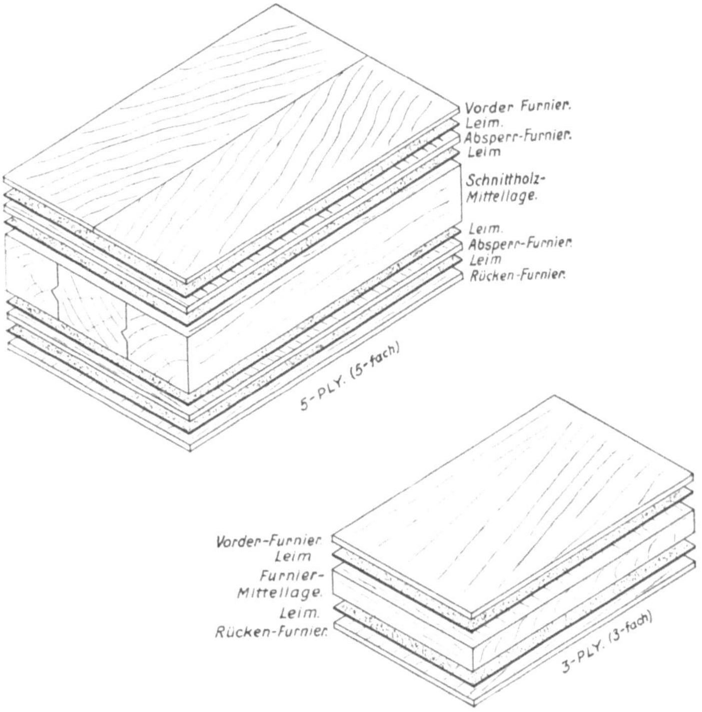

Fig. 14. Der Aufbau einer 5fachen Absperrung mit Schnittholzmittellage und einer dreifachen Absperrung mit Furniermittellage. Die einzelnen Lagen sind voneinander abgehoben gezeichnet, um zu zeigen, wie die inneren Spannungen in allen Lagen ausgeglichen werden.

werden vielfach erst die Absperrfurniere mit der Mittellage durch Leim verbunden und dann in einem getrennten Arbeitsgang auf diese nun dreifachen Platten das Vorder- und Rückenfurnier aufgebracht.

Bei dreifacher Absperrung werden gewöhnlich nur wenig gezeichnete Furniere verwendet. (Fehler in der Mittellage oder Unregelmäßigkeiten können bei solchen dünnen Furnieren sich markieren, wenn man kein besonderes Absperrfurnier dazwischen legt.) Die Außenlagen können beliebige Dicke haben; die Mittellage macht man gewöhnlich aus einem stärkeren Furnier, jedoch sollen Vorder- und Rückenfurnier von derselben Stärke sein und in einem Gang mit der Mittellage verleimt werden.

Wird das Sperrholz richtig gefüllt, lackiert und abgearbeitet, so wird es stets ausgeglichen sein und wird immer flach bleiben, es wird atmosphärischen Einflüssen viel besseren Widerstand leisten und nach allen Richtungen die gleiche Festigkeit zeigen (es kann nicht reißen), und wird ferner den daraus gefertigten Möbeln eine Beständigkeit geben, die man niemals mit Massivholz erreichen kann.

Furnierkanten.

Viele Möbel können in Form und Abarbeitung dadurch wesentlich verbessert werden, daß man die Kanten mit Furnieren versieht. Um das dunkle und unschöne Aussehen der Seiten von Tischkanten zu vermeiden, pflegt man die Kanten solcher Platten rings herum mit einem Streifen von Furnier zu belegen. Handelt es sich um runde oder ovale Platten, so bietet es keine Schwierigkeiten einen Furnierstreifen aus einem Stück herumzulegen.

In manchen Fällen wird ein derartiger „Umleimer" (edge veneer), wie er genannt wird, mit horizontalem Verlauf der Faser dem Künstler und Architekten nicht genügen. Dann wird das Furnier mit vertikal verlaufender Faser als Umleimer benutzt. Diese Arbeit ist nicht so einfach auszuführen, sie macht sich in vielen Fällen aber doch bezahlt. Auch bei den Vorderseiten von Schreibtischen, Büffets usw. ordnet man z. B. als Einfassung der Öffnungen für Schubkästen und Türen zur Erzielung eines besseren Bildes Furnierstreifen mit vertikal verlaufender Faserrichtung an. Wichtig ist es aber, daß die Teile, auf die derartige Furniere aufgeleimt werden, mit Rücksicht auf die nötige Festigkeit konstruiert sind und ihrerseits horizontal verlaufende Fasern haben.

Kapitel V.

Geschweifte Formen als nützliches Anwendungsgebiet für Furniere.

Dünne Furniere sind so biegsam, daß sie sich um vielfach geschwungene und unregelmäßige Formen biegen lassen. Oft werden Furniere in dieser Verarbeitung dazu benutzt, um Fugen oder andere konstruktiven Einzelheiten zu verdecken, die dazu geeignet wären, die Erscheinung des Ganzen zu beeinträchtigen. Man kann 3, 5 oder mehrere Furnierblätter in einer Form oder Matritze gleichzeitig verleimen und pressen und erhält hieraus ein Sperrholz beliebiger Form, die erhalten bleibt.

Anwendung in der Möbelfertigung.

Bei Schreibtischen, Vitrinen, Buffets, Schranktüren werden die aus verleimten Brettern hergestellten, geschwungenen Teile mit derartigen Furnieren bedeckt. Die Seiten von Phonographenkästen sind häufig konvex und erhalten eine derartige Furnierbekleidung. Die Schubläden-vorderseiten von Schreibtischen sind oft mit konkaven überfurnierten Oberflächen ausgestattet. Schreibmaschinendeckel, nierenförmige oder ovale Tische benötigen sehr häufig solche äußeren Bekleidungen mit geschweiften Furnieren. Gewisse Ausführungsarten von Betten haben geschweifte Betthäupter und Fußenden, die ebenfalls des geschweiften Furniers nicht entbehren können. Tischfüße runder Form, besonders aber der bekannten Auszieh-Eßtische mit einem Fuß sind überfurniert. Man kann diese Füße nicht aus einem massiven Stück herstellen, weil sie zu schwer sein würden. Die Füße werden vielmehr aus mehreren Holzstreifen in Form einer hohlen Säule hergestellt. Die Leimfugen würden ein unschönes Aussehen ergeben, wenn sie nicht mit geschweiften Furnieren bedeckt wären. Die gebogenen Füße und Armlehnen von Chaiselongues und großen Stühlen werden gewöhnlich aus einzelnen Stücken von etwa 1 Zoll starken Brettern aufgebaut. Die Form wird durch Bandsägezuschnitt erzielt. Solche Möbelteile würden unmöglich für ein gutes Möbel Verwendung finden können, wenn sie nicht mit Furnieren bedeckt wären.

Die angeführten Beispiele erschöpfen bei weitem nicht das Anwendungsgebiet von geschweiften Furnieren im Möbelbau. Man darf wohl ohne Übertreibung sagen, daß ohne die Benutzung der gebogenen und geschweiften Furniere künstlerische Effekte für andere als gradlinig gestaltete Möbel überhaupt nicht zu erzielen wären.

Geformte Sitze.

Kirchenstühle, Kanapees, Theaterstühle werden gewöhnlich aus drei- oder fünffach abgesperrtem Sperrholz hergestellt. Die Anfertigung der Preßform für eine derartig geschweifte Arbeit (Figur 15) erfordert außerordentliche Erfahrung, da man möglichst viel Sitze in einem Arbeitsgang herstellen möchte. Andererseits ist es notwendig, daß möglichst alle Teile der geschweiften Form während der Pressung und Leimung demselben Druck ausgesetzt sind, nur dann kann man ein gleichmäßig gut verleimtes Fabrikat erhalten. In einem späteren Kapitel wird hierauf noch näher eingegangen werden. Sperrholz wird auch häufig für Bänke in Schulen und Hörsälen benutzt, für Schreibtischsessel, Faltstühle usw. Kirchenstühle werden natürlich nicht immer aus Furnieren hergestellt, aber man erhält einen viel bequemeren, dem menschlichen Körper angepaßte Sitzform, wenn man geschweifte, mehrfach abgesperrte Furniere hierfür verwendet, in ähnlicher Form, wie sie in Figur 16 dargestellt sind. Solche Sitze werden oft, sowohl an der Sitzfläche wie auch an der Lehne gelocht.

Gewölbte, gelochte Stuhlsitze aus Sperrholz, die als Ersatz für geflochtene Rohrsitze dienten, waren eine Zeitlang stark begehrt. In Amerika sind sie zum großen Teil durch gepolsterte Sitze bzw. Leder- und Vulkanfibersitze ersetzt worden, während sie in Europa immer noch einen ganz bedeutenden Handelsartikel bilden und in großen Mengen auch noch von Europa exportiert werden.

Auch für die Herstellung von gepolsterten Sitzen und Sitzen, die mit anderen Stoffen überzogen werden, wird als Tragelement sehr viel gebogenes Sperrholz verwendet.

Geformte Behälter.

Auf ähnliche Weise, wie die geformten Sitze hergestellt werden, wird Sperrholz auch in anderen Formen hergestellt, wie sie als Deckel und Behälter im Haushalt, in Büros und für die Reise benutzt werden. Am bekanntesten sind wohl die Nähmaschinendeckel, die fast immer aus Furnieren hergestellt worden sind und die oft genug nicht nur als Deckel, sondern auch als Sitz benutzt wurden. Durch die moderne Ausführung der Nähmaschinen mit versenkbarem Maschinenkopf, ist dieser Verwendungszweck etwas zurückgedrängt worden.

Die Deckel für Schreibmaschinen werden auch sehr viel aus geformtem Sperrholz gemacht, besonders dann, wenn man das Aussehen des Deckels mit dem Aussehen der Tischoberfläche in Einklang bringen will. Die geschweiften Teile sind gewöhnlich aus Furnieren hergestellt, nur die Seitenteile werden aus Massivholz gemacht, aber auch diese werden häufig überfurniert. Die Behälter für Musikinstrumente, die manchmal

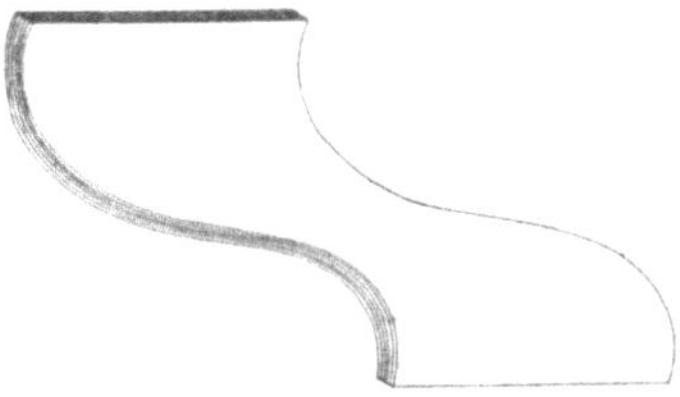

Fig. 15. Theatersitze aus 5fach abgesperrten Furnieren hergestellt. Die Fasern des obersten und untersten Furniers wie des Mittelfurniers sind gleichlaufend, während die dazwischenliegenden Furniere in ihrem Faserverlauf quer dazu liegen.

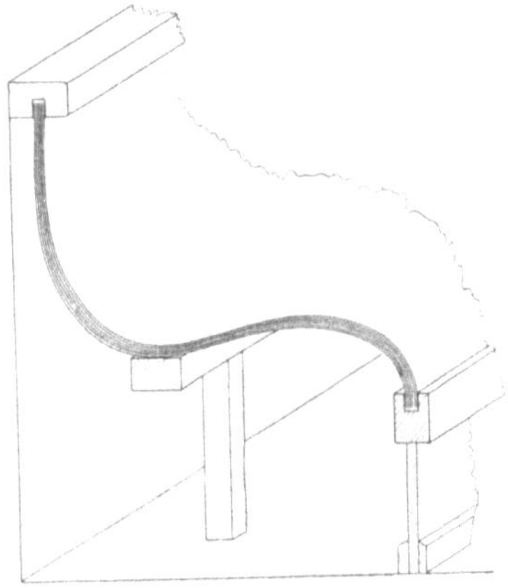

Fig. 16. Bänke in einem Warteraum der Eisenbahn, aus 5fach abgesperrten Furnieren hergestellt.

außerordentlich unregelmäßige und groteske Formen haben, werden aus gebogenen und geschweiften Furnieren und Sperrholz gefertigt, außen gewöhnlich mit Leder oder Tuch überzogen und innen mit Plüsch oder mit Wollstoff ausgekleidet.

Die runden Deckel von Truhen alten Stils bestehen aus überfurniertem Sperrholz, auch die gewölbten Seitenwände der modernen Schrankkoffer werden in ganz ähnlicher Form hergestellt wie die Theatersitze. Es hat sich gezeigt, daß derartige gewölbte Kofferseitenteile, wenn sie richtig verleimt sind, innen mit Stoff ausgelegt und außen mit Metallbandagen versehen sind, nahezu unzerstörbar sind und selbst den berufsmäßigen „Kofferwüterichen“ der Bahnhöfe erfolgreich Widerstand entgegensetzen.

Die gebogenen Sperrholzkörper von Schlitten geben ein Beispiel der außerordentlichen Festigkeit, verbunden mit großer Leichtigkeit. Wagen- und Droschkendecken werden aus geschweiftem Sperrholz gemacht, wie auch eine große Anzahl von Innenausstattungen, Abteilungen in den

Wagen usw. Die Wagenkästen von Autobussen und Lieferwagen können in jeder beliebigen Form hergestellt werden.

Vor allen Dingen wird gebogenes Sperrholz in der Transportindustrie sehr stark benutzt und sein Gebrauch wird sich noch wesentlich steigern, wenn man erst gelernt haben wird, die Möglichkeit einer wasserfesten Verleimung richtig einzuschätzen. In Europa bringt man der Verwendung von gebogenen Sperrholzgefäßen für feste Waren mehr oder weniger

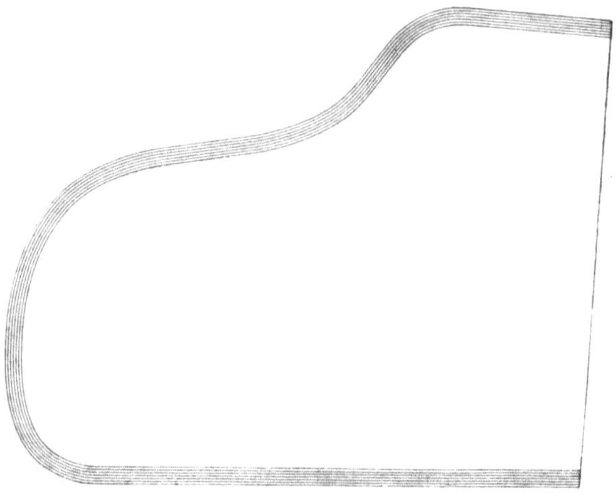

Fig. 17. Sperrholz in Benutzung für Flügelrahmen.
(Dank dem Entgegenkommen von Mason & Hamlin Co.)

konsistente Fette, selbst für Flüssigkeiten ein immer mehr wachsendes Interesse entgegen. Es sind bereits Spezialmaschinen zu ihrer Herstellung auf dem Markt erschienen, an einigen wird sehr erfolgreich gearbeitet.

Verwendung bei Flügeln.

Der Aufbau eines großen Flügelrahmens ist eine sehr interessante Sperrholzarbeit und ein Werkstück, das man aus massivem Holz überhaupt nicht herstellen kann, wie dies aus Figur 17 hervorgeht. Die äußeren Bänder bestehen aus 6 oder 7 Lagen von $^1/_8$ oder $^3/_{16}''$ (3,2 oder 4,8 mm) starken Furnieren, deren Fasern in derselben Richtung verlaufen. Die inneren und äußeren Furniere werden gewöhnlich aus Mahagoni, Walnuß oder Rosenholz hergestellt. Die inneren Bänder oder das Skelett, welches den Rahmen und Resonanzboden trägt, besteht gewöhnlich aus etwa 10 oder mehr Lagen, die scharf in die äußeren Lagen eingepaßt sind.

Verwendung für andere Saiteninstrumente.

Die große Familie der Saiteninstrumente, die Violine, Mandolinen, Gitarren, Banjons usw. werden aus Furnieren und Sperrholz hergestellt. Oft sieht man an ihnen wunderbare Formen, vereint mit schön abgestimmten Maserbildern und künstlerischen Einlagen. Trommeln und Pauken werden aus Furnieren hergestellt. Vom wirtschaftlichen Standpunkte aus ist die Menge von Furnieren, die für die kleineren Musikinstrumente gebraucht werden, nicht groß, doch sind sie wichtig für die wirtschaftliche Herstellung der Instrumente und für die Erzielung künstlerischer Effekte.

Kapitel VI.

Technische Eignung von Sperrholz.

Verleimtes Sperrholz, das aus dünnen Blättern so hergestellt ist, daß die Faserrichtung der aufeinanderfolgenden Lagen sich kreuzen, ist fester als massives Holz derselben Stärke, und zwar aus verschiedenen Gründen, von denen die nachstehend behandelten für das Gebiet der Technik von besonderem Interesse sind.

Zug und Druck.

Holz zeigt in der Richtung der Faser pro Querschnitteinheit einen größeren Widerstand gegen Zug und Druck als quer zur Faser (unter 90 Grad) hierzu.

Widerstand gegen Scherbeanspruchungen.

Ein Unterschied besteht auch bei der Scherbeanspruchung oder der Kraft, die notwendig ist, um einen Teil an dem anderen in einer gewissen Linie oder gewissen Ebene abgleiten oder abscheren zu lassen, jedoch widersteht das Holz größeren Beanspruchungen in einer Ebene senkrecht zum Verlauf der Faser als parallel zu derselben. Ferner hat das Holz in einer zum Faserverlauf parallel liegenden Ebene einen größeren Seitenscherwiderstand in der Querrichtung, unter 90 Grad, zum Faserverlauf, als in der Richtung des Faserverlaufs. Mit anderen Worten, der Widerstand von Holz gegen Abscheren ist in der Faserrichtung geringer, als in irgendeiner anderen.

Biegungsbeanspruchungen.

Eine Biegungsbeanspruchung kann nicht auftreten, ohne daß Zug- und Druckbeanspruchungen hervorgerufen werden. Holz zeigt einen größeren Widerstand gegen Biegung in der Richtung oder entlang der Faser als seitlich oder unter 90 Grad gegen die Faser.

Hätte man die Möglichkeit, eine Holzkonstruktion so zu formen, daß der Faserverlauf nach beiden Richtungen erfolgen würde, so würde das bedeuten, daß man nach jeder Richtung dieselbe Festigkeit hätte, wenigstens soweit Zug und Druck in Frage stehen. Eine kurze Überlegung zeigt, daß bei Biegungsbeanspruchungen an einem Gegenstand gleicher Stärke, die größte spezifische (pro Querschnitteinheit) Zug- und Druckbeanspruchung an der äußeren und dieser gegenüberliegenden inneren Oberfläche auftreten, d. h. wenn ein Gegenstand gebogen wird, so entsteht ein Auseinanderziehen, Zugbeanspruchungen an der konvexen Seite und ein Zusammenpressen oder eine Druckbeanspruchung an der konkaven Seite. Irgendwo zwischen diesen beiden Flächen ist eine Stelle vorhanden, an der weder Zug noch Druck herrschen, die man die neutrale Schicht nennt. Da in dieser neutralen Schicht die Zug- und Druckbeanspruchungen Null sind und die Maxima an den beiden Oberflächen, so ist leicht einzusehen, daß eine verhältnismäßig geringe Stärke direkt an der Oberfläche den weitaus größten Teil von Zug und Druck aufnehmen muß, welche zusammen den Widerstand gegen das Biegen bieten. Das ist der Hauptgrund dafür, daß zwei Furniere mit gleichgerichtetem Faserverlauf über und unter einer spannungslosen Mittellage angeordnet, auch wenn sie nur je $^1/_6$ der Gesamtstärke besitzen, nahezu denselben Widerstand gegen Druck und Zug ergeben, wie ein massives Brett derselben Gesamtstärke.

Unterteilung mit gekreuzter Faser verteilt die Last.

Baut man nun ein Brett aus einzelnen Lagen so auf, daß auf die äußeren Lagen mit parallel laufender Faser nach innen zu unmittelbar zwei ähnliche Lagen stoßen, deren Faserverlauf jedoch quer zu dem der Außenlagen ist, so wird die Platte einen etwa ähnlichen Widerstand gegen Biegung in entgegengesetzter Richtung haben, der aber nicht ganz so groß ist, weil diese Lagen näher zueinander liegen und in ihrer Wirkung einer Platte etwas geringerer Stärke etwa entsprechen würden. Bringt man jedoch die Spannungen in diesen beiden Furnierpaaren in das richtige Verhältnis zu ihrem Abstand zur Mitte, so erhält man eine Tafel, die praktisch denselben Biegungswiderstand bzw. dieselbe Festigkeit in beiden Richtungen haben wird, wenn die Verhältnisse sonst die gleichen sind. Das Ergebnis ist, daß bei gleichmäßiger Unterstützung an allen 4 Seiten unter Belastung die Beanspruchungen sich gleichmäßig verteilen werden und man mit viel geringeren Stärken auskommen wird, als bei massivem Holz, und zwar je nach der Anordnung der Furniere, und damit der Verteilung der Spannungen.

Biegungsfestigkeit wird, auch wenn Widerstand gegen Zug und Druck vorhanden ist, nicht gefunden werden, wenn nicht auch Widerstand gegen Längsscherung gewährleistet ist. Legt man verschiedene dünne Lagen von Furnieren ohne jede Verbindung übereinander, so bietet das Ganze einen sehr geringen Widerstand gegen Biegung und kann nur geringe Belastung aushalten, weil die einzelnen Lagen sich unabhängig voneinander durchbiegen. Es besteht keine Bindung zwischen den einzelnen Elementen, welche dem Gleiten einen Widerstand in der Richtung der Spannung entgegensetzen könnten, und aus diesem Grunde kommt die volle Festigkeit der äußeren Lagen nicht zur Wirkung. Das ist der Widerstand gegen Längsscherung. Aus diesem Grunde ist es klar, daß die aufeinanderfolgenden Lagen fest miteinander verbunden sein müssen, wie sie es beim Sperrholz durch Leim sind. Da Holz, wie vorher ausgeführt, quer zur Faser einen größeren Scherwiderstand bietet, wie in der Richtung derselben, und da bei Biegungsbeanspruchungen die Scherbeanspruchungen in der Richtung der Spannungen liegen, parallel mit den Fasern der obersten und untersten Lage, wird es vollkommen klar, daß Furnierlagen mit Faserrichtung quer zu der Außenlage angebracht, den Widerstand auch gegen die Längsscherung erhöhen. Da Holz gerade so gut mit Rücksicht auf die Längsscherung wie mit Rücksicht auf Zug und Druck versagen kann, erhöht die Anordnung von Furnierlagen mit abwechselnder Faserrichtung den Gesamtwiderstand gegen Biegungen in beiden Richtungen.

Kombinierte Festigkeit.

Baut man nun das Sperrholz so auf, daß die Fasern der aufeinanderfolgenden Lagen unter einem rechten Winkel gegeneinander verlaufen, so liefert die eine Lage den Maximalwiderstand gegen Zug oder Druck, die nächste den gegen Längsscherung in einer Richtung. Die daneben liegenden Lagen wirken mit dem Maximalwiderstand in der umgekehrten Richtung.

Die Materialfestigkeit und der Aufbau an sich erhöhen bei der Benutzung von unterteilten Furnieren nicht ohne weiteres den Widerstand gegen Vertikalscherung.

Bei Vertikalscherung wirkt eine Last oder eine Kraft auf ein freitragendes Stück in entgegengesetzter Richtung zu der Unterstützung seiner Auflagen, um das Stück quer durchzuscheren. Ist das Stück jedoch an 4 Seiten unterstützt, so wird die Last verteilt und auf diese Weise wird auch die Vertikalscherung in jedem Querschnitt verringert.

Der Einfluß von Leim.

Die Benutzung von Leim unterstützt zweifellos diesen Scherwiderstand. Da aber Holz nicht so leicht unter Vertikalscherung leidet, als durch die anderen Beanspruchungen, kommt dies hier weniger in Betracht.

Der Einfluß der Verleimung der einzelnen Lagen miteinander ist sehr groß. Die Verwendung von Leim auf Holz wirkt nicht nur als Bindemittel zwischen den Oberflächen, sondern soweit er in die Poren eindringt, wirkt er auch als Bindemittel zwischen den Fasern selbst. Wie gerade gezeigt, ist es auch die Verleimung, die den Widerstand gegen Längsscherung bringt, der natürlich auch von der Qualität der Lagen abhängt, auf alle Fälle aber, wie gezeigt, den Gesamtwiderstand gegen alle Arten von Beanspruchungen erhöht. Das ist ganz besonders deshalb der Fall, weil ganz allgemein gesagt werden kann, daß die Festigkeit von Leim größer ist als die Adhäsionsfestigkeit, die die Natur zwischen den einzelnen Holzfasern geschaffen hat.

Da die Eindringungstiefe jedoch nicht groß ist, ist sein Einfluß bei starken Lagen kaum höher zu werten als derjenige der unmittelbaren Verbindung der Lagen miteinander. Wenn man jedoch eine große Anzahl von dünnen Furnieren unter Hitze und Druck miteinander verleimt, so machen die Zonen, in die der Leim eindringt, doch einen recht beträchtlichen Anteil der Gesamtstärke aus und tragen zur Erhöhung der Gesamtfestigkeit bei.

Eine Verleimung von Lagen oder Furnieren mit sich kreuzenden Fasern wirkt ausgleichend auf die Spannungen und auf das ungleichmäßige Quellen und Schrumpfen des Holzes, und somit den Auswirkungen innerer Spannungen entgegen, die ein schwacher Punkt des Massivholzes sind.

Zusammenfassung.

Diese Ergebnisse können dahin zusammengefaßt werden, daß Sperrholz aus verhältnismäßig dünnen Lagen von Furnieren mit sich kreuzendem Faserverlauf aufgebaut, seine wertvollen und wirtschaftlichen Eigenschaften der Tatsache dieser Anordnung verdankt. Fachgemäß dargestellt, gibt es die Möglichkeit, die dem Holz innewohnende Festigkeit in der bestmöglichsten Weise auszunutzen und es gegen alle Art von physikalischen Beanspruchungen sehr unempfindlich zu machen.

Die für die Regierung der Vereinigten Staaten im Forest Products Laboratory angestellten, ausgiebigen Versuche haben gezeigt, daß auf gleiches Gewicht bezogen, Sperrholz fester ist als massiver Stahl.

Technische Anwendungsgebiete.

Die technischen Anwendungsgebiete sind bereits recht zahlreich. Die Werkstoffknappheit während des Krieges hat in Amerika zu Untersuchungen gezwungen, welche dem Sperrholz ein weites Gebiet nicht nur für die Benutzung für Möbel, für die Innenausstattung der Räume, sondern vor allen Dingen für Hausbau, Schiffbau und die allgemeine Technik eröffneten. Das, was in dieser Beziehung bereits erreicht ist und woran noch gearbeitet wird, soll im zweiten Bande dieses Werkes, nachdem der Leser mit dem Werkstoff durch Verfolgung seines Werdeganges noch besser bekannt geworden ist, eingehend beschrieben werden.

Kapitel VII.

Geschichtliches aus der Furnier-Fabrikation.

Altertum.

Wie bereits in dem vorigen Kapitel gezeigt, hat man in den allerersten Anfängen Furniere der Hauptsache nach zur Verschönerung von Oberflächen und zu Verzierungen benutzt und kaum, wenn überhaupt, daran gedacht, künstlerisch abgestimmte Bilder oder gar eine höhere Festigkeit oder Dauerhaftigkeit mit ihrer Hilfe zu erzielen. Das, was über die ersten Anfänge der Furnierkunst auf uns überkommen ist, ist so fragmentarisch, daß man die Art der Verarbeitung und Anbringung der Furniere lediglich aus den wenigen Meisterstücken ableiten kann, die uns in den Gräbern der alten ägyptischen Könige erhalten geblieben sind. Einige dieser Stücke stammen aus dem 15. und 14. Jahrhundert vor Christi Geburt.

Außer diesen ägyptischen Möbeln hat man noch einige interessante Überreste von Werkzeugen gefunden, die zu Furnierarbeiten benutzt worden sind. Unter den Fundamenten vieler Tempel entdeckte man Weihgeschenke der Hersteller. Allem Anschein nach bestand der Brauch, daß diejenigen, die an der Errichtung des betreffenden Baues beteiligt waren, bei der Grundsteinlegung unter den Grundstein bestimmte Werkzeuge legten, um die Geister derjenigen, denen der Tempel oder das Bauwerk geweiht werden sollte, für das Gelingen des Werkes günstig zu stimmen.

Man erhält den Eindruck, daß die Benutzung von Furnieren ein königliches Vorrecht gewesen ist; mit anderen Worten, furnierte Möbel wurden als das Beste betrachtet und deswegen nur für den Gebrauch in den Palästen und an dem Hof der königlichen Familie erlaubt.

Ägypten und auch Ninive kannten Einlegearbeiten, Furnierarbeiten und Schnitzarbeiten. Es sind Belege dafür vorhanden, daß ihre Hersteller einen ziemlich bedeutenden Ruf als Künstler genossen, wie auch viele ihrer Nachfolger.

Von den Möbeln Assyriens ist nichts auf uns überkommen. Uns ist nur das bekannt, was aus den Darstellungen der gefundenen Skulpturen hervorgeht. Wenn auch Möbel, die wir nur aus Bildern oder aus wiederhergestellten Modellen kennen, kein großes Interesse für den Heimkünstler haben mögen, so scheint es doch wertvoll zu sein, die Art der Möbilierung der Häuser auch bei längst verschwundenen Nationen zu studieren, um die Inspirationen begreifen zu können, welche die Künstler modernerer Tage beeinflußt haben.

Wir wissen, daß die Kunst des fernen Ostens und Assyriens die griechische Kunst beeinflußt, und daß von Griechenland aus die künstlerische Auffassung nach dem Westen ausgestrahlt hat.

Eine der vollständigsten Beschreibungen über die frühzeitige Benutzung von Furnieren stammt von Plinius dem Älteren, der zu Anfang des römischen Kaiserreiches lebte, und der uns folgendes überliefert*):

„Das Holz, besonders das von Buche, läßt sich leicht verarbeiten, trotzdem es zerbrechlich und weich ist. Wenn man es in ganz dünne Lagen von Furnieren schneidet, ist es sehr biegsam. Es wird aber nur für die Herstellung von Schachteln und Kisten benutzt.

Das Holz der Steineiche wird zu Furnieren von bemerkenswerter Dünnheit geschnitten. Seine Farbe ist dann durchaus nicht unansehnlich.

Die besten Hölzer, die man in Lagen schneidet und als Furniere benutzt, um andere zu bedecken, sind Citrus, Terrebinth, die verschiedenen Sorten von Ahorn, Buchsbaum, Palme, Stechpalme, Steineiche, die Sabuxwurzel und Pappel. Birke und Erle ergeben auch knorrige Teile, welche in ähnlicher Weise zu Blättern geschnitten werden, wie diejenigen des Citrus und des Ahorn. Bei allen anderen Bäumen sind diese Teile wertlos. Der mittlere Teil der Bäume zeigt die größte Unregelmäßigkeit, und je näher man der Wurzel kommt, umso geringer und umso geschwungener werden die Maserbilder. Diese Erscheinung hat das Luxusbedürfnis ausgelöst, das Holz eines Baumes mit dem eines anderen zu bedecken und auf das gewöhnliche Holz eine Schicht höherwertigeres aufzubringen. Um einen einzelnen Stamm ausgiebig verwerten zu können, ist die Aufteilung in dünne Brettchen (Furniere) erfunden worden. Nicht genug damit, mußte auch Gehörn von Tieren in verschiedenen Farben eingefärbt werden. Ihre Zähne wurden in Teile zerschnitten, um Holz mit Elfenbein verzieren zu können, und in einer späteren Periode, um sie vollständig damit zu bedecken. Nicht genug damit, mußte man selbst Material in der tiefen See suchen. Für diesen Zweck hat man gelernt die Schildkrötenschale (Schildpatt) in Teile zu zerlegen, und später, unter der Regierung von Nero, ist die monströse Erfindung gemacht

*) Plinius, Naturgeschichte, Buch XVI, Chap. 84.

worden, ihr natürliches Aussehen durch Färbung zu zerstören und den Verkaufspreis dadurch zu erhöhen, daß man erfolgreich Holz auf ihr nachgeahmt hat. Auf diesem Wege ist der Wert unserer Ruhebetten so stark erhöht worden. So auch wurde versucht, den reichen Glanz unseres Terrebinth in der Anfertigung eines imitierten Citrus zu überbieten, der wertvoller sein soll als der echte, und der Ahorn vortäuschen sollte.

Es gab eine Zeit, in der das Luxusbedürfnis mit Holz selbst nicht befriedigt werden konnte; heutzutage hat man es soweit gebracht, daß man Perlmutt in der Maske von Holz kauft."

Mittelalter.

Auf das Kunstbedürfnis des Altertums, zu dessen Befriedigung die dekorativen Möglichkeiten in der Verwendung von Furnieren aus Holz, Elfenbein und edlen Metallen diente, folgte eine Jahrhunderte lange Periode rastloser Wanderung, sozialer Unruhen, eine Periode, in der alle schönen Künste litten, einschließlich die Kunst des Furnierens.

Renaissance.

Erst in der späteren Renaissance finden wir einwandfreie Beweise für das Wiedererwachen der alten Furnierkunst. In der späten Jakobinischen Periode findet man Furniere mit Wirbelmustern, die man durch Querschnitte durch kleine Erlenknoten erhalten hatte, und in dieser Zeit auch die ersten Nachweise der Benutzung von Walnußfurnieren, wenn auch in geringen Mengen, da dieses Holz noch sehr teuer war und immer noch als ein halbes Edelholz betrachtet wurde.

Man darf annehmen, daß sowohl zu dieser Zeit wie auch im Altertum die Furniere als handgesägtes Holz hergestellt wurden; man sägte so dünn, wie die jeweils bekannten Arbeitsmethoden es eben zuließen, und versuchte die gewünschte geringere Stärke durch ein Nacharbeiten in Form von Hobeln, Schaben oder Glätten zu erreichen. Man hat auch Belege dafür gefunden, daß die Furnierarbeiter die gesägten stärkeren Furnierbretter zunächst mit Hilfe von Leim oder Keilen auf ihrer Unterlage befestigt haben und sie dann erst auf die gewünschte Stärke heruntergearbeitet haben. Wenn man sich vergegenwärtigt, daß die künstlerisch schönsten Zeichnungen im Holz durch die Querfasern oder durch die Freilegung von Endfasern, also Hirnschnitte, hervorgerufen werden, dann erhält man eine Idee von dem großen Anteil an Handarbeit und von der großen Geduld, die aufgewendet werden mußte, um bei den alten und verhältnismäßig rohen Methoden der Handarbeit schon Furniere herzustellen.

Fig. 18. Schrank aus Mahagoni und Satinwood, mit Türen aus gestreiftem Mahagoni, der die Vereinigung von rhombischen ung ovalen Platten zeigt. Alle Teile aus Sperrholz. Etwa aus dem Jahre 1785.

(Dank dem Entgegenkommen von G. P. Putnam's Sons aus „A History of English Furtinure" von Percy Macquard.)

Erst an Stücken aus dem Jahre 1700 findet man zum ersten Mal die sogenannten Doppelmuster und symmetrisch zusammengesetzte Furniere. Dies setzt ein Teilen bzw. Vierteilen der Muster voraus, ferner eine Verwendung von Furnieren, die aus möglichst nahe beieinanderliegenden Holzstücken geschnitten sind, welche dann nahezu die gleiche Zeichnung ergeben. Zwei aneinander liegende Bretter von irgendwie beträchtlicher Stärke werden nur sehr selten dieselbe Zeichnung ergeben, während sechs oder acht dünn geschnittene Furnierblätter häufig so sehr in ihrer Zeichnung sich gleichen, daß es auch dem Fachmann schwer wird, nachträglich festzustellen, in welcher Reihenfolge sie vom Stamm geschnitten sind.

Die Mode, Flächen zu schaffen, die in der Mitte ein Oval zeigen, mit vier anstoßenden dreieckigen Seitenstücken (siehe Abb. 18) ist höchstwahrscheinlich darauf zurückzuführen, daß man die geschnitzten jakobinischen Flächen nachahmen wollte, die in der Zeit kurz vor der Thronbesteigung Williams III. Mode waren. Die Möbel wurden damals gewöhnlich mit flachen Flächen entworfen, einmal um die Furniere leicht, ohne ein Splittern fürchten zu müssen, aufbringen zu können und auch, um ein Herausspringen der Einlagen zu verhindern.

Die Kunstgeschichte zeigt, daß bei den Möbeln des 18. Jahrhunderts Einlege- und Furnierarbeiten in französischen Möbeln außerordentlich beliebt waren und daß Furniere aus Mahagoni und Satinwood in der Gregorianischen Periode sehr geschätzt waren. Im 2. Bande dieses Buches wird hierüber mehr gesagt werden.

Neuzeit.

Die Kreissäge ist etwa im Jahre 1805 erfunden worden (kurz nach der Erfindung der Dampfmaschine). Alle früheren Sägearbeiten sind mit Handsägen verschiedener Art ausgeführt worden. Erst nach der Erfindung der Kreissäge wurde die erste Type einer Schneide- oder Hobelmaschine geschaffen, mit der man starke Holzspäne schneiden konnte, die für die Herstellung von Schachteln und auch Verzierungen brauchbar waren. Diese Maschine war ein großer mechanischer Hobel, der von einer Dampfmaschine angetrieben wurde. Ein größerer Erfolg war dieser mechanischen Einrichtung jedoch nicht beschieden, da die mit ihr erzielbaren Resultate nicht befriedigten.

Die gewöhnliche moderne Kreissäge zeigte den Nachteil, daß der Verlust an Holzstärke, die in Sägespäne verwandelt wurde, bedeutend größer war als die Stärke, die man in Furnieren erhielt, und dieser Übelstand führte schließlich zu der Segmentsäge, die aus einer ganzen Reihe von dünnen, mit einer entsprechenden Zahnung versehenen Blattsegmenten besteht, welche auf einer stärkeren runden Scheibe am Umfange aufgeschraubt sind.

In der zweiten Hälfte des 19. Jahrhunderts wurde das Sägen der Furniere durch ein Schneiden in einer neuen Art von Maschinen ersetzt, bei denen der Stamm quer gegen ein Messer bewegt wird oder umgekehrt, das hierbei einen Scherschnitt ausführt und ein dünnes Holzblatt vom

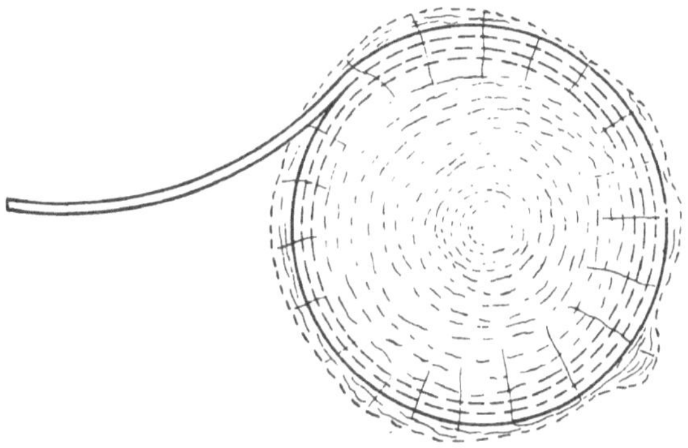

Fig. 19. Herstellung des Furniers durch Schälung vom Stamm oder Knüppel, nachdem die äußeren Unebenheiten weggeschnitten und die Stämme gerundet worden sind. Man beachte die Möglichkeit unregelmäßige Maserbilder zu erhalten, wobei nicht zwei Blätter einander ähnlich zu sein brauchen.

Stamm abschert. Das Messern, wie man diesen Arbeitsvorgang nennt, war die erste erfolgreiche mechanische Methode der Furnierherstellung und ist es bis auf den heutigen Tag zur Herstellung der wertvollsten Furniere geblieben, bei denen Zeichnung und Maserbild als wichtiger Faktor betrachtet werden.

Als neueste Furnier-Herstellungsmethode ist das Schälen zu betrachten, bei dem ein Furnierblatt verhältnismäßig großer Breite und Länge von einem zylindrischen Stamm in einer Länge abgeschält wird. Diese Methode dient heute der Hauptsache nach zur Herstellung von Furnieren, es sei denn, daß es sich um Furniere handelt, bei denen besondere Anforderungen an Maserbild und Zeichnung gestellt werden.

Die älteren Typen von Furnierschneidemaschinen sind lediglich insoweit interessant, als sie den Weg der Entwicklung zu den heutigen modernen Maschinen erkennen lassen, die nunmehr in den nächsten Kapiteln beschrieben werden sollen.

Kapitel VIII.

Moderne Fertigungsmethoden.

Einleitung.

Um der ausführlichen Beschreibung der in der Praxis geübten Methoden der Furnierherstellung leichter folgen zu können, erscheint es zweckmäßig, zunächst im Schema die verschiedenen Erzeugungsarten von Furnieren zu erläutern und hierbei zu zeigen, welche Lage die späteren Furniere im Stamm einnehmen, ferner kurz das Prinzip der verschiedenen Schnittmethoden an Hand von schematischen Darstellungen der dazu benutzten Maschinen zu erklären.

Diesen schematischen Darstellungen sollen dann im folgenden Kapitel eingehende Beschreibungen moderner Furnierwerke folgen und soweit zum Verständnis notwendig, in diesen bereits die Wirkungen der verschiedenen Schnittarten bei verschiedenen Hölzern durch Wiedergabe von Fotografien erläutert werden, besonders dort, wo es üblich ist, dieselben Holzarten nach verschiedenen Methoden in Furniere zu zerlegen, um differenzierte Effekte zu erhalten*).

Lage des Furniers im Stamm.

Im allgemeinen unterscheidet man vier verschiedene Methoden, nach denen der Stamm in Furniere aufgeschnitten wird, die sämtlich z. Z. noch geübt werden, siehe Figur 19—22.

Der Menge nach wird der weitaus größte Teil der Furniere im *Schälprozeß* (rotary cutting) gewonnen, da nicht nur glatte Furniere nach diesem Verfahren hergestellt werden, sondern auch eine ganze Anzahl von Furnieren mit wertvollen Maserbildern.

Beim Schälprozeß wird das Furnier in Spiralform vom Stamm abgerollt, ungefähr so, wie man Papier von einer Rolle abrollt. Da die Stämme niemals vollkommen symmetrisch sind, zeigt das geschälte Furnier-

*) In der amerikanischen Originalausgabe folgt hier eine Besprechung der verschiedenen handelsüblichen Furniere mit zahlreichen Abbildungen, sowie eine Tabelle, welche die englischen Bezeichnungen neben den wissenschaftlichen lateinischen Bezeichnungen zeigt. Dieses Kapitel ist in der deutschen Ausgabe im II. Band wiedergegeben. Die Tabelle der verschiedenen Holzarten enthält die englischen, die deutschen und die wissenschaftlichen lateinischen Namen. Nur insoweit als notwendig, werden in den nächsten Kapiteln bereits einzelne Furnierbilder eingereiht werden.

blatt Teile verschiedener Jahresringe, deshalb zeigen die Furniere große, sperrige Muster, besonders ausgeprägt in Eiche, Esche und Tanne (Fig. 19).

Messern (slicing) von Furnieren ist die Standard-Schneidemethode für Mahagoni und andere schön gezeichnete Hölzer. Die Furnierblätter werden von der glatten Oberfläche eines zugehauenen oder gesägten Stammabschnittes (Flitch genannt) abgeschert.

Der Schnitt erstreckt sich über mehrere oder wenigere Jahresringe, je nach dem Abstand von der Mitte des Stammes. Zuweilen wird das Furnier in radialer Richtung vom Stamm geschnitten (geviertelt — quartered), meist wird es aber so geschnitten, wie in Figur 20 gezeigt.

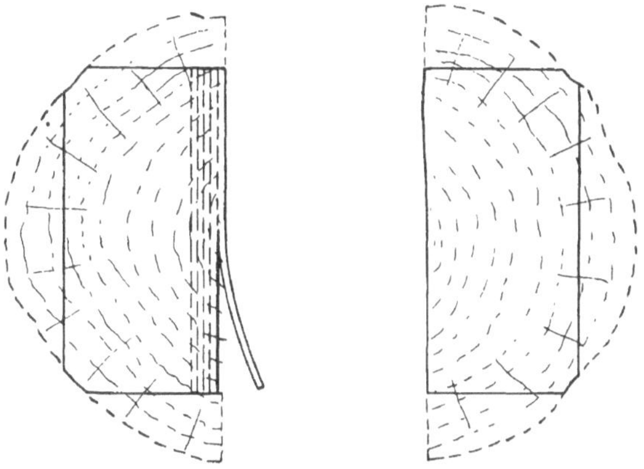

Fig. 20. Herstellung des Furniers durch Messerung vom zugehauenen oder gesägten Stamm, der entweder halbiert oder geviertelt ist. Man beachte die Möglichkeit nahezu völlig gleiche Maserbilder in den benachbarten Blattern zu erhalten.

Das *Sägen* (sawing) von Furnieren mit Segmentsäge wird, trotzdem es die älteste der modernen Methoden ist, in Amerika hauptsächlich zur Herstellung von geviertelter Spiegel-Eiche benutzt. In Deutschland werden außer Eiche auch Birnbaum, Buxbaum, Bulletra, Mahagoni, Palisander, brasilianisches Rosenholz für bestimmte Zwecke durch Messern gewonnen, jedoch nicht mit der Segmentsäge, sondern der sogenannten Furniersäge.

Der Verlust durch Sägespäne nimmt ungefähr dieselbe Holzstärke in Anspruch wie diejenige, die als Furnier gewonnen wird. Diese Methode ist daher sehr wenig wirtschaftlich und findet auch nur für solche Hölzer Anwendung, die man vorteilhaft auf andere Weise nicht schneiden kann oder nur in solchen Fällen, in denen besondere Anforderungen an das Furnier gestellt werden, die am besten vom Sägefurnier erfüllt werden.

Der *halbrunde (half round cutting) Schnitt* wird auf einer Schälmaschine ausgeführt, bei der ein exzentrisches Zwischenstück — Staylog — als Werkstoffträger verwandt wird, das die Möglichkeit gibt, den Schnitt bei einem größeren Durchmesser auszuführen, als er in dem Falle möglich wäre, daß man den Stamm in der gewöhnlichen Weise zwischen die Spitzen einer Schälmaschine spannen würde.

Halbrunde Furniere kann man, statt sie von außen nach innen zu schneiden, auch von innen nach außen schneiden.

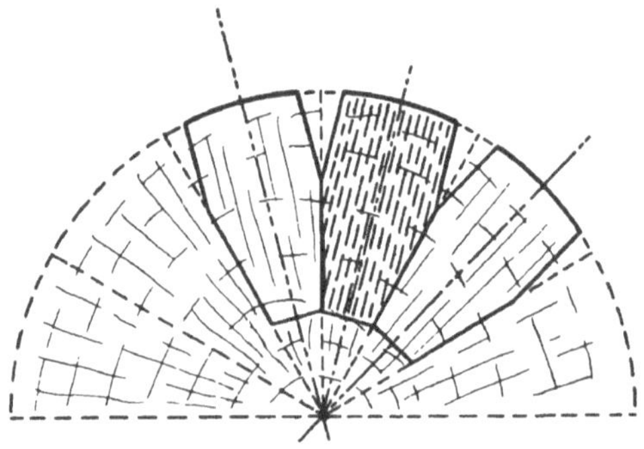

Fig. 21. Geviertelte Sägefurniere werden von Stammsegmenten geschnitten („Flitches" wie solche Segmente genannt werden — es besteht auch in Deutschland kein anderer Fachausdruck hierfür). Tatsächlich ist nur ein einziges Furnierblatt in jedem Segment wirklich geviertelt, die übrigen zeigen immerhin noch ein Maserbild, das auch sie als praktisch geviertelt angesehen werden können. Zuweilen werden auch geviertelte Furniere von solchen „Flitches" durch Messern hergestellt. (Diese Methoden ergeben den sogenannten Spiegelschnitt).

Furnierschneidmaschinen.

Der Schnittart nach gibt es drei moderne Arten von Furnieren. Die älteste war das gesägte (sawn) Furnier, dann folgte das gemesserte Furnier (sliced) und das neueste, das geschälte (rotary cut) Furnier.

Die Segmentsäge (segment saw). Unzweifelhaft gehen die gesägten Furniere bis ins graue Altertum zurück, wo Furnierblätter mit Handsägen hergestellt und dann bis auf die gewünschte Stärke herunter gehobelt wurden. Die Erfindung der Zirkularsäge am Anfang des 19. Jahrhunderts schuf die Möglichkeit, die Furniere so dünn zu schneiden, wie man es wünschte. Man gab nur soviel zu, um die rauhe Sägemarke entfernen zu können. Die Zirkularsäge großer Abmessung war aus einem verhältnismäßig starken Metallblatt hergestellt mit beträchtlicher Schränkung (set) für den Freischnitt. Es wurde mehr Holz (oft $^1/_8{}''$ = 3,2 mm) in Sägemehl verwandelt als zu Furnieren verarbeitet. Dieses führte zu der modernen Segmentsäge durch den Belgier Max Isambard in Brüssel im Jahre 1808, der auch das erste Dampfsägewerk gebaut haben soll. Wenn mit dieser

Säge richtig gearbeitet wird, besteht die Möglichkeit, den Verlust durch Sägemehl auf ungefähr $^1/_{16}'' = 1{,}6$ mm bis hinunter auf $^1/_{20}'' = 1{,}27$ mm herunterzudrücken.

In Europa werden weniger Kreissägen als Furniersägen verwendet, die nach Art von Horizontalsägegattern, mit sehr dünnen, fein gezahnten Sägeblättern versehen, arbeiten. Der Verlust bei diesen Sägen dürfte nicht größer sein als derjenige bei den amerikanischen Zirkularsägen.

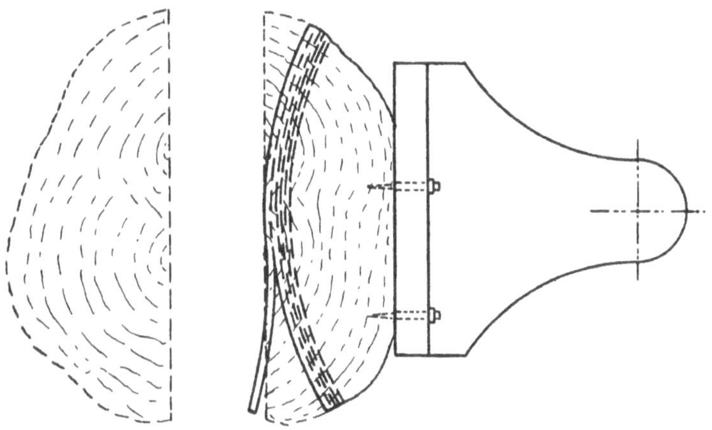

Fig. 22. Die Methode des „Halbrundschnittes" auf „stay log" zeigt wie ein Gabelknoten oder Zwiesel (crotch) nach Halbierung in einzelne Furniere zerlegt werden kann, von denen die einander benachbarten einander ähnliche Maserbilder gleicher Schönheit aufweisen.

Der größte Anteil von Furnieren, die in Amerika auf Segmentsägen hergestellt werden, sind geviertelte Eiche (Spiegeleiche), da fast alle übrigen dort verarbeiteten Hölzer nach der Messermethode ohne die Gefahr des Reißens verarbeitet werden können. Nur 5% der gesamten Furnierproduktion wird in Amerika durch Sägen hergestellt. Der sogenannte Flecken oder Spiegel (flake oder splash) der Eiche ist der Schnitt durch den Markstrahl,*) der horizontal gewachsene Zellen enthält, und gerade diese Teile reißen leicht beim Messern. Gemesserte Spiegeleiche ist billiger, da keine Sägeverluste auftreten, sie ist aber oft in der Qualität für die Verarbeitung minderwertiger als die gesägte.

Die gewöhnliche Konstruktion einer Segmentsäge besteht aus einer großen gegossenen Nabe, an der eine größere Anzahl schmaler Sägeblattsegmente befestigt sind, wie dies in Figur 23 gezeigt ist. Diese Anordnung gestattet, dünnere Sägeblätter zu verwenden und auch eine geringere Schränkung, weil die entfallenden Furnierblätter dünn genug sind, um durch die konische Nabe abgebogen zu werden, wodurch der nötige Frei-

*) (Medullary ray).

schnitt erzielt wird. Die Säge dreht sich auf den Stamm zu und die flache Seite des Stammes ist der Säge zugewandt. Der Stamm oder „Flitch", der zersägt werden soll, ist auf einem Transportwagen befestigt, der auf einer Metallbahn hin- und zurückbewegt werden kann. Es ist außerdem eine Vorrichtung vorgesehen, welche die Entfernung des Transportwagens vom Sägeblatt sehr genau, bis auf Bruchteile eines Millimeters, einzustellen gestattet. Gewöhnlich wird bei dem Rücklauf des Wagens der Abstand zwischen Sägeblatt und Flitch vergrößert, damit beim Rücklauf der Flitch frei an der Säge vorbeilaufen kann. Selbstverständlich müssen die einzelnen Segmente der Säge sehr sorgsam befestigt sein, damit die Säge auch genau rund läuft und nicht schlägt. Vor allen Dingen kann das Schränken nur von einem durchaus erfahrenen Arbeiter ausgeführt werden, einmal, um den nötigen Freischnitt zu erzielen, sodann auch, um die Sägemarke auf ein Mindestmaß zu beschränken.

Die gesägten Furniere werden nach dem Trocknen wieder zu kompletten Stämmen oder Flitches zusammengelegt, gebündelt und entsprechend markiert.

Meyers Konversationslexikon aus dem Jahre 1875 gibt bereits eine Beschreibung der Furniersägemethode, wie sie in Europa damals üblich war. Es ist dort zu lesen:

„Gewöhnliche etwas starke Furniere schneidet man 8—10 aus 25 mm, wobei die Dicke eines einzelnen Blattes etwa zu 1,25 bis 1,5 mm ausfällt, da man die Hälfte als Abfall der Späne rechnen kann. Es kommen aber auch 0,5 mm starke Furniere vor.

Die krummfaserige, gemaserte Beschaffenheit des Holzes, welche ein leichtes Zerbröckeln derselben bedingt, erfordert eine unwandelbar in gleicher Ebene stattfindende Bewegung des schwachen Sägeblattes, welches nicht zu grobe und nur sehr wenig verschränkte Zähne haben darf. Für den kleinen Bedarf sägt man mit der Hand, für den größeren mit Schneidemaschinen, die am besten mit Dampf betrieben werden und stets nur ein einziges Sägeblatt enthalten. Dies liegt ganz allgemein horizontal mit der Zahnseite nach unten und macht bis 300 Schnitte in einer Minute. Nach jedem Schnitt wird die Bohle durch einen Mechanismus um einen sehr kleinen Teil gegen das Sägeblatt emporgehoben. Zur Erzielung guter Arbeit muß die Säge alle 10 bis 20 Minuten mit der Feile geschärft werden. Bei den Furnierschneidemaschinen mit Kreissäge hat die letztere einen Durchmesser von 1,5 bis 5,5 m und wird aus einem vertikalen gußeisernen Rad gebildet, an dessen Umfang 10 bis 30 gezahnte, bis 180 mm und mehr in der Breite messende Segmente von Stahlblech aufgenietet oder aufgeschraubt sind. Die Säge enthält eine Umfangsgeschwindigkeit von 21 bis 24 m in der Sekunde. Die aus einem Stück bestehenden Kreissägen laufen oft nach dem Umkreis zu dünner aus, ja bei einer besonderen Konstruktion sogar bis zu einer Schneide, so daß diese Säge mit nicht geschränkten Zähnen nach Art eines gekerbten Messers wirkt."

Die Messermaschine (veneer slicer). Der Verlust von mindestens der Hälfte der wertvollen Stämme durch die Überführung in Sägemehl beim Sägen drängte zu der Entwicklung einer Messer- oder Schermaschine, die in ihrer ersten Ausführung die Form eines riesigen, durch eine Dampfmaschine angetriebenen Hobels annahm.

Fig. 23. Amerikanische Segmentsäge. Das Bild zeigt die dem zu schneidenden Flitch zugewandte Seite des Sägeblattes. Der Transportisch, auf dem der „Flitch" befestigt ist, steht dahinter.
(Dank dem Entgegenkommen von Louis L. Seibert & Co.).

Schon im Jahre 1875 sagt Meyer in seinem Konversationslexikon folgendes:

„Bei der Furnierhobelmaschine wird die zu verarbeitende Bohle unter einem großen Hobel durchgezogen, oder es bewegt sich der Hobel in horizontaler oder vertikaler Richtung, während das Holz festliegt. Der Hobel macht vorteilhaft einen Winkel von 80° gegen die Bewegungsrichtung und ist unter 15° gegen die Holzoberfläche geneigt, er hat eine Geschwindigkeit von 250 m in der Sekunde. Die Wirkung wird erleichtert, wenn das Holz vorher durch Dampfen erweicht ist."

Dieser Hobel erzeugte Späne, die man für dekorative Zwecke verwenden konnte, jedoch war es unmöglich, quer zur Faser über Hirn Schnitte auszuführen, ohne daß ein Splittern oder Brechen eintrat. Aus dieser Maschine entwickelte sich allmählich das Furniermesser, bei dem ein in

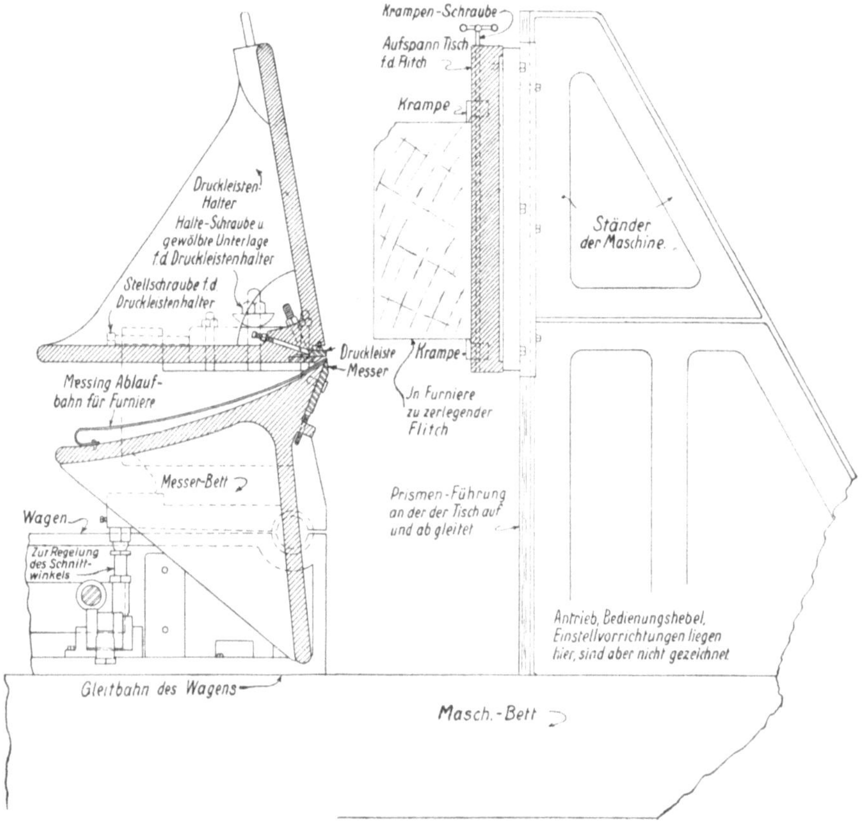

Fig. 24. Querschnitt durch eine amerikanische Messermaschine Der Schnittmechanismus wird auf der linken Seite im Schema gezeigt. Rechts ist der dazugehörige Aufspanntisch für die Flitches angedeutet, der sich auf- und abbewegt. Der Flitch ist in einem kleinen Abstand von dem Messer gezeichnet, um die Einzelheiten besser erkennen zu lassen.

(Dank dem Entgegenkommen von Merritt Engineering & Sales Co.)

richtiger Weise befestigtes Schermesser gegen die Oberfläche des Stammes bewegt wird, dessen Furniere zerlegt werden sollen. Es ist klar, daß bei einer solchen Schneidmethode kein Sägemehl erzeugt wird, daß vielmehr der gesamte Stamm ohne jeden Sägeverlust in Furniere verarbeitet werden kann, daß also eine sehr beträchtliche Werkstoffersparnis eintritt.

Figur 24 zeigt eine typische amerikanische Messermaschine mit vertikaler Schneidvorrichtung. Figur 25 eine typische deutsche Messermaschine

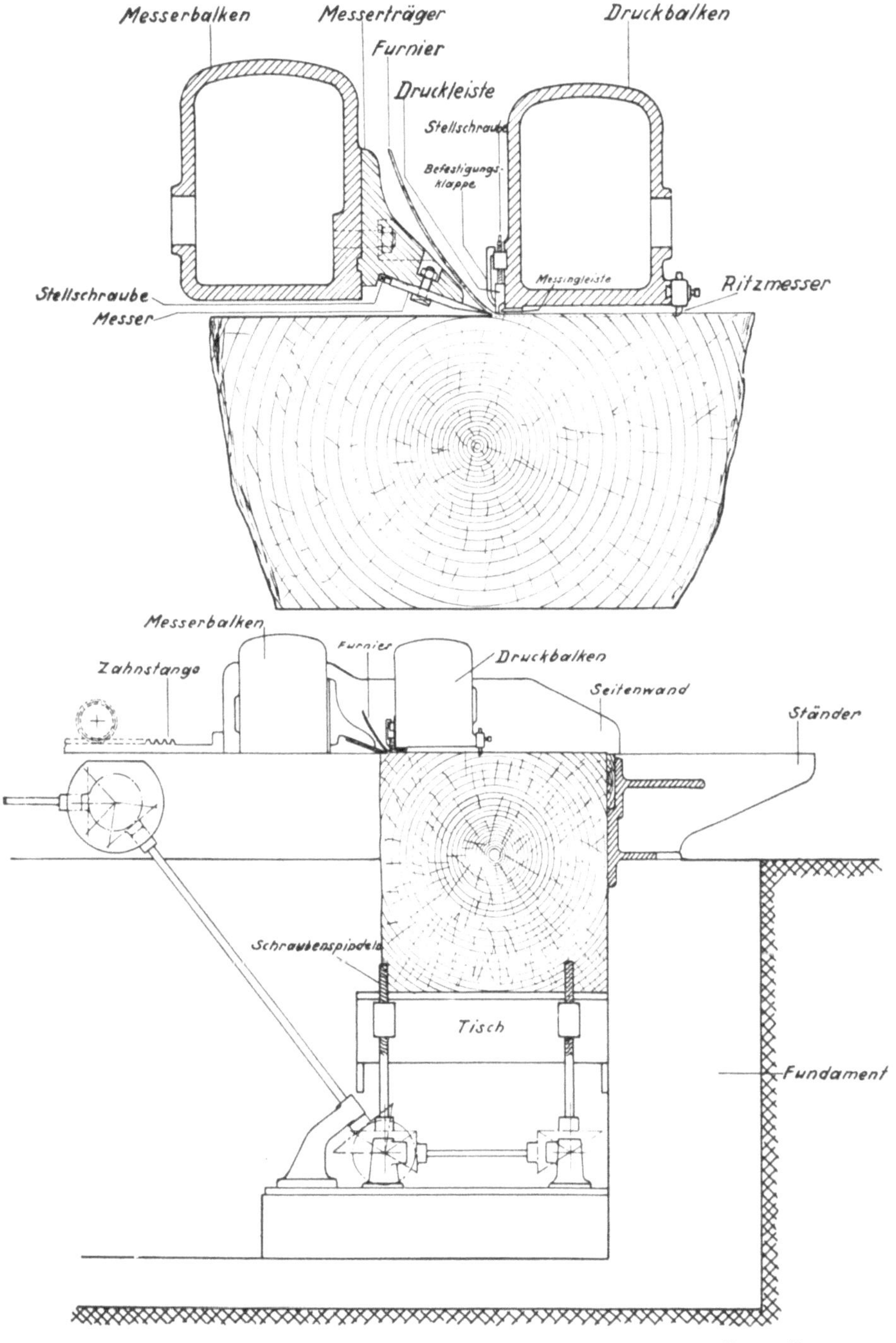

Fig. 25. Schwere Messermaschine deutscher Bauart. Die untere Darstellung zeigt die Gesamtanordnung, die obere, vergrößert, das Schema des Schnittmechanismus. Der Messerbalken bewegt sich beim Schnitt von links nach rechts. Diese Messermaschinen sind in Fig. 50 im Werk eingebaut zu sehen. (Dank dem Entgegenkommen der Firma C. L. P. Fleck Söhne, Berlin-Reinickendorf.)

mit horizontaler Schnittvorrichtung. Bei beiden sieht man, daß der zugehauene oder gesägte Stamm auf einer sehr massiven Unterlage befestigt ist, der sich im ersteren Falle in diagonaler Richtung gegen ein scharfes Messer bewegt, während im zweiten Falle ein schräg gestelltes Messer sich gegen den Stamm bewegt. Es wird ein Scherschnitt erzeugt. Bei diesem Scherschnitt, der quer zur Faser oder auch im Hirnschnitt ausgeführt wird, tritt ein Minimum von Splittern und Brechen auf, man erhält einen glatten Schnitt, besonders bei querlaufenden Teilen von gemaserten Astknoten, Gabelungen, Stümpfen, Wurzelstöcken usw., bei denen oft der Schnitt unter einem spitzen Winkel gegen die Holzfasern erfolgen muß.

Um die gewünschten Furnierstärken zu erhalten, ist eine mechanische Vorschubvorrichtung vorgesehen, die während des Rückganges das Messer bzw. den Stamm gegeneinander bewegt. Es ist leicht verständlich, daß beim Furniermesser nicht nur der Verlust durch Sägespäne vermieden wird, sondern daß auch die aufeinanderfolgenden Furnierblätter nahezu gleichartig im Charakter ihrer Zeichnung und Farbe sind.

Es werden kaum mehr als 5% aller für den Handel hergestellten Furniere durch Messern erhalten. Unvermeidbar jedoch ist es, daß die vom Messer entfallenden Furniere etwas gebogen sind und daß durch dieses Biegen die Oberflächenfasern, wenn auch nur schwach rissig werden. Da beim Sägefurnier keinerlei Biegungen oder Beanspruchungen der Fasern auftreten, ist ein gesägtes Furnier absolut „dicht" geschnitten (tight cut).

Bei den gemesserten Furnieren ist das Gefüge ein ganz klein wenig offen, infolge des Scherschnittes und des geringen Abstandes, den das Messer für seine Bewegung braucht. Das Messerfurnier ist daher nahezu dicht geschnitten. In Amerika werden Messerfurniere selten in größeren Stärken als $^1/_{12}$ = 2,11 mm geschnitten. Für alle praktischen Verwendungszwecke kann man derartige Furniere als Furniere mit dichter Oberfläche bezeichnen. In Deutschland gilt die Begrenzung auf 2 mm Stärke nur für das Schneiden von Edelfurnieren. Es werden, wie in den späteren Kapiteln gezeigt werden wird, auch mit Vorteil unedle Hölzer gemessert, wie z. B. Kiefer, Fichte, Gaboon usw. in bedeutend größeren Stärken bis zu 4 mm und für Sonderzwecke z. B. zum Aufbau der Mittellagen für starke Platten bis zu 10 mm. Für solche Zwecke sind nur schwere Messermaschinen mit horizontalem Schnitt brauchbar, wie sie in Deutschland gebaut werden.

Die Schälmaschinen (rotary lathe). Die dritte und verhältnismäßig jüngste Methode der Furniererzeugung durch Schälmaschinen stellt nahezu 90% der gesamten heutigen Furnierproduktion her.

Da bei Ausführung des Schälschnittes der Stamm in die Maschine eingespannt und in Umdrehungen versetzt wird, wobei er am Umfang gegen das Schneidmesser bewegt wird, ist es klar, daß man bei der Herstellung von Schälfurnieren sehr wenig Rücksicht auf das Maserbild des Holzes nehmen kann. Aus diesem Grunde wird diese Methode selten für Edelfurniere, sondern meist für sogenannte einfache oder glatte Furniere benutzt. Auch hier gibt es natürlich Ausnahmen, z. B. bei der Herstellung der Vogelaugen (bird's-eye) beim Ahorn usw., bei denen das Vogelaugen-

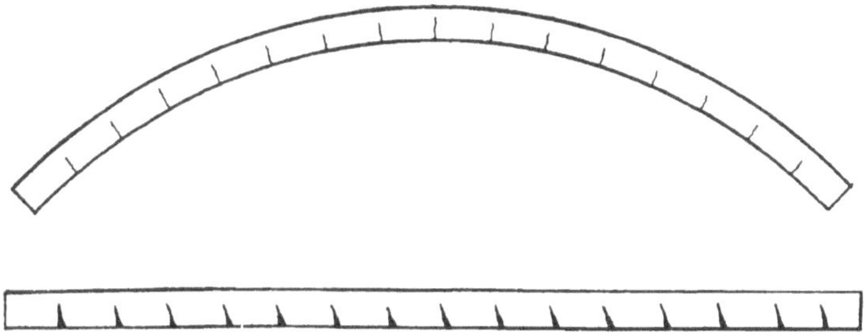

Fig. 26. Es wird in übertriebener Form gezeigt, warum ein geschältes Furnier, wenn es flach gelegt wird, in geringerem oder größeren Grade, je nach der Stärke des Furniers und nach der Geschicklichkeit des Schälers an der unteren Seite Risse aufweist. Die obere Darstellung zeigt ein Furnier, dem man es gestattet hat, in seine ursprüngliche Form sich zurückzubiegen. Die Risse sind kaum bemerkbar. Die untere Skizze zeigt das flach gelegte Furnier mit entsprechend geöffneten Rissen.

bild durch Radialflecken gebildet wird, die beim Schälschnitt sehr schöne Effekte geben. Auch geflocktes Ahorn wird oft auf Schälmaschinen zu Furnieren zerlegt.

Das Schälen bedeutet eine viel größere Beanspruchung der Holzfaser als das Sägen oder Messern, da das Blatt, das rund um den Stamm liegt, flach gelegt und in dieser Lage getrocknet wird. Die Außenseite des Furniers steht unter einer Druckbeanspruchung, die Innenseite unter einer Zugbeanspruchung. In übertriebener Form ist dieses in Figur 26 dargestellt. Man nennt die in Figur 26 gezeigten Auswirkungen der Spannung „Schneidrisse" (cutting-checks). Ein dünnes Furnier, auf dem diese Risse kaum merkbar sind, nennt man „dicht" geschnitten*), während ein stärkeres Furnier (etwa $^1/_8{}''$ = 3,2 mm und mehr) Risse aufweist, die jeder sorgsame Beobachter wahrnehmen kann. Man nennt dieses Furnier „lose" geschnitten (loose cut). In welchem Grade ein stärkeres Furnier dicht geschnitten ist, hängt von der Geschicklichkeit des Bedienungsmannes der Schälmaschine ab, vorausgesetzt natürlich, daß die Maschine richtig eingestellt ist und das Messer sich in tadellosem Zustand befindet. In der Anordnung der Furniere im Sperrholz ist es Brauch, die konvexe Seite

*) (Tight cutt).

nach oben zu legen, so daß die Risse auf der konkaven Seite verdeckt werden und gleichzeitig dem Leim eine bessere Möglichkeit der Verankerung bieten.

Die moderne Schälmaschine (s. Figur 27) besteht aus einer schweren, solide gebauten Drehbank beträchtlicher Abmessung mit starken Spitzen oder Mitnehmerklauen. Diese werden bei älteren und leichteren Maschinen von Hand, bei schwereren, modernen Maschinen maschinell in die Stirn-

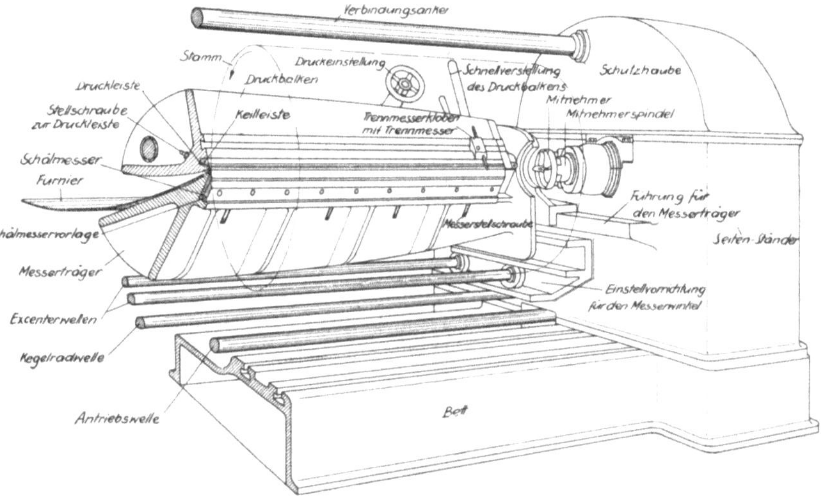

Fig. 27. Perspektivisches Schema einer Schälmaschine. Der Klotz ist gestrichelt gezeichnet und durchsichtig gedacht.
(Dank dem Entgegenkommen von Masch.-Fabr. A. Roller, Berlin.)

enden der Stämme hineingetrieben, so daß sie in ihnen einen festen Halt finden. Der Stamm wird in Umdrehungen versetzt und gegen ein konisch geschliffenes Messer bewegt. Das entstehende Furnier kommt zwischen der Schneidkante des Messers und einer einstellbaren Druckleiste (pressure bar) in einem breiten Blatt aus der Maschine heraus. Die Länge des Furniers in der Richtung der Faser wird durch zwei Trennmesser begrenzt, die gleichzeitig mit dem Schälmesser vorrücken. Der richtige Schliff des Messers, seine Einstellung sowie die Einstellung der Druckleiste sind schwierige Arbeiten, die viel Erfahrung und Übung erfordern.

Im allgemeinen kann man sagen, daß die schwersten, das heißt die stärksten Furniere, die man auf solchen Schälmaschinen herstellen kann, $^5/_{16}$″ = 7,9 mm und manchmal $^3/_8$″ = 9,5 mm Stärke haben. Da der lose Schnitt bei solchen Stärken leicht zu unangenehmen Begleiterscheinungen führen kann, werden so schwere Furniere gewöhnlich nur als Inneneinlagen und da verwendet, wo sie dem Blick entzogen sind.

Die Furnierschälmethode ist sicher ein sehr schneller Herstellungsprozeß, der jedoch keinerlei Rücksicht auf das Maserbild in den einzelnen Furnierblättern nimmt. Es ist die billigste und ausgiebigste Produktionsmethode, da die Rotationsbewegung eine fortlaufende Erzeugung von Furnieren in solchen Größen gestattet, wie man sie noch handhaben kann.

Halbrundschälen mit Stay log (Half round stay log). Es handelt sich hier um einen exzentrischen Schnitt auf einem Teil einer zylindrischen

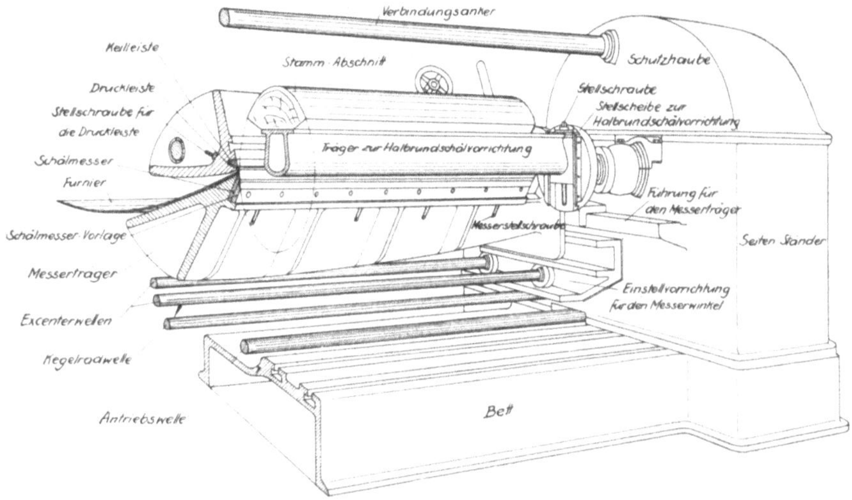

Fig. 28. Schälmaschine mit „Stay Log", dem Träger zum Halbrundschälen.
(Dank dem Entgegenkommen von Masch.-Fabr. A. Roller, Berlin.)

Schnittfläche, der durch eine besondere Vorrichtung, welche an einer gewöhnlichen Schälmaschine angebracht werden kann, erzielbar ist. Am klarsten wird die Art des Schnittes aus Figur 28. Das Stay-log (es gibt keinen deutschen terminus technicus hierfür, außer der langatmigen Umschreibung „Träger zur Halbrundschälvorrichtung") ist so angeordnet, daß der Durchmesser, an dem der Schnitt erfolgt, veränderlich ist. Praktisch genommen sind die Furniere, die auf dem Stay-log gewonnen werden, so erzeugt, als wenn sie von einer Anzahl von Flitches entfallen, die auf dem Umfang eines großen Zylinders befestigt sind. Eine Stay-log-Einrichtung ist, richtig genommen, ein Segment eines solchen Zylinders. Man kann mit dieser Einrichtung nicht nur den Schneiddurchmesser erhöhen, soweit die Konstruktion des Stay-logs es gestattet, sondern man kann auch die Schnittrichtung in der Beziehung umdrehen, daß man das Furnier von dem Kern nach dem Umfang zu schneidet, statt wie bei normaler Schälung vom Umfang nach dem Kern zu. Hauptsächlich wird diese Methode bei Walnuß in Anwendung gebracht, da man Knoten und Wurzelstöcke hierbei in jeder beliebigen Richtung schneiden kann, in der man die schönsten Maserzeichnungen erhält sowie auch die schönsten Abschattierungen der Farben. Bei der Besprechung der Walnußverarbeitung wird in Kapitel IX auf Seite 97 noch näher hierauf eingegangen werden. Zur Erzielung höherer Leistung kann man natürlich auch 2 oder mehr Stay-logs auf einer Maschine gleichzeitig anbringen.

Normale Stärken.

Handelsüblich sind in Amerika folgende Stärken:

Spezialfurniere (special): Diese Sorte wird für Flugzeugbau und besondere technische Zwecke, für das Überfurnieren von Zigarrenkistenteilen und für solche Furniere benutzt, die mit Papier oder Pappe vereinigt werden. Diese dünnen Furniere sind sehr bruchempfindlich. Meist werden sie in Papierrollen aufbewahrt, die Stärken sind folgende:

$^1/_{100}{}'' = 0{,}25$ mm, $^1/_{80}{}'' = 0{,}32$ mm, $^1/_{72}{}'' = 0{,}35$ mm,
$^1/_{60}{}'' = 0{,}42$ mm, $^1/_{50}{}'' = 0{,}51$ mm, $^1/_{40}{}'' = 0{,}63$ mm.

In Europa gibt es Standardstärken auch für diese Spezialzwecke nicht. Selbstverständlich werden die Furniere in den nach metrischem System arbeitenden Ländern nach vollen Zehntel oder Hundertstel des Millimeters gehandelt.

Edelfurniere (figured veneers): Es handelt sich bei diesen Furnieren meist um Außenfurniere, bei denen besonderer Charakter und Schönheit der Maserung verlangt wird. Sie werden meist durch Messern erzeugt und in Bunden oder Paketen in genau derselben Reihenfolge, wie sie beim Messern entstanden sind, gelagert. Geviertelte Sägefurniere aus Eiche (Spiegeleiche) wird gewöhnlich in $^1/_{20}{}'' = 1{,}27$ mm und mitunter auch in $^1/_{16}{}'' = 1{,}59$ mm Stärke gehandelt, da die Sägemarken durch Schliff zur Erzielung einer glatten Oberfläche entfernt werden müssen. Gelegentlichst werden auch gemesserte Furniere von $^1/_8{}''$ Stärke $= 3{,}18$ mm für große Flügelrahmen angefertigt, das ist aber die Ausnahme.

In Europa bilden die gesägten Eichenfurniere die Ausnahme, während gemesserte Eichenfurniere die Regel sind. Es ist dies wohl auch darauf zurückzuführen, daß die europäischen Messermaschinen viel schwerer gebaut sind als diejenigen, die in Amerika zur Herstellung von Edelfurnieren in Benutzung sind. Normalstärken gibt es z. Z. in Europa nicht. Die handelsüblichen Stärken für gemesserte Eichenfurniere liegen zwischen 0,8 und 1,2 mm. In kleineren Mengen werden auch Stärken von 1,5 sowie 2 und selbst 3 mm gefertigt.

Die amerikanischen Standardstärken für Edelfurniere sind folgende:

$^1/_{32}'' = 0{,}79$ mm, $^1/_{30}'' = 0{,}84$ mm, $^1/_{28}'' = 0{,}91$ mm,
$^1/_{24}'' = 1{,}06$ mm, $^1/_{20}'' = 1{,}27$ mm, $^1/_{16}'' = 1{,}59$ mm.

In Europa ist eine Standardisierung der Stärken noch nicht durchgeführt, handelsübliche Stärken sind 0,6—0,7—0,8—1,0—1,1 mm, in geringeren Mengen auch stärker bis 3 mm.

Gewöhnliche Furniere (commercial veneers). Diese werden hauptsächlich im Schälverfahren hergestellt, und zwar in Blättern verschiedener Größe. In den seltensten Fällen wird der Ähnlichkeit des Maserbildes irgendwelche Aufmerksamkeit geschenkt. Sie werden aus sogenannten unedelen Hölzern (plain) für den Handel hergestellt und nach Flächeninhalt bei verschiedenen Stärken gehandelt. Auch Sägefurniere von diesen einfachen Hölzern, die nicht mit Rücksicht auf irgendein Maserbild hergestellt werden, rangieren hier ein. Sie werden hauptsächlich dort verwendet, wo es auf eine besondere Dichte des Gefüges ankommt, wie z. B. bei den Fichten und Ahornfurnieren für Musikinstrumente. Die handelsüblichen Stärken für gewöhnliche Furniere sind folgende:

$^1/_{24}'' = 1{,}06$ mm, $^1/_{20}'' = 1{,}27$ mm, $^1/_{16}'' = 1{,}59$ mm, $^1/_{12}'' = 2{,}12$ mm,
$^1/_{10}'' = 2{,}54$ mm, $^1/_{9}'' = 2{,}82$ mm, $^1/_{8}'' = 3{,}18$ mm, $^1/_{7}'' = 3{,}63$ mm,
$^1/_{6}'' = 4{,}23$ mm, $^3/_{16}'' = 4{,}76$ mm, $^1/_{4}'' = 6{,}35$ mm, $^5/_{16}'' = 7{,}94$ mm.

In Europa halten sich die Furnierstärken gewöhnlich in den gleichen Grenzen, jedoch sind sie in Abstufungen von je $^1/_{10}$ mm erhältlich.

Wie bereits erwähnt, werden in Europa auch gewöhnliche Furniere, die hauptsächlich als Absperrfurniere, z. T. aber auch als Mittellagen für dünne Sperrplatten benutzt werden, im Messerverfahren hergestellt. Handelsübliche Stärken von derartigen Furnieren, z. B. für Gaboon, Okumé, Whitewood, Abachi, Kiefer, Erle, Rotbuche usw. sind 1,5—2,0—2,5—3,0—3,5—4,0—5,0—6,0 mm sowohl an Sperrplattenfabriken wie auch an Möbelfabriken geliefert.

Schrumpfung in der Stärke.

Es darf nicht übersehen werden, daß nasses Holz beim Trocknen schrumpft. Nahezu alle Stämme, die zu Furnieren verarbeitet werden sollen, werden vorher gedämpft oder gewässert, um das Holz leicht schneidbar zu machen und um biegsame Furniere zu erhalten, damit diese bei der Verarbeitung so wenig wie möglich brüchig sind. Durch Schrumpfen kann die Stärke der Furniere um 6—10% abnehmen. Gut hergestellte Furniere sollten eher etwas reichlich in der Stärke sein als zu schwach. In der

Praxis pflegt man deswegen die Messer mit einer Toleranz für die Stärke nach oben einzustellen, und zwar sind Toleranzen üblich, wie sie die folgende Tabelle zeigen:

Einstellung des Messers auf		für ein Furnier von	
Zoll	Millimeter	Zoll	Millimeter
$^1/_{30}$	0.83	1—32	0.79
$^1/_{26}$	0.98	1—28	0.91
$^1/_{22}$	1.16	1—24	1.06
$^1/_{18}$	1.41	1—20	1.27
$^1/_{15}$	1.70	1—16	1.59

und so weiter.

Schälmaschinen und Messermaschinen besitzen gute Einstellvorrichtungen, welche die Furnierstärken auf Bruchteile von Millimetern einstellen lassen.

Kapitel IX.

Moderne Furnierfabriken.

Nachdem die Geschichte der Furniere und das technische Prinzip ihrer Herstellung und ihre Bezeichnungsart systematisch erörtert worden sind, soll ein Gang durch einige typische amerikanische Furnierfabriken beschrieben und auf die interessantesten und anziehendsten Einzelheiten hierbei hingewiesen werden.

Sortieren und Aufbewahren der Stämme.

Stämme, die zur Verarbeitung von Furnieren geeignet sind, sind nicht im entferntesten so reichlich vorhanden, wie allgemein geglaubt wird. Sie müssen gesund, gerade und rein sein. Stämme mit geringerem Durchmesser als 15″ = 380 mm am dünnen Ende sind selten zum Schälen geeignet, da ein Teil des Stammes schon beim Vorschälen auf Rundung verloren geht. (In Europa, besonders im Osten, werden noch weit schwächere Stämme verarbeitet, so z. B. liegt der Durchmesser aller Birkenstämme, die in Lettland verarbeitet werden, zwischen 8 und $13^1/_2$″ [203 bis 345 mm]. Ungefähr 40% sämtlicher Stämme haben einen Durchmesser von 10 bis $11^1/_2$″ [254 bis 292 mm], nur 1,5% dieser Birken haben die Minimalstärke, welcher für Amerika als niedrigster wirtschaftlicher Stammdurchmesser genannt wird.) 6 bis 7″ = 152 bis 178 mm im Kern des Stammes können überhaupt nicht verarbeitet werden. (In Europa geht man je nach der Länge des Furniers, in der Faserrichtung gemessen, mit den übrig bleibenden Schälrollen hinunter bis zu 76 mm = 3″, in Ausnahmefällen, beim Herstellen von Furnieren geringerer Faserlänge, z. B. für Verpackungskisten, sogar bis auf 60 mm = $2^3/_8$″.) Für Messern und Sägen sollten die Stämme mindestens 460 mm = 18″ und mehr betragen, damit sie richtig zerlegt werden können. Die Restbohle, die sowohl bei der Messermaschine wie beim Sägen entsteht, und die notwendig ist, um den Stamm oder Flitch auf der Maschine zu befestigen, verhindert, daß der Stamm restlos in Furniere zerlegt werden kann.

Stämme, die kleiner sind als die oben genannten oder die fehlerhaft sind, die drehwüchsig sind usw., sind nur für die Sägemühle brauchbar. Es ist wichtig, daß mit Rücksicht auf ihren höheren Wert die Furnierstämme sehr sorgsam sortiert werden, und daß keine Stämme in die Sägemühle wandern, die zu Furnieren verarbeitbar sind.

Die Stapelplätze und Wassergärten werden saisonweise aufgefüllt. Die Saison wird bestimmt durch die klimatischen Verhältnisse und dadurch, zu welchen Zeiten Arbeitskräfte preiswert für solche Arbeiten zur Verfügung stehen, vorausgesetzt, daß nicht noch besondere Verhältnisse vorliegen, die berücksichtigt werden müssen. In den nordischen Ländern ist der Winter besonders zum Fällen geeignet. In den südlichen Ländern, wo die Regenzeit dem nordischen Winter entspricht, kann diese jeder Fäll-

Fig. 29. Michigan-Stämme in einem gedeckten Wassergarten. Die schwimmenden Stämme im Vordergrund sind fertig zur Beförderung mittels Kettentransport zur Abkürzsäge, von der aus diese Aufnahme gemacht worden ist

(Dank dem Entgegenkommen von Grand Rapids Veneer Works.)

arbeit vollkommen ein Ende setzen. Stämme aus Wäldern, die Landwirten gehören, kann man nicht kaufen, wenn der Landwirt mit der Ernte beschäftigt ist, sondern nur dann, wenn andere Arbeiten nicht pressieren, und wenn ihm daran liegt, Kasse für gute Stämme zu erhalten.

Heißes Wetter verursacht ein Aufreißen der Stammenden, wenn diese gegen die Sonnenstrahlung nicht geschützt sind. Warmes, nebliges Wetter begünstigt Mehltau und andere biologische Erkrankungen, die zu Zerstörungen führen. Die meisten Stämme werden am sichersten unter Wasser im Wassergarten aufbewahrt, Eichenstämme dagegen müssen außerhalb des Wassers aufbewahrt werden, desgleichen andere Holzarten, bei denen eine Verfärbung als Fehler angesehen würde. Die Figuren 29 bis 32 zeigen Lagerplätze und Wassergärten mit großen Beständen. Meistens werden die

Fig. 30. Hochaufgestapelte Gaboonstämme. Am Anfang des Stapels Portalkran, mit dem die Böcke aufgestapelt und auch abgefahren werden.
(Dank dem Entgegenkommen von N. V. Houtindustrie „Picus" Eindhoven.)

Stämme in den Werken durch Kräne oder Derriks bewegt. In Europa wird sehr viel von Elektrozügen Gebrauch gemacht, das sind elektrisch angetriebene Laufkatzen recht beträchtlicher Tragkraft, die auf Einschienenhängebahnen laufen, welche mit Kurven, Weichen usw. versehen werden können.

Wo die Stämme von Hand bewegt werden, wundert man sich häufig über die großen Leistungen, die gut geschulte Mannschaften auch ohne mechanische Hilfsmittel zuwege bringen.

Gesägte Eichenfurnierie.

Unser erster Gang mag durch einen Betrieb gehen, der geviertelte Eichenfurniere sägt, der jedoch auch andere Hölzer verarbeitet, die auf den gleichen Maschinen hergestellt werden.

Fig. 31. Eine Fliegeraufnahme, in welcher der Stapel mit Portalkran der Fig. 30 vor dem Kanal erscheint. Auf dem Kanal sind die Schiffe, mit denen die Stämme herangekommen sind, zu sehen. Die Schiffe werden mit einem Dampfkran, der das Ufer entlang fahren kann, entleert und die Stämme mit diesem in den Bereich des Portalkrans gebracht. Das Bild zeigt ferner die Schienenbahn, mit denen die ausgesuchten Stämme in den Fabrikhof befördert werden.

(Dank dem Entgegenkommen der N. V. Houtindustrie „Picus" Eindhoven.)

Stammauswahl. Weiße und rote Eichen werden beide zur Herstellung von Furnieren benutzt. Etwa 90% des gesamten Weltbedarfes an Spiegeleiche werden jedoch aus Stämmen der weißen Eiche gewonnen. Bäume, die auf dünnem Waldboden und auf der Spitze von Hügeln und Bergen stehen, wachsen langsamer, sie erzeugen engere Jahresringe als solche Bäume, die im fruchtbaren Niederlande stehen, deren Jahresringe 2,3- oder selbst 4 mal größer sind. Die langsam gewachsenen Eichen erzeugen eine engringige, nicht fladrige, weiche Textur, die für Tischlerarbeiten sehr begehrt ist, und zwar sowohl für Furniere wie auch für Bohlen.

Der erste Schritt in der Herstellung von Spiegeleiche ist der, die Stämme mit einem dichten Kern, frei von Fehlern und mit mindestens 24″ = 610 mm Durchmesser auszusortieren. Solche Stämme sollten unter allen Umständen möglichst bald zu Furnier-Flitches und zu Furnieren verarbeitet werden, denn wenn der Stamm erst länger liegt, wird er rissig,

Fig. 32. Mahagonistämme innerhalb und außerhalb des Flutwassers gelagert. Eine Winterszene des Wassergartens.
(Dank dem Entgegenkommen der Ichabod T. Williams & Sons.)

trocknet aus und wird nicht mehr die beste Qualität von Furnieren erzeugen lassen.

Zerlegen oder Zuschneiden: Der frisch zugeschnittene Stamm wird in das Sägewerk gebracht, wo er geöffnet wird und wo Flitches (6″ = 152 mm breit und breiter) von ihm nach einem Verfahren geschnitten werden, das in Figur 33 gezeigt ist. Figur 34 und 35 zeigen Blicke in ein Sägewerk in Ohio-Vally, in dem Flitches mit Bandsäge geschnitten werden und in dem Spiegeleiche mit einer Segmentzirkularsäge gesägt wird.

Wenn man die Stämme in Flitches zerlegt, muß sehr darauf geachtet werden, daß besonders die Markstrahlen, die von der Mitte des Holzes ausgehen, parallel zu den Seitenflächen des Flitches liegen. Diese Strahlen verursachen Sonnenrisse im Holz, die vom Kern oder Herz ausgehen. Man erhält die beste Zeichnung oder besten Spiegel, wenn man parallel zu diesem Strahl sägt. Figur 8 und Figur 36 zeigen die Wirkung der Markstrahlen im Bilde eines Furniers, das aus geviertelter Eiche gesägt ist. Da die Säge nicht genau in der Richtung des Markstrahles läuft, so wird allmählich die

Zeichnung verschoben. Der so vorbereitete Flitch ist nun fertig, um entweder durch Sägen oder durch Messern in Furniere zerlegt zu werden.

Die Sägefurniere werden dadurch erzeugt, daß man den jetzt frisch zugeschnittenen Flitch direkt zu der großen vorher beschriebenen Segmentsäge Fig. 23 bringt, ihn dort auf dem Transportwagen sicher und mit der besser gezeichneten Oberfläche der Säge zugewandt, befestigt. Dann wird der Flitch in Furniere der gewünschten Stärke zerlegt. Die überwiegende

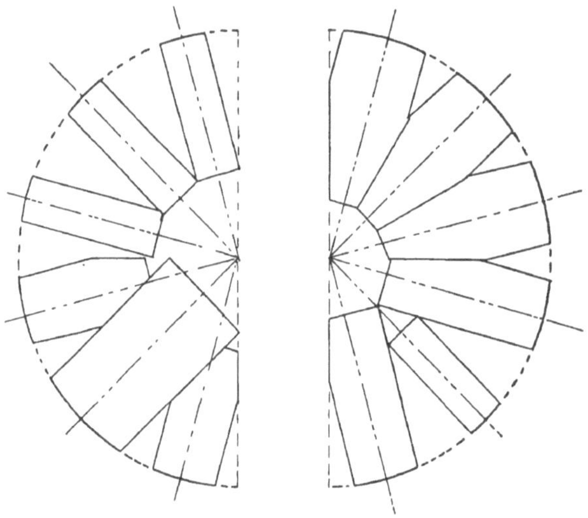

Fig. 33. Zerlegungsmethoden von Eichenstämmen als Vorbereitung zum Schneiden von geviertelter Eiche (Spiegeleiche). Es gibt eifrige Verfechter für jede der gezeichneten Methoden. Die Entscheidung über die Art der zu schneidenden Flitches sollte von dem Charakter des zu schneidenden Stammes abhängig gemacht werden.

Mehrheit der Möbelfabrikanten Amerikas benutzt gesägte Spiegeleichenfurniere von $^1/_{20}''$ = 1,27 mm Stärke. Für Türen, für Innenausstattungen und ähnliches werden auch andere Stärken benutzt, z. B. $^1/_{16}''$ = 1,59 mm, $^1/_8''$ = 3,18 mm und gelegentlichst auch $^1/_4''$ = 6,35 mm.

Sägen der Furniere: Wenn das Furnier z. B. in Blätter von $^1/_{20}''$ = 1,27 mm Stärke hergestellt wird, so geht ungefähr dieselbe Holzstärke als Sägemehl verloren. Die Säge muß sehr genau geschränkt werden, um einen glatten Schnitt zu erzielen. Ein einziger „wilder" Zahn in der großen Säge kann das Furnier für den späteren Gebrauch schwer schädigen. Die einzelnen Blätter müssen in derselben Reihenfolge, wie sie vom Flitch entfallen, aufgestapelt werden. Man pflegt sie so laufend zu numerieren, daß ihre Lage zueinander stets erkennbar bleibt. Am besten ist es, das Furnier wird sofort nach dem Schneiden getrocknet, wenn man Verfärbungen vermeiden will.

Es gibt verschiedene Trockenmethoden, die in den Vereinigten Staaten normalerweise benutzt werden. Nach einer älteren Methode werden die Furniere in Rechen in einem Raum aufgestellt, durch den Trockenluft geblasen wird. Nach den neueren, modernen Methoden läßt man die Furnierblätter durch mechanische Trockner verschiedenster Ausführung gehen, die in Kapitel X noch näher betrachtet werden.

Fig. 34. Die Herstellung von Flitches für geviertelte Eichenfurnier. Man beachte den schwachen, leicht gefärbten Splint und den verhältnismäßig großen Teil von Herzholz.

(Dank dem Entgegenkommen der Wood Mosaic Co.)

Verkaufsfertigmachen. Nachdem die Furniere getrocknet sind, werden sie wieder nach den Flitches, aus denen sie entstanden sind, geordnet und vermessen. Die endgültige Bezeichnung auf den Packen von Furnieren, die aus demselben Flitch stammen (der Amerikaner bezeichnet auch diese Packen mit Flitch) sollen normalerweise enthalten: die Länge, die Durchschnittsbreite, die Totalbreite, den totalen Flächeninhalt, die Blattzahl in jedem Bund (in Deutschland werden weiter vermerkt die Stärken der Furniere und die Stammnummer, von der die Furniere entfallen sind). Gewöhnlich schreibt man diese Zahlen auf das oberste Blatt des Bundes, wenn dieses zur Abnahme und zur Verschiffung bereit ist.

Geviertelte Eichen-Furniere wird gewöhnlich 6″ = 152,4 mm und breiter angeboten. Im allgemeinen entfallen mindestens 80% 6 bis 10″ breit = 152,4 bis 254 mm, 20% 10 bis 15″ breit = 254 bis 381 mm, gelegentlichst auch noch breiter.

Andere Segmentsägearbeiten: Mit der Segmentsäge werden weit mehr Eichen gesägt als andere Hölzer. Immerhin dient dieselbe Einrichtung auch dazu, um geviertelted oder auch glattes Ahorn für Piano-Resonanzböden von $^1/_8$″ = 3,18 mm, $^3/_{16}$″ = 4,76 mm, $^1/_4$″ = 6,35 mm und zuweilen auch $^5/_{16}$″ = 7,96 mm Stärke zu sägen. Siehe Figur 37.

Fig 35 Das Sagen von Spiegeleiche auf der Segmentsäge, gewöhnlich in $^1/_{20}$″ (1,27 mm) Stärke
(Dank dem Entgegenkommen der Wood Mosaic Co.)

Es besteht auch ein gewisser Bedarf an dünnen, nicht geviertelten, also schlichten Eichen, Birke, Ahorn und Buche für besondere Innenausstattungen und für Türen. Es gibt ferner industrielle Verwendungszwecke für dünnes Holz, für die man die Segmentsäge benutzen kann, da der Sägeverlust nur etwa $^1/_6$″ = 1,59 mm beträgt, während die meisten anderen Sägen den doppelten Verlust aufweisen und nicht so genau schneiden wie die Segmentsäge.

Dämpfen und Kochen der Stämme.

Nahezu alle Furnierstämme werden gedämpft*) oder in heißem Wasser gekocht**), um die Struktur zu erweichen und damit möglichst wenig Reißen und Brechen beim Messern oder Schälen eintreten zu lassen.

*) (steaming). **) (cooking).

Um ein leichtes Schneiden zu ermöglichen, werden die heißen Stämme, wenn sie aus den Dämpfgruben kommen, unmittelbar verarbeitet. Die Ansichten der verschiedenen Fabrikanten gehen weit auseinander darüber, ob es besser ist, die Stämme in Gruben zu kochen oder sie in geschlossenen Kammern zu dämpfen. Die zum Dämpfen notwendige Zeit zählt nach Stunden, während man zum Kochen Tage braucht, je nach der Härte des

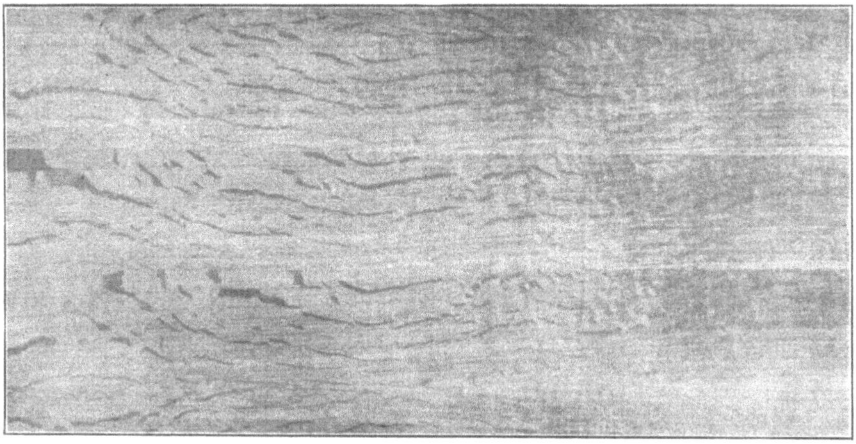

Fig. 36. Geviertelles gesägtes Eichenfurnier. Muster zusammengesetzt. (Dank dem Entgegenkommen von Underwood Veneer Co.)

Holzes und der Größe der Stämme. Einige Stämme, z. B. Basswood, die amerikanische Linde, wird kalt geschnitten, d. h. so wie sie aus dem Walde angefahren wird. Stämme, die zersägt werden sollen, wie z. B. Eiche, brauchen weder gekocht noch gedämpft zu werden, weil bei ihnen wenig Rißgefahr besteht und nur vernachlässigbare Oberflächenrißchen bei der Erzielung des Freischnittes entstehen. Kochgruben sind immer teuer zu unterhalten und bestimmt gefährlich, aber bis jetzt hat man keinen zufriedenstellenden Ersatz für sie finden können. Sowohl das Kochen wie das Dämpfen erleichtert die Entfernung der Rinde, das Entrinden (barking, peeling).

Eine Zeitlang bestanden Meinungsverschiedenheiten darüber, ob Furniere, die von gekochten oder gedämpften Stämmen herstammen, beim Trocknen stärker schrumpfen. Die Versuche, die im Forest Products Laboratory hierüber angestellt worden sind, haben bisher keinen Beweis dafür erbracht, daß irgendwelche bemerkbaren Unterschiede in dieser Beziehung zu finden sind.

Messern von Mahagonifurnieren.

Unser nächster Ausflug führt uns an die Atlantische Küste, an der sich die größten Mahagoni-Furnier-Werke Amerikas im Bereich von Ebbe und Flut befinden.

Der rohe Stamm. Der Mahagonistamm hat meist schon eine lange Reise hinter sich, seitdem er seinen Wurzelstumpf in Afrika, in Mittelamerika oder vielleicht auch an der Nordküste von Südamerika oder in den Westindischen Inseln verlassen hat, bis er in den Vereinigten Staaten angelangt ist.

Fig. 37 Eine Segmentsäge, auf der dünnes Ahornholz für die Klavierfabrikation gesägt wird.
(Dank dem Entgegenkommen der Fuller-Therber Co.)

Die afrikanischen Stämme sind gewöhnlich nahezu viereckig zugehauen (s. Figur 38), werden jedoch solange durch Menschen über Land, durch kleine Wasserläufe und Flüsse zuerst als Flöße, sodann als Dampferladung transportiert, bis sie an ihren Bestimmungsort gelangen, daß ihr schönes charakteristisches Aussehen meist infolge roher Handhabung völlig verschwunden ist. Die Stämme, die von Mittel- und Südamerika kommen, sind gewöhnlich rund und unbehauen. Beim Transport wird der größte Teil der Rinde schon abgestoßen (z. T. wird das Holz jedoch auch schon sofort nach dem Fällen entrindet, um die Gefahr des Wurmstichigwerdens zu vermeiden und um Fracht und Dampferraum zu ersparen), jedenfalls zeigen auch sie bei ihrer Anlieferung wenig von den in ihnen verborgenen Schönheiten, genau so wie die afrikanischen Stämme.

Nach dem Eintreffen im amerikanischen Seehafen werden die Mahagonistämme mitunter in mächtige Haufen aufgestapelt, um möglichst schnell zu Flitches zersägt zu werden. Meist jedoch bringt man sie in Wassergärten unter, um Beeinträchtigungen der Qualität durch Sonnenstrahlung zu verhindern (s. Figur 39). Manche Ladungen enthalten außer Mahagonistämmen noch geringere Mengen anderer Edelhölzer. So enthalten z. B. oft die Ladungen aus Mittelamerika auch spanische Cedern, die hauptsächlich für die Zigarrenkistenfabrikation benutzt werden.

Fig. 38. Viereckige Mahagonistämme aus Afrika.
(Dank dem Entgegenkommen von Ichabod T. Williams & Sons.)

Zerlegen in Flitches. Wenn der Besucher das Staunen, welches er beim Anblick der enormen Mengen gestapelten oder gewässerten Mahagonis, die in die Millionen cbm gehen, überwunden hat, so erlebt er eine der interessantesten Überraschungen nach Auftrennung des Stammes auf der Bandsäge, wenn an den Innenseiten der hierbei entstandenen Flitches das wunderbare Farbenspiel des Mahagonis zutage tritt (s. Figur 40). Rot aller Schattierungen vom zartesten Lachsrosa bis zum tiefen Kirschrot erscheint, aber nur wenige Stämme zeigen Maserbilder einer Schönheit, die sie wirklich wertvoll machen. Der Leiter des Werkes und der Vorarbeiter richten ihr Augenmerk sehr sorgsam darauf, gesunde Stämme von reicher Farbentönung und schöner Maserung zu finden. Wenn beim ersten Aufschneiden eines Blockes ein solch guter Stamm gefunden wird, gehört eine außerordentliche Übung und Erfahrung dazu, diesen Stamm so in Flitches weiter zu zerteilen, daß man die schönsten Furniere erhält. Ein einziger Stamm, besonders von den großen zugehauenen afrikanischen Stämmen, läßt sich manchmal in 4 bis 12 wunderbare Flitches zerlegen. Jeder Sägeschnitt wird sorgfältig daraufhin geprüft, ob er auch, was Ausnutzung und Zeichnung anbelangt, wirklich das Beste ergibt, und alle Abfälle und Bretter werden sorgfältig aufgehoben, so daß kein wirklich schönes gemasertes Stück dieses Mahagonistammes verloren geht. Mahagonistämme in Flitches zu zerlegen

Fig. 39. Mahagonistämme, zum Teil in Stapeln auf dem Lande, zum Teil im Wassergarten. Die Förderkette und der Derrik, die zur Beförderung nach der Mühle dienen, befinden sich im Vordergrund. Im Hintergrund befinden sich Dampfer, die Mahagoniklötze abladen.

(Dank dem Entgegenkommen von Ichabod T. Williams & Sons.)

erfordert außerordentliche Erfahrung und große Sachkenntnis. Wirkliche Kenner auf diesem Gebiete sind sehr selten.

Das große New Jersey-Werk, das wir besichtigten, arbeitet mit drei Bandsägen. Die beiden ersten dienen zum Halbieren der Stämme und dazu, um Flitches für die Messermaschinen oder die Segmentsägen herauszuschneiden, während die mittlere Säge dazu benutzt wird, diejenigen Teile in Bohlen zu schneiden, die für Furniere nicht in Frage kommen. Die drei verschiedenen Mittel, mit deren Hilfe man die Stämme in das Sägewerk befördern kann, sind in Figur 41 gezeigt. Beinahe 10 000 qm Mahagoni werden zuweilen von diesem Sägewerk an einem Tage aufgeschnitten, je nach Abmessung und Art der hereingekommenen Stämme. Das Werk beschäftigt sich aber nicht nur mit dem Herstellen von Mahagonifurnieren, es werden vielmehr auch andere ausländische und einheimische Hölzer gemessert und gesägt.

Das Messern der Flitches. Der Flitch, wie er von der Bandsäge kommt, ist klar, gesund und einigermaßen frei von Defekten. Die unregelmäßigen oder gesplitterten Enden werden durch eine Ablängsäge entfernt, dann

Fig. 40 Ein kantig behauener afrikanischer Mahagonistamm ist gerade aufgeteilt worden, um untersucht und in Flitches zerlegt zu werden.
(Dank dem Entgegenkommen von Ichabod T. Williams & Sons.)

kommt der Flitch in die Dämpf- oder Kochgruben, wo er sowohl erwärmt, wie auch als Vorbereitung für das Messern erweicht wird. Ungedämpfte Mahagonistämme können bei der Härte des Mahagonis nicht gemessert werden. Werden die Stämme zu heiß gedämpft, so erhält man den sehr wenig erwünschten rauhen Schnitt.

Im besuchten Werk werden stehende Messermaschinen gebraucht (siehe Figur 42). Die größte Messermaschine kann Flitches bis zu 17 Fuß = 5,2 m Länge und etwa 24—30″ (610 bis 762 mm) Breite verarbeiten. Die Arbeitsweise dieser Maschine ist vorher beschrieben worden. Das Schleifen, Schärfen und Justieren sowohl der Messer wie auch der Druckleisten sind Arbeiten, die sehr viel Erfahrung und Übung voraussetzen, desgleichen das richtige Befestigen des Flitches auf dem Bett der Maschine. Es kommt häufig vor, daß der Flitch verschiedene Male gewendet werden muß, um in vorteilhaftester Weise ausgenutzt zu werden.

Die besten Streifen oder auch Fladern (stripes oder mottles) bekommt man beim geviertelten (radialen) Schnitt, während Rippen, Blasenmuster (ripples oder blisters) und andere Zeichnungen unter Umständen am

Fig. 41. Die drei Beförderungsarten, die Förderkette zur Beförderung der Stämme in die Sägemühle, der Derrik zur Beförderung aus dem Wasser, vom Stapel oder von Eisenbahnwagen sowie der Lokomotivkran für dieselben Zwecke sind auf dem Bilde sichtbar.

(Dank dem Entgegenkommen von Ichabod T. Williams & Sons.)

allerbesten beim Schnitt quer zum Radius erhalten werden. Für Liebhaber von schönem Holz sind die von der Messermaschine entfallenden Mahagonifurniere einer der schönsten Anblicke. Fladern, Grätenmuster (fiddle-back) oder andere Linien, die von ungleichmäßigem Wuchs oder ungleichmäßigem Faserverlauf herrühren, wechseln in mannigfachster Weise ab. Die Schattierung ist nicht unähnlich derjenigen eines vom Winde bewegten Getreidefeldes. Man wird nicht müde, die ständig sich ändernden delikaten Farben und Farbtönungen auf den Furnierblättern zu bewundern und die Mannigfaltigkeit der verschiedenen Bilder und Schattierungen. Figur 43 zeigt ein gemessertes afrikanisches Mahagonifurnier mit sogenanntem Blistermuster.

Trocknen, Beschneiden und Bemustern. Wie bereits erwähnt, werden gemusterte Furniere stets in der Reihenfolge, wie sie entfallen, nach Flitches aufbewahrt. Vom Messer kommen die Furniere in die Trockenräume oder in einen künstlichen Trockner, in dem der Feuchtigkeitsgehalt bis auf 10

Fig. 42. Zwei stehende Messermaschinen. Die größere im Hintergrund. Die Stämme bewegen sich vertikal gegen das Messer. Die Furnierblätter entfallen hinter dem Messer und werden auf einem im Vordergrund sichtbaren Wagen aufgestapelt. Ein neuer Flitch hängt im Derrik-Kran.
(Dank dem Entgegenkommen von Ichabod T. Williams & Sons.)

oder 15% erniedrigt wird. Die Furniere dürfen nicht so trocken sein, daß sie brüchig werden, sondern gerade nur so trocken, daß sie nicht stocken oder vom Mehltau befallen werden. Es gibt Fabrikanten, die jetzt noch auf dem Standpunkt stehen, daß das Trocknen der Furniere in einem Trockenhaus das Beste ist, in dem die einzelnen Furnierblätter hochkant zwischen Fingerrechen*) aufgestellt werden (s. Figur 44). Gewöhnlich werden 2 bis 3 Furniere in jedem Rechenzwischenraum untergebracht. Der ganze Raum wird in richtigem Wechsel mit mehr oder weniger feuchter, warmer Luft beheizt. Beim Herausnehmen der Furniere aus den Rechen werden

*) (rack).

Fig. 43. Gemessertes Mahagoni-Blisterfurnier.
(Dank dem Entgegenkommen von F. Moritz Müller, Leipzig.)

sie wieder sorgsam in der oben erwähnten Reihenfolge zusammengelegt, vermessen und markiert, so wie bereits bei der Eiche beschrieben. Von oben, der Mitte und unten werden von jedem Flitch Muster entnommen. Sodann wandert der Flitch in das Lager bis zu seinem Versand.

Gesägte Mahagonifurniere. Trotz der Sägeverluste und des höheren Preises gibt es immer noch Verarbeiter von Mahagoni, die gesägte Mahagonifurniere vorziehen. Beim Herstellen von Sägefurnieren werden die Flitches weder gedämpft noch gekocht, sondern wandern direkt von der Zuschnittsäge auf die Furniersäge. Die Standardstärke von gesägten Mahagonifurnieren ist $^1/_{20}'' = 1{,}27$ mm. Es kommt jedoch auch vor, daß die Furniere $^1/_{16}'' = 1{,}6$ mm, $^1/_{12}'' = 2{,}12$ mm, $^1/_{10}'' = 2{,}54$ mm, $^1/_8''$

Fig. 44. Trockenhaus mit Mahagonifurnieren in Fingerrechen.
(Dank dem Entgegenkommen von Ichabod T. Williams & Sons.)

$= 3{,}18$ mm, $^3/_{16}'' = 4{,}76$ mm, $^1/_4'' = 6{,}35$ mm stark gesägt werden. Das Trocknen, Nummerieren und Sortieren der Furniere geschieht in ähnlicher Weise wie beim Messerfurnier.

Europäische Furniersäge- und Messerwerke.

Es dürfte von Interesse sein, die Beschreibung des Rundganges durch die amerikanischen Werke an dieser Stelle etwas zu unterbrechen und einige Bemerkungen darüber einzuschalten, inwiefern die europäische Furnierfertigung bemerkenswerte Abweichungen von den beschriebenen amerikanischen Methoden aufweist.

Dieses ist um so mehr notwendig, als in Europa, besonders in Deutschland, in weit höherem Maße als in Amerika das Messern nicht nur zur Herstellung von Edelhölzern in Anwendung ist, sondern auch in recht beträchtlichem Maßstabe zur Herstellung von Furnieren, bei denen auf die Zeichnung weniger Gewicht gelegt wird, die jedoch zum Aufbau sowohl der Außenlage (Absperrfurniere) von schwachen und starken Sperrplatten, wie auch zur Herstellung von Einlagen und Mittellagen für starke Platten Verwendung finden.

In Deutschland bestehen sehr große Werke, die z. T. — die Eiche und Edelhölzer, soweit sie aus dem europäischen Auslande bezogen werden oder

Fig. 45. Stapelplatz von Eichenstämmen. Der Portalkran läuft mit einem Ständer zwischen den Stapeln hindurch. Die Enden der Stämme sind durch Anstrich gegen Einfluß der Sonnenstrahlung geschützt.
(Dank dem Entgegenkommen von F. Moritz Müller, Leipzig.)

aus Asien —, als ganze Waldungen oder aber als ausgesuchte Stämme im Walde selbst kaufen, das Fällen und Abtransportieren selbst besorgen. Hierbei findet die erste Sortierung bereits im Walde statt, da nicht selten mit Rücksicht auf die spätere Verfrachtung und Verarbeitung die Stämme der verschiedenen Sortierungen schon vom Walde aus verschiedene Wege gehen, weil die Säge- und Messerwerke vielfach nicht an ein und demselben Platz gelegen sind.

Schon in der Stapelung von Edelhölzern zeigt sich in vielen Zügen ein ziemlich bedeutender Unterschied mit den amerikanischen Verfahren darin, daß entsprechend dem Sinn für Richtung und Ordnung die Stapelung nicht in unregelmäßigen, sondern gewöhnlich in regelmäßigen Stapeln vorgenommen wird (s. Figur 45). In vielen Stapeln wird Wert darauf gelegt, daß auch die gestapelten Hölzer, soweit sie außerhalb des Wassers gelagert werden, nicht unmittelbar auf dem Boden liegen, sondern auf zweckentsprechend gewählten Traggerüsten.

In den Figuren 30 und 31 ist bereits gezeigt worden, daß für große Stapelplätze zur Bewegung der schweren Stämme in Europa Portalkräne

Fig. 46. Horizontalgatter auf dem ein großer Stamm des afrikanischen Abachibaumes in Flitches zerlegt wird. Der Stamm hat einen Durchmesser von etwa 1.8 Meter = 71″

(Dank dem Entgegenkommen von F. Moritz Müller, Leipzig.)

vorherrschen. Neuerdings werden auch Kabelkräne da verwendet, wo sehr große Flächen zu überspannen sind.

Das Zerlegen in Flitches geschieht in Deutschland selten mit der Bandsäge, sondern größtenteils mit einem Horizontalgatter. Figur 46 zeigt ein solches Horizontalgatter, auf dem ein großer Stamm afrikanischen Holzes (Abachi) in Flitches zerteilt wird. Figur 47 zeigt eine Dämpfgrube, in der Flitches, und zwar handelt es sich hier um Eichenflitches, vor dem Messern gedämpft werden.

Die Form der Flitches, in denen Eiche der Regel nach in Deutschland gemessert wird, ist am deutlichsten aus Figur 48 zu ersehen.

Der größte Unterschied, der sich bei einem Gang durch ein amerikanisches und ein deutsches Werk dem Beschauer aufdrängt, dürfte die Halle sein, in der sich die Messermaschinen befinden. Vergleicht man Figur 42, in der die in Amerika üblichen stehenden Messermaschinen aufgestellt sind, mit den beiden Figuren 49 und 50, welche die schweren, liegenden Messermaschinen eines großen deutschen Messerwerkes zeigen, so wird dieser

Fig. 47. Eine Dämpfgrube für Flitches. Eichenflitches werden mittels Laufkran — der Haken ist vor dem oberen Fenster sichtbar — in die Dämpfgruben getan, welche, nachdem sie gefüllt sind, geschlossen werden. Die Deckel sind auf der rechten Seite zu sehen.

(Dank dem Entgegenkommen von F. Moritz Müller, Leipzig.)

Unterschied recht deutlich klar. Bemerkenswert an diesen Abbildungen ist die einheitliche Anordnung einer großen Anzahl von Messermaschinen in einer Halle. Der Betriebsleiter hat sein Betriebsbüro gegenüber der Aufstellungsreihe der Messermaschinen, wie dies in Figur 49 gezeigt ist. In Figur 50 ist deutlich zu sehen, wie sorgsam bei der Zerlegung jedes Flitches Buch über die einzelnen Furniere geführt wird, was bei dem Wert von schön gezeichneten Edelfurnieren von großer Bedeutung ist.

Diese großen Maschinen erfordern, besonders bei so großen wie den hier abgebildeten, gut gebaute große Hallen. Figur 51 zeigt die Messerhalle in der Stirnansicht. Neben der Messerhalle sieht man das neunstöckige riesige Trockenhaus, in dem die gemesserten Furniere im Sommer durch Öffnen der vorgesehenen Klapptüren und Fenster der natürlichen Trocknung durch Luft, im Winter bei geschlossenen Türen und Fenstern der Trocknung durch geheizte Luft unterzogen werden.

Fig. 48. Eichenflitches auf dem Wege von der Dämpfgrube zum Messerwerk.
(Dank dem Entgegenkommen von F. Moritz Müller, Leipzig.)

Die übrigen Abweichungen, die sich am fertigen Furnier zwischen den amerikanischen und den europäischen Verhältnissen zeigen, sind bei der Besprechung dieser Verhältnisse bereits in den früheren Kapiteln erwähnt worden.

Halbrundschälen von schwarzer Walnuß.

Die amerikanische schwarze Walnuß läßt sich sehr vorteilhaft in verschiedener Weise zu Furnieren verarbeiten, je nach der Farbe der Stämme, der Art der Maserzeichnung, die sich erwarten läßt, und dem Zweck, dem die Furniere dienen sollen. Walnußstämme sind gewöhnlich drehwüchsig und auch sonst unregelmäßig im Wuchs. Die beiden begehrtesten Teile für die Furnierfabrikation sind die Gabelungen oder Astknoten (crotch), wo starke Äste oder Zweige sich vereinigen oder der Wurzelstumpf (stump), an dem der Stamm sich in Glockenform verbreitert und an dem die starken Wurzeln ansetzen. Bei den meisten anderen Holzarten hält man das quer gewachsene Holz in Wurzelstümpfen und Gabelungen nur für Feuerungsmaterial geeignet. Die Astknoten kommen gewöhnlich in der Form von Zwieseln (chunks) in den Handel und haben etwa die Form eines weit

Fig. 49. Blick in die Messerhalle. Man beachte die schwere Ausführung der Messermaschinen. Es wird weniger auf Masse als auf Qualität Wert gelegt. Über jeder Messermaschine befindet sich eine Laufkatze zum bequemen Aufbringen der Stämme und Flitches Man beachte die gute Beleuchtung der Halle, bei Tage durch die großen Seitenfenster, bei Nacht durch die über jeder Maschine angeordneten starken elektrischen Lampen.

(Dank dem Entgegenkommen von F. Moritz Müller, Leipzig.)

geöffneten „Y“. Sie haben selten eine größere Länge als diejenige, die etwa dem zweifachen Durchmesser des starken Endes entspricht.

Wurzelstümpfe. Die Wurzelstümpfe befinden sich gewöhnlich halb über und halb unter dem Erdboden. Der einfachste Weg, den Stumpf aus dem Boden zu heben, ist der, daß man die Wurzeln ungefähr 2—3 Fuß tief ringsherum freilegt, dann die starken Wurzeln abtrennt und den Stamm fällt. Beim Fallen reißt der Stamm dann den größten Teil des Wurzelstumpfes mit heraus. Hierbei erhält man längere und wertvollere Wurzelstümpfe, als wenn man vorher den Stamm in der gewöhnlichen Weise fällt,

d. h. ungefähr ein Fuß über dem Erdboden absägt. Das Ausgraben eines solchen Wurzelstumpfes ist eine sehr mühsame und schwierige Arbeit.

In dem dritten Werk, das durchwandert werden soll, sind einige Wurzelstümpfe noch mit Rinde zu sehen. Sie haben etwa die Form einer unregelmäßigen großen Glocke, siehe Figur 52. Der erste Arbeitsgang ist der, den schweren Stumpf mittels Kran in die Kochgruben einzubringen. Hier verbleibt er mehrere Tage, bis er vollkommen durchweicht ist. Er wird dann herausgehoben, entrindet, zugehauen und von oben bis unten in

Fig. 50. Blick in die Messerhalle. Das sorgsame Aufeinanderlegen in der Reihenfolge der entfallenden Furniere ist sichtbar. Auf der rechten Seite steht der Vorarbeiter und Kontrollführer neben seinem Pult an dem auf einer Schreibfläche sichtbar eine Tafel angebracht ist, welche die Karten der Betriebskarthotek aufnimmt. — An der zweiten Maschine wird gerade ein neuer Flitch auf dem Messertisch befestigt.

(Dank dem Entgegenkommen von F. Moritz Müller, Leipzig.)

der Mitte durchgeteilt, wie in Figur 53 gezeigt. Hier befindet sich die Fertigung aber an einem kritischen Punkt. Es muß nämlich jetzt die Entscheidung darüber gefällt werden, welche besondere Schneidmethode angewendet werden muß, um die wertvollsten Maserzeichnungen der Furniere zu erhalten. Das „Lesen“ der Maserzeichnung (reading the figur) ist der Fachausdruck für die Ausübung dieser Kunst. Man kann sie mit derjenigen vergleichen, welche bei der Auswahl der Stämme im Walde Anwendung finden muß.

Von welcher verhältnismäßig großen Bedeutung die Fähigkeit, die Maserbilder richtig zu lesen, ist, zeigen vereinzelte Vorkommnisse in Werken, die sich in fast unglaublichen Ziffern ausdrücken. In einem Werk

Fig. 51. Zwischen der Feuerwache und dem großen Trockenhaus ist die Messerhalle mit der Giebelfront nach vorne sichtbar.
(Dank dem Entgegenkommen von F. Moritz Müller, Leipzig.)

spricht man immer noch von einem seltenen alten Walnußbaum und Wurzelstumpf, der vor Jahren verarbeitet worden ist und der infolge geschickter Aufarbeitung Furniere im Gesamtwerte von nahezu 30 000 Dollar ergeben hatte. Natürlich sind das Ausnahmen. Sie beweisen jedoch, wie wichtig es ist, die Maserbilder richtig zu lesen. Welche eigenartigen und schönen Bilder man erzielen kann, ist in Figur 54 gezeigt, in der vier aufeinanderfolgende derartige aus einem Wurzelstumpf stammende Furniere

Fig. 52. Glockenförmiger Wurzelstumpf eines Walnußbaumes, wie er an die Furnierwerke geliefert wird.
(Dank dem Entgegenkommen von Wood Mosaic Co.)

symmetrisch zusammengesetzt worden sind. Die besondere Fertigkeit liegt darin, entscheiden zu können, von welchem Punkt aus und unter welchem Winkel geschnitten werden muß, um im fertigen Furnier die feinste Maserung und das charakteristischste Bild zu erhalten. Ist bei einem Stumpf diese Entscheidung gefallen, ist er in der Mitte aufgeschnitten, so wird gewöhnlich die Rückseite des entstehenden Flitches, das ist die frühere Außenseite des Baumes, parallel zu der vorderen, der Schnittseite des Flitches, zugeschnitten werden, um eine ebene Fläche zu erhalten, die auf dem Stay-Log befestigt werden kann. In diese Fläche werden nunmehr Schrauben eingebracht, welche den Flitch sicher am Stay-Log halten. Beginnt man nun mit dem halbrunden Schnitt, so zeigt jedes Furnierblatt die glockenartige Kontur des Stumpfes, ohne daß die flammenden Enden verloren gehen, die oft von ganz besonderem Wert sind. In Figur 55 sieht man wie die einzelnen Walnuß-Furnierblätter beim Verarbeiten des Wurzelstumpfes auf dem Stay-Log entstehen.

Die einzelnen Furnierblätter werden, wie bereits vorher für die anderen Herstellungsmethoden von Edelfurnieren beschrieben ist, sorgsam in ihrer Reihenfolge aufgestapelt. Diese Reihenfolge bleibt auch bei dem sich an-

Fig. 53. Derselbe Walnußstumpf entrindet, halbiert, zugeschlagen und vorgebohrt. Der Stumpf ist nunmehr soweit vorbereitet, daß er auf das Stay-Log aufgeschraubt werden kann. Die hintere Hälfte ist bereits auf dem Stay-Log befestigt.

(Dank dem Entgegenkommen von Wood Mosaik Co.)

schließenden Trocknen usw. erhalten. Auch das Entnehmen der Muster und Vermessen geschieht in der gleichen Weise, wie oben beschrieben.

Das Halbieren, Aufspannen und Schneiden von Furnieren aus Gabelungen, Aststücken, Zwieseln usw. geschieht in derselben Weise, wie soeben für den Wurzelstumpf beschrieben.

Walnußfurniere mit weniger hochentwickelter Maserzeichnung, z. B. mit Streifen usw., können ebenso gut wie auf dem Stay-Log auch auf der Furniermessermaschine hergestellt werden, ohne daß sich große Unterschiede im Charakter der Zeichnung ergeben.

Gemesserte, gestreifte Walnuß (sliced striped walnut). Ausgewählte, große, gerade gewachsene Walnußstämme von etwa 18 bzw. 20″ (457 bis 508 mm) Durchmesser und mehr eignen sich zur Verarbeitung auf Messerfurniere. Der Stamm kommt zunächst in die Sägemühle und wird dort 8eckig zugeschnitten. Hierbei wird bereits die Rinde und das äußerste Splintholz entfernt. Dann wird der Stamm in der Mitte geteilt, er kann jedoch auch im achteckigen Zuschnitt ungeteilt auf das Messer gebracht werden, wie dies in Figur 56 dargestellt ist. Geviertelte Walnuß wird in derselben Weise hergestellt wie vorher für Eiche beschrieben.

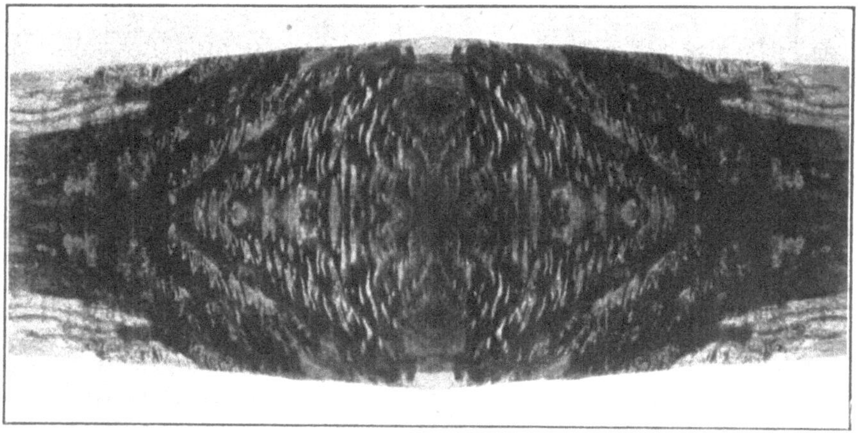

Fig. 54. Schön gezeichnetes Wurzelfurnier aus 4 aufeinanderfolgenden Furnieren symmetrisch zusammengesetzt. Die Furniere sind halbrund auf dem Stay-Log geschnitten, sie stammen von einem amerikanischen schwarzen Walnußbaum. (Dank dem Entgegenkommen von American Walnut Manufacturers Association.)

Die Flitches kommen aus den Kochgruben, wo sie entweder in heißem Wasser gekocht oder gedämpft werden, bis sie völlig durchweicht sind. Die Verarbeitung geschieht entweder auf Stay-Log oder meist auf Messermaschinen. Das Schneiden, Ablegen von der Maschine usw. geschieht in derselben Weise wie vorher beschrieben. Man muß auch hier besondere Vorsicht bzgl. der richtigen Einstellung von Messer und Druckbalken an der Maschine walten lassen, wie auch in der Beziehung, daß der Stamm genügend durchweicht ist, wenn man nicht beim Schneiden brüchige Furniere erhalten will.

Sofort nach dem Schneiden beginnt das Furnier seine Farbe zu ändern, während es Dampf abgibt. Der Amerikaner nennt das das „Schwitzstadium“ (sweating stage) durchmachen. Der Fabrikant muß, wenn er eine genügend gleichmäßige Farbe in der gewünschten Tönung erhalten will, ganz besonders vorsichtig und sorgfältig bei der Bemessung gerade dieser

Periode sein. Leicht gefärbte Furniere erhält man, wenn die Periode kurz gehalten wird. Tiefere, dunklere Farbtöne erfordern eine längere Durchdämpfung oder Schwitzperiode. Sofort nach dem Schneiden zeigt sich ein grünlicher Schatten auf dem Furnier. Es muß zunächst solange gewartet werden, bis dieser Schatten verschwunden ist. Sobald der Abdämpfprozeß beendet ist, wird das Furnier sofort getrocknet, und zwar entweder im

Fig. 55. Halbrund geschältes Walnußwurzelfurnier, wie es von einer Schälmaschine kommt, auf der es mit dem Stay-Log geschnitten wird.
(Dank dem Entgegenkommen von Wood Mosaic Co.)

Fingerrechen oder auch auf dem mechanischen Trockner. Nach dem Trocknen wird es wieder in die genaue Reihenfolge gelegt und genau so wie vorher für die übrigen Furniere beschrieben, behandelt, bezeichnet und verkaufsfertig gemacht. Figur 57 zeigt ein gemessertes Furnier aus amerikanischer schwarzer Walnuß mit vereinzelten Fladern.

Ein kleiner Vorfall, der in einem der Werke beobachtet worden ist, soll hier mit Erlaubnis des Werkleiters wiedergegeben werden:

„Während wir vor der Messermaschine standen und die wunderbaren Blätter von herrlich gezeichneten Walnußfurnieren entstehen sahen, erhob sich plötzlich eine Hand, ein Zuruf kam von der Stelle, an der die Ableger die Blätter so aufeinanderlegen, wie sie von der

Maschine kommen. Eine kleine Glocke ertönte, die große Maschine stand still. Der Vorarbeiter bewegte den Messertisch aus dem Bereich des Messers, trat in den entstandenen Zwischenraum und hatte schnell einen verfärbten Flecken, so groß ungefähr wie ein Fünfmarkstück, aus dem Flitch herausgemeißelt. „Ein alter, überwachsener Nagel", sagte er und einen Augenblick später zog er ein Stück eines alten Drahtnagels heraus, der im jungen Stamm von irgend einem gedankenlosen Jungen vielleicht vor 75 Jahren eingeschlagen worden war. Das geübte Auge des Furnierablegers hatte die schwache Verfärbung entdeckt, hatte das Anhalten und die Beseitigung der Ursache der Ver-

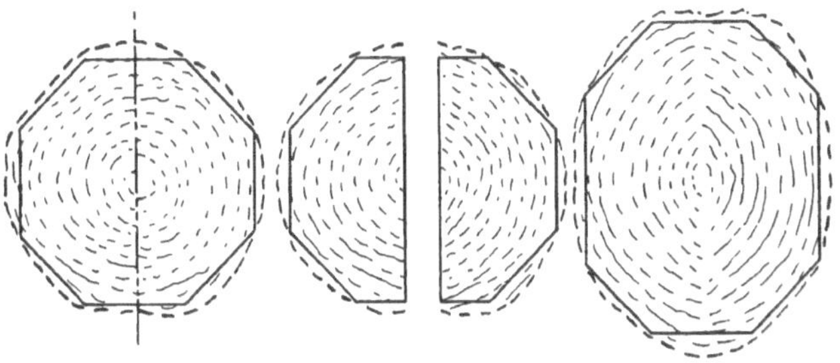

Fig. 56. Das achteckige Vorschneiden der Walnußstämme. Einzelne werden halbiert, manche geviertelt, manche kommen im achteckigen Querschnitt auf das Messer.

färbung veranlaßt. Ein Furniermesser, das manchen hart verdienten Dollar wert war, war gerettet. Die kleine Glocke läutete wieder und die Arbeit wurde fortgesetzt, als wenn nichts passiert sei."

Vorkommnisse wie diese zeigen die Unentbehrlichkeit des menschlichen Einflusses auf den Fabrikationsvorgang. Das menschliche Gehirn muß jeden Augenblick gegenüber den negativen Kräften auf Wache stehen, die jede, auch mechanisch vollkommene Einrichtung zu ruinieren vermögen. Der Geist regiert trotz aller Mechanik das Ganze.

Walnußfurnier-Stämme von 12—15″ (etwa 300 bis 400 mm) Durchmesser sind zu klein, um auf der Messermaschine geschnitten zu werden. Sie sind jedoch gewöhnlich, wenn sie gerade und gesund sind, noch wertvoll genug, um nach Aufteilen auf dem Stay-Log verarbeitet werden zu können, bei dem man immer noch breitere Furniere erhält als auf der Messermaschine, d. h., daß ein kleiner Stamm auf dem Stay-Log ungefähr Furniere derselben Breite erzielen läßt, wie ein größerer Stamm auf dem Messer.

Wenn man den Flitch mit der Kernseite auf dem Stay-Log befestigt, wie im rechten Bilde der Figur 58 gezeigt, so nennt man das den richtigen Halbrundschnitt, da die Wölbung des Schnittes dem Sinne der Wölbung der Jahresringe im Stamm entspricht. Wird die schmalere Seite, also die Rindenseite des Baumes auf dem Stay-Log befestigt, wie im linken Bilde der Figur 58 gezeigt, so nennt man diesen Vorgang „Rückwärtsschneiden“ (back cutting), d. h. die Wölbung des Schnittes verläuft in entgegengesetzter Richtung, wie diejenige der Jahresringe des Baumes. Hieraus ergeben sich reichere Streifenbilder der Maserung. Beim Rückwärtsschneiden geht der Schnitt vom Kern des Baumes, also vom harten Holz aus, während beim richtigen Halbrundschneiden der erste Schnitt vom Splint aus beginnt. Der Splint von Walnuß hat eine viel heller-braune Färbung als der viel dunkelbraunere Kern oder das „Schwarzholz“ (Blackwood), wie es genannt

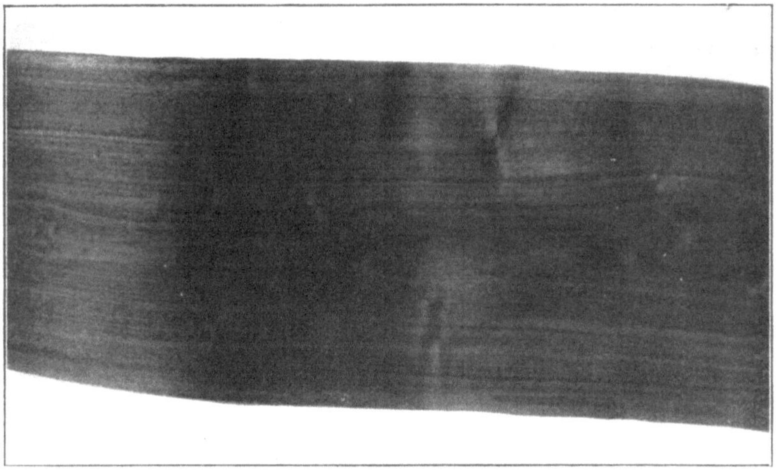

Fig. 57. Messerfurnier aus amerikanischer Walnuß.
(Dank dem Entgegenkommen von F. Moritz Müller, Leipzig.)

wird. Splintfurnier ist nicht so sehr begehrt, weil man im abgearbeiteten Möbel bei Walnuß die reicheren dunkleren Farbtöne mehr schätzt, die sehr schwer bei hellfarbigem Holz zu erreichen sind. Es ist verständlich, daß man deswegen die Herstellungsmethoden vorzieht, die möglichst viel Furniere mit dunkleren Zeichnungen ergeben. Daher wendet man die Stay-Log-Methode hauptsächlich zum Schneiden von Schwarzwalnußblöcken an.

Schälen von Furnieren.

Das Sägen, das Messern und Halbrundschneiden sind Herstellungsverfahren, die hauptsächlich in Amerika zur Erzeugung von reich gemaserten und Edelfurnieren Anwendung finden. Diese Furniere dienen meistens als Außenfurniere zur Veredelung von Oberflächen. Es ist vorher bereits ausgeführt worden, für welchen weiteren Zweck sonst noch in Amerika diese Herstellungsverfahren benutzt werden. Es ist auch darauf hingewiesen worden, daß in Europa die Verhältnisse anders liegen und daß hauptsächlich das Messern von Furnieren hier ein erhöhtes Anwendungsgebiet gefunden hat, nämlich auch zur Herstellung von Absperrfurnieren und selbst von Einlagen zum Aufbau lamellierter Mittellagen. So werden heute z. B. in Deutschland sehr beträchtliche Mengen von Furnieren aus afrikanischen Hölzer, wie Gaboon, Okumé, Abachi, wie auch die europäische Kiefer im Messerverfahren verarbeitet. Auf die Vorzüge, die solche Furniere bieten, wird bei der Besprechung des Aufbaues des Sperrholzes hingewiesen werden.

Das Schälen auf einer Schälmaschine ergibt dort eine viel größere Produktion und Wirtschaftlichkeit, wo es auf das Maserbild nicht ankommt

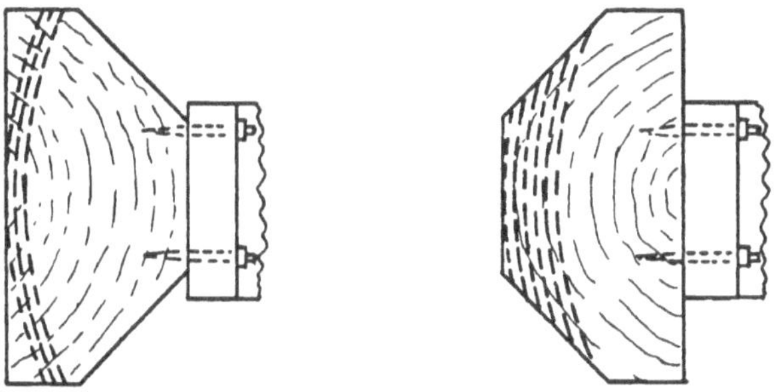

Fig. 58. Links ein Walnußflitch auf einem Stay-Log befestigt zum Rückwärtsschneiden, d. h. die ersten Blätter kommen vom Kern. Rechts ein Flitch auf dem Stay-Log befestigt zum richtigen Halbrundschneiden. Das Furnier wird in derselben Richtung geschnitten, wie beim gewöhnlichen Schälen, nur mit einem viel größeren Schnittdurchmesser.

und wo mehr Wert auf die Quantität als auf die Qualität gelegt wird. Es gibt auch gewisse, schön gemaserte Hölzer, wie z. B. Vogelaugen-Ahorn, geflockte Birke usw., die am wirtschaftlichsten auf Schälmaschinen verarbeitet werden, weil bei ihnen das das Maserbild hervorrufende Gefüge radial verläuft und man die besten Bilder erhält, wenn man dieses Gefüge möglichst quer durchschneidet. Wie dem auch sei, geschälte Edelhölzer sind Ausnahmen.

Auf der Schälmaschine werden fast alle Holzarten verarbeitet. Der beschränkte Raum gestattet jedoch nur die Arbeit an einigen wenigen Sorten hier zu beschreiben, und zwar mögen gewählt werden die nordische Birke, der südliche Gumtree, weiße und rote Eiche, Pappel und die westliche Douglasfichte. Dieses sind die hauptsächlichsten Hölzer, die auf dem amerikanischen Markt eine Rolle spielen. Für europäische Verhältnisse ist es notwendig, vor allen Dingen noch einige kurze Bemerkungen über die afrikanischen Hölzer, Gaboon, Okumé und deren Abarten einzufügen, die einzigen Bäume, welche in sehr großen Stärken hier verarbeitet werden. Ferner sollen einige Bemerkungen folgen, welche den Unterschied zwischen der Verarbeitung der Birken — es handelt sich in Amerika meist um die kanadische Birke — und der Birke besteht, welche auf dem europäischen Markt die Hauptrolle spielt. Es ist das die Birke aus Finnland und den russischen Nachfolgestaaten. Ferner soll auch noch kurz die Kiefer erwähnt werden.

Fig. 59. Birkenstämme aus dem Norden Amerikas, z. T. links noch auf Stapeln liegend, rechts bereits sortiert zum Abtransport ins Werk.
(Dank dem Entgegenkommen von Underwood Veneer Co.)

Geschälte Birken. Vom atlantischen Ozean zu den Staaten an den großen Seen ist eine lange Wanderung, die jedoch angetreten werden muß, wenn man die wild wachsenden Birken sehen will. Nord Wisconsin und Michigan sind die Hauptzentren der Birkenindustrie, wenn auch bedeutende Mengen jetzt auch in den Nordost-Staaten verarbeitet werden.

Es sei hier eingeschaltet, daß auch in Europa beträchtliche Mengen Birken zu Furnieren verarbeitet werden. England verarbeitet hauptsächlich kanadische Birken. Im übrigen wird der europäische Markt, soweit Birken in Frage stehen, von der finnischen, lettischen, russischen, in beschränktem Maße auch von der polnischen Birke beherrscht. Trotz der verhältnismäßig geringen Entfernung, z. B. zwischen Finnland und Lettland, bietet die Verarbeitung der Birke in beiden Ländern doch verschiedene Aufgaben, was leicht verständlich ist, wenn man bedenkt, daß der Grund und Boden, auf dem die Birken wachsen, in diesen beiden Ländern verschieden ist. Bei der großen Ausdehnung Rußlands ist es ohne weiteres verständlich, daß man nicht schlechtweg russische Birke als eine Einheit auffassen kann.

Es mögen nun die einzelnen Stadien der Herstellung des Furniers vom Holz zum Trockner verfolgt werden, und zwar wie sie sich bei Besuch eines amerikanischen Birkensperrholzwerkes ergeben. Um spätere Wiederholungen zu vermeiden, sind bei dieser Beschreibung einige Bemerkungen, die die europäischen Verhältnisse berücksichtigen, mit eingeflochten.

Der Birkenstamm ist gerade, gesund und rein, oft von 60 Fuß (18 m) Länge bis zu den kürzesten Stämmen, es gibt Stämme von einer Stärke bis zu etwa 3 Fuß engl. (900 mm) am Stumpf gemessen.

In Europa verfügen wir über derartig starke Birkenstämme in der Regel nicht, sondern müssen uns mit wesentlich schwächeren Stämmen begnügen. Die stärksten Stämme, die z. B. in Lettland zur Verarbeitung kommen, haben einen Durchmesser von etwa 19″, d. s. 483 mm, die schwächsten, deren Verarbeitung noch lohnt, messen nur etwa 5″ = 121 mm*).

Die nachstehende kleine Tabelle zeigt, welcher Anteil am Gesamtverbrauch auf die einzelnen Stammstärken Lettlands im Jahre 1928 festgestellt worden ist.

Stammdurchmesser Zoll	Stammdurchmesser mm	Volumenanteil in Prozenten
5—7$^1/_2$	127—190	1.41%
8—8$^1/_2$	203—216	13.45%
9—9$^1/_2$	229—241	24.29%
10—11$^1/_2$	254—292	37.78%
12—13$^1/_2$	305—343	17.35%
14—15	356—381	4.22%
15$^1/_2$—19	394—483	1.50%

Aus dieser Tabelle wird ohne weiteres verständlich, daß sowohl die einzelnen Maschinen, die Art des Zuschnitts und alles, was mit der Ausnutzung des Holzes zusammenhängt, in den europäischen Werken viel mehr auf Wirtschaftlichkeit eingestellt sein muß, als in den amerikanischen Betrieben, in denen man mit den großen starken Stämmen rechnen kann.

Das Fällen geschieht meist im Winter. Die Stämme werden in Schlitten zur Bahn, von dort auf Plattformwagen weiter befördert und dann in

*) Die Angaben über Lettland verdanke ich Herrn Dir. P. Birkmann der Firma Handels- und Industrie A.-G. „Daugawa“, Riga.

großen Stapeln bei den Furnierwerken gelagert, wie solche z. B. in Figur 59 abgebildet sind. Birkenstämme halten sich sehr gut in kaltem Wetter. Die Hauptproduktion von Birkenfurnieren liegt daher in der Zeit zwischen November und Juni, während die Produktion von Juni bis November hin langsam abnimmt. Schon während des Abladens vom Eisenbahnwagen erfolgt eine Vorsortierung nach Stärken und Qualität, so daß jede Schälmaschine mit dem für sie bestimmten Rohmaterial beschickt werden kann, ohne daß die Stämme zu viel hin- und hertransportiert werden müssen.

Fig. 60. Ablängen der Stämme in Schällängen, das dem Kochen oder Dämpfen vorangeht.
(Dank dem Entgegenkommen der Underwood Veneer Co.)

Im europäischen Osten wird in den Monaten zwischen November und Ende März gefällt, wenn irgend angängig wird das Holz möglichst nahe an den Bestimmungsort geflößt, und zwar in der Zeit von Mai bis zum Beginn des Herbstes. Natürlich wird auch viel mit der Eisenbahn verschickt.

Die Stämme gehen vom Lagerhof zu den grotesken Abkürzsägen, auf denen die Stämme mit gewissen Zugaben auf bestimmte Längen zugeschnitten werden. Die zugeschnittenen Stämme werden in Kochgruben eingebracht und verbleiben dort, je nach Verwendung und Art, verschieden lange Zeit bei einer Temperatur, die jedoch etwa 180° F, entsprechend 82° C, nicht überschreiten soll. Im allgemeinen läßt man für europäische

Hölzer diese Temperatur beim Kochen der Hölzer nicht zu. In Lettland z. B. geht man nicht über 40 bis 50° C, entsprechend 104 bis 122° F, da anderenfalls leicht ein Reißen auftritt, nur im Sommer läßt man etwas höhere Temperaturen zu.

Die Abbildungen 60 bis 63 zeigen das Zuschneiden der Stämme auf Länge auf der Baumstammquersäge oder Ablängsäge (drag-saw), den Transport der gekürzten Stämme zu den Kochgruben oder Dämpfkammern,

Fig. 61. Die auf die richtige Länge geschnittenen Stämme werden durch einen deutlich sichtbaren Rinnentransport vor die Dämpfgrube gebracht (die durch Gegengewichte ausbalancierten Hubtüren sind auf der linken Seite sichtbar). Die Ablängsäge steht im Vordergrund.

(Dank dem Entgegenkommen von Bird's eye Veneer Co.)

den Weitertransport von dort und das Abschälen der Rinde. In Europa gehen die Meinungen darüber auseinander, ob es zweckmäßig ist, die Stämme zuerst zuzuschneiden und dann zu dämpfen, oder ob es, wie es in großen europäischen Werken öfter üblich ist, wirtschaftlicher ist, die Stämme in der ganzen angelieferten Länge zu dämpfen, um beim Zuschnitt diejenigen fehlerhaften Stellen berücksichtigen zu können, bei denen die Fehler erst im Dämpfprozeß bemerkbar werden.

Dieser Koch- oder Wellprozeß (cooking or simmering process) erweicht den Stamm, erleichtert das Schneiden und Flachlegen der Furniere, gleichzeitig wird der Schmutz entfernt und die Rinde gelockert. Der zum Schneiden fertig entrindete Stamm wird mit einem kleinen Derrik, in Europa meist mit einem gewöhnlichen oder elektrischen Flaschenzug auf die Schälmaschine gehoben. Zunächst wird der Stamm auf Zylinderform geschnitten und dann ist er in dem Zustand, in dem von ihm die Furniere in endlosen Bändern heruntergeschält werden können.

Fig. 62 Die gerade aus der Dämpfgrube kommenden Stämme fertig zum Entrinden.
(Dank dem Entgegenkommen der Underwood Veneer Co.)

Es gehört Erfahrung und Übung dazu, um sofort festzustellen, ob der Stamm in Qualität und Zeichnung Deckfurniere, geflammtes Material oder Absperrfurnier bzw. Mittellagen ergibt. Sobald die Entscheidung hierüber gefallen ist, wird die Schälstärke eingestellt und die beiden Trennmesser, welche das Furnier in der richtigen Breite mit parallel laufenden Kanten versehen. Das feuchte, dampfende, weiche Furnier fließt bei den starken amerikanischen Stämmen in Bändern von 40 bis 50 Fuß (= 12 bis 15 m) Breite (die Abmessung in der Richtung der Faser wird beim Furnier als Länge, diejenige quer zur Faser als Breite bezeichnet, wenn auch, wie im vorliegenden Fall, die Breiter größer erscheint als die Länge), s. Figur 64, die auf dem Schertisch solange übereinandergestapelt werden, bis der gesamte Stamm vollkommen, d. h. bis zur Restrolle, abgeschält ist. Diese

Restrollen werden auf einer Säge zu Schnittholz zugeschnitten, welches zur Anfertigung von Verschlägen oder für andere Zwecke benutzt wird (siehe Figur 65). Die Stapel von Furnierblättern werden durch einen Kettenoder Bandtransport zu den Scheren geführt und hier auf die gewünschte Breite in Packen von 1 bis 3″ Stärke = 25,4 bis 76 mm geschnitten. Von diesen Scheren wandern die auf Maß geschnittenen Furniere zu den Trock-

Fig. 63. Das Entrinden der warmen Stämme, die gerade aus den Dämpfkammern kommen.

(Dank dem Entgegenkommen von Bird's eye Veneer Co.)

nern, wo ihr Feuchtigkeitsgehalt bis auf den gewünschten Grad, meist 5 bis 10%, je nach Verwendungszweck, heruntergebracht wird. In der soeben beschriebenen Weise wird ein großer Teil von Birkenfurnieren hergestellt, der zur Anfertigung von geschweiften Sitzen für Theater, Kinos oder Hörsäle verarbeitet wird, und zwar gewöhnlich in 5facher Verleimung und in Abmessungen von 2′ × 2′, entsprechend 610 × 610 mm. Die besten Furniere werden für die Vorderseiten verwendet, die nächste Aussortierung für die Rückseiten, dann folgen Absperrfurniere (diese werden oft schon aus verschiedenen Breiten zusammengesetzt) und der Rest findet für die Mittellagen Verwendung. Die Außenfurniere und Absperrfurniere sind $^1/_{20}$ bis $^1/_{16}$″ = 1,27 bis 1,6 mm stark, die Mittellagen $^1/_{16}$ bis $^1/_8$″ = 1,6 bis 3,2 mm, je nach Bedarf.

Fig. 64. Blick auf die Schälmaschine von hinten mit dem auslaufenden Furnier. Die Schere zum Schneiden der Furniere befindet sich im Hindergrund.
(Dank dem Entgegenkommen von Bird's eye Veneer Co.)

Fig. 65. Zirkularsäge zum Zerteilen der Restrollen
(Dank dem Entgegenkommen von Bird's eye Veneer Co.)

In Europa stehen, wie bereits ausgeführt, derartige starke Stämme nicht zur Verfügung, wie sie die Wälder der Vereinigten Staaten und Kanadas liefern. Hier findet man selten Furnierbahnen in der Breite, wie sie vorher beschrieben worden sind. Die Scheren befinden sich näher an der Schälmaschine. In manchen Anlagen geschieht das Abscheren mit automatischen Klippern, die kurz hinter der Maschine angeordnet sind und die die Furniere selbsttätig auf eine einstellbare gleichmäßige Breite schneiden.

Fig. 66. Eine Schalmaschine von hinten gesehen. Das Furnierband läuft von der Schälmaschine direkt in den Klipper Die Trockenmaschine, in welche die Furniere nach dem Schneiden und Versortieren wandern, ist im Hintergrund sichtbar.

(Dank dem Entgegenkommen der Firmen C. L. P. Fleck Söhne G. m. b. H., Berlin-Reinickendorf und Andernacher Sperrholzwerk G. m. b. H., Andernach.)

In Figur 66 ist eine solche Schälmaschine mit dahinterstehendem Klipper abgebildet. Der Klipper enthält noch eine Vorrichtung, mit Hilfe derer der Arbeiter durch Betätigung eines einfachen Fußtrittes auch ein Abschneiden bewirken kann, bevor die volle Breite erzielt ist, nämlich dann, wenn eine fehlerhafte Stelle gleich im Klipper selbst auszuschneiden ist. Die guten Furniere werden von den Klippern selbsttätig auf einen Stapel hinter den Klippern geschafft, während die fehlerhaften Furniere unter den Klipper selbst fallen.

Die beschriebenen amerikanischen Arbeitsmethoden werden nicht nur bei Birken angewendet, sondern auch bei einer ganzen Anzahl anderer

Holzarten, so z. B. Ahorn, Linde, Ulme, Esche und Eiche (in Europa wird Eiche selten oder nie geschält). Alle werden in ähnlicher Weise geschnitten. Die Linde wird meistens als Absperrfurnier und Einlage benutzt. Ulme, Esche, Eiche zu Außenlagen für große Panele, Innenausstattungen und für Türen, Ahorn dort, wo es mehr auf Festigkeit und Härte, als auf die äußere Erscheinung ankommt.

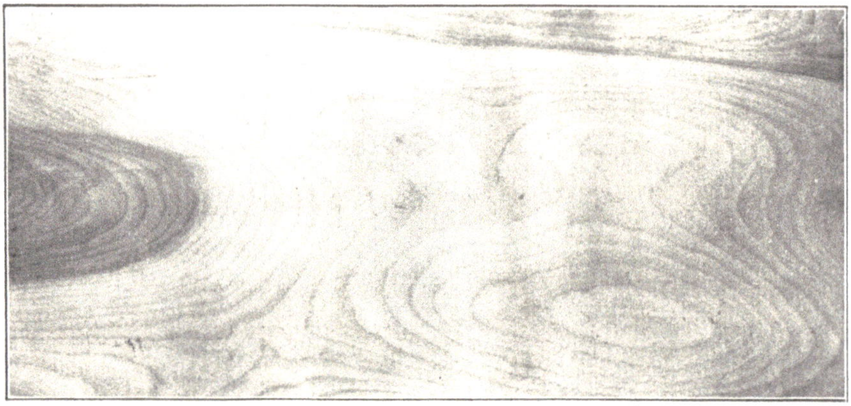

Fig. 67. Geschälte Birke. Man unterscheidet leicht das hellere Splintholz und das dunklere Kernholz.

(Dank dem Entgegenkommen von Underwood Veneer Co.)

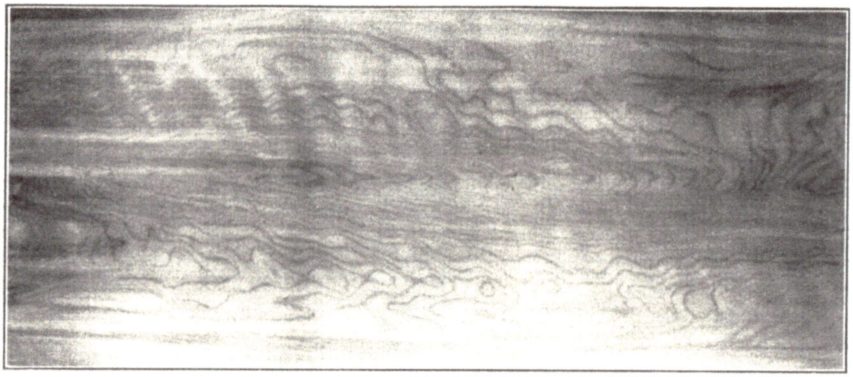

Fig. 68. Geschälte, geflammte oder bunte Birke.

(Dank dem Entgegenkommen der Underwood Veneer Co.)

Geflammte Birke (curly birch) wird sowohl auf der Schälmaschine, wie soeben beschrieben, wie auch auf dem Stay-Log geschält, unter Umständen auch gemessert, je nach der Qualität und Verwendungsart. Figur 67 zeigt geschälte Birke mit normalem Maserbild. Figur 68 hingegen zeigt eine sogenannte „geflammte Birke“ (curly birch) oder auch „bunte Birke“ genannt.

Der Anfall an Endstücken, Ecken und unregelmäßigen Furnierblättern sowie Restrollen erscheint im Vergleich zu dem verarbeitbaren Werkstoff verhältnismäßig hoch. In einem geordneten Betriebe läßt sich leicht feststellen, inwieweit der Wert des Werkstoffes noch die Aufwendung von Arbeitslöhnen rechtfertigt, um auch aus diesem noch nutzbare Furniere herauszuholen. Hochwertige Stämme lassen mitunter eine Ausnutzung von 75% an brauchbaren Furnieren erreichen.

In Europa kann man bei Birke nirgends eine so hohe Ausnutzung erhalten, trotzdem man den Kern auf viel geringeren Durchmesser herunterschält, als dies in Amerika üblich ist. Bei den geringen Stammdurchmessern, mit denen man in Europa zu rechnen hat, verfährt man meist so, daß bis zu einem gewissen Durchmesser der Stämme die Furniere für die großen Längen 1600 bis 1300 mm (für Platten von 6′ bis 5′ Länge) geschält werden, dann werden die verbleibenden Rollen auf kleinere Längen geschnitten, um auf kleineren Schälmaschinen zu Furnieren von geringeren Längen von 4′ bis 2′ = 102 bis 50 mm weiter verarbeitet zu werden. Wie weit man z. B. in Lettland mit dem Durchmesser der Rollen geht, geht aus folgender Aufstellung hervor:

Länge der Furniere		Durchmesser d. Restrollen	
Fuß	mm	Zoll	mm
5	1524	5—4	127—102
4	1219	4	102
3	914	3	76
2	610	$2^1/_2$	64

Eine Ausnutzung der Stämme bis zu diesen geringen Durchmessern ist nur da möglich, wo man Furniere nicht nur für die Zwecke fertigt, die oben für die amerikanischen Furniere genannt worden sind, sondern wo man in größerem Maßstabe Furniere für Teekisten und Gummikisten fertigt, ein Verwendungszweck, für den gerade die nordische Birke in außerordentlich großen Mengen gebraucht wird. Von Anbeginn der Furnier- und Sperrholzindustrie in den europäischen Randstaaten hat die Verwendung von Birkenfurnieren für diesen Zweck die Hauptrolle gespielt, da angeblich das nordische Birkenfurnier das einzige sein soll, das als Verpackungsmaterial für kostbare Teesorten den Geschmack und Geruch auch der empfindlichsten Teequalitäten nicht beeinträchtigt. Es mag sonderbar erscheinen, aber durch Jahrzehnte hindurch liefert das an der Mächtigkeit der Stämme gemessene holzarme Nordeuropa das Furniermaterial für Verpackungszwecke von Produkten, die aus den reichsten Holzländern Indiens nach Europa verschifft werden. In den Betrieben, die die Birken selbst bis zu den geringen Restrollen aufarbeiten, wie sie für Lettland eben genannt worden sind, erreicht man bestenfalls eine Holzausnutzung von 40 bis 43%. In Betrieben, die diese kleinsten Furniere, wie sie für Kisten gebraucht werden, nicht mehr herstellen, die vielmehr als kleinste Abmessung solche Größen fertigen, wie sie für Stuhlsitze verwendet werden, wird selten eine Ausnutzung von mehr als 30% erzielt.

Einzelne Betriebe in den europäischen Randstaaten verarbeiten die Furniere mit dem Feuchtigkeitsgrad, den sie nach dem Schälen und Zu-

Fig. 69. Geviertcltes und gemessertes Edel-Gumfurnier, symmetrisch zusammengesetzt.
(Dank dem Entgegenkommen von Louisville Veener Mills.)

schneiden haben, unmittelbar zu Sperrholz (sogenanntes „naßverleimtes Sperrholz"), das freilich nur für mindere Zwecke, vor allen Dingen für Verpackungen brauchbar ist, während andere, selbst für diese Zwecke wie auch für höhere Zwecke die Furniere ebenso, wie dies in Amerika und Deutschland der Fall ist, zunächst trocknen.

Die Furniere werden sorgfältig nach Farbe, Fehlerlosigkeit und Verwendungszweck sortiert. Bei reinen Furnierfabriken kommen sie sodann in den Verpackungsraum bzw. den Lagerraum, wo sie bei geeigneter Temperatur bis zur Verschiffung gelagert werden. In den Furnierwerken hingegen, die mit Sperrholzwerken verbunden sind, kommen sie unmittelbar nach der Trocknung in den Fügeraum, um von dort weiter für die Verarbeitung zum Sperrholz vorgearbeitet zu werden.

Geschälte Gumfurniere. Gum ist das Standardholz der südlichen Furnierwerke der Vereinigten Staaten. Gumfurniere werden für alle Zwecke verwendet, von den hochwertigsten, schön gezeichneten Furnieren, die zu symmetrischen Mustern für Außenfurniere benutzt werden, bis zu den

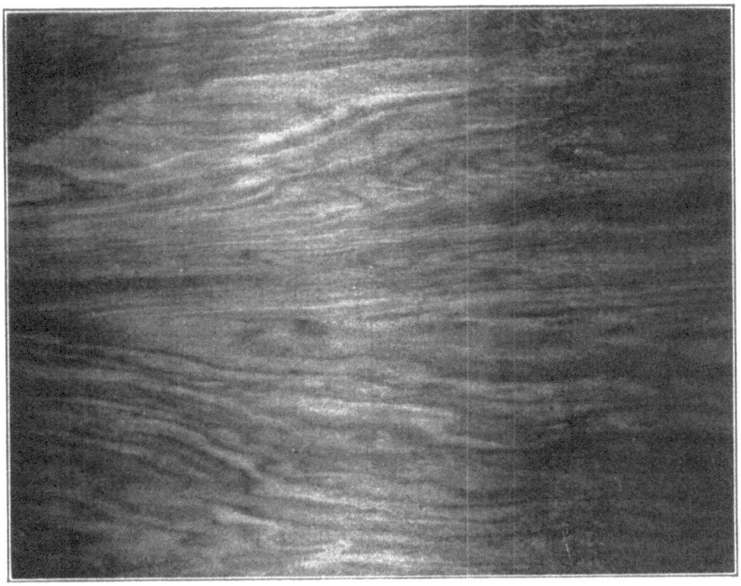

Fig. 70. Geschältes Redgum-Furnier, der Kern eines Sweetgumtrees.
(Dank dem Entgegenkommen von New Albany Veneering Co.)

gewöhnlicheren Zwecken, für Absperrfurniere, Einlagen und Rückenfurniere, wie sie später auch für die Verwendung von Pappel beschrieben werden. Es gibt eine ganze Menge von Arten des Gumtrees. Das Holz ist fest und dicht. Die sehr großen und starken Bäume sind verhältnismäßig fehlerfrei. Nahezu $^1/_3$ sämtlicher Furniere, die in den Vereinigten Staaten hergestellt werden, stammen von Bäumen der Gumtreearten.

Die Maserzeichnung des Gumtrees besteht aus einer eigenartigen Zusammenstellung von dunklerem und hellerem Pigment. Man bezeichnet es manchmal als streifig (streaky). Sehr schön gezeichnete Stämme werden gewöhnlich geviertelt und gemessert, um die Farbe und die Maserbilder besser in Erscheinung treten zu lassen (s. Figur 69).

Rotgum (Redgum) oder Herzholz wird von den Tischlern und Möbelfabrikanten sehr geschätzt, weil es nicht nur in seiner natürlichen Farbenschattierung sich gut polieren läßt, sondern weil es auch eine vorzügliche Imitation von Walnuß und Mahagoni herstellen läßt (s. Figur 70).

Die Gumtrees wachsen auf Höhenzügen, die von sumpfigem Gelände umgeben sind. Sie können daher nur während der trocknen Jahreszeit gefällt und herausgeholt werden, d. h. während des südlichen Sommers. Während der übrigen Monate müssen sie in Wassergärten aufbewahrt werden. Wenn Stämme im Juli, August und September und manchmal sogar bis zum Oktober nicht unter Wasser aufbewahrt werden, können sie für die Verarbeitung zu Schnittholz oder Furnieren durch Zerstörungen, welche Insekten verursachen, die durch den Splint in das Herz des Holzes eindringen, völlig unbrauchbar werden. Es kommt vor, daß diese Insekten den Splint des Stammes in wenigen Tagen vollkommen zerstören. In der Regenzeit sind die Waldwege sowohl für Mann und Tier als für Traktor unpassierbar.

Die Schälmaschinen, die zur Verarbeitung der südlichen Gumtreebäume dienen, sind groß, die Stämme können gewöhnlich bis zu dem kleinsten Durchmesser hintereinander heruntergeschält werden, den die Schälmaschine für die eingestellte Furnierlänge zuläßt. Figur 71 zeigt eine derartig große Schälmaschine. Die zunächst beim Schälen entstehenden Furniere, die vom Splint stammen, werden, wo Maserzeichnung und Festigkeit verlangt werden, am meisten geschätzt, während die inneren Furniere, die von dem harten Kern entstehen, das sogenannte Redgum ergeben, das vom Möbelhandel wegen seiner Farbenprächtigkeit und seines dichten Gefüges so geschätzt wird.

Es gab eine Zeit, in der der Gumtree einen sehr schlechten Ruf als außergewöhnlich welliges Holz besaß. Diesen Ruf haben die Furniere in der Zeit erhalten, in der man die Eigenart des Holzes und die richtige Behandlungsweise desselben noch nicht richtig erfaßt hatte. Wird das Furnier in der richtigen Weise hergestellt und verarbeitet, so kann es den Wettbewerb mit allen anderen Furnieren, mit Ausnahme der besten Edelhölzer, aufnehmen. Es gibt viele Verbraucher, die es für die Verarbeitung von Sperrholz als ausnehmend geeignet bezeichnen.

Geschälte Eiche ist das Standard-Furnierholz, das in Amerika ausschließlich für Innenausstattungen, Büros, Bibliotheken usw. gebraucht wird. Eichenfurnier zeigt eine harte, dauerhafte Oberfläche, wenn es in Furnierstärken von $^1/_{12}$ bis $^1/_{16}''$ = 2,1 bis 1,6 mm verarbeitet wird. Schwächere Furniere als solche von $^1/_{20}''$ = 1,3 mm sind zu empfindlich und brechen leicht. Der eigenartige Wuchs mit den ausgeprägten Markstrahlen, der die schönen Spiegel bei der geviertelten Eiche hervorruft, ist die Ursache für die Zerbrechlichkeit der dünn geschälten Furniere. Der

Markstrahl liegt in radialer Richtung, daher läßt sich geschälte Eiche auch leicht quer zur Faser brechen. (In Europa wird Eiche sehr selten geschält.)

Geschälte Pappel wird meistens für Absperrfurniere, Rückenfurniere und Mittellagen verwendet. Das Gefüge ist für diesen Zweck außerordentlich geeignet, da die Stämme meist gesund sind, das Furnier neigt nicht zum Reißen, die Furnierblätter liegen flach, ohne wellig zu werden und ohne zu splittern, daher läßt sich Pappel (poplar) sehr gut verleimen.

Fig. 71. Eine große Schälmaschine zum Verarbeiten von Douglasfichte Ein Stamm, bei dem bereits mit dem Schälen begonnen worden ist, befindet sich in der Maschine Ein zweiter Stamm hängt an der Kette bereit, um nach Fertigschälen des ersten Stammes in die Maschine eingebracht zu werden. Diese Furniere werden ausschließlich zur Fertigung von Türen und für Innenausstattungen verwendet.

(Dank dem Entgegenkommen von Wheeler Osgood Co.)

Ausgewählte, gerade Pappelstämme von 20″ = 500 mm Durchmesser und mehr werden zur Fertigung von hochwertigen Absperrfurnieren verwandt. Die Stämme werden auf die richtige Länge geschnitten mit einer gewissen Toleranz, um mit Hilfe der Trennmesser an der Messermaschine gleich beim Schälen parallele Kanten erzeugen zu können.

Die zugeschnittenen Stämme werden in manchen Fabriken im Wasser gekocht oder auch gedämpft, bei anderen nur gelagert und kalt geschnitten. Nach dem Entrinden kommen sie auf die Schälmaschine und werden dort auf die gewünschte Stärke zu Furnieren geschnitten. Manche guten

Stämme ergeben oft Furniere von 12 Fuß = 3,6 m, oft bis 16 Fuß = 4,8 m Breite.

Das Zerteilen der Furniere geschieht in der bereits beschriebenen Weise. Die Furniere werden entweder in Fingerrechen einer natürlichen Trocknung unterzogen oder mechanisch getrocknet. Danach werden sie sortiert, in Verschlägen verpackt und sind dann zum Versand bereit.

Gewöhnlich wird auf das Maserbild bei Pappel kein Wert gelegt. Es ist deswegen auch nicht notwendig, sie so zu stapeln, wie sie entfallen. Für die besten Möbel und Panele benutzt man Absperrfurniere aus einem Stück. Viele setzten jedoch auch die Absperrfurniere aus mehreren Stücken nach Fügung und Vereinigung mit Papierstreifen zusammen.

Der Standpunkt, daß man für die besten Arbeiten nur Absperrfurniere aus einem Stück verwenden soll, ist in Europa längst als abwegig erkannt worden. Es wird ausführlich auf diesen Gegenstand bei der Besprechung der einzelnen Arten der in Europa gefertigten Sperrhölzer noch eingegangen werden (s. Seite 184). Die normalen Stärken für derartige Absperrfurniere sind: $^1/_{16}$ oder $^1/_{20}''$ = 1,6 oder 1,3 mm. Es werden jedoch auch stärkere und schwächere Furniere erzeugt.

Pappelmittellagen. Hier handelt es sich um stärkere Furniere, die in ähnlicher Weise wie die Absperrfurniere angefertigt werden. Diese Mittellagen werden für 3fach oder 5fach abgesperrte Platten benutzt. Die normale handelsübliche Stärke für diese ist $^1/_8''$ = 3,2 mm, $^3/_{16}''$ = 4,8 mm, $^1/_4''$ = 6,4 mm und gelegentlichst auch vereinzelt $^5/_{16}''$ = 8 mm.

Geschälte Douglasfichte. Die Wälder des pazifischen Küstenstreifens bestehen fast alle aus Nadelhölzern. Man bezeichnet sie gewöhnlich als Weichholz (softwood) (im Gegensatz zu den Laubbäumen, aus denen das Hartholz [hardwood] gewonnen wird). Am stärksten vertreten ist die Douglasfichte, sie wird ausgiebig zu Schnittholz, Bauholz und Holz für Innenausstattungen verarbeitet. Die meisten Douglasfichtenstämme, aus denen Furniere hergestellt werden, standen bereits, als Kolumbus Amerika entdeckte. Sie alle waren zu der Zeit, als die Vereinigten Staaten von Amerika George Washington zu ihrem Präsidenten wählten, bereits stolze Monarchen der Wälder. Aus diesen Douglasfichten wird das Sperrholz gefertigt, das heute auf dem Markt ist.

Die geflößten Stämme werden sehr sorgsam ausgesucht, die großen fehlerlosen Stämme wandern in die Furnierwerke. Die riesigen Stämme werden in Abschnitten von 6, 8 oder 10 Fuß (= 1,8, 2,5 oder 3 m) Länge mit Hilfe von Kettensägen zerschnitten und diese gekürzten Stämme oder Blöcke werden aus dem Wassergarten mit Hilfe großer Kräne oder anderer Hubvorrichtungen in entsprechend große Dämpfkammern oder Kochgruben gebracht, wo sie gedämpft oder im Wasser 24 Stunden oder noch länger gekocht werden. Dieses Dämpfen oder Kochen verursacht in gewissem Grade eine Verringerung der Hygroskopizität des Holzes (die Neigung des Holzes Feuchtigkeit aufzunehmen). Holz, das auf diese Art und Weise behandelt ist, wird unter den Veränderungen der klimatischen Bedingungen nicht so stark arbeiten wie gewöhnliches Holz. (Das dürfte in dieser Form wohl nicht ganz zutreffen, neuere Forschungen haben gezeigt, daß das Kochen und Dämpfen indirekt dadurch das Verarbeiten des Holzes günstig beeinflußt, daß es auf das nachfolgende Trocknen günstig einwirkt.) Dieses Dämpfen oder Kochen bewirkt ferner, daß das Holz vorübergehend weicher wird, so daß es sich leichter zu Furnieren schälen läßt, die dann später zu Sperrholz verarbeitet werden.

Nach dem Dämpfen oder Kochen wird die starke, schwere Rinde abgeschält. Die Blöcke werden in die großen Schälmaschinen eingebracht, die den Namen „Pacific coast pattern“ (Modell der Pazifischen Küste) (Figur 71) tragen. Nachdem der Stamm möglichst genau in der Mitte eingespannt ist, um die sehr beliebten typischen Maserzeichnungen zu erhalten, wird derselbe zu Furnieren in Stärken von $^1/_{10}''$ bis $^1/_4'' = 2{,}54$ bis 6,35 mm verarbeitet. Das Furnier wird dann mit einem automatischen Klipper auf die richtige Breite geschnitten, bevor es den Trockner passiert, wo es in Luft von verhältnismäßig hohem Feuchtigkeitsgehalt und Temperatur getrocknet wird. Die Feuchtigkeit entweicht sehr schnell, der Harzgehalt im Holz wird verfestigt, ohne die Festigkeit des Holzes zu beeinträchtigen. Außerdem wird durch diese Behandlung die Hygroskopizität der Furniere herabgedrückt.

Die getrockneten Furniere werden sehr sorgsam sortiert und kommen sodann in die Sperrholzfabrik, wo sie zu 3- oder 5fachen Platten verarbeitet werden. In Amerika ist es üblich, für die Anfertigung von Douglasfichtentüren und -Panelen 3 oder 5 Furniere gleicher Stärke zu verwenden. Diejenigen, die am schönsten gezeichnet und am fehlerlosesten sind, kommen nach außen, die übrigen werden als Absperr- oder Mittelfurnier verarbeitet.

Die Furniere werden gewöhnlich $^1/_7 = 3{,}6$ mm stark geschnitten. Werden drei hiervon miteinander verleimt und geschliffen, so erhält man eine Platte von $^3/_8'' = 9{,}5$ mm oder es werden drei Furniere von $^1/_9''$ $= 2{,}8$ mm zu einer Platte vereinigt und hieraus Platten von $^5/_{16}'' = 7{,}9$ mm angefertigt. Die Sperrholzfertigung schließt sich der Furnierfertigung praktisch laufend an, da die einzelnen Furnierblätter groß genug sind, so daß in den seltensten Fällen die Außenfurniere gefügt und zusammengesetzt zu werden brauchen. Die Mittel- und Absperrfurniere sind stark genug, so daß man sie, ohne sie vorher mit Papier zusammenzukleben, wie dies bei dünneren Furnieren notwendig ist, dicht nebeneinander legen kann. (In Europa ist man anderer Meinung. Wie später gezeigt wird, kommt es durchaus auch vor, daß starke Furniere infolge des Quellens durch die Leimnässe an den Fugstellen Stauchungen oder auch, wenn der richtige Abstand nicht gewahrt ist, offene Fuge zeigen können.) Beträchtliche Mengen dieser Furniere wandern auch nach dem Osten Amerikas und werden dort gehandelt. (Nicht unbeträchtliche Mengen hiervon werden vom europäischen Markt aufgenommen).

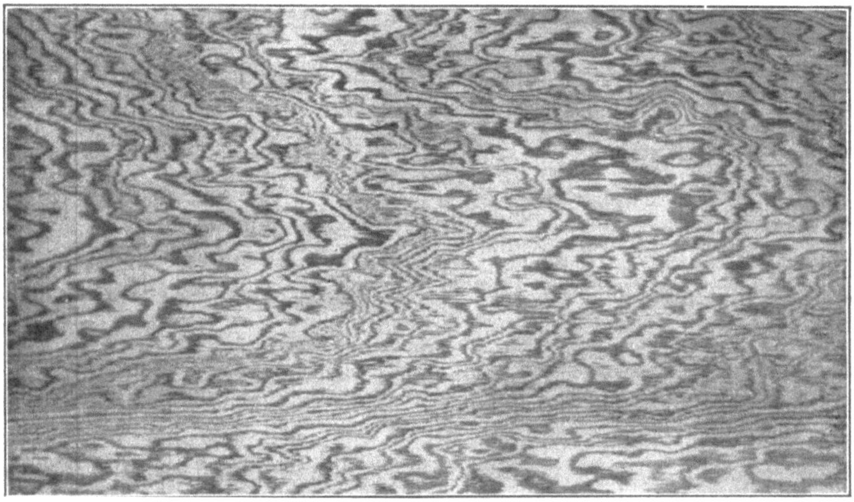

Fig. 72. Das typische Maserbild einer geschälten Douglasfichte.
(Dank dem Entgegenkommen von Wheeler, Osgood Co.)

Geschälte Douglasfichte zeigt sehr große, eigenartige Maserbilder, die durch die Jahresringe oder das dichtere Sommerholz, das während der trocknen Jahreszeit gewachsen ist, hervorgerufen werden. Der Charakter der Zeichnung ist oft so regelmäßig, daß man das Holz sehr gut für Türfüllungen verwenden kann, wenn man einen schönen Effekt erzielen will (s. Figur 72).

Geschälte Kiefer und Fichte. In Europa werden von Nadelhölzern, außer den von Amerika eingeführten Furnieren der Douglasfichte, noch die europäischen Kiefern und Fichten verarbeitet. Schweden verarbeitet ausschließlich seine Fichte, die gewisse Verschiedenheiten in der Qualität aufweist, je nachdem sie mehr aus dem gebirgigen Norden oder den Ebenen des südlichen Schwedens stammt.

Auch in den baltischen Ländern, in denen die Birke knapp zu werden beginnt, wird bereits die Kiefer mit zur Verarbeitung herangezogen. In Deutschland wird vorzugsweise von Weichhölzern Kiefer für die Furnierfabrikation verarbeitet, und zwar ostpreußische und polnische Kiefer. Die europäischen Nadelhölzer, die auch hier Weichhölzer genannt werden, kommen jedoch nicht in so mächtigen Stämmen vor, wie von der Douglasfichte in Amerika beschrieben. Stämme von 500 mm Durchmesser = 20″ sind wohl bereits die stärksten Stämme. Im allgemeinen werden selten bei großen Lieferungen starker Stämme mehr als 450 bis 470 mm, entsprechend etwa 18 bis 19″ Durchmesser, erreicht. Die Kiefer wird meist in den Wintermonaten gefällt, vielfach geflößt, bis zur Verarbeitung im Wassergarten gehalten, um ein Blau- und Minderwertigwerden zu vermeiden. Die Meinung darüber, ob Kochen, Dämpfen mit entspanntem Dampf in Dämpfgruben oder Kammern oder wie von einzelnen empfohlen, mit gespanntem Dampf in Kesseln das Bessere sei, gehen auseinander. Meist wird so verfahren, daß die Stämme in größeren Längen gedämpft oder gekocht werden, dann erst, um fehlerhafte Stellen vorteilhaft ausschneiden zu können, werden sie in für die Schälmaschine passende Stücke zerlegt. Das Schälen, Zerteilen der Furniere, Trocknen usw. geschieht in der gleichen oder ähnlichen Weise, wie vorher für andere Holzarten beschrieben.

Fig. 73. Eine Sperrholzplatte mit einem Außenfurnier, das aus mehreren gemesserten Kiefernfurnieren zusammengesetzt ist. Die Platte hat die Abmessung von 1,5 × 4,5 m.
(Dank dem Entgegenkommen der Industrie für Holzverwertung A.-G., Altenessen.)

Es ist auch bereits erwähnt, daß Kiefer gemessert wird, weil es Verwendungszwecke gibt, bei denen man das typische Kiefermaserbild, wie es die Messerung ergibt, für die Herstellung gewisser Wandverkleidungen und Möbel schätzt. Fig. 73 zeigt eine starke Sperrplatte mit Außenlagen aus zusammengesetzter, gemesserter Kiefer.

Für Außenlagen werden oft Schälfurniere aus einem Stück verwendet, für Absperrfurnier und Einlagen meist Blätter, die aus verschiedenen Furnieren hergestellt sind und die sorgsam an ihren Kanten gefügt und mit besonderen Maschinen stumpf miteinander verleimt werden. Für viele Zwecke werden auch die Außenlagen aus mehreren Furnieren zusammengesetzt, nur dort nicht, wo die daraus gefertigten Sperrhölzer zu Möbeln verarbeitet werden, die nur eine Lasur erhalten. Figur 74 zeigt das Maserbild von geschälter Kiefer. Es ist bereits bei der Besprechung des Messerns

Fig. 74. Geschältes Kiefernfurnier.
(Dank dem Entgegenkommen der Firma J. Brüning & Sohn A.G., Potsdam, Werk Rehfelde.)

von Furnieren darauf hingewiesen worden, daß gemesserte Kiefer, und zwar von mindestens 5 mm = $^3/_{64}''$ Stärke auch zur Herstellung von aufgebauten Mittellagen sogenannter starker Platten Verwendung findet.

Geschälte Buche. In Deutschland und Österreich wird auch sehr viel Buche zu Schälfurnier verarbeitet. Das harte, feste Holz der Buche — die ebenfalls in Durchmessern bis zu 500 mm = 20″ erhältlich ist — erfordert eine besondere sorgsame Behandlung der Stämme beim Dämpfen und

Kochen. Es wird hauptsächlich nur Rotbuche verwendet. Schon durch verschiedenartiges Dämpfen ist es möglich, dem Holz verschiedene Farbennuancen zu geben. Die Buche genießt hier ungefähr noch denselben Ruf wie früher der Gumtree in Amerika, d. h. für den, der mit ihr nicht umzugehen versteht, ist es ein recht schwer zu behandelndes Holz, da es infolge seines starken Arbeitens bei Veränderungen des Feuchtigkeitsgehaltes und der Temperatur auch eine besondere Behandlung beim Trocknen der Furniere und ihrer Weiterverarbeitung erfordert. Da Birken,

Fig. 75. Baumstammquersäge zum Zerteilen von großen Gaboonstämmen. Links ist ein Gaboonstamm auf einem Sägewagen zu sehen, der zur Säge geführt wird, um dort zerteilt zu werden. Die Säge ist sehr groß, zum Heben und Senken derselben dienen Spindeln, die in dem Bild deutlich sichtbar sind.
(Dank dem Entgegenkommen von W. Ruhenstroth, Gütersloh.)

die in Amerika und in den östlichen Staaten hauptsächlich das Material für die Herstellung von Stuhlsitzen hergeben, in Deutschland und Österreich nur in sehr geringen Mengen zu haben sind, tritt in diesen Ländern hierfür mit großem Vorteil das Buchenfurnier an die Stelle des Birkenfurniers. Buchenfurniere werden nur selten in größeren Längen als 1,6 m, etwa 5 Fuß, hergestellt, gehandelt und verarbeitet. Das Schälen erfolgt in der bereits beschriebenen Weise nach dem Dämpfen und Entrinden der Stämme. Die besten Furniere werden für Außenlagen verwendet, die minderen als Absperrfurniere und Einlagen. Die Eigenart des Buchenholzes bringt es mit sich, daß Absperrfurniere und Einlagen, und sehr häufig auch die Außenlagen, aus mehreren Furnieren hergestellt werden, die sorgsam gefügt und mit besonderen Maschinen stumpf zusammengeleimt sind, ohne Verwendung von Papierstreifen. Es wird später gezeigt werden, daß Sperrhölzer, aus derartigen Furnieren aufgebaut, in ihrer Festigkeit und Beständigkeit solchen aus nicht zusammengesetzten Furnieren hergestellten, überlegen sein können.

Geschältes Okumé, Gaboon und ähnliche afrikanische Hölzer. In sehr großem Maßstabe werden in Europa, vor allem in Frankreich und

Fig. 76. Lagerplatz und Wassergrube für Gaboonstämme. Der Portalkran, der über den Stapeln läuft ist im Hintergrund sichtbar, mit welchem die Stämme aus dem Wassergarten genommen werden.

Dank dem Entgegenkommen von Compagnie Nantaise des Bois „Ozean“, Paris, Werk Rochefort.

Deutschland, die riesigen Okuméstämme und Gaboonstämme sowie die Abarten derselben verarbeitet, die von der afrikanischen Ostküste nach Europa gebracht werden. Diese Stämme haben je nach der Gegend, aus der sie stammen, verschiedene Farben, zwischen einem Gelbweiß bis zu den hellroten Tönen des Mahagonis. Die Stämme haben einen Durchmesser bis zu 1,6 m = $5^1/_2$ Fuß, zuweilen sogar 1,8 m, also nahezu 6 Fuß. Da die Stämme mit sehr großem Durchmesser in der Nähe des Kerns ein sehr wolliges, in der Oberfläche sehr schwer glatt zu erhaltendes Furnier ergeben, zieht man zur Erzeugung besserer Furniere diejenigen Stämme vor, die Durchmesser von 0,6 bis 1,2 m = 2—4 Fuß haben.

Bei den in Europa wachsenden Stämmen ist es verhältnismäßig schwierig, große fehlerfreie Furnierblätter aus einem Stück zu erhalten. Die kleinen Stammdurchmesser der mitteleuropäischen Hölzer geben eine ziemlich geringe Holzausnutzung, da es nicht möglich ist, sie ähnlich, wie etwa die nordische Birke, mit Vorteil zu kleinsten Dimensionen zu verarbeiten, wie sie z. B. Teekisten erfordern. Es ist daher nicht verwunderlich, daß die großen Furnierwerke Frankreichs und Deutschlands ihr Interesse diesen großen afrikanischen Stämmen zugewandt haben, die eine vor-

Fig. 77. Abgedeckte Dämpfgruben. Mit Hilfe des Kranes werden die Deckel abgehoben und die Stämme herausgehoben.
(Dank dem Entgegenkommen von W. Ruhenstroth, Gütersloh.)

zügliche Holzausbeute ergeben, wenn auch die Dichte und Qualität des Holzes nicht an diejenige heranreicht, die von den einheimischen Hölzern erzielbar ist.

Die Stämme kommen in kleineren Dimensionen als runde Stämme, in größeren Dimensionen vierkantig zugehauen in die europäischen Seehäfen und werden von diesen, soweit die Werke nicht direkt an der See liegen, und das sind die Ausnahmen, auf Flüssen oder mit der Eisenbahn weit ins Land hineinbefördert. Sie werden mit Kränen gestapelt, wie in Figur 30 und 31 bereits gezeigt, und zwar mit Hilfe von großen Portalkränen. Vereinzelt, aber selten, tragen sie noch die Rinde. Zum Zerteilen dienen große Ablängsägen (s. Figur 75).

Die Gaboonstämme werden entweder in Dämpfgruben mit entspanntem Dampf gedämpft oder in Wasser gekocht. Figur 76 zeigt eine Wassergrube, in der die Gaboonstämme schwimmen und aus der sie mit Hilfe eines Dampfkranes herausgehoben werden. Figur 77 zeigt eine Serie von Dämpfgruben, die sorgsam abgedeckt werden müssen, um zu verhüten, daß die Arbeiter in dieselbe hineinfallen können. Über die Dämpfgruben läuft ein

Fig. 78. Schwere Schälmaschine zum Schälen von Gaboonstämmen, mit einem Durchmesser bis zu 1,8 m = 6 Fuß und einer Länge von 2,7 m = 9 Fuß.

(Dank dem Entgegenkommen der Firma B. Harras G. m. b. H., Böhlen und C. L. P. Fleck Söhne, Berlin.)

Kran, mit dessen Hilfe die Deckel abgehoben und die Stämme herausgenommen werden.

Die Stämme sind oft stark verschmutzt und müssen nach dem Dämpfen, auch wenn die Rinde bereits entfernt ist, nochmals sorgsam gereinigt werden, ehe sie auf die Schälmaschine gelangen. Diese großen schweren Blöcke werden mit Kränen oder elektrisch betriebenen Laufkatzen, sogenannten fahrbaren Elektrozügen, zu den Schälmaschinen gebracht, in diese sorgsam, möglichst in der Mitte eingespannt und geschält. Natürlich sind hierfür außerordentlich schwere Maschinen notwendig, da Stämme bis zu 1,80 m Durchmesser — etwa 6 Fuß — in einer Länge biz zu ca. 2,7 m = 9 Fuß geschält werden. Figur 78 zeigt eine solche Maschine, die nach den europäischen Prinzipien als richtige, schwere Werkzeug-

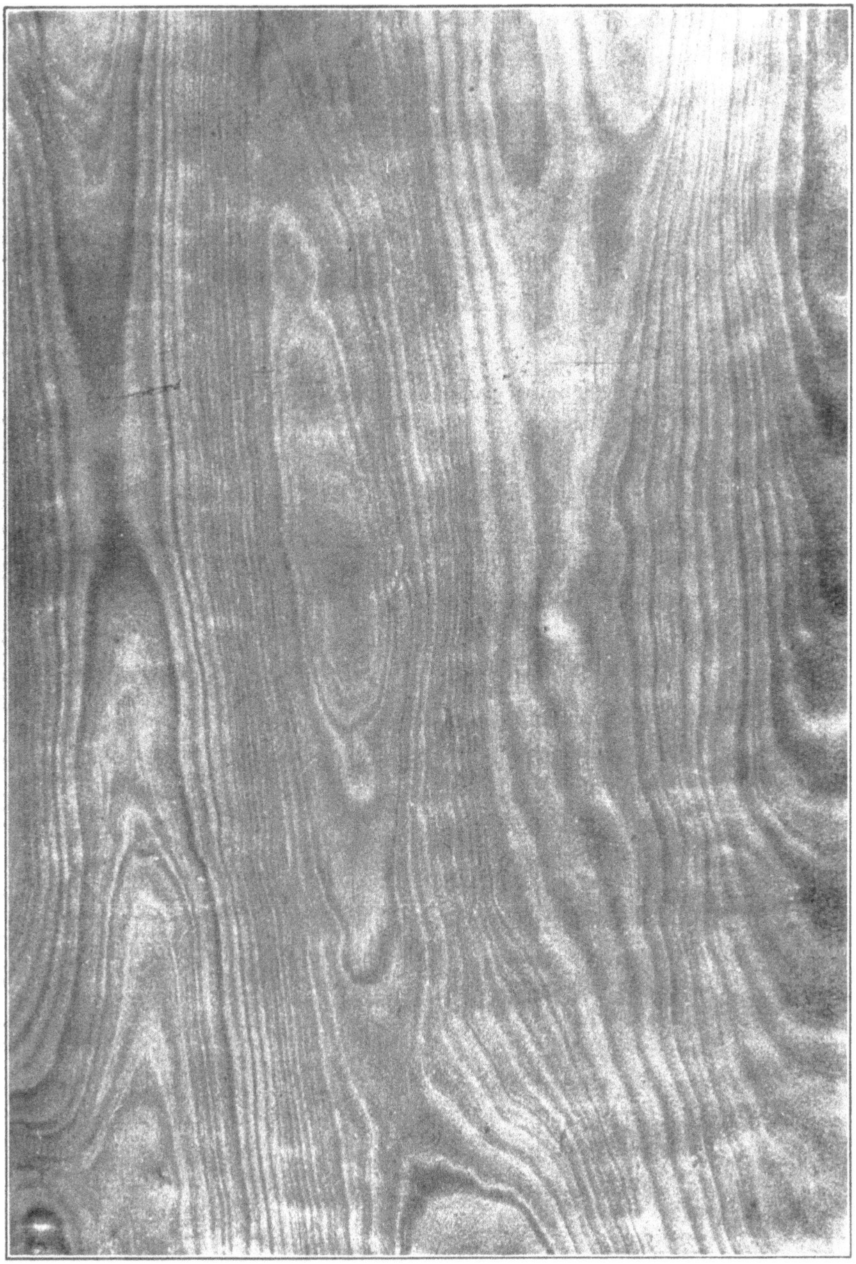

Fig. 79. Geschältes Gaboonfurnier.
(Dank dem Entgegenkommen von B. Harras G. m. b. H., Böhlen.)

maschine ausgebildet, schon in ihrer äußeren Form, die große Beanspruchungen vermuten läßt, denen sie auch tatsächlich gewachsen ist.

Es ist möglich, von einem Stamm sehr breite Furnierbahnen in einem Stück zu erhalten, dennoch wird mit Rücksicht auf das leichtere Hantieren und die Trockeneinrichtungen gewöhnlich kurz hinter der Schälmaschine ein Zerteilen dieser Bahnen in die gewünschten Längen vorgenommen. Es werden Furniere von 1 mm (etwa $^{3}/_{64}$″) bis zu 6 mm = $^{15}/_{64}$ und sogar bis zu 10 mm = $^{25}/_{64}$″ Stärke geschnitten. Trotz der großen Stammdurchmesser werden Gaboonfurniere nicht nur in einem Stück als Außenlagen verwendet, da oft Sperrplatten bis zu 4,6 m, also über 15 Fuß, und sogar bis zu 5 m, also 16$^{1}/_{2}$ Fuß Länge hergestellt werden. Die Furniere für Außenlagen werden sorgsam gefügt und dann auf besonderen Maschinen stumpf zusammengeleimt.

Absperrfurniere und Mittellagen werden fast durchgehend aus derartig zusammengesetzten Furnieren hergestellt. Sie ergeben, wie später gezeigt werden wird, ein Sperrholz, das was Festigkeit und Beständigkeit anbelangt, hinter solchen, die mit Außenlagen, Absperrfurnieren und Innenlagen, die aus einem Stück hergestellt werden, an Qualität durchaus nicht zurückstehen.

Diese Holzarten werden vielfach auch gemessert. Trotzdem diese Hölzer kein dichtes Gefüge haben, werden sie ihrer schönen Maserung wegen und der Möglichkeit, sie in Mahagonifarbe verarbeiten zu können, nicht selten für Auskleidung von Räumen, Wandtäfelungen usw. benutzt. Sowohl als Messerfurnier wie auch als Schälfurnier lassen sich recht gefällige Maserbilder erzielen. Siehe Figur 79 und 80.

Wie die Kiefer wird auch Gaboon, und zwar sowohl als Schälfurnier vorzugsweise meist in Stärken von mindestens 5 mm = $^{3}/_{64}$″ für aufgebaute Mittellagen verwendet, wobei sich der Vorteil ergibt, daß diese Mittellagen alle stehende Jahresringe aufweisen. Es wird hierauf bei der Besprechung der Mittellagen noch näher eingegangen werden.

Hiermit sind nicht alle Holzarten erschöpft, die man, um vollständig zu sein, für europäische Verhältnisse noch besprechen müßte, aber wie für die amerikanischen Hölzer kann auch für die europäischen hier nur eine kleine Auswahl getroffen werden, umsomehr, als sich typische Verschiedenheiten bei der Verarbeitung anderer Hölzer gegenüber den besprochenen kaum zeigen. Es sei kurz noch erwähnt, daß der Balkan noch eine ganze Anzahl von Holzarten enthält, die in naher Zukunft eine nicht zu unterschätzende Rolle auf dem Furniermarkt Europas spielen werden.

Fig. 80. Große Gaboonplatte mit zusammengesetzter Decke aus Gaboon-Messerfurnieren.
(Dank dem Entgegenkommen der Firma J. Brüning & Sohn A.G. Potsdam.)

Kapitel X.

Verarbeitung von Furnieren.

Furniere, die nach den im vorigen Kapitel behandelten verschiedenen Herstellungsmethoden erzeugt sind, werden überwiegend für Sperrholz verwendet. Die Furniere von edleren Hölzern sowie auch gut gezeichnete Furniere gewöhnlicher Hölzer dienen der Hauptsache nach zur Veredelung von abgesperrten Oberflächen. In den seltensten Fällen wird das Edelfurnier selbst in solchen Stärken verwendet, daß es gleichzeitig als Absperrfurnier dient, hingegen geschieht dieses wohl bei schön gezeichneten Hölzern aus gewöhnlicherem Holz.

In geringeren Mengen werden Furniere auch zur Herstellung von Gegenständen, für die die Festigkeit des Furniers an sich ausreicht, allein verwendet.

Bisher ist ein Unterschied in der Erzeugung von Furnieren zwischen denjenigen Erzeugerstätten, die die Furniere für den Handel herstellen und diejenigen, welche sie im eigenen Betriebe weiterverarbeiten, nicht notwendig gewesen. Wenn auch die weitere Behandlung der Furniere in beiden Arten von Betrieben so ziemlich gleichartig ist, nämlich bis nach dem Sortieren und Trocknen, so zeigen sich dann doch sowohl in der Art der Weiterverarbeitung wie auch in den dafür gebrauchten Einrichtungen so ausgeprägte Unterschiede, daß es notwendig wird, von dort ab die Beschreibungen getrennt fortzusetzen. In diesem Kapitel soll die Behandlung von Edelfurnieren bis zu dem Zustand fortgesetzt werden, in dem sie auf das fertige Sperrholz aufgebracht werden können bzw. bis zu dem Zustand, in dem die Furniere in den Betrieben, die sich nur mit der Furnierherstellung befassen, für den Versand fertig sind. Die Vorbereitung der Furniere jedoch zur Verarbeitung zum Sperrholz muß in einem besonderen Kapitel behandelt werden, nachdem vorher die verschiedenen Aufgaben, welche Mittellagen und Absperrfurniere und Außenfurniere in den verschiedenen Sperrholzkonstruktionen zu erfüllen haben, des leichteren Verständnisses wegen, erörtert worden sind. Gerade bei der Behandlung der für den Sperrholzaufbau verwendeten Furniere sind ziemlich große Unterschiede zwischen den amerikanischen Methoden und den europäischen vorhanden, die z. T. darin liegen, daß besonders in Deutschland vielfach Sperrplatten weit größerer Dimensionen gefertigt werden als in den Vereinigten Staaten, und auch die Herstellungsmethoden, soweit z. B. die Verleimung in Frage steht, in weitaus den meisten Fällen prinzipiell von der Herstellung in Amerika stark abweichen. Während in Amerika der Hauptsache nach das Sperrholz bei gewöhnlicher oder nur wenig erhöhter Temperatur verleimt wird, kommen in Europa höhere Temperaturen zur Anwendung und auch andere Leime wie dort, da man hier auch auf relative Beständigkeit der Leimung gegen Feuchtigkeit größeren Wert legt.

Fig. 81. Ein Trockenofen zur Feststellung des Trockengewichts von Holzproben. Die Heizung ist elektrisch. Die Probe wird auf die innerhalb des Ofens angebrachte Wagschale gelegt, deren Aufhängung durch die obere Decke des Ofens hindurchgeht und die auf eine außerhalb des Ofens angebrachte empfindliche Waage wirkt. Für die Messung der Temperatur ist ein Thermometer vorgesehen. Der geringste Trockenheitsgrad ist erreicht, wenn der Zeiger seine. Stellung auf der Skala nicht mehr ändert (Darrgewicht).

(Dank dem Entgegenkommen der Firma Danneberg & Quandt, Berlin.)

Trocknen von Furnieren.

Unmittelbar nach dem Schneiden der Furniere vom Stamm oder von Flitches muß eine Vortrocknung derselben erfolgen, um Mehltau und unerwünschte Verfärbung zu vermeiden (eine Ausnahme bildet die beabsichtigte Verfärbung zum Beispiel bei Walnußfurnieren, wenn man dunklere Töne erhalten will) und um das Gewicht für den Versand zu verringern.

Die Lufttrocknung (air drying). Unter günstigen klimatischen Bedingungen kann man die Trocknung im Freien vornehmen, vorzuziehen ist jedoch die Trocknung auf Trockenböden oder in Trockenräumen, wo man die Regulierung von Temperatur und Feuchtigkeit in den gewünschten Grenzen in der Hand hat. Künstliche Trocknung mit bewegter Luft wird häufig angewandt, um diese Vortrocknung zu beschleunigen. Dieser Vortrocknungsprozeß soll, welche Art von Trocknung man auch immer anwendet, den Feuchtigkeitsgehalt bis auf ungefähr 12% herunterbringen. Das ist ungefähr der Punkt, an dem die Feuchtigkeit aus der umgehenden Luft des Lagerhauses nur langsam aufgenommen oder abgegeben wird, je nach dem

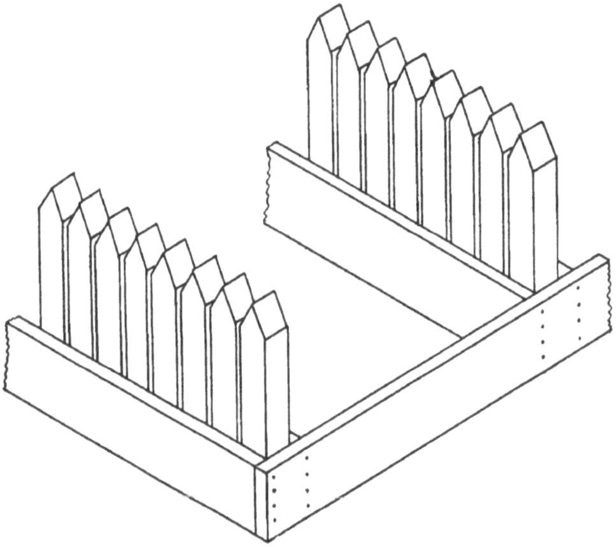

Fig. 82. Fingerrechen zur Trennung der Furnierstreifen von einander während des Trocknens und zum Geradehalten derselben. Diese Art Rechen gestattet auch die Furniere genau in der Reihenfolge in der sie im Flitch liegen, zu halten, so daß sie nach der Trocknung leicht wieder in die richtige Reihenfolge zurückgelegt werden können.

Feuchtigkeitszustand derselben. Manche Fachleute ziehen es vor, den Furnieren einen größeren Feuchtigkeitsgehalt zu lassen, um die Bruchgefahr beim Hantieren von schön gezeichneten Furnieren zu verringern.

Den Feuchtigkeitsgehalt stellt man durch Wägung kleiner Muster auf empfindlichen Waagen fest. Zunächst wird das Muster in dem Zustand gewogen, in dem es vom Furnier entnommen wird, sodann wird es im elektrischen Ofen vollkommen getrocknet, und wenn dieses Trockengewicht festgestellt ist, zieht man das Trockengewicht von dem zuerst erhaltenen Gewicht ab und erhält den prozentualen Feuchtigkeitsgehalt aus folgender Gleichung:

$$\text{Feuchtigkeitsgehalt in } \% = \frac{\text{Gewichtsverlust}}{\text{Trockengewicht}} \times 100$$

Fig. 83. Trockenhaus für Messerfurniere. Das Trockenhaus hat 9 Etagen. Die Seitenansicht ist auch aus Fig. 49 zu ersehen. Im Sommer werden Türen und Fenster je nach Temperatur und Windrichtung mehr oder weniger geöffnet. Die Art der Bewegung von Türen und Fenster sind in dieser Abbildung deutlich zu erkennen. — (Dank dem Entgegenkommen von F. Moritz Müller, Leipzig.)

Figur 81 zeigt einen kleinen elektrischen Trockenofen, mit dem das Trockengewicht festgestellt werden kann. Wie man aus der Figur sieht, befindet sich die Wagschale der Waage im Ofen selbst. Das Mindestgewicht ist erreicht, wenn bei einer Temperatur, die je nach der Holzart und der Holzprobe mehr oder weniger über 100° liegt, eine Veränderung des Ausschlages am Wagebalken nicht mehr eintritt.

Trocknung im Trockenhaus (loft drying). Diese Trocknungsart wird sehr viel angewendet und wird von vielen Seiten besonders für die allerbesten Arten von Furnieren allen anderen vorgezogen. Geschälte Furniere werden

Fig. 84. Stapelrost auf einem Wagen, wie er zum Trocknen von nassen Furnieren in einem Trockenkanal benutzt wird.

(Dank dem Entgegenkommen von Hope Fan & Blower Co.)

gewöhnlich an Drähten mit Hilfe von kleinen Federklammern aufgehängt. Die Streifen gemesserter oder gesägter Furniere werden hingegen in Fingerrechen aufgestellt, um sie in einem gewissen Abstand voneinander und um sie wenigstens einigermaßen gerade und flach zu halten (s. Figur 82). Solche Trockenräume oder Trockenhäuser sollten reichliche Ventilationsmöglichkeiten erhalten. Die Temperatur wird zweckmäßig auf 90 bis 100° F, das sind etwa 32—38° C, gehalten, bei einem Feuchtigkeitsgehalt von 60 bis 70%, das sind Verhältnisse, die den Arbeitern noch gut zugemutet werden können. Ein niedrigerer Feuchtigkeitsgehalt verursacht häufig Faltig- und Welligwerden der Furniere, infolge der zu schnellen und ungleichmäßigen Trocknung. Ein Blick in einen Raum eines solchen amerikanischen Trockenhauses ist bereits in Figur 44 auf Seite 87 gegeben worden. Figur 83 zeigt, welche großen Dimensionen ein solches Trockenhaus bei großen Furnierwerken annehmen kann.

Kontinuierliche Trocknung (progressive drying). Stärkere Furniere werden oft auf Wagen gestapelt (s. Figur 84). Die einzelnen Furnierblätter sind hier durch Stapelhölzer oder Stapelroste voneinander getrennt. Es muß bei der Stapelung dieser Furniere darauf geachtet werden, daß die einzelnen Stapelhölzer, welche die Furniere voneinander trennen, genau übereinander liegen, anderenfalls würden die Furniere von dem über ihnen

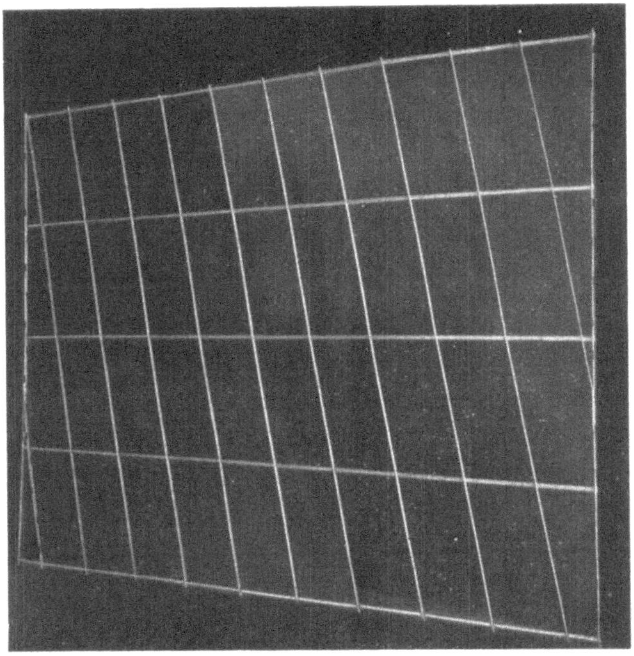

Fig. 85a. Ein Stapelrost aus Sonderaluminium. D.R.P. Abwechselnd werden diese Roste in der abgebildeten Lage und um 180° gedreht übereinander gestapelt. Zwischen je zwei Roste sind ein oder zwei Furnierlagen eingebracht. Die wagerechten Verbindungsstäbe der schrägstehenden Roststäbe sind schwächer, so daß die Luft gut durchstreichen kann.

(Dank dem Entgegenkommen der Firma Berg, Heckmann, Selve A.-G., Altena i. W.)

liegenden Gewicht an den Stellen, an denen die Stapelhölzer falsch liegen, durchgebogen, faltig und krumm werden und unter Umständen reißen. Die Stapelroste in Figur 84 bestehen aus Holz. Es ist deutlich zu sehen, daß viel mehr Raum von den Stapelhölzern als von den Furnieren in Anspruch genommen wird. Infolgedessen ist die Nutzhöhe dieser Packen sehr gering.

In Deutschland werden neuerdings Roste der Art aus besonders festem Aluminium verwendet, wie in Figur 85a aufrechstehend gezeigt. Die Roste liegen auf den Wagen genau so wie die Roste in Figur 84. Das Furnier liegt auf den schrägen Stäben. Diese Roste werden nun so angeordnet, daß auf einen Rost, wie dem in Figur 85a gezeigten, ein gleicher Rost gelegt wird, der jedoch um 180° gedreht ist, so daß also die tragenden Roststäbe in ihrer Schrägung umgekehrt liegen, daher die Furniere dort, wo die Schrägungen der beiden Roste sich schneiden, gehalten werden, also nur an Punkten. Figur 85b zeigt im Schema die Lage der Furniere und Roste zueinander. Da Aluminium und seine Legierungen bei allen in Frage kommenden Hölzern keinerlei Verfärbungen hervorrufen, eignen sich diese Roste sehr gut für die Trocknung von Furnieren bei derartigen Stapelwagen. Die fertig gestapelten Wagen werden allmählich durch einen *Trockenkanal* hindurchbewegt, in dem Temperatur und Feuchtigkeit in gewünschter Weise abgestuft werden können. Ein solcher Trockenkanal ist in Figur 86a gezeigt..

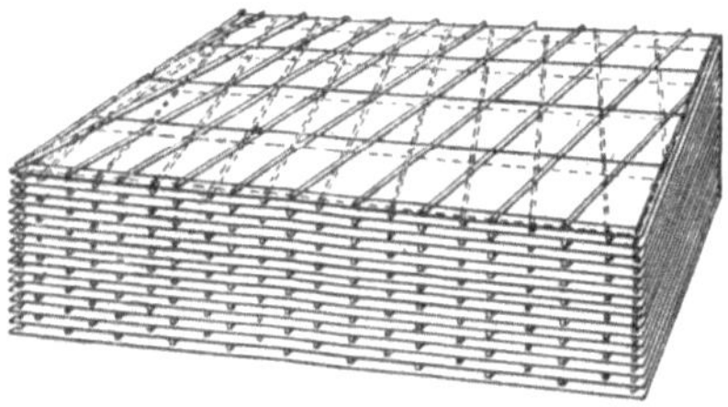

Fig. 85b. Stapelrost aus Sonderaluminium. Schema, das die Lage von Rosten und Furnieren zueinander zeigt.
(Dank dem Entgegenkommen von Berg, Heckmann, Selve A.-G., Altena i. W.

Bei diesem Trockenkanal tritt die warme Luft dort ein, wo die Wagen mit den Furnieren den Kanal verlassen und strömt also in entgegengesetzter Richtung durch den Kanal hindurch, als die Furniere sich durch den Kanal bewegen. Man nennt das einen „Kanal mit Belüftung im Gegenstromprinzip". Es ist natürlich schwer, in einem solchen Kanal Temperatur und Feuchtigkeit in einzelnen Zonen zu regeln, wenn es auch möglich ist, durch Vorsehung von besonderen Heizvorrichtungen in verschiedenen Abständen, die für sich zu- und abgeschaltet werden können, eine gewisse Regelung durchzuführen.

In Deutschland ist neuerdings ein verbessertes Kanalsystem, der sog. *Zonentrockner* geschaffen worden, der in Figur 86b gezeigt ist. Dieser Kanal ist in der gezeichneten Ausführung für den Durchlauf von zwei Wagen nebeneinander angeordnet. Die Luftbewegung geht, wie die kleinen Pfeile innerhalb der Zeichnung links unten zeigen, quer zur Längsrichtung des Kanals. Der vorliegende Kanal ist in 7 Zonen geteilt. Die Frischluft tritt am linken Ende des Kanals ein, wird durch den ersten Ventilator (Abb. 86b, Darstellung links unten) durch die bereits völlig getrockneten Stapel hindurch gesaugt, um sie abzukühlen und erwärmt sich hierbei bereits. Dann wird die Luft durch den ersten Heizkörper durchgepreßt, erwärmt sich weiter, streicht dann quer durch den Kanal unter Wirkung des zweiten Ventilators, der in der Darstellung oben angeordnet ist und wird von diesem durch den nächsten Heizkörper gedrückt, um dann wieder den Kanal quer zu durchstreichen. Infolge der Wirkung des nächsten Ventilators passiert er weiter einen Heizkörper usf., bis die Luft am rechten Ende des Kanals zum Abzugsschlot gelangt. Im Boden des Kanals sind, wie in der Zeichnung

Fig. 86a. Trockenkanal Die Ventilatoren, die die Luft durch den Kanal pressen, stehen im Vordergrund.
(Dank dem Entgegenkommen von Hope Fan & Blower Co.

angedeutet, noch Heizrohre angeordnet für Zusatzheizung, die in den einzelnen Zonen für sich geregelt werden kann, wie auch jeder der erwähnten Heizkörper für sich regelbar ist, so daß tatsächlich die Möglichkeit besteht, auch bei einem solchen Kanal Temperatur und Feuchtigkeit in den einzelnen Zonen ziemlich genau zu regeln.

In manchen Anlagen ist auch durch entsprechend einstellbaren Luftzutritt von außen in den einzelnen Zonen die Möglichkeit gegeben, je nach Wunsch an den betreffenden Stellen noch Frischluft zuzusetzen.

Die mit den Furnieren beladenen Wagen bewegen sich in der Richtung der großen Pfeile durch den Kanal hindurch. Der Kanal arbeitet in dem Sinne auch im Gegenstromprinzip, daß die Furniere in der entgegen-

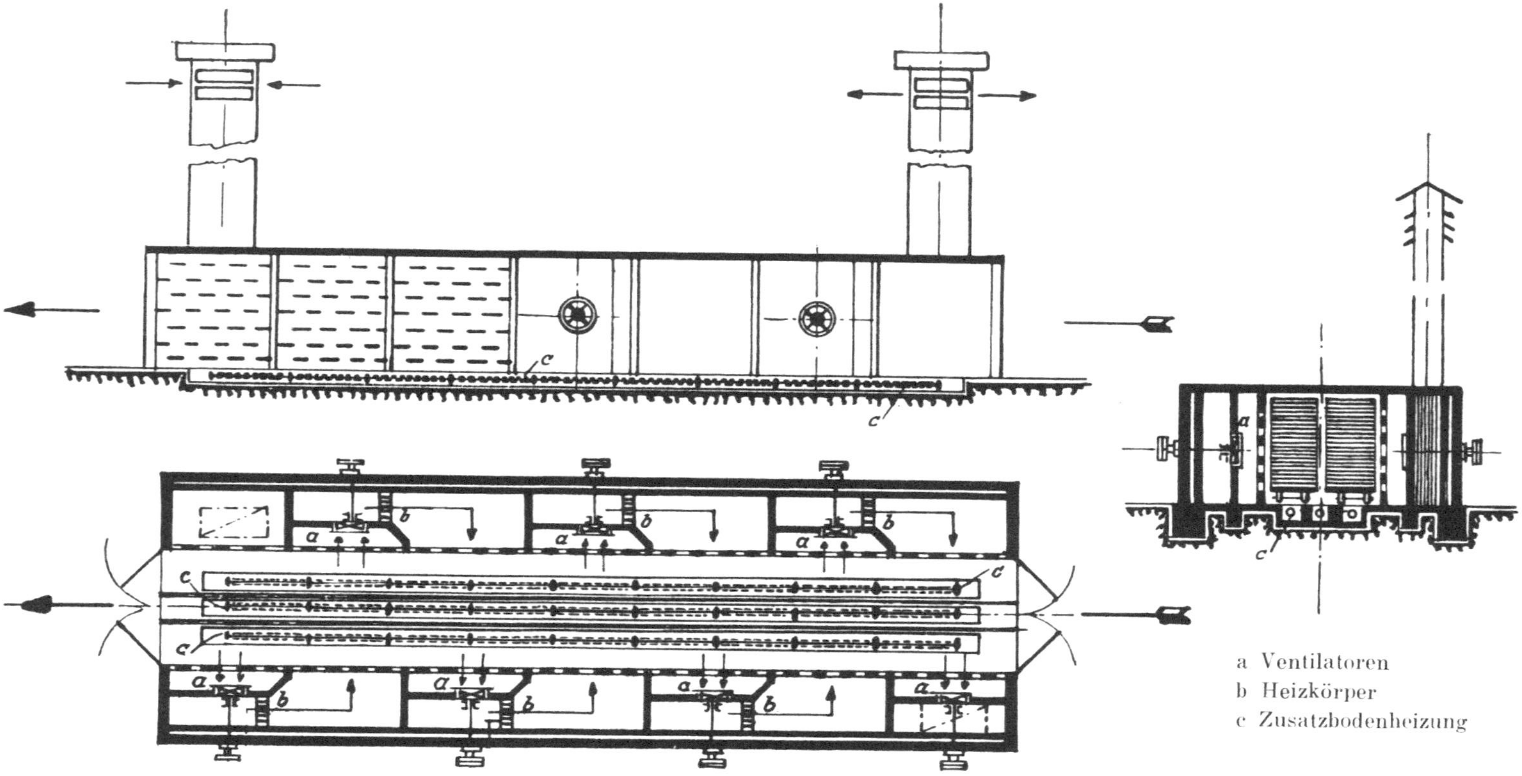

Fig. 86b. Kanaltrockner, sogenannter Zonentrockner. Die Luft streicht von der linken Seite des Kanals ausgehend in sechs Richtungswechseln quer durch den Kanal. Die einzelnen Heizkörper b sind für sich regelbar, desgleichen die einzelnen Abschnitte der Zusatzbodenheizung c. Die Furniere durchlaufen den Kanal in der Richtung des großen Pfeiles. (Dieses System wird auch für Brettertrocknung angewandt, siehe Kap. 15, Seite 212.)

(Dank dem Entgegenkommen von Civil-Ing. Edmund Skowronski, Chemnitz.)

gesetzten Richtung den Kanal durchwandern wie die Trockenluft, nur mit dem Unterschied gegenüber der Figur 86a, daß die Trockenluft in Schlangenform immer quer zur Bewegungsrichtung der Furniere durchgeleitet wird. Zur gleichmäßigen Verteilung der Trockenluft sind entsprechende Trennwände zwischen dem eigentlichen Kanal und den einzelnen Luftzonenabschnitten angeordnet.

Fig. 87. Ein kontinuierlicher Kettentrockner, in dem die Eichenfurniere zwischen endlosen Bändern offener Maschenkonstruktion eingebracht werden. Auf jeder Seite des Trockners werden nasse Furniere eingebracht und trockne Furniere entnommen. Am hinteren Ende sind die beiden Wagen mit den nassen bzw. trocknen Furnieren zu sehen. Ventilatoren und Heizkörper sind über die ganze Länge verteilt und bewirken eine Bewegung der Luft, regelbare Temperatur und Feuchtigkeitsgehalt quer zur Durchlaufrichtung der Furniere.

(Dank dem Entgegenkommen der Firma Danneberg & Quandt, Berlin.)

Es gibt eine ganze Anzahl von verschiedenen Kanalsystemen, die auch für Furniertrocknung mit Vorteil verwendet werden. Eine andere Type eines künstlichen Trockners, genannt *Band- oder Kettentrockner,* hat eine Anzahl, meist 5 endloser Bänder, die aus Ketten oder Drahtnetzen bestehen, in denen das frische Furnier eingelegt wird (s. Figur 87). Die Furniere liegen auf dem jeweils oberen, ziehenden Teil eines Bandes, während das gezogene untere Teil des darüber liegenden Bandes sich mit seinem Gewicht auf das Furnier legt und es flach hält. Das Furnier geht ein, zwei oder mehrere Male durch den Trockner durch und wird entweder an dem einen oder anderen Ende diesem entnommen, bis der Feuchtigkeitsgrad genügend verringert ist. Ventilatoren und Heizkörper, die seitlich über die ganze Länge verteilt sind, bewegen die Luft quer zur Bewegungsrichtung der Furniere. Temperatur und Feuchtigkeit werden in den einzelnen Zonen zweckmäßig eingestellt. Die Bewegungsgeschwindigkeit der endlosen Bänder kann geregelt werden, entsprechend der Art und Stärke der Furniere und dem Geschwindigkeitsgrad, mit dem man zu trocknen wünscht.

Fig. 88a. Furnier Walzentrockner. Die Furniere werden in diesem Trockner geglättet und getrocknet.
(Dank dem Entgegenkommen von Coe Manufacturing Co, and Harbor Plywood Co.)

Walzentrockner (roller dryer). Der Walzentrockner besteht aus einer Serie von geheizten umlaufenden Zylindern. Die Maschine ist gewöhnlich 100 Fuß = 30 m lang und länger. Wie Figur 88a zeigt, sind gewöhnlich mehrere Walzen übereinander angeordnet. Alle Walzen werden durch Zahnräder oder Ketten angetrieben. Die Furnierblätter wandern bis zur Erreichung des gewünschten Feuchtigkeitsgrades einmal oder wiederholt durch die Walzengänge hindurch. Mitunter sind die Trockner auch so ausgeführt, daß zwischen den Walzen Heizschlangen vorgesehen sind, so daß die Feuchtigkeit entweichen kann, während die Furniere den Zwischenraum zwischen den Walzen passieren. Bei diesen Maschinen haben die Walzen hauptsächlich die Aufgabe des Flachhaltens. Auch hier kann die

Geschwindigkeit wie beim Kettentrockner je nach Notwendigkeit verändert werden.

Plattentrockner (platen dryer). Der Plattentrockner besteht, wie aus Figur 89a hervorgeht, aus einer Anzahl glatter, flacher geheizter Stahlplatten, zwischen die die Furnierblätter gelegt werden. Die Plattenzwischenräume werden abwechselnd geschlossen und geöffnet. Man sagt, der Appa-

Fig. 89a. Plattentrockner, auch Trockenautomat genannt. Stahlplatten mit sauber bearbeiteten Oberflächen sind übereinander beweglich angeordnet. Sie sind in zwei Systeme getrennt und zwar bilden bei der durchgehenden Nummerierung der Platten von oben oder von unten, die mit geraden Ziffern versehenen Platten ein System und führen ihre Bewegungen gemeinsam aus und die mit ungeraden Ziffern versehenen, das zweite System, die ebenfalls die Bewegung gemeinsam ausführen. Die beiden Systeme sind gegeneinander ausbalanciert. Die Bewegung erfolgt so, daß abwechselnd zwischen den Platten die Zwischenräume frei und geschlossen werden.

(Dank dem Entgegenkommen der Firma Becker & van Hullen, A.-G., Krefeld.)

rat atmet, daher auch der Ausdruck „Atmungstrockner". Beim Schließen der Zwischenräume werden die Furniere flach gepreßt und beheizt. Beim Öffnen kann die Feuchtigkeit entweichen. Diese Type von Trockner wird hauptsächlich zum Plätten (iron out) für Furniere benutzt, die unmittelbar darauf verleimt werden sollen. Es besteht eine gewisse Gefahr, Edelfurniere mit kreuz und quer verlaufenden Fasern auf diesen Trocknern zu behandeln, da die

Fig. 89b. Ein Plattentrockner, derselben Art wie 89a, an dem jedoch eine Absaugevorrichtung so angebracht ist, daß der Wasserdampf, der beim Auseinandergehen der Platten aus den Furnieren entweicht, sofort abgeführt wird und ein reger Luftwechsel zwischen den Platten bewirkt wird. Diese Art Trockner werden auch so ausgeführt, daß man nicht nur die Luft absaugt, sondern auch erhitzte Luft hindurchpreßt.
(Dank dem Entgegenkommen der Firma Traun & Co., Hamburg—Carlshafen und der Firma Becker & van Hullen, A.-G., Krefeld.)

Furniere entweder unter dem Druck splittern oder so trocken werden, daß sie beim Hantieren brechen. Fachleute empfehlen, so empfindliche Furniere nur mit einem Feuchtigkeitsgehalt von mindestens 10 bis 15% zu hantieren. Mit Ausnahme solcher Furniere trocknet man die Furniere im Plattentrockner bis auf 6 bis 7% herunter, ein Feuchtigkeitsgehalt, den man leicht in gut temperierten Werkräumen halten kann. Furniere von $^1/_8'' = 3{,}2$ mm und mehr werden häufig im Plattentrockner nachgetrocknet.

Fig. 90a. Ein Furniertrockner, der aus der Kombination der Bewegung eines Plattentrockners und der eines Rollentrockners entstanden ist.
(Dank dem Entgegenkommen von Merrit Engineering & Saales Co. and Illinois Veneer Co.)

In Europa werden ebenfalls Plattentrockner verwendet, jedoch, wie später erwähnt wird, nicht für Edelhölzer, sondern für Absperrfurniere, gerade für die geringeren Stärken bis zu $2^1/_2$ mm (etwa $^3/_{32}''$). Besonders das Trocknen der afrikanischen Gaboon- und Okumé-Sorten, sowie der sonst so schwer zu behandelnden Buche läßt sich auf dem Plattentrockner bis zu diesen Stärken durchführen und gestaltet sich günstig, wenn man noch eine Belüftung eines solchen Trockners vorsieht, d. h. wenn man vorgewärmte Luft durch den Trockner hindurchstreichen läßt (s. Figur 89b).

Die Entwicklung der letzten Jahre hat eine andere Abart von Plattentrocknern gebracht, die in Figur 90a gezeigt ist, bei dem die Flachhaltung der Trockenplatten mit der Vorwärtsbewegung der Walzentrockner kombiniert worden ist. Es sind verschiedene Plattensysteme hintereinander angeordnet, die alle eine oszillierende Bewegung ausüben. Das eine System faßt die Furniere beim Zusammengehen der Platten und schiebt sie, während das andere System geöffnet ist, ein Stück nach vorn; sowie diese Vorwärtsbewegung beendet ist, werden die Furniere von dem anderen System gefaßt, das genau wie ein gewöhnlicher Plattentrockner an seinem Platz feststeht und atmet. Das erste System hat sich inzwischen geöffnet

Fig. 90b. Kombinierter Furniertrockner mit 2 Etagen. Transport und Flachhaltung besorgen durch Ketten angetriebene Rollen. Zwischen diesen, zum Teil über, zum Teil unter den durchlaufenden Furnieren angeordnete Dampfheizplatten führen die Wärme zu.
(Dank dem Enigegenkommen der Hol atia Werke A.-G., Hamburg-Altona und G. Siempelkamp & Co., Krefeld.)

und ist in die Ausgangslage zurückgekehrt, um dort angelangt, die Furniere wieder zu fassen, und während das atmende System seine Zwischenräume geöffnet hat, das Furnier wieder weiterzuschieben usf.

In Figur 90b ist ein *kombinierter* Europäischer *Trockner* dargestellt, der ebenfalls eine Kombination eines Walzen- und Plattentrockners ist. Der Transport und die Flachhaltung der Furniere erfolgt durch ein angetriebenes Rollensystem, die Zuführung der Wärme durch zwischen den Rollen bald über, bald unter den Furnieren angeordnete dampfgeheizte Platten mit deren Oberflächen sie in Berührung kommen.

Die Trockenart ist in den einzelnen Anlagen sehr verschieden, sowohl was die Typen der verwendeten Trockner zum Vortrocknen der frischen Furniere wie auch zum Fertigtrocknen der Furniere anbelangt, welche zu Sperrholz weiter verarbeitet werden. Der Plattentrockner wird da in Amerika vorgezogen, wo sich der Trocknung unmittelbar das Fügen und Zusammensetzen anschließt. Gleichgültig, wie die Trocknung erfolgt, müssen Edelfurniere mit charakteristischen Zeichnungen in derselben Reihenfolge wieder aufgestapelt werden, in der sie zum Trockner gelangt sind.

Fig. 91. Eine Furnierschere zum Zuschneiden von Furnieren als Vorbereitung für die Fügung mit Papier.
(Dank dem Entgegenkommen von Berkey & Gay, Furniture Co.)

Zuschneiden auf Maß.

Nach dem Trocknen können die Furniere auf Maß zugeschnitten werden (trimming to size).

Gewöhnliche Furniere werden in Packen mit Zirkularfügesägen zunächst gradkantig beschnitten. Auch schön gemaserte Außen- oder Edelfurniere werden, wenn sie zu unregelmäßig und zu unhandlich sind, zunächst auf einer solchen Säge zugeschnitten. Hierbei muß jedoch darauf geachtet werden, daß die Möglichkeit der symmetrischen Zusammensetzung der Zeichnung nicht beeinträchtigt ist.

Furnierscheren zum Zuschneiden von Außenfurnieren. Furniere mit mittlerem Maserbild und verhältnismäßig gerade verlaufenden Fasern werden gewöhnlich mit Hilfe einer Furnierschere auf das richtige Maß zugeschnitten, wie in Figur 91 gezeigt. Es können eine ganze Anzahl von Furnieren in einem Paket gleichzeitig auf diesen Scheren (clippers) zugeschnitten werden, gewöhnlich mit einer Zugabe gegenüber der Fertigdimension von 1″ = 25,4 mm in Länge und Breite. Diese Zugabe ist zum endgültigen Zuschnitt nach der Verleimung notwendig.

Die verschiedenen Arten von Vorder- und Rückfurnieren (Faces and Backs). Beim Zuschneiden muß die Breite und die Güte des Außenfurniers sorgsam in Betracht gezogen werden, da für die Vorder- und die Rückseiten folgende verschiedenen Möglichkeiten bestehen:

Vorderfurniere (Faces):

Aus einem Stück (one-piece).
Aus zwei Stücken, symmetrisch zur Mitte (two-pieces, center-matched).
Symmetrische Fugen (balanced joints).
Beliebige Fugen (random joints).
Nach Farbe ausgewählt (selected for color).
Splint zulässig (sap no defect).

Rückenfurniere (Backs):

Fehlerfrei (sound).
Ausgemustert (reject).

Aus einem Stück ist ein Ausdruck, der sich von selbst erklärt. Solche Furniere kann man nur in geringen Breiten von gemesserten, gesägten oder halbrunden geschälten Stücken erhalten, die ihrerseits von der Breite der Flitches abzüglich des Abfalls abhängen. Geschälte Furniere ergeben breite Vorderfurniere aus einem Stück, die man als Mittelstück von Furnierbildern verwenden kann.

Stücke symmetrisch zur Mitte kommen für breitere Abmessungen in Frage, als man sie in einzelnen Furnierstreifen erhalten kann. Um optischen Täuschungen, unausgeglichenen Figuren und Farben vorzubeugen, ist es am zweckmäßigsten, Vorderfurniere aus zwei Stücken genau in der Mitte zusammenzusetzen. Die beiden einzelnen Stücke von genau der gleichen Breite müssen in derselben Weise nebeneinandergelegt werden, wie man ein gebundenes Buch öffnet. Um diese symmetrische Anordnung der Zeichnung zu erhalten, wird das eine Furnier mit der losen Seite nach oben und das andere mit der dichten Seite nach oben liegen. Die lose Seite aufwärts bedeutet aber wieder, daß die kleinen Schneidrißchen in der einen Hälfte sichtbarer sein werden als in der anderen, dicht geschnittenen Seite. Nach dem Färben oder Beizen, Füllen und Firnissen machen sich manchmal Unterschiede in den Farbschattierungen zwischen diesen beiden Hälften bemerkbar. Oft glaubt der Laie hierin einen Fehler der Abarbeitung suchen zu müssen. Tatsächlich handelt es sich aber um einen wirklich vorhandenen Unterschied im Charakter des Holzes. Im Gegenteil, eine solche Erscheinung ist der Beweis richtiger Abarbeitung.

Es ist hiernach ohne weiteres klar, daß die Auswahl von Furnierblättern für Außenfurniere, die aus zwei Stücken zusammengesetzt werden sollen oder für Zusammensetzarbeiten im allgemeinen, sehr sorgsam erfolgen muß. Eigene Käufer schreiben manchmal vor, daß Schälfurniere

Fig. 92. Ein Paket von Furnieren durchlauft eine Kantenfügemaschine. Dieser Arbeitsgang schließt an das Klippen, also Scheren der Kanten an und geht dem Zusammensetzen der Furniere vorauf.

(Dank dem Entgegenkommen von Underwood Veneer Co.)

symmetrisch zur Mitte gelegt werden sollen. Im allgemeinen wird man jedoch hierbei nur genaue Symmetrie, aber keine ausgeglichenen Zeichnungen erhalten.

Symmetrische und beliebige Fugen sind Ausdrücke, die angeben, ob zwei oder mehrere Außenfurniere symmetrisch zueinanderliegen müssen oder ob sie je nach der gerade vorhandenen Furnierbreite beliebig zusammengelegt werden können.

Vorderfurniere können nach *Farbe* ausgewählt werden, wie z. B. bei Ahorn oder Birke, wenn man ein klares weißes oder rötliches Furnier benutzen will. In diesem Falle müssen Streifen mit anderen Farben entweder als Abfall verschnitten oder für Rückenfurniere verwendet werden.

Splint zugelassen bedeutet, daß Splintholz oder heller gefärbte Furniere an den Kanten von Flitches oder von den äußeren Lagen von geschälten

Furnieren herstammend, nicht beanstandet werden und als Vorderfurniere gebraucht werden dürfen.

Rückenfurniere sollten vorzugsweise genau so stark sein und aus demselben Holz bestehen wie die Vorderfurniere, um die Ausgeglichenheit im verleimten Stück zu sichern. Dieses ist jedoch nicht unbedingt überall notwendig, vielmehr wird im weitaus größten Teil von Handelsware nur für Vorderfurniere die besonders vorgeschriebene Sorte Holz verwendet, während für die Rückenfurniere meist ein ganz anderes, oft unedleres Holz verarbeitet wird. Es kommen auch Fälle vor, in denen beide Seiten der Sperrplatten mit Vorderfurnieren versehen werden, z. B. bei Türen, die oft offen gelassen werden oder in anderen Fällen, in denen beide Seiten sichtbar sind.

Fehlerfreie Rückenfurniere werden solche Furniere genannt, bei denen die fehlerhaften Stellen ausgeschnitten sind, die in beliebiger Weise zusammengesetzt und bei denen auch auf die Zeichnung und die Farbe keine Rücksicht genommen ist.

Ausgemusterte Rückenfurniere werden da benutzt, wo sie gewöhnlich dem Blick entzogen sind, wie z. B. bei Unterseiten von Tischplatten. Bei diesen sind Fehler zulässig und auch offene Fugen, soweit die Lieferbedingungen solche zulassen.

Fügen, Zusammensetzen und Fugenleimen der Furniere.

Die Fugen (joints) zwischen den einzelnen Blättern von Vorderfurnieren dürfen praktisch im fertigen Stück nicht sichtbar sein, soweit sich ihr Vorhandensein nicht durch eine Änderung in der Richtung des Faserverlaufs oder in der Zeichnung des Holzes bemerkbar macht.

Fügemaschinen (Jointers). Gesägte oder gescherte Furnierkanten werden auf Fügemaschinen, wie sie in Figur 92 dargestellt sind, vollkommen glatt nachgearbeitet. Ein Packen von Furnieren, ungefähr 1″ = 25,4 mm stark, wird zunächst durch leichtes Aufstoßen auf die Kanten gleichmäßig gelegt, dann auf dem Arbeitstisch festgespannt und an einem sehr schnell umlaufenden Messerkopf vorbeigeführt. Diese Messerköpfe haben manchmal bis zu 16 einzelne Messer (s. Figur 93). Es werden nur schwache Späne genommen, da ein starker Schnitt leicht unebene oder rissige Kanten erzeugen kann. Oft ist es notwendig, das Paket mehrere Male an dem Fräser vorbeizuführen, ehe die vollkommene gerade Kante erzielt wird. Es ist wesentlich, daß der Vorschub des Tisches ein geringer ist, während die Messer sehr scharf sind. Die Führung muß sehr genau sein, wenn man eine wirklich genaue Kante erhalten will.

Für das Fügen von Furnieren, aus denen Romben, Pyramiden oder andere Bilder zusammengestellt werden sollen, ziehen viele Fabrikanten eine genaue Furnierschere vor, weil bei Furnieren, die auf diesen Maschinen gefügt sind, das Zusammenpassen genauer erfolgen kann (siehe Figur 94).

Das Zusammensetzen von Furnieren für Vorderseiten. Nachdem die Vorderfurniere richtig gefügt sind, wandern sie zum Zusammensetztisch und zur Schere. Das Zusammensetzen ist eine der wichtigsten Arbeiten in modernen Sperrholzwerken, welche Sperrplatten mit zusammengesetzten

Fig. 93. Links ist ein zum Fügen von Furnieren gebräuchlicher Messerkopf mit 16 Messern abgebildet, mit dem vollkommen gerade und genaue Fügekanten erzielbar sind. Rechts ist der gewöhnliche Messerkopf mit 4 Messern abgebildet.

(Dank dem Entgegenkommen von New Albany Veneering Co.)

Edelfurnieren bereits versehen zur Lieferung bringen. (In Deutschland ist eine Arbeitsteilung in der Beziehung vorhanden, daß die Sperrholzwerke diese Arbeiten nicht oder nur selten ausführen, vielmehr sich darauf beschränken, die abgesperrten Platten zu liefern. Eine Ausnahme machen nur diejenigen Werke, welche starke Platten größerer Abmessung mit Eiche, Sapeli-Mahagoni und hin und wieder auch mit Nußbaum überfurniert liefern. Hierüber wird später noch gesprochen werden. Die Arbeiten, die hier beschrieben werden, werden in Deutschland und auch im übrigen europäischen Ausland von den Möbeltischlereien und Möbelfabriken ausgeführt.) Der verantwortliche Arbeiter muß eine sehr sorgsame Auswahl unter den Furnieren treffen und muß aus den vorhandenen Furnierblättern die einzelnen heraussuchen, die zusammengesetzt das gewünschte Bild ergeben, so daß, wenn diese einzelnen Blätter mit Papierstreifen zusammengeklebt sind, sie als fertige Außendecken weiterverarbeitet werden können.

Der Regel nach werden diese Vorderfurniere mit einer Zugabe von 1″ = 25,4 mm an jeder Kante gegenüber dem fertig zusammengesetzten Vorderblatt zugeschnitten.

Tapingmaschinen (Taping-machines). Das Furnier ist jetzt soweit vorgearbeitet, daß es zum Vorderblatt zusammengesetzt werden kann, als das es auf das Sperrholz aufgebracht wird.

Eine typische Tapingmaschine ist in Figur 95 dargestellt. Auf dem Bilde ist deutlich zu erkennen, daß der rechts stehende Arbeiter die beiden

Fig. 94. Schwere Furnierfügemaschine (Guillotin veneer cutting machine) derselben Type wie die einer schweren Papierschere, auf der das Vorschneiden und Fügen der Furniere in einer Operation erreicht wird. Die Maschine wird hauptsächlich für Furniere, die aus 4 Stücken zu einem Gesamtbild vereinigt werden, und für ähnliche Arbeiten benutzt, wenn es auf genaues symmetrisches Zusammensetzen ankommt.

(Dank dem Entgegenkommen von T. W. & C. B. Sheridan Co. and Berkey & Gay Furniture Co.)

zusammenzuklebenden Furniere mit den Händen gegeneinanderpreßt. Die Rollen, unter denen die beiden Furniere zuerst hindurchgehen, sind gegeneinander geneigt, um die Furnierkanten eng aneinanderzubringen. Der gummierte Papierstreifen (Tap) wickelt sich von der über der Maschine angeordneten Rolle ab. Die gummierte Seite wird an sich drehenden Rollen vorbeigeführt, die auf der anderen Seite durch warmes Wasser laufen und so angefeuchtet werden. Sodann wird der Papierstreifen auf die eng aneinandergepreßten Furniere durch eine breitere ballige Rolle aufgepreßt. Diese letztere breitere Preßrolle wird durch Gas oder elektrisch erhitzt, hierdurch bindet die Klebmasse des Papierstreifens sofort ab und wird gleichzeitig getrocknet. Der Abnehmer auf der linken Seite trennt den aufgeklebten Papierstreifen durch einen Riß von dem von der Rolle zulaufenden Ende ab, sobald die verbundenen Furniere durchgelaufen sind und prüft die Verbindung nach. Erscheint aus irgendwelchen Gründen die Arbeit nicht einwandfrei, so wird der Papierstreifen von den Furnieren wieder

Fig. 95. Furnier-Tapingmaschine mit gummierten Klebestreifen. Die Maschine ist mit einer elektrisch beheizten Trockeneinrichtung versehen. Jeder der Arbeiter kann die Pressung der Fuhrungsrollen durch einen Fußtritt auslösen.
(Dank dem Entgegenkommen von New Albany Veneering Co.)

abgerissen, bevor das Bindemittel zu hart geworden ist und der Arbeitsgang wird wiederholt. In einigen deutschen Fabriken, in denen ebenfalls diese amerikanischen Tapingmaschinen benutzt werden, erleichtert man dem Abnehmer die Nachprüfung der Arbeit dadurch, daß man hinter der Preßrolle in dem Tisch eine Glasplatte vorsieht, unter der eine starke elektrische Lampe angeordnet ist. Liegen die Furnierkanten nicht genau aneinander, so wird dieses durch das durch das Papier durchscheinende Licht sofort erkennbar. Bei dünnen Furnieren wird auch ohne weiteres jeder Fehler in der Fuge sichtbar, ohne daß man gezwungen ist, die Furniere zu wenden.

Manche Fabriken pflegen nicht nur die zusammengefügten Kanten mit Papierstreifen zu bekleben, sondern auch die Außenkanten, besonders bei empfindlichen Furnieren, um ein Absplittern derselben beim Hantieren zu vermeiden.

Die verschiedenen Klebestreifen (tape). Die Klebestreifen werden aus Stoff oder aus „Kraftpapier" (kraft paper) verschiedener Breite und Stärke hergestellt. Es sind glatte Streifen wie auch perforierte Streifen in Benutzung. Die meisten sind bereits einseitig gummiert. Mitunter werden auch ungummierte Streifen verwendet, der Leim wird dann in der Maschine selbst aufgebracht. In Figur 96 sind eine Anzahl verschiedener Klebestreifen abgebildet. Gewöhnlich werden Klebestreifen von etwa 1″ = 25,4 mm Breite und 0,02″ = 0,05 mm Stärke benutzt. Diejenigen, die die Verwendung von bereits gummierten Streifen vorziehen, behaupten, daß der Leim, den man erst in der Tapingmaschine aufbringt, leicht zum Verschmutzen führt und nicht sicher klebt. Diejenigen hingegen, die das Aufbringen von frischem Leim in der Maschine selbst bevorzugen, behaupten, daß eine bessere Bindung zwischen Papier und Holz erreicht wird. Beide Methoden haben ihre Freunde in Kreisen angesehener Fachleute.

Neuerdings werden Stoffstreifen nur da verwendet, wo man von Hand Furniere für Musterzwecke zusammenfügt, welche beim Verkauf von Furnieren gebraucht werden. Solche Furniere werden gewöhnlich auch der Länge nach durchgeschnitten und mit Stoffstreifen wieder so zusammengefügt, wie man sie mit Rücksicht auf den Musterkoffer zu falten wünscht, auch die Längsseiten derartiger Musterfurniere pflegt man mit Stoffstreifen zu versehen.

Die perforierten Klebestreifen wurden ursprünglich für Absperrfurniere verwendet. Man war der Meinung, daß nicht perforierte Klebestreifen die Verbindung zwischen den Absperrfurnieren und den Vorderfurnieren wie auch zwischen den Absperrfurnieren und der Mittellage beeinträchtigen könnten. Dünne Papierklebestreifen, perforiert oder nicht perforiert, werden jetzt allgemein zum Zusammensetzen von Absperrfurnieren (in Amerika) verwendet und sollen zufriedenstellende Ergebnisse erzielen lassen. Für Amerika ist das verständlich, da dort meist für die Verleimungen der einzelnen Furnierlagen nicht feuchtigkeitsbeständige Leime verwendet werden, so daß beim Eindringen von Feuchtigkeit, welche die Papierstreifenverbindung beeinträchtigen würde, die ganze Leimverbindung zerstört würde. In Deutschland, wo die Verbindung der Furnierlagen meist relativ wasserbeständig hergestellt wird, ist man anderer Meinung. Man vermeidet es, zwischen Mittellage und Außenfurnieren wie auch zwischen diesen und den Edelfurnieren Papierstreifen anzuordnen, weil stets

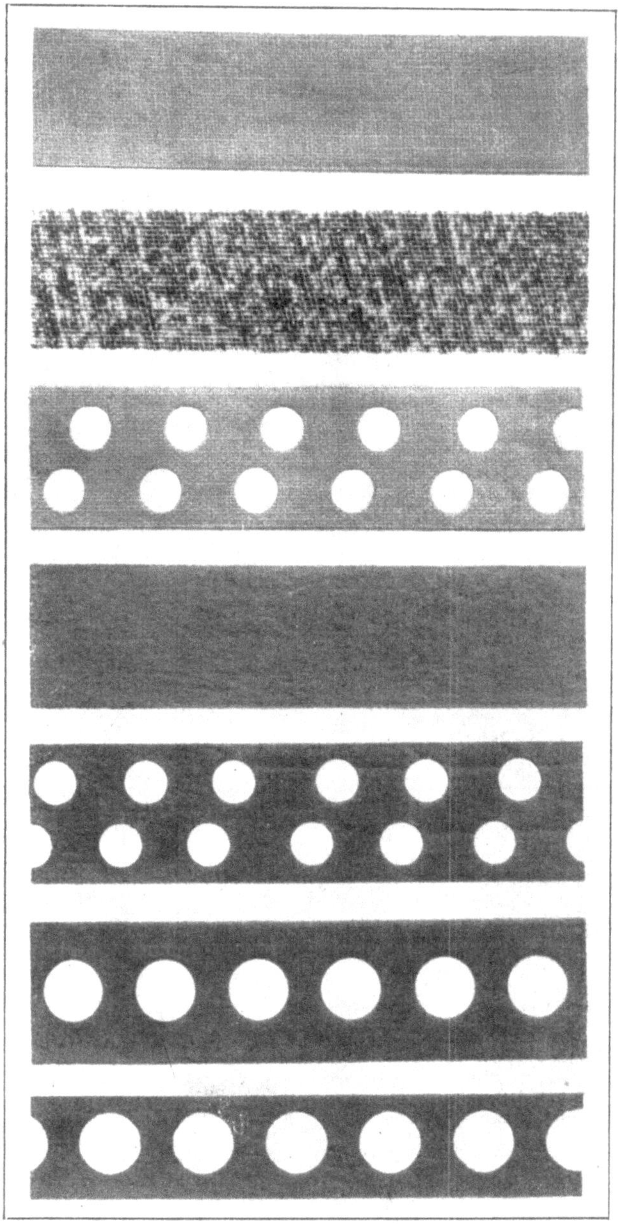

Fig. 96. Furnierklebestreifen, nichtperforiert und perforiert aus Stoff und aus Papier
(Dank dem Entgegenkommen von Mc. Laurin Jones & Co.)

die Gefahr besteht, daß, wenn auch die Abbindung zwischen den Furnieren und dem Papier beiderseits einwandfrei wird, das Papier sich spaltet, besonders wenn Feuchtigkeit in die Platten eindringt. Zum Zusammenfügen von Absperrfurnieren sind in Deutschland eine Anzahl sehr gut arbeitender

Maschinen entstanden, bei denen die Papierstreifen überflüssig werden. Diese Maschinen und ihre Arbeitsweisen werden bei der Besprechung der Herstellung von Absperrfurnieren für Sperrplatten später noch besonders behandelt werden.

Furnierfugenleim-Maschinen (Gluing Edge Veneer Joints). Manche Sperrholzfabrikanten empfehlen, die gefügten Kanten der Furniere unter den Klebestreifen noch mit Leim zu versehen. Erreicht wird dieses dadurch,

Fig. 97. Der Arbeiter hat die mit Klebestreifen zusammengesetzten beiden Furniere mit dem Klebestreifen nach innen zusammengeklappt und führt die gefügten Kanten an der Leimrolle vorbei. Alsdann werden die Furniere wieder auseinandergeklappt und in die Form gelegt, die in Figur 98 gezeigt ist.

(Dank dem Entgegenkommen von New Albany Veneering Co.)

daß man nach Aufbringung der Klebestreifen die mit diesen zusammengesetzten Furniere mit dem Klebestreifen nach innen umklappt und die so wieder freigelegten Kanten an einer Leimrolle vorbeiführt (s. Figur 97). Nachdem die Fugen mit Leim versehen sind, werden die zusammengeklebten Furniere wieder auseinandergeklappt. Der austretende Leim wird abgewischt oder abgekratzt, die Blätter werden dann in eine Form gelegt, die in Figur 98 gezeigt ist, und zwar mit dem Klebestreifen nach unten. Hierdurch werden die beleimten Kanten etwas zusammengepreßt. Sie verbleiben in dieser Lage, bis der Leim abgebunden hat.

Furnierfugenleimen ohne Klebstreifen. Der Wunsch, bei Absperrfurnieren und Mittellagen Papierklebestreifen möglichst vermeiden zu können, welche die direkte Verbindung zwischen Holz und Holz unterbrechen und somit den gleichmäßigen Aufbau des Sperrholzes stören, hat zur Ausbildung von Maschinen und Arbeitsmethoden geführt, welche in modernen europäischen Werken fast allgemein zur Anwendung gekommen sind. Eine Verfeinerung dieser Maschinen und Methoden hat es auch

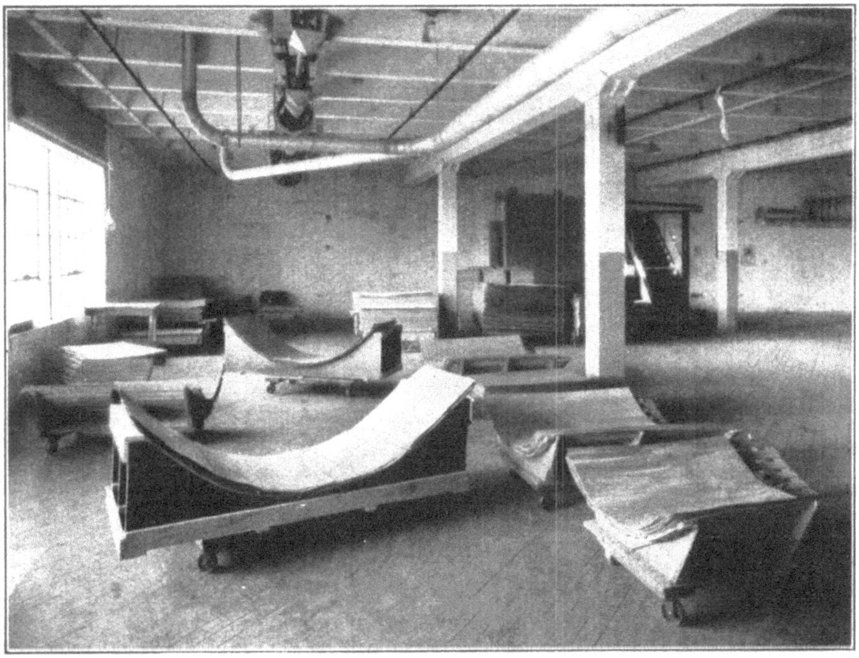

Fig. 98. Die Form, in welche die mit Klebestreifen zusammengesetzten Furniere gelegt werden, nachdem die Kanten, wie in Fig. 97 gezeigt, mit Leim versehen sind. Die Furniere liegen mit dem Klebestreifen nach unten. Die gefügten Kanten werden infolge der gebogenen Lage der Furniere gegeneinander gepreßt. Sie verbleiben in diesen Formen, bis der Leim abgebunden ist.
(Dank dem Entgegenkommen von New Albany Veneering Co.)

möglich gemacht, Edelfurniere für Vorderseiten in derselben Weise, also ohne Verwendung von Papierstreifen, zusammenzusetzen. Dieses hat den weiteren Vorteil, daß das nachträgliche Entfernen der Papierstreifen nach dem Aufbringen der Außenseiten auf das Sperrholz, das meist mit einem gewissen Stärkenverlust des Edelfurniers verbunden ist, überflüssig gemacht wird sowie eine wirtschaftlichere Ausnutzung des Edelfurniers ermöglicht, die sich dadurch ausdrückt, daß man von etwas schwächeren Edelfurnieren ausgehen kann, ohne beim fertigen Gegenstand ein schwächeres Furnier zu haben als es der Fall wäre, wenn man mit Klebestreifen zunächst ein stärkeres Furnier aufbringt. Das Fügen der Kanten der Furniere geschieht in der gleichen Weise wie vorher beschrieben. Die Furnierpacken stehen, gleichgültig, ob sie mit einem Messerkopf oder mit einer Schere geschnitten werden, in der Maschine unter Druck. Bevor nun dieser Druck aufgehoben wird, werden die frisch gefügten Kanten mit Leim bestrichen. Infolge des zwischen den Furnieren herrschenden Druckes kann der Leim nicht in die Zwischenräume zwischen die einzelnen Furnierblätter eindringen, sondern lediglich die gefügten Kanten nehmen Leim an. Die Furnierpacken bleiben unter Druck, bis der Leim angetrocknet ist. Wird alsdann der Druck aufgehoben, so sind die einzelnen Furnierblätter an ihren Kanten mit Leim versehen.

Moderne Fugenleimmaschinen. Das Zusammensetzen der Furniere geschieht nun in Maschinen, wie in Figur 99a dargestellt. Auf der rechten Seite der Maschine ist ein kleiner Behälter zu sehen, aus dem eine Rolle hervorragt. Dieser Behälter ist mit einer Flüssigkeit gefüllt, die das Abbinden des Leimes beschleunigt, z. B. einer Lösung von Formaldehyd oder Paraformaldehyd. Unter dem Tisch sind deutlich die beiden Transportketten zu erkennen, die mit ihrer oberen Bahn in der Tischfläche laufen, und zwar beginnen sie auf jeder Seite des kleinen Steges, der hinter der eben erwähnten Rolle beginnt. Diese beiden Ketten oder Transportbahnen laufen nicht völlig parallel, sondern in einem kleinen spitzen Winkel zu einander. Zwischen ihnen befindet sich als Teil des Tisches eine schmale elektrisch oder mit Dampf beheizte Platte. Über dieser Platte ist ein aufrechtstehender Steg angeordnet, der durch Federdruck auf die untere Bahn heruntergepreßt wird, sobald der dafür bestimmte Hebel, der rechts in unterer Stellung sichtbar ist, betätigt wird. Der zweite Hebel dient zur Druckgebung auf die beiderseitig von dem Steg, jedoch nicht verbunden mit ihm, angeordneten Rollen, welche die Furniere niederhalten. Die beiden zusammenzusetzenden Furniere werden nun rechts auf beiden Seiten des ersten Steges angelegt, nachdem sie vorher mit ihrer Kante an der kleinen Scheibe vorbeigeführt, an der sie mit dem Abbindebeschleuniger befeuchtet worden sind. (Figur 99b.) Sie laufen auf den beiden Kettenbändern unter den Rollen. Die Kettenbänder führen die Kanten aufeinander zu, pressen sie gegeneinander, während gleichzeitig die Leimfugen zwischen der Heizplatte und dem senkrechten Steg hindurchgleiten, welch letzterer die Leimfuge etwas niederpreßt. Wenn die beiden Furniere die Maschine auf der linken Seite verlassen haben, hat der Leim vollkommen abgebunden und die beiden Furniere sind, wenn ihre Kanten vorher einwandfrei gefügt waren, dicht miteinander verbunden. Natürlich verlangen solche Maschinen ein genaueres Fügen der Kanten, als es im

Falle der Verwendung von Klebestreifen notwendig ist. Es können auch für Edelhölzer schwerere Fugenmaschinen verwendet werden, die für die stärkeren Absperr- und Mittelfurniere in Europa Anwendung finden und

Fig. 99a. Furnierfugenleimmaschine zum Zusammensetzen von gefügten Furnieren, deren Fugenkanten nach dem Fugen bereits mit Leim bestrichen worden sind. (Dank dem Entgegenkommen der Firma Becker & van Hüllen A.-G., Krefeld.)

die später noch beschrieben werden sollen. Eine geleimte Fuge von etwa 5 Fuß = 1524 mm Länge wird in einer solchen Maschine bei Furnierstärken von ungefähr $^1/_{16}''$ = 1,6 mm in etwa 8 Sek. fertiggestellt.

Bei Vorderfurnieren können solche Maschinen jedoch nur da verwendet werden, wo es auf die Schaffung genau abgestimmter, zusammengesetzter Maserbilder nicht ankommt. Mit Vorteil können sie bei allen Edelhölzern verwendet werden, die streifig sind, wie auch bei Spiegeleiche. Bei Rückfurnieren können sie stets Verwendung finden.

Das Zusammensetzen von Rückenfurnieren und Absperrfurnieren sowie von Mittellagen. Rückenfurniere werden in ganz ähnlicher Weise gefügt und zusammengesetzt, wie eben für die Vorderfurniere beschrieben. In Amerika bedient man sich auch derselben Einrichtung, um Absperrfurniere und Mittellagen zu fügen und zusammenzusetzen. In modernen Werken Europas hat man neue Methoden entwickelt, die bei der Besprechung der Vorbereitung der Mittellagen und Absperrfurniere zur Herstellung von Sperrholz beschrieben werden sollen.

Behandlung von Wurzel- und Gabelfurnieren.

Der Arbeitsgang des Zuschneidens und Zusammensetzens von Furnieren, die aus Gabelstücken, Astknoten und Wurzelstümpfen entstanden sind, und die sowohl seitlich wie auch über Hirn aus zwei oder vier Stücken zusammengesetzt werden, ist von dem bereits beschriebenen nur wenig verschieden. Nur gut geschulte Kräfte können für diese Arbeiten verwendet werden. Kunstfertige Arbeiten verlangen, daß man das Hauptgewicht auf die Auswahl der Maserzeichnung legt. Hier spielt die Vermeidung von Abfällen nur eine untergeordnete Rolle. Um die richtige Auswahl aus den Blättern zu treffen und die Möglichkeiten, die in ihnen liegen, auszuschöpfen, dazu gehören eine gute Schulung und vorzügliche Vorstellungsgabe, so z. B. wenn man aus einem Packen von Walnußwurzelfurnieren Vorderfurniere zusammensetzen will, die einen wirklich künstlerischen Effekt geben. Wir wollen den Arbeitsgang an einem aus vier Stücken zusammengesetzten Außenfurnier verfolgen, da dieser auch diejenigen Arbeitsgänge in sich schließt, die man beim Zusammensetzen von zwei Furnieren sowohl Seite an Seite, wie auch Ende über Ende durchführen muß. Die Arbeitsweise zur Herstellung von Deckfurnieren aus Gabelungen oder Aststücken ähnelt derjenigen, die man bei Furnieren aus Wurzelstümpfen herstellt, so sehr, daß es nicht notwendig ist, diese noch besonders zu behandeln, trotzdem der künstlerische Effekt, den man bei Furnieren ersterer Art erzielt, sehr verschieden sein kann von dem, den Furniere letzterer Art ergeben.

Schwere Furnierscheren (Guillotine cutting machine). Sobald die für die Arbeit geeigneten Flitches ausgewählt sind, gilt es vor allen Dingen, die Furniere unter rechtem Winkel, und zwar genau unter 90° zuzuschneiden, ohne daß sie reißen, splittern oder daß die äußerst bruchempfindlichen Furniere mit Hirnschnitt brechen. Sowohl die gewöhnlichen Klipperscheren wie auch die Fügesägen sind für diese empfindlichen Arbeiten nicht zu gebrauchen. Die ursprünglich zum Schneiden von Papierpacken konstruierte schwere Papierschere eignet sich für diese Arbeit am besten. Sie ist mit Vorrichtungen zum genauen Einstellen eines rechten Winkel-

Fig. 99b zeigt eine Maschine leichter Art wie Fig. 99a bei der Arbeit. Es ist gerade angefangen worden, von der rechten Seite her Furniere zur Fugenleimung einzuführen. Sobald die Furniere durchgelaufen sind, werden die zusammengefügten Stücke auf den Tisch der hinter der Maschine steht, wieder nach rechts zurückgeschoben und auf die Vorderseite gebracht, bis soviel Furniere vereinigt sind. als zur vollen Breite gehören.

(Dank dem Entgegenkommen der Firmen Traun & Co., Hamburg—Carlshafen und Becker & van Hüllen A.G., Krefeld.)

schnittes und Parallelschnittes ausgestattet (s. Figur 94). Ein Furnierpaket oder Furnierbuch aus 4, 8, 12, 16 oder mehrere im Flitch nebeneinanderliegenden Furnieren wird in die Maschine eingespannt und an der genau vorher angezeichneten Linie durchgeschnitten. Die Preßvorrichtung, die über der Maschine sichtbar ist, hält die Furniere fest zusammen. Der Scherprozeß ergibt eine glatte Schnittkante ohne merkbare Risse, selbst von Hirnkanten. Sehr empfindliche Furniere dürfen nicht zu trocken geschnitten werden. Es gibt Fabrikanten, die die Furniere zum Schneiden sogar besonders anfeuchten, um sie geschmeidig zu machen. Das oberste und unterste Furnier des Packens wird zweckmäßig durch Pappe oder durch Ausschußfurniere geschützt. Sobald der Packen geschnitten ist, wird er mit seiner Schneidkante gegen den Seitenanschlag gelegt, der genau unter einem rechten Winkel zur Schnittebene angeordnet ist. Der Packen wird dann wieder unter Druck gesetzt und der nächste Schnitt ausgeführt. Die unregelmäßigen, gegenüberliegenden Kanten werden der Bequemlichkeit wegen mit entsprechender Zugabe parallel zu den zusammenzusetzenden Kanten geschnitten.

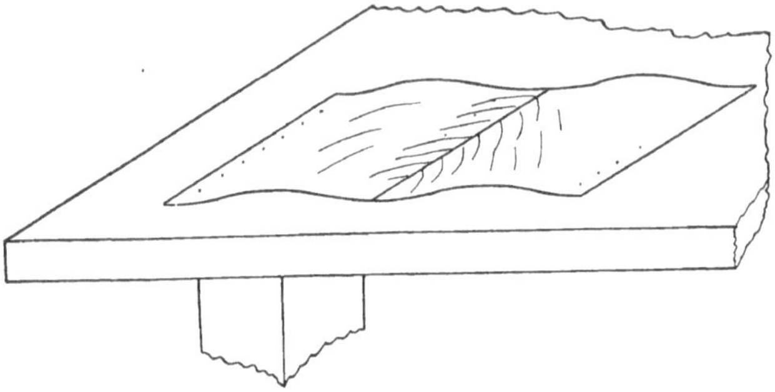

Fig. 100. Das Zusammenfügen von Furnierkanten bei Zusammensetzung auf Muster von Hand Die Fuge wird auf dem Tisch eng zusammengepreßt. Die Stiftchen werden später entfernt und die Löcher gefüllt.

Das Zusammensetzen auf abgestimmtes Muster (Matching). Die nachfolgend beschriebene Methode, die wiederholt auf Verbesserungen überprüft worden ist, ist durch viele Generationen auf uns überkommen und wird

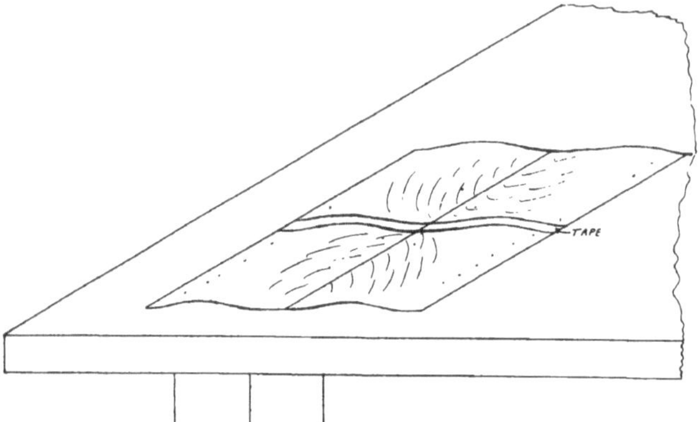

Fig. 101. Das Zusammenfügen von 4 Einzelfurnieren von Hand, nachdem vorher je zwei zusammengefügt waren.

immer noch als gute Arbeitsweise dort angesehen, wo man kostspielige, mechanische Einrichtungen nicht schaffen kann oder wo aus irgendeinem anderen Grunde die Handarbeit noch bevorzugt wird.

Zwei im Flitch nebeneinanderliegende Stücke, von denen das eine umgeklappt ist, werden zunächst so auf einen Tisch gelegt, daß die Maserbilder genau aufeinander abgestimmt sind, gleichgültig, ob die anderen Kanten einen weiteren Zuschnitt erfordern oder nicht. Die Außenkanten dieser Furnierpaare werden dann auf dem Tisch festgestiftet (man nimmt leichte Stiftchen und benutzt zweckmäßig meist ein elektrisches Hämmerchen), und zwar so, daß die Furniere nicht ganz flach liegen, sondern ein ganz klein wenig nach oben gebogen sind, damit die zusammenzufügenden Kanten enger zusammengepreßt werden, wie dies in Figur 100 gezeigt ist. Die beiden Furnierblätter werden dann mit einem gummierten Klebestreifen

Fig. 102. Außenfurniere aus 4 Mahagoni-Einzelblattern zusammengesetzt (Dank dem Entgegenkommen von Berkey & Gay Furniture Co.)

verbunden. Sie werden hierbei durch ein beschwerendes Gewicht oder auch durch kleine Stifte, die neben die Fugen gesetzt sind, niedergehalten. Die kleinen Stiftlöcher werden später bei der Abarbeitung durch das Füllen vollkommen verdeckt. Wenn der Leim der Klebestreifen des ersten Paares von Furnierblättern abgebunden hat, wird ein anderes Paar in derselben Weise zusammengesetzt usw. Jetzt werden die so zusammengesetzten Paare wieder zu Packen vereinigt und kommen zur schweren Furnierschere, damit die Kanten, an denen jetzt diese beiden Paare mit anderen Paaren wieder zusammengesetzt werden sollen, genau und gleichmäßig gefügt werden.

Ist das Fügen und Zuschneiden auf der Furnierschere, wie beschrieben, erfolgt, so werden die beiden nunmehr zusammenzusetzenden Paare von Furnierblättern mit Klebestreifen nach oben flach auf den Tisch gelegt. Ein kurzes Ende der Papierstreifen wird sowohl in der Mitte wie auch an den Enden weggerissen, um das Muster besser erkennen zu können. Die beiden

Fig. 103. Deckfurniere für eine Tischplatte (Mahagoni), aus 8 Einzelfurnieren zusammengesetzt.
(Dank dem Entgegenkommen von F. Moritz Müller, Leipzig.)

Furnierpaare werden, genau wie vorher die einzelnen Furniere, zunächst an den Außenkanten mit Stiften auf dem Tisch befestigt, siehe Figur 101, also so, daß sie nicht ganz flach liegen, sondern infolge ihrer Wölbung einen Druck auf die neu herzustellenden Fugenverbindungen ausüben. Man muß hierbei ganz besonders darauf achten, daß die Bilder an den Grenzfugen genau übereinstimmen und daß besonders die Ecken weder abgesplittert noch eingerissen sind. Sodann wird die neu zusammengesetzte

Fuge mit einem Klebestreifen versehen, nachdem vorher das Arbeitsstück beschwert oder auch an der Mittellage durch Stifte niedergehalten worden ist. Diese Papierstreifen werden später, nachdem das zusammengesetzte Außenfurnier auf das Sperrholz aufgeleimt ist, auf der Sandpapierschleifmaschine entfernt, so daß das Bild, welches später im fertigen Stück er-

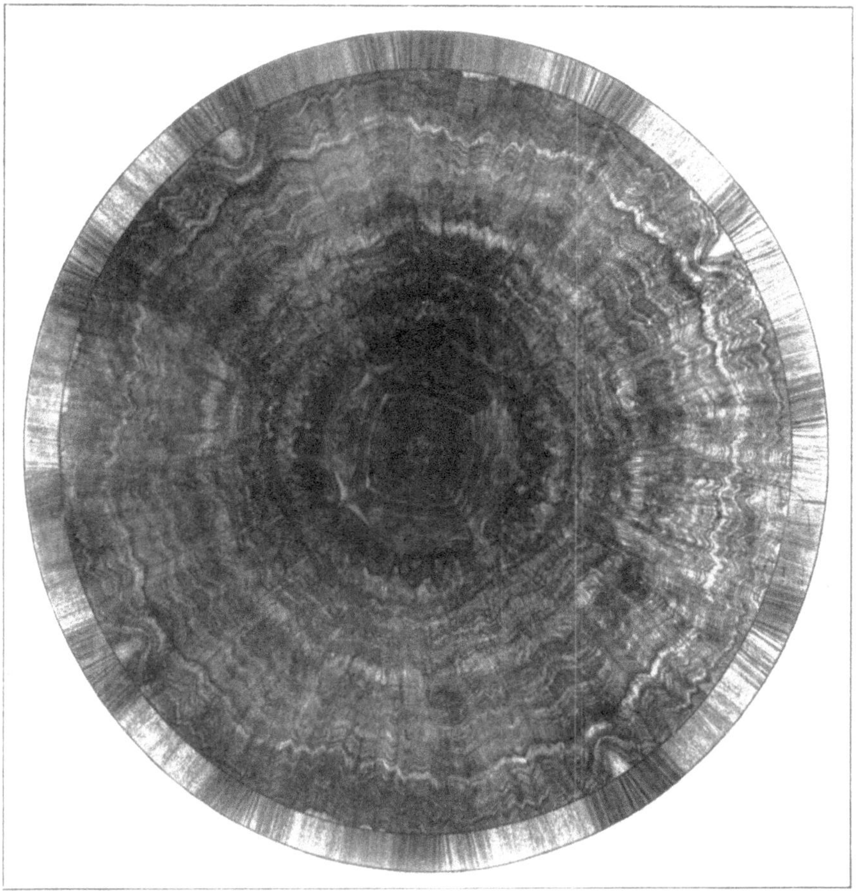

Fig. 104. Deckfurniere für eine Tischplatte aus 8 Nußbaummaserfurnieren zusammengesetzt mit einer Abschlußborte aus vielen einzelnen Nußbaumstreifen.
(Dank dem Entgegenkommen von F. Moritz Müller, Leipzig).

scheint, genau dem entspricht, das auf dem Zusammenlegtisch erzeugt worden ist. Manche Fachleute ziehen es vor, zunächst die Hirnkanten zu fügen. Es gibt auch gewisse Hölzer, bei denen dies angebracht ist. Der Arbeitsgang ist jedoch derselbe.

In modernen Fabriken verwendet man auch zum Aufbringen der Klebestreifen die Maschinen, die in Figur 95 gezeigt worden sind.

Einige Beispiele dafür, zu welchen wunderbaren künstlerischen Wirkungen man beim richtigen Zusammensetzen von Edelfurnieren kommen kann, sind in Figur 102 bis 104 gezeigt. Figur 102 zeigt ein aus vier Mahagonifurnieren zusammengesetztes Außenfurnier (Diamond-matched). Figur 103 zeigt ein Deckfurnier für eine runde Tischplatte, das aus acht einzelnen Mahagoni-Drapé-Furnieren zusammengesetzt ist. Figur 104 zeigt ebenfalls ein Deckfurnier für eine runde Tischplatte, die aus acht Nußbaum-Maserfurnieren zusammengesetzt ist und außen noch von einem Abschlußring, aus kleinen Stücken zusammengesetzten streifigen Nußbaumfurniers, umgeben ist.

Kapitel XI.

Furniere für andere Zwecke als Sperrholz.

Furniere werden verhältnismäßig selten einzeln verarbeitet, immerhin gibt es gewisse Artikel, in denen sie sich sehr gut auch so verwenden lassen.

Körbe und Verpackungen für Früchte.

Für eine ziemlich große Anzahl verschiedener Verpackungskörbe werden Einzelfurniere verarbeitet, mit Ausnahme solcher, die aus ganzen oder gespaltenen Binsen, Bast oder anderen Zellstoffprodukten hergestellt werden. *Korbfabriken* sind gewöhnlich mit Rücksicht auf die Versandkosten dieser geringen und sperrigen Güter an gewisse Örtlichkeiten gebunden. Man verwendet daher in ihnen Furniere aus solchen Hölzern, die in der Nähe erhältlich sind, wie Gum, Ulme, Ahorn, Birke, Linde usw. Die gewöhnlichen, sogenannten Scheffelkörbe und ähnlich geformte größeren oder geringeren Inhalts werden meist aus Schälfurnierstreifen hergestellt, die in einem gemeinsamen Punkt so miteinander verbunden sind, daß sie strahlenförmig von diesem Punkt aus nach allen Seiten abgehen. Alsdann werden sie in Formen gebracht, deren unterer Teil etwa einer Halbkugel entspricht, die oben in eine Zylinderform ausläuft und durch Bänder oder Reifen gehalten wird (s. Figur 105 und 106).

Die mannigfachsten Formen sind für Traubenkörbe, Pfirsichkörbe, Beerenschachteln im Gebrauch, die aus solchen gebogenen Furnieren hergestellt werden. Zuweilen erhalten sie einen Holzboden und auch Drahtgriffe (s. Figur 105 und 106).

Verpackungskisten für Zitronen, Äpfel, Birnen usw. zeigen meist Stirn- und Trennwände aus Holzbrettern, während die Seiten, der Boden und die Deckel aus Furnieren hergestellt werden, die zusammengenagelt sind.

Auch Butterformen werden aus Furnieren hergestellt, desgleichen früher in großer Anzahl auch sogenannte Picknickteller, die aus gepreßten, runden Furnierscheiben verfertigt wurden, die aber größtenteils inzwischen durch Pappteller ersetzt worden sind.

Verwendung für medizinische und chirurgische Zwecke.

Mit der Bandsäge zugeschnittene Splintfurniere, die an beiden Enden abgerundet sind, lassen sich leicht in steife, halbzylindrische Formen biegen. Sie werden zum Schienen und Verbinden für gebrochene Gliedmaßen benutzt. Weiterhin werden Holzspachteln durch Ausstanzen von Furnieren von $^1/_{16}$ bis $^1/_{20}''$ = 1,6 bis 1,27 mm für die Untersuchung von Hals und Mundhöhlen hergestellt.

Fig. 105. Zwei Arten von Körben die aus gebogenen und zusammengenagelten Furnieren hergestellt worden sind.
(Dank dem Entgegenkommen von Eastern States Package Co.)

Schutzdeckel für Kannen und Fässer.

Zum Ersatz von leichten Fässern kleinerer Abmessungen stellt man auch zylindrische Hohlkörper oder Trommeln aus Furnieren her, die meist durch Nagelung in Form gehalten werden. (Für die Herstellung größerer Fässer sind in Europa neue Methoden entstanden, bei denen jedoch nicht einzelne Furniere, sondern Sperrholz verwendet wird. Hierüber wird in dem Kapitel Verwendung von Sperrholz für technische Zwecke noch Weiteres berichtet werden.)

Fig. 106. Weitere Arten von Körben die aus gebogenen und zusammengenagelten Furnieren hergestellt worden sind.
(Dank dem Entgegenkommen von Eastern States Package Co.)

Runde und eckige Zinnkannen für einen Inhalt von 1—10 Gallonen (4 bis 45 Liter) bedürfen für den Versand einer Schutzverkleidung von Furnieren, um ein Einbeulen, Verbiegen der Zinnwände zu verhindern.

Die Benutzung von Furnieren hierfür ergibt einen ausreichenden Schutz, ohne das Gewicht wesentlich zu erhöhen.

Verpackungen von Leder.

Man kann Leder, ohne daß es beeinträchtigt wird, nicht gefaltet versenden, es wird deswegen meist gerollt. Ulmenfurniere von etwa $^1/_{20}''$ (1,27 mm) Stärke eignet sich vorzüglich als Schutzmittel, da sie sehr zähe sind und sich sehr gut mit dem Leder rollen lassen. Das leichte und zähe Furnier gibt dem Leder einen ausreichenden Schutz gegen Verletzungen und wird gleichzeitig dazu benutzt, um die runde Form des Packens zu erhalten.

Benutzung für Möbel.

In Möbelfabriken werden vielfach auch einzelne Furniere, jedoch dann in verhältnismäßig größeren Stärken, für Schubladenböden, für Mittelwände, für Staubböden, Rückenseiten von Kästen usw. benutzt. Bei besseren Möbeln zieht man freilich mehrfach abgesperrte Furniere dem einfachen Furnier vor.

Für Kartothekkästen und kleine Transportbehälter findet man häufig die Seiten und Böden aus Furnieren hergestellt, mit oder ohne Papierüberzug, der an der Vorder- und Hinterseite durch Nagelung befestigt ist. Auch für Trennwände für Schubläden werden des öfteren Furniere verwendet.

Kapitel XII.

Lagerung und Verkauf von Furnieren.

Lagerraum.

Die Luft im Lagerhaus soll einen mittleren Feuchtigkeitsgrad haben, sie darf nicht zu warm und nicht zu kalt sein. Der Raum muß mit einem trocknen Bodenbelag und mit kräftigen Regalen, Rechen oder Brettern versehen sein, auf denen die Edelfurniere in verschiedenen Lagen übereinander gestapelt werden können. Trockner Fußbelag ist durchaus wünschenswert, trotzdem sollten kleine Podeste vorgesehen werden, um die untersten Furniere vor Beschädigungen zu schützen. Gebäudeböden sind gewöhnlich zu trocken. Als Idealzustand ist der Zustand der Luft anzustreben, bei dem Furniere, die bis auf 12 bis 15% Feuchtigkeitsgehalt heruntergetrocknet worden sind, weder Feuchtigkeit abgeben noch aufnehmen. Derartige Furniere sind biegsam genug, um den Verlust durch Bruch auf ein Mindestmaß zu beschränken. Die zu lagernden Furniere werden gewöhnlich so aufeinander gestapelt, daß die Blätter flach und gerade liegen, so daß weder ein Faltigwerden noch ein Zerreißen eintreten kann.

Anders gestapelte Furniere zeigen sehr häufig Wertminderungen durch Falten, Rissigwerden oder Einreißen. Das Lagern von Edelfurnieren erfordert andere Maßnahmen als das Lagern von gewöhnlichen Furnieren.

Gemaserte oder Edel-Furniere in Flitches oder Packen.

Schön gemasertes Holz und Holz für Außenfurniere werden, wie vorher beschrieben, beim Zerlegen in Furniere in ihrer Reihenfolge als komplette Flitches zusammengehalten, ebenso auch die Flitches ihrerseits von Stümpfen, Zwieseln, Gabelungen usw., wenn möglich in der Reihenfolge, in der sie im Stamm nebeneinander lagen, da die gleichartige oder ähnliche Maserzeichnung der einzelnen Stücke ihre Verwertung für das begehrte symmetrische Zusammensetzen erleichtert. In Amerika wird jeder Flitch etwa wie folgt signiert:

Nr. 7631 B
2354 ft.
1—3

Natürlich haben die verschiedenen Werke oft stark voneinander abweichende Methoden der Signierung. Die erste Zahl bedeutet gewöhnlich die Seriennummer, mit der jeder Flitch versehen wird, bevor er in Furniere zerlegt wird. „B" bedeutet z. B. den zweiten Flitch, der von demselben Stamm geschnitten ist, der vorhergehende Flitch hatte die Bezeichnung „A" erhalten. Die zweite Zahl bedeutet den gesamten Flächeninhalt nach dem sogenannten „Scale"-Aufmaß. Die Art des Aufmaßes ist bei den verschiedenen Hölzern verschieden. Gewöhnlich gibt man bei Edelhölzern ein gewisses Toleranzmaß für offensichtliche Fehler und häufig auch für Splint und helleres Holz zu. Die Nummern 1—3 auf der letzten Linie findet man meist nur bei Musterblättern. Im vorliegenden Falle gibt die Zahl an, daß es sich um das oberste Musterblatt handelt. 2—3 würde bedeuten, daß es das zweite Musterblatt ist, 3—3 das nächste usw. Aus den meisten Flitches werden drei Muster entnommen, von oben, aus der Mitte und von unten. Wenn jedoch entweder die Zeichnung oder die Abmessung sich grundlegend ändern, kann es auch vorkommen, daß vier oder fünf Muster entnommen werden. In manchen Werken werden die Blätter im Flitch fortlaufend so wie sie beim Schnitt entfallen, mit 1, 2, 3 usw. gezeichnet, um dieselben nach dem Trocknen wieder richtig zusammenlegen zu können. Das ist jedoch die Ausnahme.

In Europa ist die Bezeichnung etwas anders, in Deutschland z. B. ist folgende Bezeichnung Handelsbrauch:

7631 B
30
15
1.0

Bei dieser Bezeichnung bedeutet die erste Linie 7631 B die Nummer, welche der Block, der auf die Messermaschine gekommen ist, erhalten hat. Die Zahl 30, die darunter steht, bedeutet, daß das Paket 30 Blätter enthält. Die Zahl 15 bedeutet die Packennummer, die also der Flitchnummer entsprechen würde. Häufig benutzt man auch hier dafür den Ausdruck Flitch. Auf der letzten Zeile bedeutet die Zahl 1.0 die Stärke in Millimetern.

Die einzelnen Pakete halten sich sehr gut, wenn sie flach und gerade auf dem Boden übereinandergestapelt werden, oder wenn sie, wie in Figur 107 gezeigt, durch flache Bohlen voneinander getrennt sind.

Die Muster werden, wie vorher beschrieben, bezeichnet und in Ausstellungsrechen aufbewahrt, gewöhnlich schon geordnet nach ähnlicher Maserzeichnung, nach Farbe, Preis oder anderen Gesichtspunkten. Verkauf und Kauf werden gewöhnlich auf Grund solcher typischen Muster vorgenommen. Der reisende Furnierverkäufer führt gewöhnlich einen großen Musterkoffer mit sich, in dem die Furniere in geeigneten Größen gefaltet untergebracht werden, die sowohl an den Faltstellen wie auch meistens an den Außenkanten mit Stoffstreifen beklebt sind, um ein Brechen zu verhindern.

Beim Handel von Spiegeleichenfurnieren werden selten Muster entnommen, da die Anordnung der Spiegel in den Flächen außerordentlich stark variiert. Bei Eiche erfolgt die Signierung so, daß die Nummer des

Fig. 107. Furnierlager mit Mahagonifurnieren in Lagerstapeln und Verschlägen fertig zum Versand, es ist deutlich zu erkennen, wie auch jeder Packen einen Markierungszettel zeigt, der den Überblick über das Lager erleichtert.
(Dank dem Entgegenkommen von Fuller Thurber Co.)

Flitches, die Fläche, die durchschnittliche Breite und Länge, und häufig auch die volle Breite, wenn die ganzen Blätter des Flitches nebeneinandergelegt sind, und die Zahl der Blätter gegeben werden.

Glatte und gezeichnete Furniere.

Während die oben behandelten Hölzer meist mit Rücksicht auf ihre Zeichnung und selten mit Rücksicht auf ihre Abmessung in Furniere geschnitten werden, werden die gewöhnlichen glatten Hölzer fast ausschließlich auf gewisse Normallängen und Breiten geschnitten. Gewisse Sorten von Lagerfurnieren werden in Breiten gehandelt von je 6″ = 152,4 mm Abstand, während die Längen um etwa je einen Fuß (305 mm) Abstand zeigen, so z. B. Furniere in Längen von 36″ (914 mm), 48″ (1219 mm), 60″

(1524 mm), 72″ (2134 mm) und in Breiten von je 24″ (610 mm), 30″ (762 mm) und 36″ (914 mm). Natürlich kommen z. B. für Türen, Möbel, Klaviere und andere Instrumente usw. andere Lagermassen in Frage. Gewöhnlich gibt man sowohl in der Länge wie in der Breite für den Zuschnitt etwa 2″ = 50,8 mm zu.

Außenfurniere werden gewöhnlich in Verschläge verpackt. Absperrfurniere werden zuweilen zu großen Paketen gebündelt, gewöhnlich werden aber auch sie in Verschlägen verschickt.

Furnierblätter für Außenfurniere und auch Absperrfurniere sollen flach so hoch aufeinandergestapelt werden, daß man sie noch bequem handhaben kann. Lagerbestände, denen man Zeit gelassen hat, in Packen sich der umgebenden Luft anzupassen und sich flach zu legen, werden höher geschätzt als solche Furniere, die unmittelbar aus Rechen oder Verschlägen entnommen werden. Das Gewicht, das in den Packen auf den Furnieren ruht, hält dies gerade und beseitigt oft auch die kleinen Falten, die beim Trocknen entstanden sind.

Der Händler, der ein laufendes Geschäft hat, bewahrt seine Furniere gerne in Verschlägen auf, um sie schnell und bequem verladen zu können, während der Kunde die in Packen gestapelten Furniere vorzieht. Selbstverständlich werden die Verschläge auch deutlich gezeichnet, so daß man jederzeit den Inhalt aus der Bezeichnung entnehmen kann.

Ausstellungsräume für Außenfurniere.

Die Art und Weise, wie die Muster entnommen und bezeichnet werden, ist bereits beschrieben worden. Der erfahrene Verkäufer wählt als Ausstellungsraum einen solchen mit mittlerer Beleuchtung. Man zieht gewöhnlich nach Norden gelegene Räume vor. Räume mit zu hellem, grellem Licht lassen die subtilen Schattierungen der Maserbilder und die Maserbilder selbst nicht so deutlich in Erscheinung treten. Bei sehr schönen, wertvollen Mustern nimmt man auf die Beleuchtung ganz besondere Rücksicht.

Die Furniermuster werden gewöhnlich in Paketen nach Farbe, Qualität und Preis usw. gestapelt. Der Käufer wählt nun aus zwei, drei oder mehreren Packen in erster und zweiter Wahl und scheidet das Unerwünschte aus. Nach nochmaliger genauer Durchsicht und Auswahl wird die Gesamtfläche festgestellt, die Preisfrage erörtert und gewöhnlich einigt man sich auf eine Gesamtsumme für alle ausgewählten Furniere. Einfache Furniere ohne charakteristische Zeichnungen, mit Ausnahme von Walnuß und Mahagoni werden selten bemustert und werden gewöhnlich nach Qualitätsgraden ohne besondere Abnahme gekauft.

Der wirklich erfolgreiche Furnierhändler zeigt ein besonderes Geschick beim Vorzeigen seiner Ware, wozu bei der Schönheit der Zeichnung und der mannigfachen Farbtönung sehr viel Gelegenheit geboten ist.

Große amerikanische Sperrholzfabriken unterhalten oft ihre eigenen Furniermusterräume, einmal um ihren Kunden die Auswahl zu ermöglichen, sodann aber auch, um danach ihre eigenen Bestellungen zu richten. Die beiden Extreme, zu reichliche Zeichnungen und zu einfache Zeichnungen der Außenfurniere bei Sperrholz soll man sorgfältig vermeiden.

Kapitel XIII.

Der Aufbau von Sperrholz, die verschiedenen Arten und ihre Bestandteile.

Verschiedenheit der Arten.

In Kapitel III ist dargelegt, was unter Sperrholz (Plywood) verstanden wird, und zwar in Amerika und in Europa. Es ist ferner bereits dort angegeben worden, wodurch sich die einzelnen Sperrholzarten voneinander unterscheiden, und zwar soweit, wie dieses zum Verständnis der bisherigen Darstellungen notwendig war.

Während der Ausführungen, die sich mit den Eigenschaften der Furniere, ihrer Herstellungsmethoden und ihrer Verarbeitungsmethoden befaßt haben, ist an verschiedenen Stellen bereits darauf hingewiesen worden, daß der weitaus größte Teil von Furnieren für die Herstellung von Sperrholz Verwendung findet. Für die Sperrholzarten, die in Amerika handelsüblich sind, werden die Furniere in derselben Art und mit denselben Maschinen zur Verarbeitung im Sperrholz vorbereitet, wie in den vorigen Kapiteln beschrieben. An einzelnen Stellen dieser Beschreibung ist jedoch bereits darauf hingewiesen worden, daß in Europa, besonders in Deutschland, Furniere im Sperrholz noch zur Erfüllung weiterer Aufgaben mit Erfolg herangezogen werden, und daß deswegen die Bearbeitungsweise von Furnieren, die zur Herstellung von europäischem Sperrholz dienen, noch besonders behandelt werden sollte. Dies wird nun in diesem Kapitel geschehen. Der Vollständigkeit wegen und um die Unterschiede zwischen den amerikanischen Sperrholzkonstruktionen und den europäischen deutlich werden zu lassen, die sich besonders in den größeren Stärken finden, soll hier an Abbildungen der typische Aufbau der beiden Sperrholzarten erläutert werden. Um Wiederholungen zu vermeiden, wird auch auf die Definitionen und die eingehende Beschreibung in Kapitel III, Seite 15—19, hingewiesen.

Amerikanisches Sperrholz.

Die verschiedenen Typen von Sperrholzkonstruktionen kann man in 4 Klassen einteilen, zwischen denen sich jedoch eine scharfe Grenze kaum ziehen läßt. (In Figur 108 sind die gebräuchlichsten Aufbauarten für einige Klassen wiedergegeben.)

Sperrholz mit Schnittholzmittellage (Lumber core plywood).
Sperrholz mit Furniermittellage (Veneer core plywood).
Sperrholz mit drei gleich starken Lagen (Plywood with equal plies).
Außerdem biegsames oder gebogenes Sperrholz (Flexible and bent Plywood).

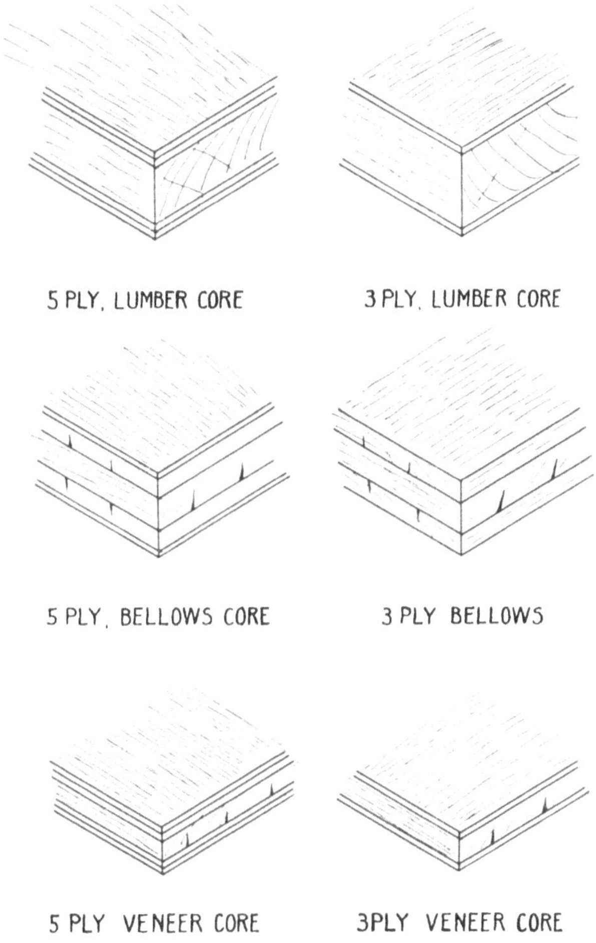

Fig. 108. Einige Aufbauarten amerikanischer Sperrholzarten mit verschiedenen Mittel- und Furnierlagern.

Die Beschreibung dieser letzten Art wird später eingehend im Zusammenhang mit der Herstellung von gebogenem Sperrholzprodukten behandelt werden. Es soll kein Versuch gemacht werden, die verschiedenen Klassen irgendwie in ihren Qualitätseigenschaften zu vergleichen. Vielmehr werden sie lediglich beschrieben und die Hauptgründe angegeben, die für die verschiedenen Aufbauarten in Amerika maßgebend sind.

Sperrholz mit Schnittholzeinlage, 5fach. Diese Konstruktion wird im allgemeinen als Deckplatte „Top" bezeichnet, sie wird gewöhnlich 5fach (5-ply) ausgeführt in Stärken von ½ bis $^{7}/_{8}'' = 12{,}7$ bis 22,2 mm. Schreibtischplatten, glatte Türen werden in Stärke von $1^{1}/_{8}''$ bis $1^{7}/_{8}'' = 28{,}6$ bis 47,6 mm ausgeführt. Die Außenfurniere für Platten, die schwächer sind als insgesamt $1'' = 25{,}4$ mm, wählt man bei Edelholz, z. B. Walnuß, Mahagoni $^{1}/_{28}'' = 0{,}9$ mm stark. Eine bessere Qualität erreicht man, wenn man die Außenfurniere etwas stärker nimmt, etwa $^{1}/_{24}'' = 1$ mm, da die Gefahr geringer ist, daß das Edelfurnier beim Schleifen durchgeschliffen wird, jedoch ist es handelsüblich, für Walnuß, Mahagoni-Außenfurniere in diesen Fällen $^{1}/_{28}'' = 0{,}9$ mm zu nehmen. Wenn ein stärkeres Edelfurnier gewünscht wird, wird dieses in der Bestellung gewöhnlich besonders ausgedrückt. Für glatte, geschälte oder gesägte Spiegeleiche ist jedoch ein $^{1}/_{20}'' = 1{,}3$ mm starkes Außenfurnier üblich, mitunter sogar $^{1}/_{16}'' = 1{,}6$ mm.

Für besonders hochwertiges Sperrholz wählt man Vorder- und Rückenfurnier von derselben Stärke und sogar aus demselben Holz, in dem man ausgesondertes Material für die Rückenfurniere verwendet. Im allgemeinen jedoch verwendet man für die Rückenfurniere eine andere Holzart als für das Außenfurnier. Im allgemeinen erzielt man damit auch recht zufriedenstellende Ergebnisse.

Als Absperrfurnier pflegt man in der Regel solche von $^{1}/_{20}'' = 1{,}3$ mm anzuwenden. Einzelne Fabrikanten gehen auf $^{1}/_{16}'' = 1{,}6$ mm, während andere wieder auf $^{1}/_{24}'' = 1$ mm gehen. Es kommt wohl vor, daß das letztgenannte dünne Furnier in der Leimauftragmaschine zum Splittern und Reißen führt, während die beiden stärkeren Furniersorten sich sehr gut bewährt haben. In Amerika werden überwiegend Pappel-, Tupelo- und Gumfurniere zum Absperren benutzt, einmal weil das Holz beim Trocknen verhältnismäßig flach und gerade bleibt, ferner weil besonders Pappel sehr gute Leimverbindungen ergeben soll und schließlich deswegen, weil diese Furniere verhältnismäßig preiswert zu haben sind. Manche Fachleute ziehen Absperrfurniere aus härterem Holz vor, weil ihrer Ansicht nach diese eine solidere Unterlage für das empfindliche Außenfurnier geben und Beschädigungen im Sperrholz größeren Widerstand entgegensetzen. Hölzer mit härterem Gefüge, wie der gewöhnliche Gum, Ahorn, Birke, Eiche usf. nehmen zwar den Leim nicht so leicht an, jedoch hat die Ansicht, festere Hölzer als Unterlagen für empfindliche Außenfurniere zu verwenden, sicher ihre gute Begründung. Selbstverständlich müssen die vorderen und hinteren Absperrfurniere aus demselben Holz in derselben

Stärke bestehen. Im allgemeinen gibt man sich nicht die Mühe, Absperrfurniere so „dicht“ zu schneiden, wie man es bei Außenfurnieren tun muß.

Vorzugsweise benutzt man für Absperrfurniere der Vorderseiten, also für diejenigen unter dem vorderen Edelfurniere solche aus einem Stück ohne Papierstreifenfugen, während für die Rückenseiten mit Papierstreifen zusammengesetzte Furniere Verwendung finden. Jede Fuge in einem Absperrfurnier ist eine Fehlerquelle, da ungleichmäßige Stärke der Furniere, eine offene Fuge oder andere Fehler sich durch das dünne Außenfurnier hindurch markieren werden, besonders wenn dasselbe geschliffen und poliert ist. (Diese Ansicht dürfte bei der primitiven Art der Fugenleimung, wie sie für die amerikanische Fertigung beschrieben ist, stimmen, bei der vollkommeneren Weise, wie Fugen in Europa hergestellt und zusammengelegt werden, trifft das nicht zu, solange die Edelfurniere im Faserverlauf quer zu den Absperrfurnieren angeordnet sind.)

Die bevorzugtesten Holzarten für Schnittholzeinlagen sind Walnuß, Pappel und Gum, trotzdem auch eine ganze Anzahl anderer Holzarten ohne Bedenken hierfür Verwendung finden können. Man soll es jedoch vermeiden, verschiedene Holzarten in derselben Mittellage zu verwenden. Schnittholzeinlagen sind selten schwächer als $^5/_{16}'' = 8$ mm. Für schwächere Mittellagen benutzt man gewöhnlich Schälfurniere. Für stärkere Sperrplatten zwischen 1 und $2'' = 25{,}4$ bis 50,5 mm wählt man die Außenfurniere $^1/_{16}$ bis $^1/_{20}'' = 1{,}6$ bis 1,3 mm stark, während man für die Absperrfurniere $^1/_{12}$ bis $^1/_{16}'' = 2{,}1$ bis 1,6 mm Stärke wählt. Für Einlagen benutzt man gewöhnlich schmale Brettstreifen, häufig Abfälle von anderen Fabrikationen. Mit Ausnahme für größere Abmessungen und noch größere Stärken bleibt die Konstruktion sonst stets dieselbe.

Sperrholz mit Furniereinlagen, 5fach. Das, was soeben für Vorderfurniere, Rücken- und Absperrfurniere ausgeführt worden ist, trifft auch auf diese Sorten von Sperrholz, die „Panels“ genannt werden, zu.

Eine Furniermittellage neigt, selbst wenn sie aus dem allerbesten Linden- oder Pappelholz hergestellt wird, mehr zum Werfen oder Biegen als eine Schnittholzeinlage. Man hat niemals die Sicherheit, daß sie vollkommen flach bleibt. Die Erklärung hierfür liegt nicht sehr fern. Schälfurniere haben immer das Bestreben, ihre natürliche Form, in der sie vom Stamm geschält werden, wieder einzunehmen. Werden jedoch die Furniere ziemlich lose geschält, so erhält man immerhin eine für die meisten Fälle ausreichende Mittellage, wenn sie glatt geschält sind, gleichmäßige Stärke haben, gut gefügt und gut mit Papierstreifen zusammengeklebt sind. Gewissenhafte Fabrikanten lassen ihre Furniermittellagen, es sei denn, daß sie dünner sind als $^1/_8'' = 3{,}2$ mm, durch den Dicktenhobel gehen, um eine möglichst gleichmäßige Stärke zu erhalten und damit eine höhere Qualität der fertigen Sperrplatte. (Diese Bemerkung mutet in Europa sonderbar an. Man stellt hier an Schäl- und Messermaschinen höhere Anforderungen bezüglich Stärkengleichheit bei Furnieren selbst bis zu 10 mm, als mit Furnieren beim Dicktenhobel erzielbar.)

Sperrplatten mit Schnittholz- und Furniermittellage, 3fach (3-ply.). Sowohl die Mittellage, gleichgültig, ob aus Furnier oder Schnittholz bestehend, erfordert eine sorgsamere Bearbeitung, wenn sie zu dreifach verleimtem Sperrholz verarbeitet werden soll, als zu fünffachem, weil Ungenauigkeiten viel eher durch das Außenfurnier bemerkbar werden und weil das Absperrfurnier, das Unregelmäßigkeiten der Mittellage verdecken kann, in der dreifachen Absperrung nicht vorhanden ist. Aus diesem Grunde müssen auch die Außenfurniere bei dreifach abgesperrtem Sperrholz stärker sein. Im allgemeinen benutzt man aber die dreifache Absperrung nur für billigere und weniger empfindliche Zwecke als die fünffache. Aus diesem Grunde läßt man auch eine besondere Sorgfalt bei der Auswahl des Rohmaterials und der Verarbeitung kaum walten.

Die fünffache Absperrung ist, was die Qualität, die Festigkeit und auch das Aussehen anbelangt, immer vorzuziehen. Die höheren Ausgaben jedoch für Löhne und auch für Werkstoff machen es natürlich teurer, wo es sich jedoch darum handelt, Edelfurniere zu verwenden und eine vorzügliche Abarbeitung, sollte man stets fünffache Absperrung benutzen. (Um bei den europäischen Lesern Mißverständnissen vorzubeugen, soll hier, was ja eigentlich aus den Ausführungen schon hervorgeht, noch besonders darauf hingewiesen werden, daß bei dem, was der Amerikaner hier fünffache Absperrung nennt, bereits die beiden Edelfurnierlagen auf der Vorder- und Rückenseite bzw. die eine Edelfurnierlage auf der Vorderseite und das entsprechende Rückenfurnier als Lagen mitgezählt werden. Das amerikanische fünffache Sperrholz entspricht dem handelsüblichen dreifachen europäischen, das mit Edelfurnieren zu versehen ist.)

Es gibt immerhin eine ganze Menge Verwendungszwecke, wo die dreifache Absperrung ebenso gut genügt, wie die fünffache, und wo es sich wohl lohnt, vom Preisunterschiede zu profitieren.

Sperrholz mit drei gleichen Lagen. Dieser Aufbau (gewöhnlich 3fach) entstammt lediglich Überlegungen der Ausnutzung, indem man von den gleich stark geschälten Furnieren die besten für das Außenfurnier, die nächstbesten für das Rückenfurnier und die schlechtesten für die Mittellagen verwendet und so fast den gesamten Stamm in einfacher Art ausnutzen kann.

Sperrplatten für Türen aus Fichte, Kiefer, Gum und Eiche werden gewöhnlich aus 3 gleichen Stärken von $^1/_7''$ = 3,5 mm hergestellt. Die Platte wird sodann soweit heruntergeschliffen, daß sie in einen Pfalz von $^3/_8''$ = 9,5 mm hineinpaßt, oder aber, man benutzt 3 Lagen von $^1/_9''$ = 2,8 mm und erhält dann eine fertige Platte von $^5/_8''$ = 15,9 mm.

Die Verpackungskiste aus Sperrholz ist ein anderes Anwendungsgebiet für Platten gleicher Stärke, die gewöhnlich aus Furnieren von je $^1/_{20}''$ oder $^1/_{16}''$ = 1,3 oder 1,6 mm Stärke hergestellt werden.

Europäisches Sperrholz.

Wie bereits angedeutet, wird in der amerikanischen Darstellung unter Sperrholz der gesamte Aufbau der Platte verstanden einschließlich der Auflage der Außenfurniere, auch wenn dieselben Edelfurniere sind und der sie ausgleichenden Rückenlagen, also für Platten das Fertigfabrikat, so

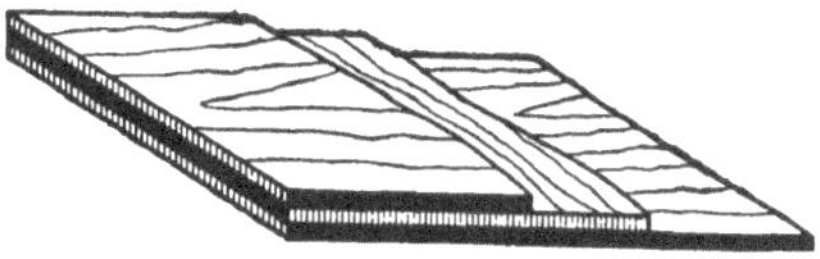

Fig. 109. Schwache Platte, 3fach verleimt.
Aus „Werkstattstechnik" XXII. Jahrgang, Heft 11.

wie es im Möbel, im Stuhlsitz, in der Tür usw. erscheint. Im Verhältnis zum Möbel ist es freilich auch noch Halbfabrikat, da das Möbel aus Einzelteilen dieses an sich fertigen Fabrikates hergestellt wird.

In Europa — mit Ausnahme von einigen kleineren französischen Betrieben, deren Endprodukte ähnlich geartet sind wie die amerikanischen — ist in den weitaus meisten Fällen Sperrholz Halbfabrikat, im wahrsten Sinne des Wortes auch für Platten, wenigstens so weit, wie es vom Sperrholzfabrikanten zur Lieferung kommt. Diejenigen Fabriken, welche das von ihnen gefertigte Sperrholz bereits mit Edelfurnieren versehen, tun das gewöhnlich auf besonderen Auftrag. Es ist dies jedoch mengenmäßig ein geringer Bruchteil der gesamten europäischen Fertigung. Soweit dieses Halbfabrikat Sperrholz in den Tischlereien, Möbelfabriken, Waggonfabriken usw. noch weitere Auflage von Edelfurnier und das hierfür entsprechende Gegenfurnier, also zwei Furniere erhält, wird eine dreifach abgesperrte Platte aus einer europäischen Sperrholzfabrik im Fertigzustand der fünffach abgesperrten amerikanischen Fabrikation entsprechen. Die fünffach abgesperrte Platte der europäischen Sperrholzfabrikation würde demnach der 7fach abgesperrten amerikanischen Fertigfabrikation entsprechen, da die beiden äußersten Lagen, die der amerikanische Sperrholzfabrikant seinem Fabrikat gleich mitgibt, in Deutschland wie auch im übrigen Europa meistenteils von den Käufern des Halbfabrikates Sperrholz erst aufgebracht werden. Es muß dies hier vorausgeschickt werden, um Mißverständnisse bei dem Vergleich der handelsüblichen Aufbauarten zu vermeiden.

Wie in Kapitel III ausgeführt, unterscheidet man in Europa *schwache Platten*, ***Multiplexplatten*** und ***starke Platten**)**. Figur 109 bis 112 zeigen den Aufbau dieser Plattenarten.

Die schwache Platte, sowohl dreifach verleimt wie auch als ***Multiplexplatten*** 5fach, 7fach und 9fach verleimt, die in Stärken von 0,3 bis 13 mm Gesamtstärke von den Sperrholzfabriken hergestellt werden, entsprechen im wesentlichen dem, was der Amerikaner unter Plywood im eigentlichen Sinne nach der Definition in Kapitel III, wie auch unter dem, was er

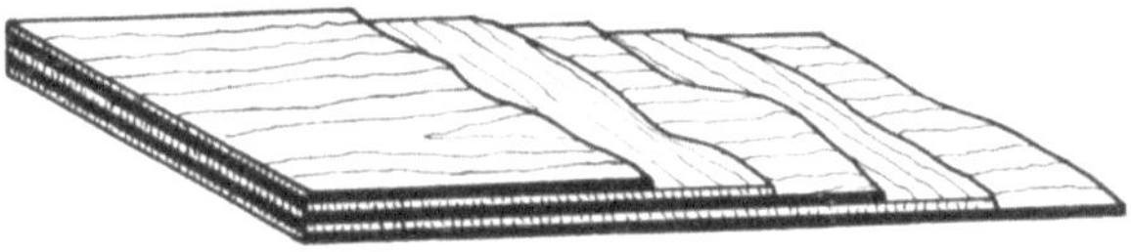

Fig. 110. Schwache Platte, 5 fach verleimt (Multiplexplatte).
Aus „Werkstattstechnik“ XXII. Jahrgang, Heft 11.

unter „Panels“ versteht. Wie aus den Figuren 109 und 110 ersichtlich, sind diese Sperrplatten ebenfalls so aufgebaut, daß sie zumeist aus einer ungeraden Zahl von Furnieren bestehen, die im Faserverlauf symmetrisch um eine Mittellage angeordnet sind, in der Form, daß die Fasern benachbarter Furniere sich möglichst unter einem rechten Winkel schneiden.

Figur 111 und 112 zeigen Aufbauarten von Sperrhölzern, wie sie der Amerikaner bisher in seiner Fabrikation nicht kennt.

Platten, die der Amerikaner mit „Cross-bandet veneered panels“ oder „Tops“ bezeichnet, bei denen also die Mittellage aus Schnittmaterial verhältnismäßig großer Breite besteht, während für Außenlagen Furniere benutzt werden, werden in Deutschland zur Zeit nur noch vom Handwerk hergestellt oder von größeren Möbelfabriken, während die eigentlichen Sperrholzfabriken durchweg dazu übergegangen sind, entweder nach dem Prinzip, das in Figur 111 für die *starke Platte* — auch *Tischler- oder Kümmelplatte* genannt — oder nach Figur 112 *Stäbchenplatte* genannt, dargestellt ist, zu verfahren.

Es sei nur kurz erwähnt, daß es eine ganze Anzahl von Ausführungen gibt, die Modifikationen der starken Platte nach Figur 111 darstellen, mit der Absicht, noch gewisse Wirkungen zu erzielen, z. B. dadurch, daß man

---

*) Siehe auch Seite 18 „naß- und trockenverleimte Platten“.

an den Stoßstellen der Langholzmittellagen Luftkanäle vorsieht, daß man die Unterteilung der Mittellagen nicht ganz durchführt, sondern die Mittellagen durch Einschnitte auf gewisse Tiefe, nur teilweise in einzelne Lamellen zerlegt, das sogenannte Prinzip der losen Leiste usf. Es würde zu weit führen, auf alle diese Sonderausführungen einzugehen. Im Prinzip lassen sich die verschiedenen Klassen wie geschehen einteilen.

In Kapitel IV, in dem über die Ursachen der Überlegenheit von Sperrholz die Rede war, ist ausführlich dargelegt worden, daß Sperrholz quer zu seiner Faser die geringste Festigkeit hat. Es darf hinzugefügt werden, daß die Festigkeit einer guten Verleimung in der Richtung ihrer gleichliegenden Fasern zwischen zwei Leisten eine höhere Festigkeit quer zur Faser für die vereinten Stücke an der Leimstelle ergibt, wie sie die

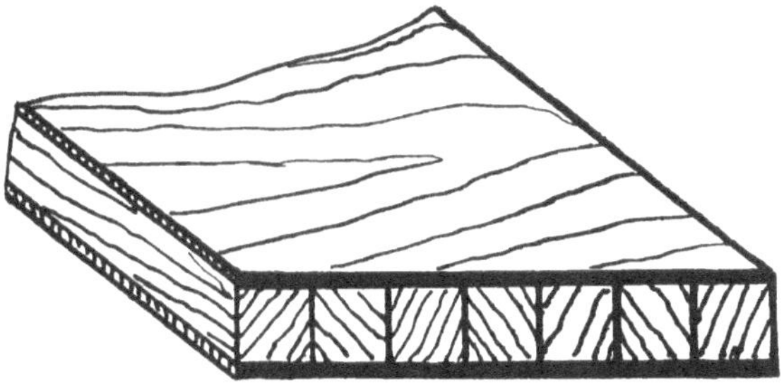

Fig. 111. Starke Platte (Tischler- oder Kümmelplatte).

Adhäsion der gewachsenen Fasern untereinander zeigen würde. Würde man zwei Furniere oder Bretter mit genau gerade gefügten Kanten mit einem guten Leim verbinden und dann quer zu dieser Leimverbindung Zugkräfte oder auch Druckkräfte angreifen lassen, so wird das Reißen bzw. der Bruch nie in der Leimstelle, sondern an irgendeiner schwächsten Stelle im Holz auftreten; daraus folgt, daß die Unterteilung der Mittellage, sei es nach Figur 111 oder sei es nach Figur 112, die Festigkeit der Mittellage nicht beeinträchtigt, soweit Zug und Druck und damit auch Biegung in Frage kommen. Nun ist in Kapitel IV auch ausgeführt worden, daß die Schubfestigkeit in der Richtung der Fasern am geringsten ist. Auch hier hat die Praxis gezeigt, daß die Schub- oder Scherfestigkeit einer guten Leimverbindung gewöhnlich höher ist als die Schub- oder Scherfestigkeit des geleimten Weichholzes, das fast ausschließlich für derartige Mittellagen Verwendung findet.

Es ist ferner dargelegt worden, daß das Quellen und Schrumpfen des Holzes, das die unangenehmen, inneren Spannungen verursacht, die durch Absperrung unschädlich gemacht werden sollen, bei Änderung von Feuchtigkeit und Temperatur sich am stärksten quer zur Faserrichtung auswirken. Es ist nun ohne weiteres verständlich, daß, wie ebenfalls bereits in Kapitel IV erläutert, das Maß des Schrumpfens und Schwindens und in demselben Maße äußerliche Einwirkungen verschieden sind, je nach der Struktur des Holzes und auch verschieden, je nachdem es sich um Splintholz oder Herzholz handelt, d. h. nach der Verschiedenheit des Gefüges. Betrachtet man einen Baumstamm im radialen Durchschnitt, so sieht man das bekannte Bild der innen weiten und außen engeren Jahresringe. Werden nun Bretter aus dem Stamm geschnitten, so ergeben sich hieraus die verschiedenen Strukturen zwischen Splint- und Herzholz. Es ist ferner ohne weiteres klar, daß das Maß der Gesamtschrumpfung oder das Maß der Gesamtquellung eines Brettes um so größer wird, je breiter das Brett ist, mithin auch das Gesamtmaß der auftretenden Spannungen und die Gefahr, die diese Spannungen mit der Möglichkeit des Reißens und Werfens mit sich bringen. Die Natur läßt ideale Gleichmäßigkeit im Wuchs der Bäume nirgends erkennen. Je länger ein Brett ist, um so größere Verschiedenheiten wird man im allgemeinen an den einzelnen Querschnitten finden. Die Länge der Bretter, die für Einlagen gebraucht werden, ist bedingt durch die Länge der verlangten Platten, und in Europa ist man recht anspruchsvoll in dieser Beziehung. Für starke Platten ist z. B. bereits die Abmessung 4,5 m eine gewisse Standardgröße geworden. Es gibt sogar heute Fabriken, die 5 m lange Platten machen. Die Schwierigkeiten einer Verlängerung über Hirn braucht hier nicht mehr erläutert zu werden. Wenn es nicht sein muß, zieht man es vor, möglichst die Mittellagenhölzer der Länge nach aus einem Stück zu erhalten, wenn auch , wie bereits erwähnt sein mag, neuerdings Methoden gefunden worden sind, um mit Rücksicht auf eine hohe Holzausnutzung auch in dieser Beziehung Abhilfe zu schaffen unter Umgehung der Verleimung Hirn mit Hirn.

Unterteilt man nun die Schnittholzeinlagen, so wie in Figur 111 gezeigt, so wird ohne weiteres klar, daß ohne Beeinträchtigung der Gesamtfestigkeit dieser Mittellage ein bedeutend höheres Stehvermögen erreicht wird, d. h. die durch Quellen und Schwinden in der Mittellage möglichen Spannungen sind gegenüber dem vollen Brett wesentlich verringert worden, schon deswegen, weil auch auf große Längen hin in diesen einzelnen Stäben, die oft nur 13 bis 20 mm, nie jedoch mehr als 25 mm breit sind, große Verschiedenheiten in der Struktur nicht mehr vorhanden sind.

In dem Aufbau der Stäbchenplatte ist man in dieser Beziehung noch weiter gegangen. Man verwendet hier nicht gesägtes Holz zum Aufbau der Mittellage, sondern Furniere, und zwar sowohl Messerfurniere wie auch Schälfurniere. Bei Schälfurnieren hat man den Vorteil, fast über den ganzen Querschnitt nur stehende Ringe zu erhalten, so daß ein Quellen oder Schwinden in der Stärke der Gesamtplatte für praktische Betrachtung ganz ausscheidet, während das bei der Platte in Figur 111 nicht immer der Fall zu sein braucht, wenn z. B. dort die Jahresringe liegen. Bei richtiger Anordnung jedoch kann man praktisch auch bei den Platten nach Figur 111 die Stärkenänderung infolge Quellens und Schwindens der Mittellage vernachlässigen, besonders wenn das Trocknen derselben fachmännisch richtig erfolgt ist. Eine Gefahr besteht nur dann, wenn in größeren Abschnitten stehende und liegende Ringe abwechseln. Es kann dann, wenn die Trocknung nicht sehr sachgemäß erfolgt ist, und die Schnittkanten nicht geschützt sind, unter Umständen an den Rändern der Platten ein Welligwerden auftreten, verursacht dadurch, daß die Partien,

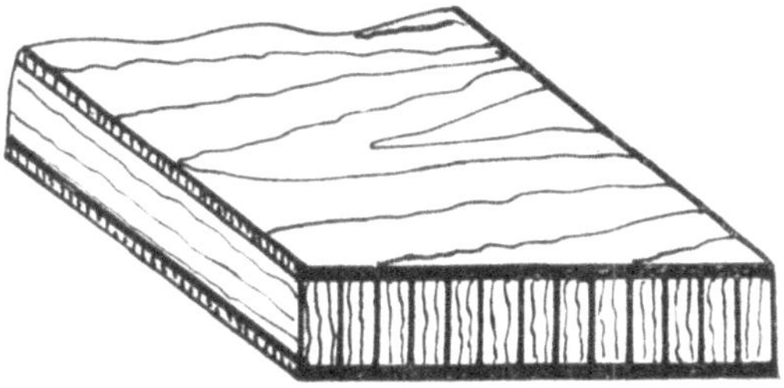

Fig. 112 Starke Platte (Stäbchenplatte).

die die liegenden Ringe zeigen, in der Stärke der Gesamtplatten quellen oder Schwinden und die benachbarten mit stehenden Ringen in dieser Richtung sich merklich nicht ändern.

Wie bereits erwähnt, benutzt man als Holz für die Inneneinlagen Weichholz, vorzugsweise Kiefer, jedoch auch in größerem Maßstab gewisse Fichtensorten. Für die Stäbchenplatten nach Figur 112 verwendet man sowohl gemesserte Kiefer in einer Stärke bis etwa 10 mm, auch gemessertes Gaboon in Stärken von 5—7 mm, wie auch geschältes Gaboon in ähnlichen Stärken. Das Zusammenleimen der einzelnen Leisten erfolgt in derselben Weise, wie man gewöhnliche Holzleisten parallel zur Faser zusammenleimen würde. Um die Gestehungskosten nicht unzulässig zu erhöhen, hat man wohl auch probiert, Maschinen, die zum Zusammensetzen von Brettern auf Feder und Nut oder mit Schwalbungen arbeiten, zum Herstellen dieser Mittellagen zu verwenden. Im allgemeinen jedoch wird in der nachfolgenden Weise gearbeitet, bei der man auch den Vorteil hat, einen größeren Druck bei der Verleimung der einzelnen Elemente der Mittellagen aufzuwenden und eine höhere Leimfestigkeit zu erzielen. Wie in Figur 113 gezeigt, werden die einzelnen Bretter entweder im gehobelten, oder wenn sie genügend sauber geschnitten sind, im ungehobelten Zustand zu einem Block zusammenverleimt und dann, wie in den Strichlinien gezeigt, auf einem Vollgatter oder auf einer Blockbandsäge senkrecht zu ihren Leimfugen wieder in einzelne Abschnitte zerlegt, die man mit „Dickten“ bezeichnet. Hierzu dienen besondere maschinelle Einrichtungen, die bei der allgemeinen Beschreibung des Aufbaues von Mittellagen, wie sie in Amerika und Europa üblich sind, im nächsten Kapitel gezeigt werden.

Ein Vergleich der Figur 113 mit der Figur 111 zeigt, daß eine solche vom Block geschnittene Dickte der Mittellage der starken Platte genau entspricht. Der Engländer nennt eine Dickte, die aus Brettern hergestellt ist, „Batten core“, die starke Platte nach Figur 111 „Batten board“.

Die Mittellage einer Platte nach Figur 112, also der Stäbchenplatte, erhält man, wenn man statt Bretter parallel besäumte Furniere zu einem Block verleimt und dann in der gleichen Weise wieder aufschneidet, wie in Figur 113 gezeigt. Der Engländer nennt eine solche Mittellage „Laminated core“ und die Platte, die daraus gemacht wird, die Stäbchenplatte, „Laminated plywood board“, oder auch kurz „Laminated board“. (Nicht zu verwechseln mit dem, was der Amerikaner unter „Laminated wood“ versteht.)

Platten, die als Tischlerplatten oder Stäbchenplatten ausgeführt sind, werden in Stärken von 10 bis 40 mm ($^{25}/_{64}$ bis $1^{9}/_{16}''$) hergestellt. Die Stärke der beiden Außenfurniere ist auch bei den schwachen Platten selten geringer als je $2^1/_2$ mm ($^3/_{32}''$), bei Platten von etwa 20 mm ($^{25}/_{32}''$) Gesamtstärke etwa je 3 mm ($^1/_8''$) und bei den größten Stärken etwa je 4 mm ($^5/_{32}''$). Warum diese im Verhältnis zur Mittellage schwachen Furniere trotzdem den vollen Absperreffekt ergeben, ist in Kapitel VI nachgewiesen.

Die schwachen Platten werden gewöhnlich in Abmessungen bis zu 1,60×3 m (63×120″) hergestellt. Einzelne Werke haben Standarddimensionen ausgebildet entsprechend der Pressen, welche sie besitzen, jedoch vielfach werden auch abgepaßte Maße von den Weiterverarbeitern verlangt. Starke Platten sind selten als Standarddimensionen kleiner als 1,60×2,80 m (63×110″). Die größte zur Zeit fabrizierte Abmessung ist 1,85×5 m (132×197″). Auch hier werden zugeschnittene Maße verlangt und geliefert.

Im allgemeinen werden die Mittellagen für die starken Platten, gleichgültig, ob sie als Tischler- oder Stäbchenplatten ausgeführt werden, so aufgebaut, daß ihr Faserverlauf in der größeren Abmessung der Platte liegt, also bei Platten z. B. von 1,60×4,50 m (63×165″) sind die Einlagebretter 4,50 m (165″) lang, während die Absperrfurniere 1,60 m (63″) lang sind, d. h. die Fasern der Absperrfurniere laufen quer zur Länge der Platte.

Für Möbelbau, Innenausstattungen usw. werden diese starken Platten mit Vorderfurnieren aus edleren Hölzern und zum Ausgleich mit entsprechenden Rückenfurnieren, meist aus minderen Hölzern, in der Weiterverarbeitung versehen, so daß dann im Fertigzustand für den endgültigen Verwendungszweck deren Fasern in der Längsrichtung der Platten liegen. Bei starken Platten werden in einzelnen Fabriken bereits auch die Edelfurniere von Sperrholzfabrikanten aufgebracht, da dieses mit Vorteil auf den schweren Pressen geschehen kann, die auch für die Absperrung ver-

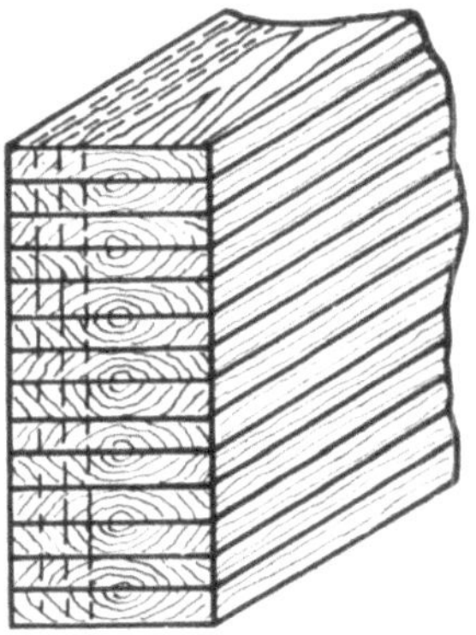

Fig. 113. Geleimter Block, aus dem „Dickten" für Mittellagen durch Aufschneiden in Richtung der gestichelten Linien gefertigt werden.
Aus „Werkstattstechnik" XXII. Jahrgang, Heft 11.

wendet werden. Es gibt auch gewisse Ausnahmefälle, in denen die Mittellagenhölzer quer zur Längsrichtung der Platten liegen, dann ist es freilich notwendig, bei größeren Platten als Absperrfurniere gemesserte Furniere zu verwenden, weil Schälfurniere in diesen großen Breiten nicht erhältlich sind, während bei normalen Platten mit längslaufenden Mittellagen sehr oft Schälfurniere als Absperrfurniere Verwendung finden. Es gibt jedoch auch namhafte Werke, die es vorziehen, in solchen Fällen mehrere Messerfurniere, dann aus einer größeren Anzahl von Stücken zusammengesetzt, statt Schälfurniere zum Absperren zu benutzen.

Teilweise kommen die Platten mit der Oberflächenbeschaffenheit zur Lieferung, wie sie aus den Sperrholzpressen herauskommen, z. T. werden sie jedoch auch gesandet, d. h. geschliffen oder mit der Ziehklinge bearbeitet, geliefert.

Es muß hier noch eine Betrachtung eingeschaltet werden, von der man vielleicht sagen könnte, daß sie weniger hierher gehört, als in das Kapitel, in dem die Vorteile von Sperrholz beschrieben worden sind; es ist dies an der genannten Stelle nicht geschehen, um die abgeschlossene amerikanische Darstellung nicht zu stören. Außerdem handelt es sich auch um

Merkmale des Aufbaues von Sperrholz, die besonders europäischem Sperrholz eigen sind und aus diesem Grunde hierher gehören.

Da die europäischen Hölzer, aus denen Furniere hergestellt werden, nicht in den großen Stammdurchmessern erhältlich sind wie amerikanische Hölzer, ist es nur in Ausnahmen möglich, sehr große Platten mit Deckfurnieren aus einem Stück zu versehen. Aber auch in Werken, die die starken afrikanischen Stämme (Gaboon, Okumé, Abachi usw.) verarbeiten, die große Breiten von Furnieren, selbst bei Längen von 1,60 oder 2,80 m ergeben, wird man nur für einen geringen Teil der Fertigung für die Vorderfurniere Blätter aus einem Stück erhalten. Die Notwendigkeit einer sehr hohen Holzausnutzung und wirtschaftlichsten Arbeitens haben in Europa dazu gezwungen, der Technik des Zusammensetzens der Furniere besondere Aufmerksamkeit zuzuwenden und besondere Methoden hierfür zu entwickeln.

Aber nicht nur dieser Gesichtspunkt war hierfür maßgebend, sondern auch die Erkenntnis, daß unter Umständen ein zusammengefügtes Furnierblatt mit Rücksicht auf Festigkeit und Stehfähigkeit nach Einbau in die Platte ein höheres Produkt erzielen läßt, als wenn die einzelnen Furnierlagen aus einem Stück hergestellt werden.

In Kapitel VII ist deutlich gezeigt worden, daß Schälfurniere immer das Bestreben zeigen, die alte Form wieder einzunehmen, die sie am Stamm inne hatten. Je stärker die Furniere sind, um so stärker ist dies Bestreben, und um so stärker sind die Spannungen, die zu Formveränderungen in diesem Sinne führen. Es ist ferner klar, daß das Bestreben, sich wieder in die alte runde Lage um den Stamm herum zurückzugehen, um so stärker wird, je breiter das Furnier ist. Dieses vorausgeschickt, wird den folgenden Überlegungen leicht zu folgen sein:

Baut man eine schwache Platte aus drei Furnieren auf, so ergibt sich die Lage dieser drei Furniere zueinander, entweder wie das in Figur 114 oder 115 gezeigt ist. Verleimt man derartig gelagerte Furniere miteinander, so ist es wohl möglich, daß die oben erwähnte Spannung in den beiden Außenfurnieren sich ausgleicht, es ist aber kein Gegenstück für das Mittelfurnier vorhanden. Man darf sich daher nicht wundern, wenn eine solche Platte nicht gerade wird. Wollte man einen Ausgleich erzielen, so kann das entweder dadurch geschehen, daß, wie in Figur 116 gezeigt, man als Mittellage ein gesägtes oder gemessertes Furnier benutzt, das jedoch selten in einer Breite entfällt, die ausreicht, sondern bereits aus mehreren Stücken zusammengesetzt sein muß, oder man muß so verfahren, wie in Figur 117 gezeigt, d. h. das Mittelfurnier auch aus zwei Einzelfurnieren zunächst aufbauen, und zwar mit gleichem Faserverlauf, die dann die

Biegungsspannungen der Mittellage ausgleichen lassen. Diese Ausführung hat jedoch den Nachteil, daß sie eine Leimfläche mehr ergibt und teurer wird. Günstiger wie in Figur 114 und 115 gezeigt, werden die Bedingungen schon, wenn man nach Figur 118 verfährt, nämlich die Mittellage aus schmalen Streifen von Schälfurnieren zusammensetzt. Wenn auch noch jeder dieser Streifen das Bestreben hat, wieder die Rundung anzunehmen, so ist doch der Größenwert der Spannung, die diese Bewegung ausführen will, geringer, entsprechend der geringeren Breite der Furniere und auch

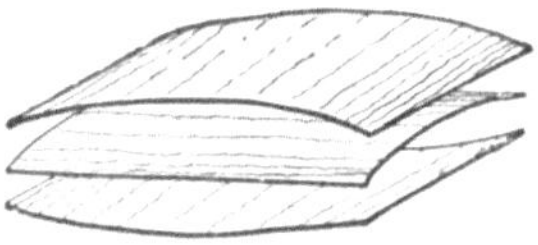

Fig. 114.

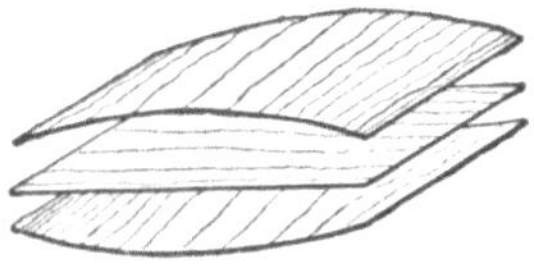

Fig. 116.

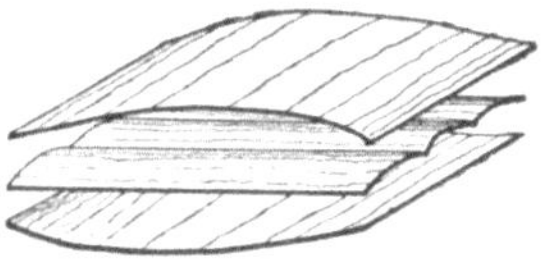

Fig. 118.

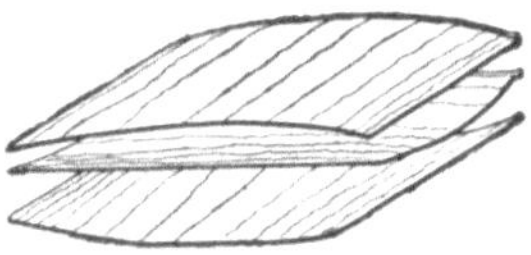

Fig. 115.

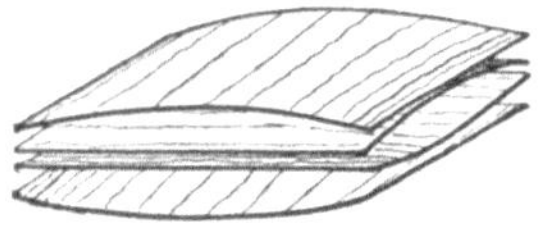

Fig. 117.

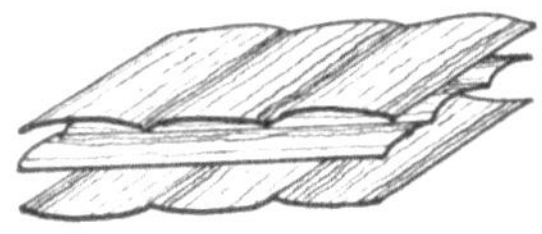

Fig. 119.

Fig. 114—119. Verschiedene Anordnung der Furniere beim Verleimen zu Platten.
Aus „Werkstattstechnik" XXII. Jahrgang, Heft 11.

die Gesamtspannung, die ein Verziehen der Platte verursachen kann, ist geringer als nach Anordnung von Figur 114 und 115. Es ist ganz klar, daß nur dann ein völliger Ausgleich dieser Spannungen auch der beiden Außenfurniere eintreten wird, wenn dieselben genau gleich stark, in ihrer Struktur möglichst gleichmäßig, und vor allen Dingen auch, wenn beide Furniere so ziemlich von demselben Durchmesser im Stamm geschält sind. Dieses läßt sich natürlich praktisch nicht einhalten, wenn auch eine gewisse Sortierung beim Zusammenlegen der Furniere in ihrer Anordnung zum Sperrholz erfolgt, so kann man doch bei schwachen Platten, nicht soweit gehen, auch noch darauf zu achten. Je geringer die Biegungsspannungen in den Schälfurnieren sind, um so mehr Aussichten auf Stehfähigkeit und Gradheit haben die Platten. Genau so wie die Unterteilung der Mittellage eine Verringerung der Spannung innerhalb der einzelnen Elemente mit sich bringt, tritt diese Verringerung auch bei Unterteilung der Absperrfurniere ein, die um so unbedenklicher ist, als eine sauber ausgeführte Leimfuge, genau wie bei der Einlage, auch hier eine höhere Festigkeit ergeben wird, als die Festigkeit quer zur Faser des Furniers.

Es ist daher wohl ohne weiteres verständlich, daß eine Sperrplatte, die, wie in Figur 119 schematisch angedeutet, aufgebaut ist, bezüglich Gradheit und Stehfähigkeit, wie auch allgemeiner Festigkeit niemals einer Platte unterlegen sein kann, bei der die Außenfurniere oder das Vorderfurnier aus einem Stück hergestellt worden ist. Nur da, wo die äußere Erscheinung des Vorderfurniers die Vermeidung von Fugen wünschenswert erscheinen läßt, kann man den Kaufwert einer Platte mit einem Vorderfurnier aus einem Stück unter Umständen höher bewerten. Man wird jedoch meist finden, daß dann wenigstens das Rückenfurnier aus mehreren Teilen zusammengesetzt ist.

Die in Europa neu ausgebildete Füge- und Fugenleimmethode von Furnieren gibt so vorzügliche Ergebnisse, daß man gar keine Bedenken trägt, selbst sehr große Platten, die nachher mit dünnen Edelfurnieren quer zur Faser der Außenfurniere der Platte belegt werden, mit Außenfurnieren, also in diesem Falle mit Absperrfurnieren zu versehen, die aus mehreren Stücken zusammengesetzt sind. Man vermeidet jedoch im allgemeinen in Deutschland in solchen Fällen das Fugenleimen mit Papierstreifen, sondern wendet die Methode der stumpfen Fugenleimung an, bei der keinerlei Papierstreifen gebraucht werden*).

Die verschiedenen Arten von Sperrholz sind bisher nur mit Rücksicht auf ihren Aufbau hier unterschieden worden. Im Handel werden weitere Unterschiede gemacht, die, soweit Amerika in Frage kommt, die Zeichnung und Art der Vorder- und Rückenfurniere, soweit solches Edelfurniere sind, berücksichtigen, sodann, soweit auch Europa in Frage kommt, die Holzart der Absperrfurniere, sowie auch die Art der Mittellagen und vor allen Dingen auch mehr dem äußeren Ansehen nach, wie die Außenfurniere qualitativ beschaffen sind, ob sie aus einem Stück, aus mehreren Stücken bestehen usw. Die Handelsbräuche sind in den einzelnen Ländern verschieden. Eine Zusammenstellung der Bräuche ist im zweiten Bande dieses Buches gegeben.

Die Bestandteile von Sperrholz.

Von den Bestandteilen des Sperrholzes sind bisher besprochen worden die Furniere und ihre Herstellung, sowie die Zurichtung von Edelfurnieren. Soweit diese in amerikanischen Sperrholzfabriken unmittelbar auf die abgesperrten Platten aufgebracht werden, unterscheiden sich ihre Verarbeitungsmethoden fast gar nicht von den Methoden, die für zusammengesetzte Edelfurniere im vorigen Kapitel beschrieben worden sind.

*) Nähere Ausführungen hierüber finden sich in der Arbeit „Der Weg zum Edelsperrholz" von L. M. Cohn-Wegner, Werkstattstechnik 1928, Seite 325 ff.

Es sind jedoch diejenigen Arbeitsmethoden noch zu beschreiben, nach denen die Absperrfurniere für Sperrholz hergerichtet werden, sowie diejenigen Furniere, die für Mittellagen in Frage kommen.

Die Behandlung von Schnittholzmittellagen, und zwar sowohl für die amerikanischen wie für die europäischen Aufbauarten, bleiben noch zu beschreiben, und vor allen Dingen das dritte Aufbauelement, der Leim, der zur Verbindung der einzelnen Lagen untereinander und auch der einzelnen Teile der Mittellagen und Absperrfurniere dient.

Kapitel XIV.

Zurichtung von Furnieren für Sperrholz.

In Kapitel X sind die verschiedenen Trocknungsarten für Furniere beschrieben worden, und zwar nicht nur für Edelfurniere, sondern auch für die Qualität von Furnieren, die auch als Absperrfurniere für Sperrholz gebraucht werden. Es kann also in dieser Beziehung auf Kapitel X verwiesen werden.

Zurichtung von Absperrfurnieren und Furnieren für Mittellagen in der amerikanischen Sperrholzfabrikation.

Das Fügen und Fugenleimen von Absperrfurnieren geschieht in den amerikanischen Sperrholzfabriken in ganz ähnlicher Weise wie für die Außenfurniere (Edelfurniere); in Kapitel X beschrieben. Absperrfurniere für normale Abmessung werden von Furnierfabrikanten auf abgepaßte Maße zugeschnitten und in diesem Zustande an den Sperrholzfabrikanten verkauft. Man hält es in Amerika für das Beste, unter den Außenfurnieren ein Absperrfurnier aus einem Stück zu benutzen, wo dieses nur irgendwie angängig ist, während man für das Absperrfurnier, das unter der Rückseite liegt, zwei oder mehrere Blätter mit Papierstreifen zusammenfügt. Es geschieht dies aus der Sorge heraus, daß bei Zusammensetzung der Absperrfurniere z. B. aus nicht ganz genau gleich starken Stücken oder nicht sehr sorgsam verbundenen Fugen, die Fuge sich durch das Vorderfurnier an der Oberfläche markiert, sobald die Oberfläche fertig abgearbeitet und poliert ist (also aus der wohl nicht unberechtigten Sorge heraus, daß man für die stärkeren Absperrfurniere wohl doch nicht zu der Fugenverbindung mit den Papierstreifen das volle Vertrauen haben kann). Furniermittellagen, die nicht stärker sind als $^1/_{12}'' = 2{,}1$ mm werden genau so behandelt, wie eben für Absperrfurniere beschrieben, während Furniermittellagen $^1/_8'' = 3{,}2$ mm stark und mehr auf gewöhnlichen Fügesägen vorgeschnitten, dann mit den Furnierfügemaschinen gefügt und auf Tapingmaschinen zusammengesetzt werden in genau der gleichen Weise, wie vorher beschrieben. Es wird jedoch in diesem Falle gewöhnlich noch eine Leimung der Fuge vorgenommen, wie in Figur 97 und 98 gezeigt.

Die Zurichtung von Absperrfurnieren und Furnieren für Mittellagen in europäischen Fabriken.

In Europa ist die Behandlung der Furniere in dieser Beziehung nicht ganz so einheitlich; so findet man in Frankreich und Schweden vielfach die amerikanische Methode angewandt, jedoch auch in Frankreich macht sich bereits der Einfluß der in den letzten Jahren in Deutschland entwickelten Methoden bemerkbar, der sich auch auf Österreich, Finnland, die baltischen Länder auszudehnen beginnt. Auch Rußland bemüht sich die deutschen Methoden einzuführen, während in Polen nur vereinzelt für diese Methode Möglichkeiten gegeben sind. Es zeigt sich, daß die Behandlung der Furniere in denjenigen Ländern mehr den deutschen Methoden sich nähert, bei denen auch die Verleimung, die in Deutschland auf warmem Wege erfolgt, so gehandhabt wird, während zum Beispiel Schweden mit der Kaltverleimung fast ganz die amerikanischen Methoden eingeführt hat.

Behandlung von Furnieren, die ungetrocknet zur Verarbeitung kommen. Ein nicht unbeträchtlicher Teil der gesamten Fabrikation von Sperrholz in Rußland, mit wenigen Ausnahmen fast alles Sperrholz, das in Polen hergestellt wird, und auch ein beträchtlicher Teil von lettischem Sperrholz wird aus ungetrockneten Furnieren hergestellt. Dieses Sperrholz ist im allgemeinen billiger als Sperrholz aus getrockneten Furnieren, wird jedoch meist nur für Verpackungszwecke, nur ausnahmsweise auch im Möbelbau da verwendet, wo man auf eine Abarbeitung der Oberflächen gar keinen Wert legt, im allgemeinen also überhaupt nur für minderwertige Zwecke. Es ist das die älteste Methode der Sperrholzherstellung in Europa gewesen. Das nasse Furnier ist elastisch, biegsam, neigt auch in größeren Stärken nicht zum Bruch. Es ist daher leicht zu hantieren. Gewöhnlich wird so verfahren, daß das Furnier gleich hinter der Schälmaschine, mit einer einfachen Furnierschere oder mit einem Klipper auf die Breite zerschnitten wird, die man zu haben wünscht, oder die sich mit Rücksicht auf das Ausschneiden von großen Ästen oder größeren Fehlstellen ergeben hat.

Auch in den genannten Ländern sind die Zeiten vorüber, in denen man nur solche Furniere für Sperrholz verwendete, die in Blättern der gewünschten Sperrholzgröße in einem Stück entfielen. Holz ist überall knapp geworden, und heute muß man auch in diesen Ländern auf größte Holzausnutzung sehen. Es ist nur bei einem geringen Prozentsatz möglich, die beiden Außenseiten mit Furnieren aus einem Stück zu versehen. Die Mittellagen werden immer aus mehreren Stücken zusammengesetzt. Bei ungetrockneten Furnieren würde natürlich das Fügen und Zusammensetzen der Fugen sehr beträchtliche Schwierigkeiten bereiten. Man begnügt sich daher bei diesem Sperrholz, an das keine größeren Qualitätseigenschaften gestellt werden, damit, die Furniere sowohl für die Mittellagen wie auch für die Rückenseiten und bei den ganz geringen Qualitäten auch für die Vorderseiten einfach mit der Schere gerade zu schneiden und sie zur Verleimung möglichst eng und in den Fugen so genau wie möglich zusammenzulegen. Natürlich gelingt das nicht immer, und deswegen ist es keine Seltenheit, wenn bei diesen billigen Sperrhölzern besonders in den Mittellagen sogenannte Überleimer auftreten oder die Fugen sperren, d. h. durch Verschieben der einzelnen Furnierblätter beim Hantieren werden diese entweder übereinander oder auseinander geschoben. Wie gesagt, wird diese Praxis selbst in Rußland in den neu entstehenden Werken bereits verlassen. Auch Lettland besitzt in seinen größeren Werken Vorrichtungen zum modernen Arbeiten, desgleichen Finnland, wie auch Österreich. In Polen gibt es nur vereinzelte Firmen, die zur neueren Methode übergegangen sind.

Die Verleimung nasser Furniere geschieht in geheizten Pressen, die später bei Besprechung der Verleimung der Furniere zum Sperrholz beschrieben werden (siehe Kapitel XVII). Jedoch auch die Wärmezufuhr während des Verleimungsprozesses genügt nicht, um den Feuchtigkeitsgehalt der Furniere genügend zu vermindern, es muß ein besonderer Trockenprozeß am fertig verleimten Sperrholz vorgenommen werden, über den in Kapitel XVIII noch gesprochen werden wird.

Die Vorbereitung von getrockneten Furnieren für die Verarbeitung zum Sperrholz. In Deutschland, wie auch in Frankreich, in einigen größeren Werken Lettlands, Österreichs, Finnlands, auch Englands usw. ist man dazu übergegangen, die Furniere nach dem Schälen in ähnlicher Weise wie in Kapitel X beschrieben zu trocknen. Man bedient sich derselben Einrichtungen, die dort eingehend erörtert worden sind.

Einzelne östliche Werke begnügen sich trotz der Trocknung, besonders bei den starken Furnieren für Mittellagen und Absperrfurniere noch damit, Furniere, die auf der gewöhnlichen Furnierschere beschnitten sind, ohne besondere Fügung oder Fugenleimung, z. B. für Mittellagen nebeneinander zu legen. Sie gehen von dem Standpunkt aus, daß die Festigkeit quer zur Faser an sich so gering ist, daß die eine unverleimte Fuge parallel zur Faser der Gesamtfestigkeit des Sperrholzes keinen Abbruch tut, und daß die Festigkeit des Papierstreifens den Nachteil nicht aufwiegt, den die Tatsache, daß man einem Papierstreifen, z. B. zwischen den Mittellagen und den Absperrfurnieren beläßt, mit sich bringt. Aber auch diese Ansicht ist in letzter Zeit, ganz besonders in Deutschland überall der Ansicht gewichen, daß ein zuverlässigeres und genaueres Arbeiten möglich wird, wenn man die Schnittkanten der Furniere sauber fügt und auf

Fugenleimmaschinen ohne Papier verleimt. Wie später gezeigt wird, wird der Leim meist auf die Mittellage aufgetragen, und zwar verwendet man gewöhnlich Leim mit recht beträchtlichem Wassergehalt. Daraus folgt, daß, besonders wenn es sich um schwache Mittellagen handelt, ein ziemlich beträchtliches Quellen derselben quer zur Faser zu erwarten ist. Es ist nun sehr schwer, beim Zusammenlegen von Mittellagen und Absperrfurnieren aus solchen nicht gefugenleimten Einzelfurnieren den Abstand zwischen den einzelnen Blättern richtig einzuhalten. Liegen die Blätter

Fig. 120. Blick in eine europäische Sperrholzfabrik. Im Vordergrund rechts eine Furnierfügemaschine. Der bogenförmige Druckbalken hält den Furnierpacken nieder, an dem auf der dem Beschauer abgewendeten Seite ein elektrisch direkt angetriebener Fügekopf vorbeigeführt wird. Links sieht man eine Schälmaschine, im Hintergrund eine schwere hydraulische Leimpresse für Warmverleimung, links davon die hydraulische Pumpe.

(Dank dem Entgegenkommen der Rheinischen Faß- und Sperrholzfabrik A.-G., Andernach.)

zu nahe, so treten Ueberleimer oder jedenfalls Stauchungen an den Fugen auf, sind sie zu weit voneinander entfernt, so treten offene Fugen auf.

Schon vor dem Trocknen wird ein Vorsortieren der Furniere vorgenommen. Es werden hierbei unterschieden Furnierblätter für Decken oder Außenfurniere, die bei dreifacher Verleimung mit den Absperrfurnieren identisch sind, ferner Furniere für Einlagen. Bei Multiplexplatten ist gewöhnlich die Qualität der Absperr- und Mittellagenfurniere die gleiche, die Außenfurniere sind meist besserer Qualität.

Da beim Trocknen stets noch ein gewisser Ausschuß eintritt, man auch bezüglich etwaiger Verfärbungen, los gewordener Äste usw. gewisse Unterschiede macht, wird gewöhnlich noch eine Nachsortierung vorgenommen. Findet man lose sitzende Äste, so wird, wenn das Furnier sonst brauchbar ist, mit einer genau arbeitenden Astlochbohrmaschine für Mittellagen oder Absperrfurniere ein kreisrundes Loch ausgeschnitten, in das ein entsprechendes rundes Furnierstück genau der gleichen Stärke eingeleimt wird.

In den meisten Fabriken werden auch die Furnierblätter, die für Mittellagen und auch für Absperrfurniere verwendet werden sollen, nach sorgsamem Trocknen gefügt, und zwar in Packen, entweder auf Maschinen,

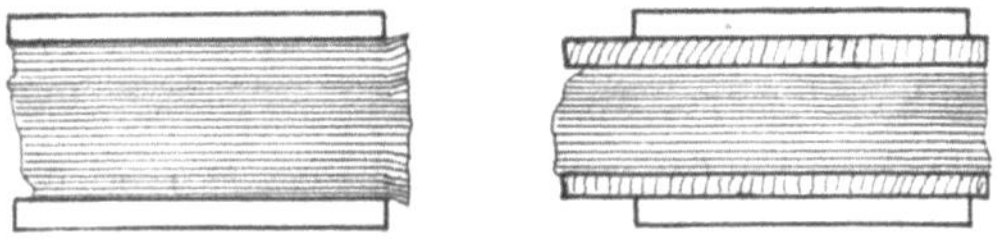

Fig. 121a und b. Furnierpacken in Spannung zum Fügen. Auf der linken Seite ohne obere und untere Zulage, auf der rechten Seite unter Verwendung von Holzzulagen oben und unten.

ähnlich solchen, wie sie in Figur 92 für Edelfurniere bereits gezeigt worden sind, teils auf Fügemaschinen, wie eine solche in Figur 120 zu sehen ist. Auf dieser Fügemaschine bleibt der eingespannte Packen von Furnieren stehen, während der umlaufende Fügefräser an der Kante des Furnierpackens in sicherer Führung vorbeigeführt wird. Diese Furnierfügen werden in verschiedenen Ausführungen gebraucht. Einige davon arbeiten nur mit einem Messerkopf wie die in Figur 120, andere, die auch nur mit einem Messerkopf arbeiten sind so ausgebildet, daß nicht der Messerkopf sich an der Furnierkante vorbei bewegt, sondern der Furnierpacken am Messerkopf. Schließlich gibt es auch solche, die mit zwei Werkzeugen arbeiten, und zwar so, daß ein Werkzeug zunächst die größeren Unebenheiten entfernt und das zweite Werkzeug noch einen Schlichtspan nimmt.

Es ist leicht erklärlich, daß man bei dem stumpfen Verleimen solcher Fugen auf die Genauigkeit der Fügung viel größeren Wert legen muß und legt als bei solchen Furnieren, die lediglich durch Papierstreifen miteinander verbunden werden. Es kommt hier nicht nur darauf an, daß die Kanten gerade sind, sondern daß sie auch genau senkrecht zur Außenfläche des Furnieres stehen. Wo dies nicht erreicht ist, gibt es keine genaue Fugenleimung. Der gewöhnliche Scherschnitt genügt nicht, es sei denn, daß sehr große, schwere Scheren benutzt werden und man unter das unterste Furnier noch eine starke Holzplatte legt, die mit abgeschert wird. Eine ähnliche

Vorsicht übt man auch in Deutschland beim Fügen von Furnieren auf den modernen Fügemaschinen. Es ist klar, daß man zwischen den inneren stählernen Preßbacken, welche die Furnierpacken zusammenhalten und der Schnittkante des Schneidwerkzeuges einen gewissen Abstand lassen muß. Hierbei zeigt sich, wie in Figur 121a, welche übertrieben gezeichnet ist, daß die Furniere etwa die dort gezeigte Stellung einnehmen werden, so daß die obersten und untersten Furniere keine Fügekanten senkrecht zur Fläche des Furniers erzielen lassen. Um dieses zu vermeiden verfährt man hier so, daß man über und unter den Furnierpacken ein etwa $^1/_2''$ (12 mm) starkes Brett aus geeignetem Holz legt, das mit gefügt wird. (Figur 121b.) Da die groben Unebenheiten bereits auf der Schere entfernt sind, ist der Schnittverlust an diesen beiden Zulagebrettern gering, jedenfalls sind die

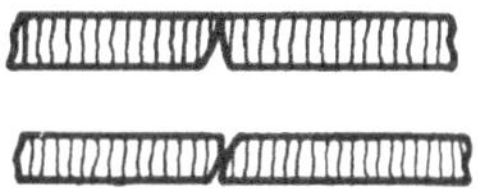

Fig. 121c. Ungenügend gefügte Kanten. Die Schnittflächen stehen nicht senkrecht zu den Oberflächen und nicht parallel zueinander.
Aus „Werkstattstechnik“ XXII. Jahrgang, Heft 11.

Ausgaben dafür geringer als die Nachteile, die man erhält, wenn man keine senkrecht zu den Furnierflächen stehenden Fügekanten erhält. Figur 121c zeigt übertrieben die Schwierigkeiten, die sich einer stumpfen Fugenleimung bei schlecht geschnittenen Kanten ergeben. Da bei der Fugenleimung, wie gleich gezeigt wird, nur eine ganz schwache Leimschicht verwendet wird, und auch die Stauchung nur gering ist, ist niemals eine gute Fuge ohne eine saubere Fügung zu erhalten. Wenn man in einzelnen Ländern mit diesem Fortschritt der Verarbeitungstechnik, der stumpfen Fugenleimung, keine guten Resultate erzielt hat, so ist das meist auf ungenügende Fügung zurückzuführen.

Eine gewisse Schwierigkeit bot das Problem, den Leim an den schmalen Fugenkanten so anzubringen, daß ein Verschmutzen der Furnierflächen an den Kanten der Furniere nicht eintrat. Dafür ist ein sehr guter Weg gefunden worden, der darin besteht, daß sofort nach dem Fügen, solange also die Furnierpacken sich noch unter Druck in der Fügemaschine eingespannt befinden, die Beleimung der Furnierkanten des ganzen Packens erfolgt. Der Druck, unter dem die Furnierkanten stehen, verhindert das Eindringen des Leimes zwischen den Kanten. Es wird nicht zu dünnflüssiger, guter Lederleim verwendet, der sehr schnell antrocknet, der jedoch unter Hitze wieder weich wird. Sobald der Leim angetrocknet ist, werden die Furnierpacken auseinander genommen. Die Fugenleimmaschinen besitzen Heizvorrichtungen, mit Hilfe derer die angetrocknete Leimschicht wieder verflüssigt wird. Durch Verwendung geeigneter chemischer Mittel, z. B. Formaldehyd oder Paraformaldehyd, die auf den angetrockneten Leim vor seiner Wiedererwärmung aufgebracht werden, erzielt man sodann ein sehr schnelles Abbinden und Trocknen der dünnen Leimschicht zwischen den Fugen.

Die gefügten Furniere werden nun stumpf parallel zur Faser bis auf die gewünschte Breite zusammengefügt. Bei dünnen Furnieren von den geringsten Stärken von 0,3 ($^1/_{80}''$) bis etwa $2^1/_2$—3 mm ($^3/_{32}$—$^7/_{64}''$) finden dieselben Maschinen Anwendung. die bei der Verarbeitung von Edelfurnieren

Fig. 122. Fugenleimmaschine fur Furniere von 0,3 bis etwa 2,5 mm ($^1/_{80}$ bis $^3/_{32}''$) Stärke. Auf dem Bilde werden Buchenfurniere miteinander verleimt.
(Dank dem Entgegenkommen von Traun & Co, Hamburg-Carlshafen und Becker & van Hüllen A.-G., Krefeld.)

bereits erläutert worden sind (s. Figur 99 und 99a). Es werden alle Arten von Hölzer auf diesen Maschinen stumpf gefugenleimt, ohne daß sich hierbei irgendwelche Schwierigkeiten ergeben. (Nur stark ästige und zu wellige Birke erfordert die Aufwendung besonderer Mühe.) Im Gegenteil, es ist natürlich leichter und einfacher, Absperr- und Mittelfurniere zu leimen, als Edelfurniere, für die diese Maschinen ebenfalls gebraucht werden. Fig. 122 zeigt eine solche Maschine größerer Bauart im Betriebe, die hauptsächlich stärkere Furniere leimt.

Für das Stumpf-Verleimen von Furnieren von $2\frac{1}{2}$ mm ($^3/_{32}''$) und mehr dient eine andere Art von Maschine. Wie vorher erwähnt, werden für die großen starken Platten Deckfurniere bis zu 4 mm ($^5/_{32}''$) Stärke regelmäßig verarbeitet. Diese andere Art von Maschinen kann aber auch für stärkere Furniere verwendet werden, wenn solche für Mittellagen benötigt werden.

Das Prinzip, nach dem diese Maschinen arbeiten, ist in Figur 123 wiedergegeben. Hinter zwei Transportwalzen L sind zwei Heizvorrichtungen P, bestehend entweder aus einer Platte unten und irgendwie gearteten Heizkörpern oben oder auch einer Platte oben vorgesehen. Hinter der unteren Platte schließt ein Holztisch an, über den einzelne Holzrahmen N angeordnet sind, die durch einen Federdruck niedergehalten werden. Die einzelnen gefügten Furnierblätter sind, wie eingangs erwähnt, bereits an den Kanten mit Leim versehen worden. Die Kanten dieser Blätter werden auf einem Schwamm, der in einem Trog T (Figur 123) angeordnet ist und der mit Formaldehyd oder Paraformaldehyd geeigneter Lösung getränkt ist, etwas angefeuchtet. Sie werden dann über den Anlagetisch A zwischen

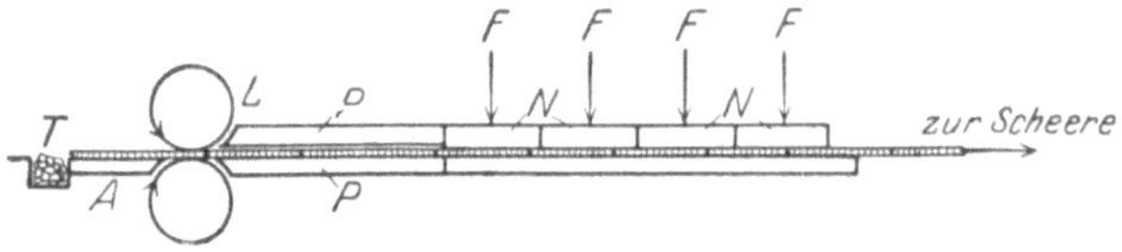

Fig. 123. Schema einer Fugenleimmaschine für Außenfurniere starker Platten und für Furniermittellagen. A Anlegetisch, T Trog für Formaldehyd mit Gummischwamm. L Leitrollen, P Beheizte Platten, N Niederhaltungen, F Federdruck

Aus „Werkstattstechnik" XXII. Jahrgang, Heft 11.

die Walzen gebracht, von diesen vorgeschoben und gegen die Kanten des vorher eingebrachten Furniers gedrückt, das im Fortschreiten durch den Federdruck, der auf dem Rahmen ruht, behindert wird. Während des Durchganges zwischen den geheizten Platten bindet der Leim ab. Es entsteht ein endloses Band von parallel zur Faser verleimten Furnierblättern, das dann in die gewünschten Breiten durch eine Schere geschnitten wird, die am Ende des unteren Tisches angebracht ist. Figur 124 zeigt eine solche Maschine während der Arbeit. Hier werden die beleimten Furnierkanten nicht, wie in Figur 123 beschrieben, angefeuchtet, sondern mit einem besonderen Filzpinsel, der hinter dem Bedienungsmann auf dem Formaldehydtopf sichtbar ist, von Hand angefeuchtet. Der Bedienende legt soeben ein neues Furnierblatt unter die obere Vorschubwalze, die mit Hilfe des Fußtritts mit dem Getriebe gekuppelt wird und soweit vorwärts läuft, bis das Ende des Furniers etwa unter der Mitte der Walze liegt. Hinter der Walze sind die Niederhaltungsrahmen zu sehen, unter der obersten befindet sich die Heizplatte, dahinter sieht man das fertig geleimte Furnierband erscheinen. Die Arbeiterin am Ende des Tisches betätigt die Fußschere. Man sieht, daß nur ein ganz kurzer Beheizungsweg notwendig ist, um eine gute Fugenleimung zu erhalten.

Welchen großen Wert man gerade in Deutschland in Fabriken, die auf hohe Qualität Gewicht legen, auf die stumpfe Fugenleimung legt, wird durch Figur 125 gezeigt, in der sich ein ganzer Saal mit 12 Maschinen ähnlicher Art befindet. In diesem Werk werden sämtliche verarbeiteten Furniere auf diesen Maschinen stumpf gefugenleimt.

Bei der Fugenleimung erhalten die Furnierblätter bereits die richtige Abmessung, die sie zur Vereinigung zum Sperrholz haben müssen. Sie

Fig 124. Fugenleimmaschine fur starke Furniere. Der Arbeiter hat vor sich einen Stapel von sauber gefügten Furnierblättern, deren Kanten bereits mit angetrocknetem Lederleim versehen sind. Hinter ihm steht ein Gefäß mit verdünntem Formaldehyd. Mit Hilfe des kleinen Werkzeuges, das auf dem Gefäß liegt, werden die beleimten Kanten mit Formaldehyd angefeuchtet. Der Arbeiter legt ein Furnierblatt unter die Vorschubwalze, die, sobald der Fußtritt betatigt wird, sich in Bewegung setzt, bis sich die vordere Furnierkante etwa unter der Mitte oder etwas hinter der Mitte der Transportwalze befindet, alsdann wird das nachste Furnier gegengeschoben usf. Hinter den Walzen sind Heizvorrichtungen und eine Federniederhaltung vorgesehen, die auf dem Bilde sichtbar ist, alsdann tritt das fertig gefügte breite Furnierband frei auf den unteren Tisch aus und wird meist mit Hilfe einer Fugenschere auf die richtige Breite geschnitten.

(Dank dem Entgegenkommen der Firma Industrie fur Holzverwertung A.-G., Altenessen.)

wandern nun auf entsprechenden Transportvorrichtungen mittels Hubtischen, Hubkarren, in neuerer Zeit auch auf Transportbändern zum Pressenraum. Wir werden später sehen, wie sie dann weiter verarbeitet werden. Soviel sei hier bereits gesagt, daß Deckfurniere, die in der beschriebenen Weise zusammengesetzt sind, auch mit den dünnsten Edelfurnieren quer zur Faser überzogen werden können, ohne daß sich die Fugen markieren, wenn nur die Fugenleimung kunstgerecht vorgenommen worden ist. Natürlich wird man in solchen Fällen, in denen man an die Oberfläche gefügter Deckblätter besondere Anforderungen stellt, nach dem

Fig. 125. Eine Batterie von 12 Fugenleimmaschinen zum Stumpfleimen von Furnieren. Vorn ist der Trog mit Formaldehyd zum Anfeuchten der beleimten Furnierkanten sichtbar Am Ende der Maschine sind bei einzelnen die Scheren zu sehen

(Dank dem Entgegenkommen der Firma J. Bruning & Sohn A.-G., Potsdam-Rehfelde.)

Verleimen zum Sperrholz, diese Deckblätter entweder schleifen oder ziehklingen. Es fällt heute keinem Menschen mehr ein, für die Decken großer Platten z. B. von 1,60×4,60 m ((63×181″) Schälfurniere aus einem Stück vorzuschreiben, weil jeder Fachmann genau weiß, daß derartige Deckblätter Parade- und Zufallsstücke sind, die durch sorgsame Einzelbehandlung im Trockenprozeß usf. als ganze Stücke erhalten bleiben. Es denkt aber auch niemand daran, eine große und starke Platte deswegen als minderwertig ansprechen zu wollen, weil die Decke aus mehreren Furnieren zusammengesetzt ist. Der Fachmann weiß, daß sie durchaus vollwertige und hochwertige Sperrholzplatten darstellen.

Bisher wurden nur diejenigen Furniere besprochen, die für Mittellagen, Absperrfurniere und Decken der schwachen Platten verwendet wurden, wie auch für Außenfurniere der starken Platten.

Es müssen jetzt noch die Furniere erwähnt werden, die zur Mittellage von Stäbchenplatten verarbeitet werden.

Auch diese Furniere werden sorgsam getrocknet und auf Furnierscheren parallel besäumt, größtenteils möglichst gleich auf dieselbe Breite. Sie sind jetzt dazu fertig, auf besonderen Maschinen zu Blöcken verleimt zu werden, ähnlich solchen, wie sie in Figur 113 gezeigt sind. Da es sich hierbei bereits um einen Verleimungsprozeß in größerem Umfange handelt und im übrigen dieser Arbeitsvorgang mit einem Teil dessen übereinstimmt, der für die Tischlerplatteneinlagen aus geschnittenem Holz angewendet wird, möge dieser Prozeß später bei der Herrichtung von Mittellagen aus geschnittenem Holz mit behandelt werden (s. Kapitel XV). Als Furniere sind sie nach dem Trocknen und Zuschnitt fertig zur Verleimung zum Block.

Kapitel XV.

Schnittholzeinlage und ihre Zurichtung.

Wenn auch der konstruktive Aufbau der starken Platte, wie er in Amerika üblich ist, von dem sehr stark abweicht, der im Kapitel XIII für Europa beschrieben worden ist, so gehen doch die Mittellagen beider Arten von Bretterschnittmaterial aus, und die Behandlung dieser Bretter bis zur Verarbeitung für Mittellagenholz ist die gleiche.

In Amerika weisen die besseren Sperrholzqualitäten schön gemaserte Außenfurniere auf, die auf einer Schnittholzmittellage in 5facher Absperrung aufgebracht werden. Es ist von der allergrößten Wichtigkeit, daß die Schnittholzmittellage so vorbereitet wird, daß sie eine glatte, gesunde Fläche und dauerhafte Unterlage für das dünne und leicht zerbrechliche Furnier ergibt. Das Gleichnis von dem Hause, das auf Sand gebaut ist, kann im vorliegenden Fall dahin abgewandelt werden, daß man sagt, das Furnier, das auf eine ungeeignete Unterlage aufgeleimt ist.

Wirtschaftliche Holzqualitäten.

Art und Qualität des Holzes hängen von der Qualität des Endproduktes und von der Vorliebe der Käufer und Verkäufer für die eine oder die andere Holzart ab. In Amerika werden vorzugsweise Kastanie und Pappel allgemein für Mittelholz benutzt, weil sie sich leicht verarbeiten und verleimen lassen, wohlfeil im Preise sind und nicht so sehr zum Werfen, zum Schrumpfen und Quellen neigen, wie viele andere Hölzer. Gum wird, wo es der Preis gestattet, ausgiebig ebenfalls für Mittellagen benutzt. Viele halten es der Pappel für völlig gleichwertig, da es dichter ist und sich glatter bearbeiten läßt, jedoch erfordert es mehr Sorgfalt beim Trockenprozeß. Es werden auch viele andere Hölzer zu Mittellagen verwandt, wie Birke, Ahorn, Eiche und Nadelhölzer, je nach dem Verwendungszweck, der Möglichkeit ihrer leichten Beschaffung und letzten Endes je nach ihrem Preise.

In Europa und besonders in Deutschland kommen fast ausschließlich Weichhölzer für starke Platten zur Verwendung, wie Kiefer und Fichte, in einzelnen Ländern auch Pappel, soweit wie Tischlerplatten in Frage kommen. Für Stäbchenplatten kommen außer Weichhölzern auch noch die verschiedenen Gaboonarten in Frage. Die Fachleute sind sich keineswegs darüber einig, welche Holzqualitäten man für den Aufbau der Mittellagen am zweckmäßigsten verwendet. Ein Teil der Fabrikanten rechnet sich eine größere Wirtschaftlichkeit bei der Verwendung von hohen Qualitäten, die entsprechend teurer sind, aus, da diese weniger Bearbeitung erfordern und weniger Abfälle bei der Herrichtung zu Mittellagen ergeben, während ein anderer Teil der Fabrikanten der Meinung ist, daß man sich besser steht, wenn man eine billigere Mittelqualität benutzt, trotzdem bei ihr mit mehr Abfällen und mit mehr Arbeit zu rechnen ist. Es gibt keine festen Regeln, die auf alle Fälle zutreffen, jedoch ist jeder Fabrikant in der Lage, durch genaue Nachkalkulation die wirklichen Nettokosten der Mittellage für den Zustand festzustellen, in der sie zur Weiterverarbeitung kommen und so den wirtschaftlichsten Weg zu finden. Die starken Preisschwankungen für Holz können natürlich auch das eben erwähnte Resultat von Zeit zu Zeit ändern, und der Marktlage entsprechend auch eine Änderung in der Wahl der Holzqualität herbeiführen.

In Amerika ist jedenfalls bemerkenswert, daß die Fabrikation von Sperrholz mit Schnittholzmittellage die Nachfrage nach den niedrigeren und für andere Zwecke unbrauchbaren Holzqualitäten hat ansteigen lassen. Die vermehrte Benutzung von Sperrholz ist ein wichtiger Faktor für die Konservierung der rapid abnehmenden Waldprodukte der Welt.

Auch in Deutschland gehen die Meinungen, welche Holzqualitäten man für den Aufbau der Mittellage verwenden sollte, wesentlich auseinander. Die Meinung weniger oder schlecht informierter Leute, daß man aus minderwertigen, schlechten Brettern hochwertige Sperrholzmittellagen fabrizieren kann, ist wohl so ziemlich im Aussterben. Auch für Sperrholzmittellagen kann man nur völlig gesundes Holz verwenden. Die Frage, um die es sich dreht, ist, da mit wenigen Ausnahmen die Sperrholzfabriken keine eigenen Sägewerke besitzen, sondern das Mittelholz kaufen, die, ob sie besser dabei fahren, das Holz in gewissem Sinne auf gleiche Dimensionen zugeschnitten, also parallel besäumt, in fixen Längen zu kaufen oder ob sie das Schnittholz so kaufen, wie es vom Stamm entfällt und das Zuschneiden der Bretter, auch in der Breite, so daß sie zu Blöcken verleimt werden können, selbst besorgen. Das ist auch hier eine reine Kalkulationsfrage. Verschiedenheiten in den Marktpreisen für fertiges Sperrholz sind nicht selten auf fehlerhafte Kalkulation auf diesem Gebiet zurückzuführen. Der Fabrikant kann sich nur vor Schäden bewahren, wenn er genau so, wie der Amerikaner, eine genaueste Selbstkostenberechnung für die verleimten fertigen Mittellagen aufstellt.

Künstliche Trocknung.

Viele Gründe sprechen für das künstliche Trocknen von Holz. Unzweifelhaft ist der wichtigste Grund für die künstliche Trocknung, sowohl von Schnittholz, wie von Furnieren der, daß bis zur Einführung der künstlichen Trocknung immer noch ein gewisser Betrag an Säften und Feuchtigkeiten im Holz verblieben ist. Solange dieser natürliche Holzbestandteil nicht gründlich durch Lufttrocknung und künstliche Trocknung entfernt worden ist, besteht immer die Gefahr des Auftretens innerer Spannungen, die Ursache für Verwerfen, Verdrehen und Windschiefwerden, die nicht künstlich getrocknete Ware für die Sperrholzindustrie ungeeignet machen. Ein Holz mit einem Feuchtigkeitsgehalt zwischen 3—7 % (von dem Darrgewicht, also von dem Gewicht der völligen Trockenheit ausgehend, s. Kapitel X) ändert praktisch seine Abmessungen nicht mehr, das heißt, es schrumpft weder, noch quillt es merklich, ist also in normaler Atmosphäre sozusagen neutral, mit anderen Worten, Holz, das so getrocknet ist, wird unter den Feuchtigkeits- und Temperaturverhältnissen, welche in den Fabrikationsräumen oder auch Lagerräumen für die Aufbewahrung oder Verarbeitung von getrocknetem Holz herrschen, nicht mehr Feuchtigkeit aus der Luft aufnehmen oder an sie abgeben, als diesem normalen Zustand entspricht.

Waren, die aus Hölzern mit dem oben angegebenen Feuchtigkeitsgrad hergestellt worden sind, sollten an allen Flächen durch Anstrich oder Lackieren geschützt, d. h. abgearbeitet werden, da rohe Oberflächen oder Schnittflächen bei Veränderung der atmosphärischen Bedingungen wieder zur Veränderung der Dimension des Holzes führen können. In Amerika hält man es vom wirtschaftlichen Standpunkt aus für unmöglich, den gewünschten Trockenheitsgrad durch Lufttrocknung allein zu erzielen, während man — nach Meinung der Amerikaner — in England und auf dem Kontinent dem Holz noch jahrelang Zeit läßt, an der Luft vollkommen trocken zu werden.

Diese Information über die europäischen Verhältnisse dürfte nicht mehr zutreffen. Weder verfügt Europa über die Kapitalien, die es ihm ermöglichen, die enormen Werte, die im Holz stecken können, jahrelang unverzinst liegen zu lassen, noch ist man nicht auch in Europa bereits seit Jahren zu der Erkenntnis gekommen, daß man mit künstlicher Trocknung genau so gute, wenn nicht bessere Waren erzielen kann, wie man sie früher nur glaubte durch mit jahrelang natürlich getrocknetem Holz erzielen zu können. Nicht zuletzt haben die grundlegenden Arbeiten, die in Amerika im Forest Products Laboratory über die wissenschaftlichen Grundlagen der Holztrocknung gemacht worden sind, dazu beigetragen, die letztgenannte Erkenntnis auch in Europa weitgehendst zu verbreiten.

Die Theorie der künstlichen Trocknung von Holz. Es wäre ein vergebliches Unterfangen in dem engen Rahmen, der für die Behandlung der Trocknung hier zur Verfügung steht, eine vollkommene Theorie der Holztrocknung zu entwickeln, es kann nur in großen Zügen hierüber gesprochen werden, insoweit, als es zum weiteren Verständnis der Entstehungs- und Verwendungsfähigkeit von Sperrholz notwendig ist*). Bringt man das Problem der Holztrocknung auf eine einfache gemeinverständliche Formel, so handelt es sich um die Umwandlung von Flüssigkeit in Dampf, und zwar um die Flüssigkeit, die im Holz und seinen Zellen vorhanden ist. Nach der Überführung in Dampf ist weiter dafür zu sorgen, daß zirkulierende Luft diesen Dampf abführt und durch trockene Luft ersetzt wird, die in der Lage ist, weitere Dämpfe aufzunehmen und zu entfernen. Das soeben skizzierte Prinzip ist dasselbe, gleichgültig, ob die Trocknung in der Nähe des Gefrierpunktes oder in der Nähe des Siedepunktes des Wassers vor sich geht, im Freien unter der natürlichen Einwirkung der Sonne, des Windes oder in der Kammer und dem Kanal unter Einwirkung künstlich erhitzter und umgewälzter Luft. Hält man sich dieses Prinzip klar vor Augen, so wird man leicht seine Anwendung in jedem der nach beschriebenen Verfahren verfolgen können.

Die Feuchtigkeitsmenge, die jeder cbm Luft zu tragen vermag, ändert sich mit der Temperatur nach folgender Tabelle:

Absoluter Feuchtigkeitsgehalt der Luft in g/cbm

Temperatur	Feuchtigkeitsgehalt in 1 cbm gesättigter Luft	Temperatur	Feuchtigkeitsgehalt in 1 cbm gesättigter Luft
10° C	9,2 gr	60° C	130,1 gr
20° C	17,3 ..	70° C	198,0 „
30° C	30,2 „	80° C	293,3 „
40° C	50,9 „	90° C	423,5 „
50° C	83,0 „	100° C	598,4 „

In Figur 126a sind diese Zahlen in Form einer Kurve gegeben. Man sieht, daß, sobald 100° überschritten wird, bei normalem Druck die Fähigkeit Feuchtigkeit aufzunehmen, wieder zurückgeht. Kurz gesagt, wird Luft bei einer Temperatur von 40° C ungefähr 5½mal soviel Wasser in sich aufnehmen können als eine Luft von nur 10° C; Luft von 100° C un-

*) Unter dem Titel „The Kiln Drying of Lumber" ist von A. Köhler und R. Thelen ein ganz vorzügliches kleines Buch erschienen, das in vorbildlicher Weise sich mit der Trocknung von Holz befaßt. Wer der englischen Sprache mächtig ist, dem wird empfohlen, das Werk im Urtext zu lesen. Es ist auch eine deutsche Übersetzung von P. Warlimont erschienen, in der jedoch das Buch verschiedene Kürzungen erfahren hat.

gefähr 20mal soviel Wasser als Luft von 30° C und 34½mal soviel als Luft von 20° C.

Der Brauch, im Hause feuchte Kleider auf Heizkörper zu legen oder feuchte Schuhe unter den Ofen zu stellen, oder auch ein feuchtes Handtuch über die Heizkörper zu breiten, ist die tägliche Nutzanwendung dieser wissenschaftlichen Tatsache. Erwärmung erhöht sehr schnell die Fähigkeit der Luft Feuchtigkeit zu tragen. Will man eine Trocknung erzielen, so muß die mit Feuchtigkeit beladene Luft schnell fortbewegt und trockne (meist kühlere) Luft zugeführt werden, um den Kreisprozeß der Trocknung

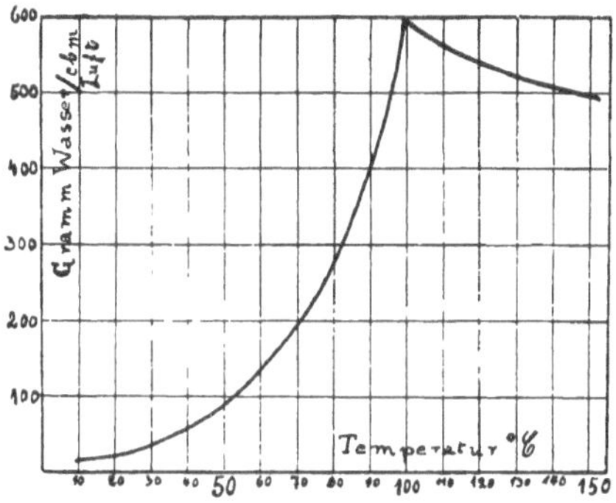

Fig. 126a. Wasseraufnahmefähigkeit der Luft in Abhängigkeit von der Temperatur.

aufrecht zu erhalten. Die Fähigkeit, bei einer bestimmten Temperatur noch eine Trocknung zu bewirken, hört auf, wenn die Luft mit Feuchtigkeit gesättigt ist, sie muß durch frische, ungesättigte Luft ersetzt werden, will man den Trockenprozeß fortsetzen. Geschlossene Räume ohne Luftwechsel können daher zum Trocknen wirksam nicht verwendet werden. Es gibt noch keine Meßmethode, die ohne Tabelle oder Umrechnung, ohne weiteres erkennen läßt, wieviel Feuchtigkeit die Trockenluft bei der betreffenden Temperatur abführt, wenn sie durch die Trockeneinrichtung gegangen ist, wohl aber kann man messen, welchen Prozentsatz der Gesamtfeuchtigkeit, den die Luft bei einer bestimmten Temperatur zu tragen vermag, tatsächlich von der Luft an irgendeiner Stelle, sei es beim Eintritt der Luft zum Trockengut, sei es beim Verlassen des Trockenraumes oder an irgendeiner anderen Stelle, mit sich trägt. Diese Zahlen nennt man den relativen Feuchtigkeitsgehalt der Luft. Er gibt einen Maßstab dafür, welche Trockenleistung man mit ihr noch vollbringen kann. Da, wie oben gezeigt, dieselbe Menge von Feuchtigkeit in 1 cbm Luft z. B. von 30,2 gr bei 30° C 100% der Gesamtfeuchtigkeitsaufnahmefähigkeit entspricht, während bei Erwärmung der Luft auf eine höhere Temperatur von z. B. 70° C hierbei die relative Feuchtigkeit nur 15° C betragen würde, mithin die Fähigkeit, Feuchtigkeit aufzunehmen, mit höherer Temperatur steigt, ist ohne weiteres klar, daß nicht nur die relative Feuchtigkeit als Maßstab benutzt werden muß, sondern auch die Temperatur und daß nur beide gemeinsam Schlußfolgerungen darüber zulassen, ob die Trockenluft wirtschaftlich ausgenutzt ist oder nicht.

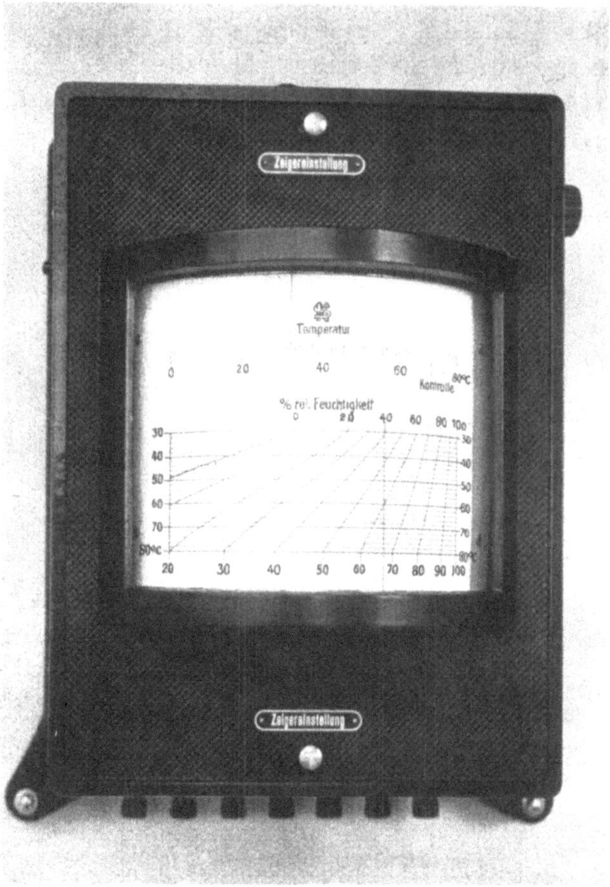

Fig. 126b. Elektrischer Psychometer. Obere Skala zeigt die Temperatur, der Zeiger steht auf 32° C. Die untere Skala zeigt in den schrägen Linien die relative Feuchtigkeit in %. Der Zeiger kreuzt bei der wagerechten Temperaturlinie von 32° C die Linie bei etwa 40% rel. Feuchtigkeitsgehalt. An der Meßstelle hat die Luft demnach eine Temperatur von 32° C bei etwa 40% rel. Feuchtigkeitsgehalt.
(Dank dem Entgegenkommen von Keiser & Schmidt, Berlin-Charlottenburg.)

Ferner kann die Messung dieser beiden Zahlen auch dazu herangezogen werden, um ein ziemlich genaues Bild über den Verlauf des Trockenvorganges zu geben.

Es sind Meßapparate konstruiert worden, welche mit genügender Genauigkeit diese Zahlen feststellen lassen. Die Figur 126b zeigt einen solchen

Apparat, den man Psychrometer nennt. Es sind zwei Skalen sichtbar. Der Zeiger der oberen zeigt die an der Meßstelle herrschende Temperatur. Die untere Skala zeigt eine Reihe paralleler Linien, welche Temperaturgrade sind. Die schrägen Linien sind die Grade der relativen Feuchtigkeit. Auf dem Bilde steht der Zeiger der oberen Skala auf etwa 32° C. Verfolgt man den Wert von 32° C auf der Linie der unteren Skala bis zum Stand des Zeigers, so findet man, daß der relative Feuchtigkeitsgrad, an den schrägen Linien, an dieser Stelle abgelesen, etwas über 40% beträgt.

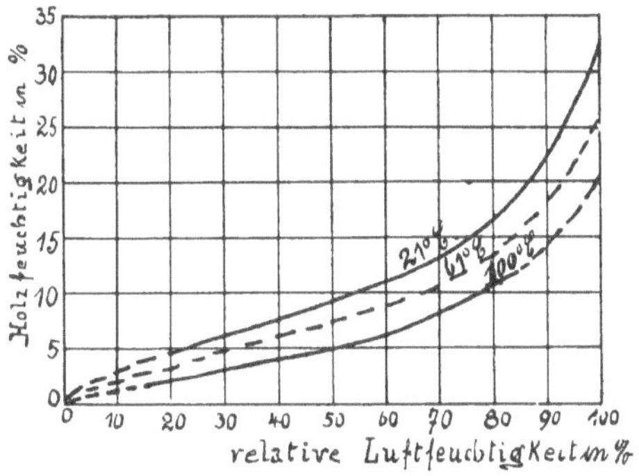

Fig. 126c. Beziehung zwischen rel. Luftfeuchtigkeit und Holzfeuchtigkeit.

Es sei an dieser Stelle darauf hingewiesen, daß nicht etwa eine Verwechslung zwischen dem relativen Feuchtigkeitsgehalt der Luft und dem Feuchtigkeitsgehalt des Holzes vorkommen darf. Es ist ein Irrtum anzunehmen, daß, wenn man z. B. Holz bei einer bestimmten Temperatur, sagen wir etwa 21° C (70° F), einer relativen Feuchtigkeit der Luft von 68% aussetzt, nach genügend langer Zeit nun auch das Holz 68% Feuchtigkeit aufweisen müßte, das ist nicht der Fall. Trocknet man nasses Holz durch Luft der genannten Temperatur und Feuchtigkeitsgehalt, so kann man das Holz bis auf etwa 13% Feuchtigkeitsgehalt herunter trocknen oder, hat das Holz einen niedrigeren Feuchtigkeitsgehalt als 13%, und beläßt man es lange genug in einer Luft von 21° C (70° F) und 48% Feuchtigkeit, so nimmt es aus der Luft wieder Feuchtigkeit bis zu etwa 13% auf, vorausgesetzt, daß keine Verschalung in beträchtlichem Maße eingetreten ist. Mit anderen Worten, der hygroskopische Gleichgewichtszustand von Holz liegt für 21° C (70° F) und 68% relativer Luftfeuchtigkeit bei 13% Feuchtigkeitsgehalt. Natürlich sind diese Zahlen nicht völlig genau, da der Feuchtigkeitsgehalt im Holz durch den ganzen Querschnitt nicht der gleiche ist. Bei höherer Temperatur und demselben Feuchtigkeitsgehalt der Luft ist der Feuchtigkeitsgehalt des Holzes, der diesem Gleichgewichtszustand entspricht, niedriger.

In Figur 126c ist in der Kurve für 21°, 61° und 100° C (70°, 142° und 212° F) die Beziehung zwischen dem Feuchtigkeitsgehalt des Holzes und der relativen Luftfeuchtigkeit aufgestellt. Die ersten beiden Kurven sind gemessen, die mittlere ist aus den beiden errechnet*). Die gemessenen Werte der Figur 126c sind an neun verschiedenen Holzarten festgestellt, und zwar hat sich merkwürdigerweise gezeigt, daß man annehmen kann, daß die Kurven für alle Holzarten gelten. Diese Kurve gibt eigentlich auch erst die Erklärung dafür, warum man überhaupt mit feuchter Luft trocknen kann und gibt ferner wertvolle Winke dafür, wie Luft, Temperatur und Feuchtigkeit in den Räumen gehalten werden müssen, in denen das getrocknete Holz weiter verarbeitet und gelagert wird.

Es ist sehr wichtig, den Verlauf der Trocknung zu überwachen, denn die Trocknung kann stets nur so erfolgen, daß die Feuchtigkeit, die an der Oberfläche ist, verdampft. Es muß daher Sorge dafür getragen werden, daß die im Innern des Holzes befindliche Feuchtigkeit an die Oberfläche gelangen kann um dort zu verdampfen. Ein zu schnelles Trocknen der Oberfläche kann die unangenehme Erscheinung der Verschalung (casehardening) herbeiführen, die nicht nur die völlige Trocknung außerordentlich erschwert, wenn nicht unmöglich macht, sondern vor allen Dingen auch Spannungen in das Holz hineinträgt, die bei der späteren Bearbeitung zum Verwerfen und Zerreißen führen können. Es darf eine gewisse Geschwindigkeit der Feuchtigkeitsabgabe nicht überschritten werden, und zwar bildlich ausgedrückt muß die Verdampfung der Feuchtigkeit an der Oberfläche wieder in einem gewissen Zusammenhang mit der aus dem Inneren nach außen abfließenden Feuchtigkeit stehen.

Feuchte und trockene künstliche Trocknung. Es sind zwei Hauptmethoden in der Holztrocknung in Anwendung; die feuchte und die trockene, so eigenartig diese Feststellung sich anhören mag. Wie schon ausgeführt, trocknet die Oberfläche des Holzes schneller als das Innere, und diese Verschiedenheit entwickelt innere Spannungen, die das Holz entwerten können. Die Feuchtigkeit aus der Mitte der Bretter muß sich durch die trockene Oberfläche hindurcharbeiten. Hält man die Oberfläche in einem feuchteren Zustand, so wird dadurch die Entfernung der Feuchtigkeit aus der Mitte erleichtert.

Die Befürworter der trockenen Methode halten ein Dämpfen oder Sprühen des Holzes als Teil der Trockenoperation für überflüssig, bemühen sich vielmehr, die Feuchtigkeit aus dem Innern des Holzes durch die trockene Oberfläche hindurch zu bringen. Sie stehen auf dem Standpunkt,

*) Diese Angaben, wie auch das Bild, sind dem bereits zitierten Buch von Köhler und Thelen, in der deutschen Uebersetzung von Warlimont entnommen. Es ist dort angegeben, daß die Kurve für 61° etwas tiefer liegt. Es fehlen noch genauere Angaben.

daß jede Hinzufügung von Wasser, sei es in der Form von Dämpfen oder Sprühen, den Wassergehalt erhöht, der verdampft werden muß. Immerhin müssen sie zugeben, daß eine trockene Oberfläche den Trockenprozeß verzögert (genau so, wie Fließpapier in trockenem Zustande Tinte weniger schnell aufnimmt, als wenn es ein wenig angefeuchtet ist) und daß es schwierig ist, inneren Spannungen vorzubeugen.

Diejenigen, welche die feuchte Methode vorziehen, betrachten das Dämpfen des Holzes als eine Vorbereitung zum Trocknen. Es erleichtert die Lösung des Zelleninhaltes, macht diesen beweglicher. Der Weg, den die Feuchtigkeit aus dem Innern nach der Oberfläche zurückzulegen hat, wird leichter passierbar gemacht.

Sowohl Theorie als Praxis scheinen die feuchte Methode zu begünstigen, da die Arbeit, die zur Verdampfung der erhöhten Feuchtigkeit notwendig ist, durch die größere Geschwindigkeit der Trocknung mehr als ausgeglichen wird, ferner durch die Verringerung innerer Spannungen und die höhere Temperatur, die ohne Gefahr angewendet werden kann.

Die drei Typen von Trockenräumen (Kilns). Die drei Haupttypen, in die man die Holztrockenanlagen einteilen kann, sind in Figur 127 gezeigt.

1. Mechanische Luftbewegung (Blower). Mechanische Luftbewegung oder Zirkulation, gleichgültig, ob mit Saugluft oder Druckluft. Die mit Feuchtigkeit beladene Luft wird gewöhnlich nach außen befördert.

2. Kondensationstype (Condenser). Gewöhnliche Luftbewegung, verursacht durch das mit verändertem Feuchtigkeitsgehalt ebenfalls veränderte Gewicht, wobei die Luft über Vorrichtungen geht, die entweder die Feuchtigkeit abführen oder kondensieren, und zwar einmal in jedem Umlauf.

3. Natürliche Luftbewegung (Ventilated). Die frische Luft strömt ein und verbrauchte Luft strömt ab unter Benutzung der fundamentalen physikalischen Gesetze zur Erzielung einer inneren Luftzirkulation.

Um den Trochnungsverlauf in den vorgenannten Typen richtig verstehen zu können, muß das Problem der Abführung der Feuchtigkeit, die durch die Trocknung entzogen werden soll, vom Standpunkt des Holzes, hier kurz gestreift werden. Bei der natürlichen Trocknung in der Luft wird mehr Feuchtigkeit von der Oberfläche als von der Mitte abgeführt. Mit Rücksicht auf die Länge und Breite der Bretter erfolgt die Trocknung mehr durch die große flache Fläche als durch die Kanten und Ecken. Das unvermeidliche Ergebnis einer solchen Trocknung ist, daß die Oberfläche trockener ist als das Innere, und daß aus diesem Grunde luftgetrocknete Ware inneren Spannungen ausgesetzt ist, die sich nicht selten durch Werfen, Krummwerden oder andere unregelmäßige Veränderungen in der Form zeigen. Das Problem, das hier zu lösen ist, ist das, auch dem Innern des Holzes die Feuchtigkeit zu entziehen und die äußeren Schichten, wie auch das Innere zum selben Trockenheitsgrad zu führen.

Würden beim Trocknen von Holz diese Schwierigkeiten nicht vorhanden sein, so würde sicher bei mechanischer Luftbewegung die Trocknung sehr schnell erfolgen können, wenn man entsprechende Energiemengen aufwendet, während die Trocknung nach dem Kondensationsprinzip langsamer und unter geringeren Kosten erfolgen würde.

In Amerika wird hauptsächlich die künstliche Trocknung mit natürlicher Luftbewegung benutzt. Ist die Anlage richtig entworfen und wird dem verfolgten Trockenprinzip entsprechend richtig gearbeitet, so erhält man sowohl, was die Trockengeschwindigkeit, als auch was die aufgewendeten Kosten anbelangt, zufriedenstellende Ergebnisse.

Die Hauptschwierigkeiten liegen in der Natur des Holzes, und diese sind gewöhnlich viel zu wenig bekannt. Während des Trockenvorganges sollten die Holzfasern weder äußeren noch inneren Beanspruchungen ausgesetzt werden, praktisch ist es jedoch unmöglich, solche völlig spannungslosen Hölzer zu erzielen. Die Spannungen, welche beim Trocknen auftreten, auf ein Mindestmaß zu beschränken, ist, wenn man das Holz vor Schaden bewahren will, die Hauptaufgabe bei der Trocknung, der sich gewöhnlich im Reißen, Werfen und in der Verschalung ausdrückt. Die Gefahr innerer Spannungen wächst naturgemäß mit der Stärke des Holzes, das zu trocknen ist, d. h., ein Furnier von $^1/_{16}''$ Stärke = 1,6 mm besteht praktisch nur aus der Oberfläche. Es können daher innere Spannungen beim Trocknen kaum auftreten, während die Trocknung eines 4″ starken (102 mm) Eichenbrettes ein sehr schwierig zu lösendes Problem ist.

Trocknung mit künstlicher Luftbewegung. Das eben Gesagte führt zu dem logischen Schluß, daß da, wo es sich um keine namhafte Stärke handelt, wie z. B. in Fällen von Furnieren, die schnelle Luftbewegung einer Anlage mit mechanischer Belüftung die Feuchtigkeit schnell abführen wird, ohne große Gefahr mit sich zu bringen, sobald es sich aber um größere Stärken handelt, von ½″ (12,7 mm) und mehr, ist es leicht möglich, daß die schnelle Luftbewegung eine unregelmäßige Trocknung und unnötige innere Spannungen mit sich bringt, die zu Schädigungen des Holzes führen kann.

Kondensationstype. Bei der Kondensationstype gestattet der langsame Verlauf des Trockenprozesses eine sehr genaue Kontrolle, aber die geringe Leistung kann zu unwirtschaftlichen Anlagekosten für die Trockenanlage führen. Tatsächlich haben Fachleute häufig die Trockenkammern nach dem Kondensationsprinzip empfohlen, ohne dabei die wirtschaftliche Seite genügend beachtet zu haben. Eine praktische Erfahrung an solchen Kammern, die für Kriegslieferungen im Betriebe waren, hat gezeigt, daß die Trockenqualität nicht besser war, als diejenige, die man mit der bestbelüfteten Type erreichen konnte, während sie für dieselbe Leistung ungefähr doppelt so viel Kammern benötigte, die außerdem noch pro Kammer die doppelten Anschaffungskosten erforderten, mit anderen Worten, es wurde ungefähr viermal so viel Kapital benötigt, ohne daß man in der Qualität der Trocknung und in der Betriebssicherheit bemerkbare Gewinne hätte erzielen können.

Trockeneinrichtungen mit natürlicher Belüftung. Für die Ausführung dieser Art Trockenkammern unterscheidet man drei Klassen, solche mit dem Luftauslaß oben, an der Seite und unten. Es sollen hier die meist gebräuchlichen und bekannten beschrieben werden, ohne daß die betreffenden Fabrikanten genannt werden (s. Figur 128).

Die Zahl der Luftwechsel pro Stunde soll nicht zu groß gewählt werden, es genügt, wenn die Prüfung durch Anemometer drei oder vier völlige Luftwechsel pro Stunde anzeigt. Die Entziehung von Wasserdampf aus den Hohlräumen des Holzes darf nicht zu schnell vor sich gehen. Ist die Luftgeschwindigkeit eine zu große, so kommt man zu demselben Übelstand wie bei den mechanisch belüfteten Kanälen, d. h. zu einer zu schnellen Trocknung.

Die erste Klasse zeigt den Luftauslaß oben, entweder direkt durch die Decke mit kleinem Aufsatz auf dem Dach oder durch Öffnungen in den Seitenwandungen nahe unter der Decke. Die Frischluft wird gewöhnlich möglichst nahe am Fußboden zugeführt, und die Luftbewegung geht von unten nach oben. Es ist klar, daß bei dieser Type das Hauptproblem das ist, dafür zu sorgen, daß die aufsteigende Luft genügend Feuchtigkeit vom Holz nach den Auslässen führt.

Die zweite Type, mit Auslässen an der Seite, hat meist die Frischluftzuführung am Boden. Diese Type läßt sich weniger wie die oben beschriebene und die dritte theoretisch begründen. Es besteht hier aber die Gefahr eines Kurzschlusses in der Luftbewegung quer über die Ecken, es entstehen Luftsäcke mit ungenügender Luftbewegung, so daß dort der Trockenprozeß zurückbleibt. Wenn diese Art von Trockenkammern zum Vortrocknen von Schnittholzmaterial, z. B. lediglich zu dem Zweck der Frachtersparnis dienen, so kann man bei Anwendung genügend hoher Temperaturen auch mit ihnen hierfür genügende Resultate erhalten.

Die dritte Type, die oft auch als Ausführung mit umgekehrter Ventilation bezeichnet wird, zeigt eine Luftbewegung von oben nach unten. Die Fischluft wird durch die Decke oder seitlich nahe unter der Decke zugeführt, während die feuchte Luft sich in der Grube unterhalb des Holzstapels sammelt. Diese Methode hat sich als sehr wirksam für die Bewegung von mit Feuchtigkeit schwer beladener Luft gezeigt und als sehr geeignet für gleichmäßige Trocknung von Holz erwiesen. Wenn irgendein Teil der Luft in der Kammer eine beträchtliche Menge Feuchtigkeit aufgenommen hat, wird ihre Temperatur sinken, das Gewicht der Luft steigt und sie sinkt nach unten. Schwere Luft, die sich in eine Grube gesetzt hat, läßt sich nicht leicht durch einen Holzstapel wieder nach oben ziehen. Mit Hilfe von dampfgeheizten Rohren kann man dieses jedoch erreichen. Man erreicht durch die Erwärmung ferner die Sicherheit, daß das Wasser nicht innerhalb der Stapel oder am oberen Ende der Auslässe kondensiert. Für Qualitätsarbeit erfordert auch diese Type von Kammern eine sorgsame Regelung der drei wichtigsten Faktoren, nämlich Temperatur, Feuchtigkeitsgehalt und Luftbewegung.

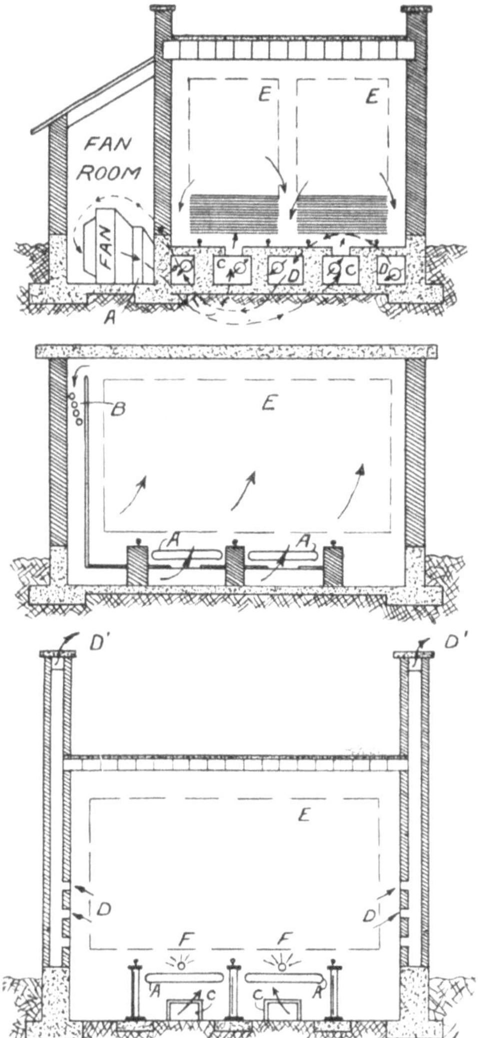

Fig. 127. Drei Typen von Trockenräumen. Druckluftbetrieb oben, Kondensationsbetrieb in der Mitte. Natürliche Luftbewegung unten.
(Dank dem Entgegenkommen von Wood Working Industries.)

In Europa wird für die Trocknung des Mittelholzes die Kondensationstype kaum irgendwo benutzt.

Von Trockenkammern, die in Anwendung sind, wird auch hier meistens nach dem Prinzip der natürlichen Ventilation gearbeitet. Figur 129 zeigt die Eingänge einer Batterie von vier derartigen Kammern, von denen die letzten drei gerade im Betriebe sind, während die mit Nr. 1 bezeichnete Kammer in Reserve steht. Es sind an der einen Tür noch kleine Beobachtungsklappen sichtbar, durch die die Meßapparate abgelesen werden können, welche die Temperaturen und den Feuchtigkeitsgehalt der Trockenluft bebachten lassen. Es ist außerdem eine Karte an jeder Tür sichtbar, die einmal besagt, in welcher Weise die Kammer beschickt ist, und die außerdem eine Tabelle enthält, in der stündlich die abgelesenen Werte für Temperatur und Feuchtigkeit eingetragen werden. Über die Wichtigkeit dieser Beobachtung soll sofort noch gesprochen werden.

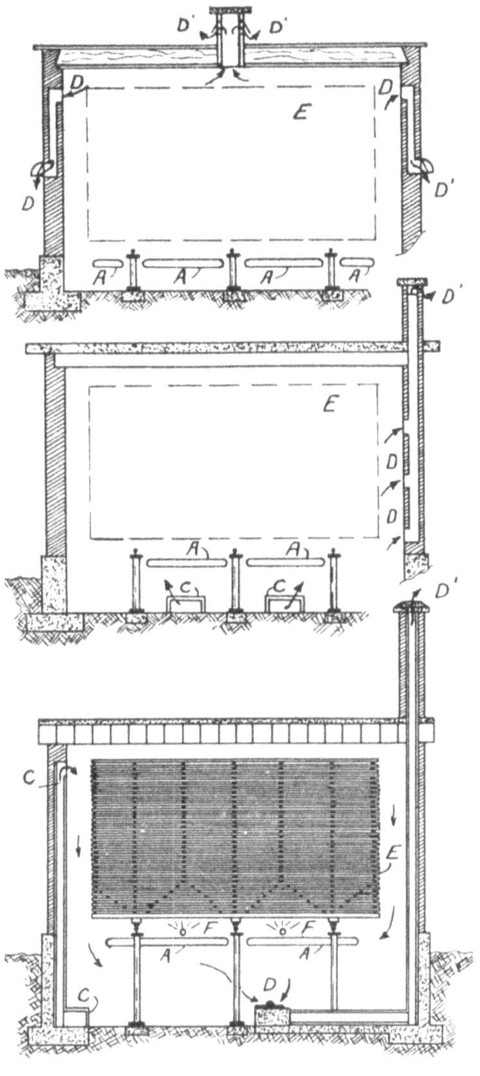

Fig. 128. Trockenkammer mit natürlicher Belüftung. Das oberste Bild zeigt eine Type mit Luftaustritt oben, das mittlere mit Luftaustritt an der Seite, das unterste mit Luftaustritt unten.

(Dank dem Entgegenkommen von Wood Working Industries.)

Das Bestreben, auch in der Fertigung der Mittellagen für Sperrholz die fortlaufende Bewegung des Werkstoffes möglichst einheitlich durchzuführen, hat in sehr vielen großen Fabriken dazu geführt, statt des Kammersystems auch für die Trocknung von stärkeren Brettern bis zu etwa 1″ — 25,4 mm *Trockenkanäle* auszuführen, denen gewöhnlich kurze Sprüh- oder Dämpfräume vorgeschaltet sind. Fig. 130 zeigt einen solchen Trockenkanal mit dem Bretterstapel auf den kleinen Trockenwagen. Es sind je zwei Stapel in einem solchen Kanal nebeneinander angeordnet. Auf dem Bilde sind drei weitere Stapel eben im Anmarsch gezeigt. Diese Kanäle arbeiten gewöhnlich nach dem Prinzip der mechanischen Luftbewegung. Figur 131 zeigt ein Schema einer solchen Anlage. Frische Luft wird mit Hilfe eines Ventilators durch einen mit Dampf geheizten Lufterwärmer gepreßt und in gleichmäßiger Erwärmung quer durch die Stapel hindurchgeblasen. Die Abluft kann durch entsprechend ausgebildete Klappen entweder vollständig durch den Schornstein über das Dach herausgeführt werden, oder, falls sie noch nicht genügend mit Feuchtigkeit gesättigt ist, zu dem Ventilator zurückgeführt und von diesem durch den Lufterwärmungsapparat nochmals erwärmt und wieder in Umlauf gesetzt werden (Umlufttrockner). Hierdurch wird eine große Wärmeausnutzung des Heizdampfes erzielt, da die Wärme nicht ver-

Fig. 129. Vier Trockenkammern, die mit natürlicher Belüftung arbeiten. Die erste Kammer steht in Reserve, die anderen drei Kammern sind in Betrieb. Es sind die kleinen Türen sichtbar, nach deren Öffnung Temperatur und Feuchtigkeitsgehalt an den dahinter liegenden Meßinstrumenten abgelesen werden können, außerdem ist die Betriebskarte zu sehen, auf welcher die stündlichen Ablesungen notiert werden.

(Dank dem Entgegenkommen der Firma Industrie für Holzverwertung A.-G., Altenessen.)

loren geht, die in der nicht völlig gesättigten und ausgenutzten Abluft eingebüßt würde, wenn sie in diesem Zustand bereits ins Freie abgeführt würde.

Einer der modernsten Kanäle auch für die Trocknung von Brettern ist der im Kapitel X beschriebene Zonentrockner, der in Fig. 86b abgebildet ist, bei dem man es vorzüglich in der Hand hat, Temperatur und Feuchtigkeitsgehalt in jedem Stadium die Trocknung genau zu überwachen und zu regeln. Bei der Verwendung für die Trocknung von Brettern, wird diesem Kanal noch ein kurzer Dämpfraum vorgeschaltet, außerdem erhalten die einzelnen Zonen noch Sprüheinrichtungen, um jederzeit der Gefahr des Verschalens entgegenwirken zu können.

Es sei gestattet, hier einzuschalten, daß in Europa eine möglichst große Wärmeausnutzung für ein wirtschaftliches Arbeiten von Trockenanlagen unbedingt notwendig ist, da auch in großen Sperrholzfabriken mit der Holzausnutzung viel weiter gegangen wird, wie in amerikanischen Werken, und weiter gegangen werden muß, da, wie bereits früher erwähnt, man hier meist mit viel geringeren Stammstärken zu rechnen hat. Es ist durchaus keine Seltenheit, daß gerade die in der Holzausnutzung am wirtschaftlichsten arbeitenden Werke bei weitem nicht ihren Bedarf an Feuerungs-

Fig. 130. Ein Trockenkanal für Bretterschnittmaterial, das zu Mittellagen für starke Platten verarbeitet werden soll. Der Eingang zu dem Kanal ist bei geöffneten Türen sichtbar. Links sind bereits 2 weitere fertig gestapelte Wagen in Anmarsch, die in die Kanäle eingebracht werden können.
(Dank dem Entgegenkommen der Rheinischen Faß- und Sperrholzfabrik A.-G., Andernach.)

material etwa aus den Holzabfällen decken können. Es ist selbstverständlich, daß in diesen Kanälen während des Fortschreitens der Wagen, die auf der anderen Seite der Kanäle nach Beendigung des Trockenprozesses herauskommen werden, der Verlauf von Feuchtigkeit und Temperatur genau beobachtet und reguliert wird. Zur Regulierung des Feuchtigkeitsgehaltes sind vielfach in den Kanälen, genau wie auch in den Kammern, noch Sprührohre an geeigneter Stelle vorgesehen.

Trockeneinrichtungen mit überhitztem Dampf und Vakuum. Neuere Forschungen, die hauptsächlich in Deutschland vorgenommen worden sind, haben gezeigt, daß eine sehr gute und wirtschaftliche Trocknung auch unter Verwendung von überhitztem Wasserdampf erreicht werden kann. Es ist bemerkenswert, daß gerade ursprünglich diese Anlagen für Eiche, also für das wohl am schwersten zu trocknende Material Anwendung gefunden haben. Es sind bisher jedoch nur Anlagen im praktischen Betriebe erfolgreich gewesen, bei denen die Anwendung von überhitztem Wasserdampf in Vakuum-Kesseln stattgefunden hat. Dabei ist folgende Überlegung maßgebend gewesen. Bei den beschriebenen Trockeneinrichtungen tritt ein Verdunsten der Holzfeuchtigkeit erst dort ein, wo die Feuchtigkeit mit der umgehenden Luft in Berührung kommt, also an der Oberfläche der Holzstücke. Erst wenn dort der Feuchtigkeitsgrad abgenommen hat, wandert die Feuchtigkeit aus dem Kern in die äußeren Schichten, um dann an der Oberfläche zu verdunsten. Es ist gezeigt worden, daß eine Erhöhung der Temperatur die Aufnahmefähigkeit von Feuchtigkeit innerhalb der hier in Frage kommenden Grenzen steigert, andererseits

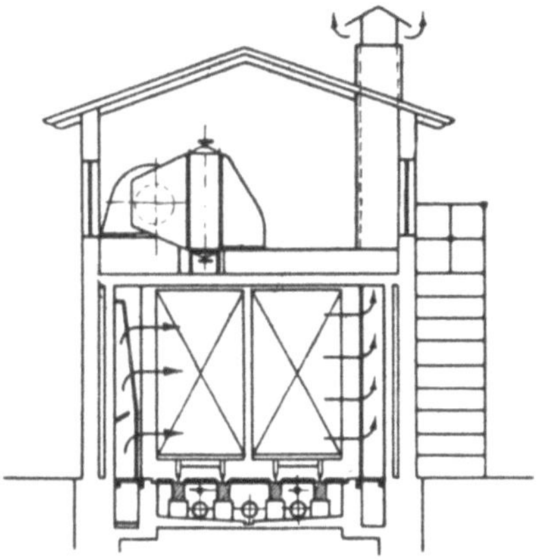

Fig. 131. Schema eines Holztrockenkanals mit Feuchtluftumwälzung und einseitiger Luftzirkulation.
(Dank dem Entgegenkommen von Danneberg & Quandt, Berlin.)

besteht die Gefahr, daß bei Anwendung warmer Luft die Oberflächen zu schnell getrocknet werden, wodurch ein Verschalen der äußeren Schichten eintritt, die das Nachströmen der Feuchtigkeit vom Kern nach außen behindert, und zu all den unangenehmen Erscheinungen führen kann, die sich ergeben, wenn der Kern feucht bleibt, also wenn eine weitere Erwärmung des Holzes und der feuchten inneren Teile unter dem Druck der außen bereits getrockneten Schichten erfolgt. Durch die Vakuumtrocknung soll das Problem gelöst werden, daß die Verdunstung nicht nur an der Oberfläche, sondern möglichst gleichmäßig im ganzen Holz hervorgerufen wird und daß die im Innern sich bildenden Dämpfe das Bestreben haben, nach außen zu gelangen und so die noch nicht verdampfte Feuchtigkeit mit herauszubringen und gleichzeitig diesen Vorgang bei möglichst geringen Temperaturen sich abspielen zu lassen, der ein Verschalen der äußeren Schichten unmöglich macht. Es ist bekannt, daß in einem Raum, der unter Vakuum steht, d. h. unter einer geringeren Spannung als die Außen-

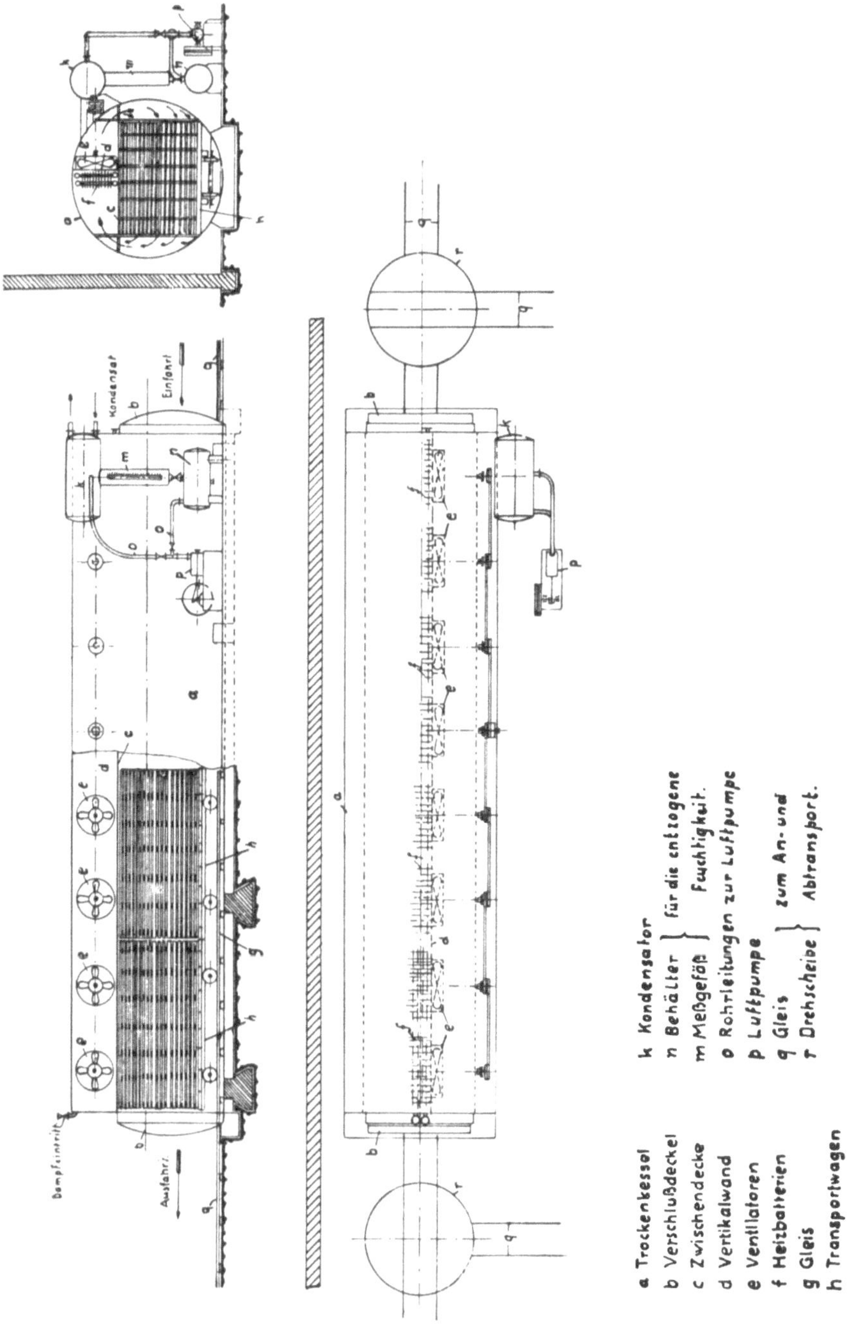

Fig. 132. Schema einer Vakuum-Trockenanlage, System „Dr. Müller“.
(Dank dem Entgegenkommen von Dr. Paul Müller, Hannover und Eisenwerk Wülfel, Wülfel.)

luft, Wasser bereits bei viel niedrigeren Temperaturen verdampft als 100° C. Wenn man nun in einem geschlossenen Kessel durch eine Vakuum-Vorrichtung den Luftdruck auf $^{1}/_{10}$ desjenigen der Außenatmosphäre bringt, so verdampft das Wasser bereits bei 45° C (113° F). Wenn man nun in einem solchen Kessel die Temperatur auf 46° C (115° F) erhöht, so würde die Feuchtigkeit des Holzes das Bestreben haben zu verdampfen, und zwar durch den ganzen Querschnitt. Die Dämpfe, die sich in den Hohlräumen des Holzes bilden, treiben den noch nicht verdampften Teil der Flüssigkeit nach außen, wodurch einmal der Flüssigkeitsgehalt im Innern abnimmt, andererseits die äußeren Schichten davor bewahrt werden, zu schnell zu trocknen. Da durch die beim Verdampfen geleistete Arbeit die Temperatur erniedrigt wird, ist es notwendig, noch soviel mehr Wärme zuzuführen, um die Verdampfungswärme zu ersetzen. Dies geschieht dadurch, daß man durch Heizschlangen im Kessel die Temperatur etwa auf 56° C (133° F) bringt. Es wird dann das Holz dauernd von überhitztem Wasserdampf umspült, hierdurch wird eine Verschalung bei den niedrigen, hierbei notwendigen Temperaturen verhindert. Die Vorgänge sind nicht so einfach wie hier geschildert, es würde aber zu weit führen, auf die sich abspielenden komplizierten Vorgänge hier näher einzugehen. Es hat sich gezeigt, daß solche Anlagen sehr wirtschaftlich und schnell auch sehr empfindliche Hölzer spannungsfrei trocknen lassen. In Figur 132 ist das Schema einer solchen Anlage gezeigt. Figur 133 zeigt die Außenansicht eines solchen Vakuum-Trockenkanals.

Trocknen von Furnieren für Mittellagen stärkerer Platten. Die gemesserten oder auch geschälten Furniere, welche zum Aufbau der Mittellagen von Stäbchenplatten dienen, werden entweder in Trockeneinrichtungen getrocknet, wie sie vorher für Furniere beschrieben worden sind, oder auch in Trockenkanälen. Besonders eignen sich für stärkere Furniere die Kanäle hierfür, die in Figur 86b beschrieben sind. Selbstverständlich können auch Vakuumtrockner dafür verwendet werden.

Das Stapeln von Holz zum Trocknen.

Ist das Holz zum Einbringen in die Trockenkammer oder in den Trockenkanal nicht richtig gestapelt, so kann es nicht gerade herauskommen. Es ist oft nicht gleichmäßig trocken und zeigt andere Fehler.

Bewegte Luft, die nicht vollkommen mit Feuchtigkeit gesättigt ist, ist für jede Art von Trocknung Vorbedingung. Kommt solche Luft mit Holz in Berührung, so hat sie das Bestreben, die aus den Zellen und Poren des Holzes verdunstende Feuchtigkeit aufzunehmen. Es sind viele Theorien darüber aufgestellt worden, welchen Luftraum man um die Holzstapel und zwischen den einzelnen Brettern einer Trockenanlage lassen muß. Es ist klar, daß das Holz hauptsächlich von den Oberflächen aus trocknet, daß aber die Seitenflächen und Kanten langsamer trocknen als die Hirnseiten. Es muß daher darauf geachtet werden, daß von der Hirnseite aus die Trocknung nicht zu schnell erfolgt, damit Risse vermieden werden. Es gilt daher schon bei der Stapelung das zu beachten, was eine möglichst gleichmäßige Trocknung der Oberflächenkanten und Hirnkanten begünstigt.

Man kann nun die Stapel verschieden anordnen, entweder mit der Hirnfläche nach vorn oder der Hirnfläche seitwärts. Im allgemeinen scheint

Fig. 133. Ansicht einer Vacuumtrockenanlage mit überhitztem Dampf. Vorn ist die viereckige Tür sichtbar, die fest mit dem Türrahmen verschraubt ist. Nach Lösung der Verschraubung wird die Tür mit Hilfe des über ihr links sichtbaren Schwenkarmes aufgeklappt, so daß die Wagen, auf denen das Trockengut gestapelt sich in den Kesseln befindet, herausgefahren werden können und neues Trockengut eingebracht werden kann. Über dem Kanal ist der Ventilator zur Abführung der mit Feuchtigkeit gesättigten Luft zu erkennen. In dieser Anlage werden hauptsächlich Eichenbretter und Kiefernbretter getrocknet.

(Dank dem Entgegenkommen von Eisenwerk Wülfel, Hannover und Dr. Ing. P. Muller, Hannover.)

man sich darüber einig zu sein, daß beim Trocknen in Trockenkammern man günstigere Trockenergebnisse erzielt, wenn die Hirnenden der Bretter an den kurzen Enden der Wagen liegen, weil sie der Zirkulationsluft weniger ausgesetzt sind.

Es muß jedoch in Betracht gezogen werden, daß bei Stapelung der Bretter in der Querrichtung der Raum der Trockenkammer besser ausgenutzt wird, und daß man auch ungefähr die Hälfte an Trockenwagen und Geleisen braucht, als bei Stapelung mit der Hirnseite nach vorn.

Beim Trocknen in Trockenkanälen erfolgt die Stapelung stets so, daß die Luft quer zur Richtung der Bretter durch die Stapel hindurchgeleitet

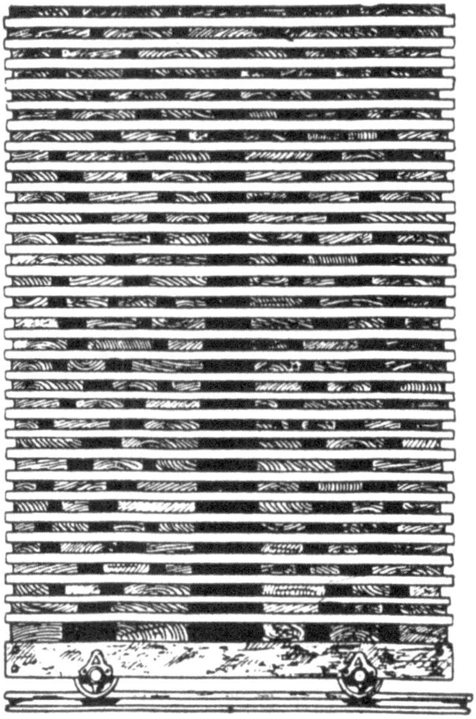

Fig. 134 Endansicht eines Brettertrockenstapels mit schornsteinartigem Zwischenraum in der Mitte.
(Dank dem Entgegenkommen von Wood Working Industries.)

wird. Hat man also Kanäle, bei denen die Luft in der Längsrichtung durchströmt, so werden die Bretter quer zur Längsrichtung gestapelt, ist die Luftführung jedoch so, daß der Luftstrom von einer Langseite nach der anderen hinüberfließt, so werden die Bretter in der Längsrichtung des Kanals gestapelt. Es wird hierdurch bereits Sorge getragen, daß die Belüftung an den Hirnenden am schwächsten ist.

Die Bretter werden nun in einem gewissen Abstand voneinander auf kleinen Wagen gestapelt. Der Abstand wird durch sogenannte Stapelhölzer, kurz „lumber“ oder „stacking sticks“ genannt, bewirkt. Die Stapelhölzer sind im allgemeinen $1\frac{1}{2}''$ = 38 mm breit und etwa 1″ = 25,4 mm stark, zweckmäßig werden sie auf gleiche Stärke gehobelt, damit das Holz während des Trockenprozesses gerade gehalten wird und möglichst wenig Möglichkeit hat, sich zu werfen und zu drehen. Die Stapelhölzer sollen, wenn irgend möglich, in keinem größeren Abstand als 30″ (760 mm) voneinander angeordnet werden, und wenn es sich um Holz handelt, das bereits in der Lufttrocknung sich etwas geworfen hat, wie es z. B. bei Gum vorkommt, wird der Abstand der Stapelhölzer höchstens 18—24″ (500—610 mm) ge-

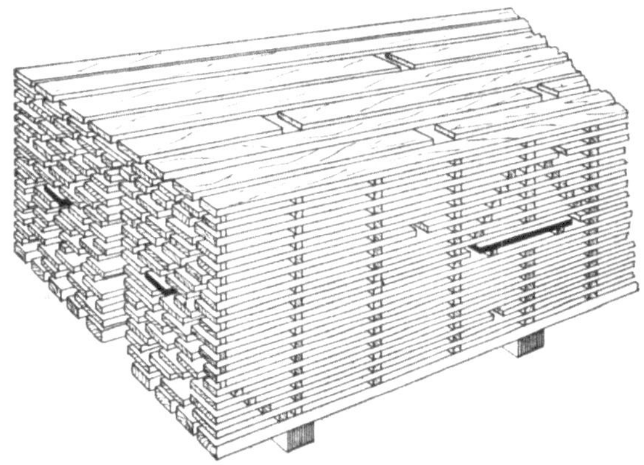

Fig. 135. Die Abbildung zeigt die Lage von Prüfstücken in einem Holzstapel, der zum Einfahren in die Trockenkammer fertig gemacht ist.

(Dank dem Entgegenkommen von Working Wood Industries.)

wählt. Es muß darauf geachtet werden, daß die Stapelhölzer stets vertikal übereinander liegen.

Die Bretter dürfen auf den Trockenwagen nicht zu nahe zusammengepackt werden, man soll mindestens $^1/_3$ der Horizontalfläche für die Ventilation offen lassen. Manchmal wird es so gestapelt, daß, wie in Figur 134 gezeigt, eine Art Schornstein in der Mitte des Stapels frei bleibt. Bei Trockenkanälen mit mechanisch bewegter Luft können die Bretter enger zusammengelegt werden. Daß der Trocknung voraufgehende Dämpfen oder Sprühen des Holzes trägt viel dazu bei, daß Bretter, die in der Vortrocknung an der Luft krumm geworden sind oder sich geworfen haben, wieder gerade werden. Es ist aber im allgemeinen üblich, die Wagen oben zu beschweren, damit auch die obersten Lagen flach bleiben. Im allgemeinen ladet man Trockenwagen für Trockenkammern höchstens 10 Fuß (3 m hoch), weil man bei höheren Stapeln sehr oft ungleichmäßige Trocknung gefunden hat.

B e t r i e b s k o n t r o l l e u n d P r o b e s t ü c k e. Man ist längst zu der Erkenntnis gekommen, daß es keine Trockenart, Trockenkammer oder Trockenmaschine gibt, von der man behaupten könnte, daß in ihr die Trocknung eines jeden Holzes automatisch in vollkommener Weise vor sich gehen könnte, gleichgültig, ob man die primitivste Trockenkammer, eine Vakuumtrocknung oder die komplizierteste Trockenmaschine im Auge hat. Für den Erfolg der Trocknung ist von ausschlaggebender Bedeutung die Art der Bedienung der betreffenden Einrichtung oder Maschine. Es müssen bestimmte, auf theoretische und praktische Erfahrung aufgebaute Richtlinien für das Trocknen einer jeden Holzart in den verschiedenen Holzstärken genau eingehalten werden, wenn man ein günstiges Trockenergebnis

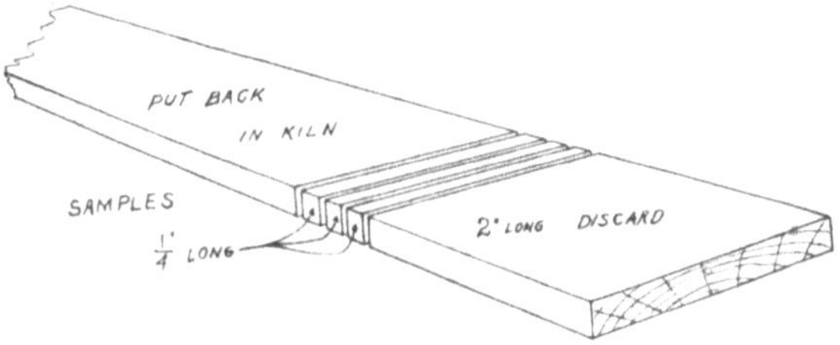

Fig. 136. Die Fig. zeigt, wie die Prüfstäbe aus dem Prüfbett geschnitten werden. Der Endabschnitt von etwa 2″ ist Abfall (Discard), der Rest des Prüfbrettes wird in die Kammer zurückgebracht. Die Prüfstäbe sind ¼″ (6,4 mm) in der Faserrichtung lang.

(Dank dem Entgegenkommen von Wood Working Industries.)

erhalten will. Man kann lediglich davon sprechen, daß die eine oder die andere Einrichtung oder Maschine die Einstellung und die Kontrolle der maßgebenden Faktoren, wie z. B. die Luftbewegung, Feuchtigkeitsgehalt, Temperatur usw. mehr oder weniger erleichtert und fördert. Hieraus geht auch hervor, daß in einem gut geleiteten Betriebe auch eine genaue Buchführung über diese Werte während des Ablaufs des Trockenprozesses geführt werden muß. Nachlässigkeiten und Ungenauigkeiten führen sicher zu zu langsamer und unregelmäßiger Trocknung und ermöglichen eine ernstliche Schädigung des Holzes. Bei Prüfung der Luftfeuchtigkeit innerhalb der Kammer oder des Kanals darf diese nicht etwa mit dem Feuchtigkeitsgehalt des Holzes verwechselt werden.

Zweckmäßig ordnet man in den Stapeln lose Prüfstücke an. Siehe Figur 135. Von diesen Prüfstücken werden Prüfstäbe entnommen, und zwar bevor sie in die Trockenkammer eingebracht werden und nachdem der Trockenprozeß beendet ist. In welcher Weise diese Prüfstäbe entnommen werden, ist in Figur 136 gezeigt. Es wird nicht nur vor und nach Beendigung der Trocknung untersucht, sondern auch häufig während des

Trockenprozesses. Das nach der Entnahme der Prüfstäbe noch verbleibende Reststück des Prüfbrettes wird schnellstens wieder in die Kammer zurückgebracht, damit es möglichst unter denselben Bedingungen weitertrocknet wie der übrige Inhalt des Trockenstapels.

Die Methoden zur Bestimmung des Feuchtigkeitsgehaltes des Prüfstückes bestehen darin, daß der entnommene Prüfstab auf einer empfind-

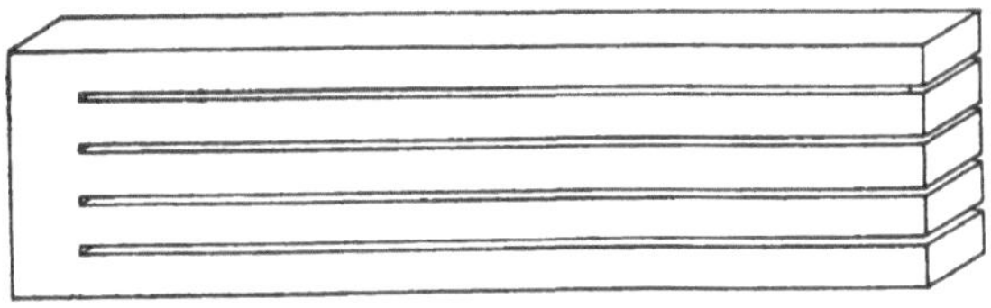

Fig. 137. Ein Zungenprüfstab. Die Zungen sind durch Einschnitte mit Sägen hergestellt. Wenn die Enden der einzelnen Zungen an der offenen Seite zusammengehen, so ist das ein Zeichen, daß Verschalung eingetreten ist.
(Dank dem Entgegenkommen von Wood Working Industries.)

lichen Waage gewogen wird, wie auf Seite 129 für Furniere bereits beschrieben, auf sein Minimalgewicht, also Darrgewicht heruntergetrocknet wird, nochmals gewogen wird und dann die folgende Gleichung angesetzt wird: Feuchtigkeitsgehalt in $\% = \frac{\text{Anfangsgewicht} - \text{Minimalgewicht} \times 100}{\text{Minimalgewicht}}$.

In ähnlicher Weise wird auch durch genaue Messung vor und nach dem Trocknen der Prozentsatz der Schrumpfung festgestellt.

Fig. 138. Die Schalenprobe wird angestellt, um die Unterschiede der Trockenheit zwischen dem Kern und der Außenseite des Brettes festzustellen.
(Dank dem Entgegenkommen von Wood Working Industries.)

Eine Zungenprüfung zur Feststellung, ob eine Verschalung eingetreten ist (Case hardening, wörtlich übersetzt „Oberflächenhärtung", das Wort „Verschalung" ist jedoch besser) ist in Figur 137 dargestellt. Ferner zeigt Figur 138, in welcher Weise man eine Prüfung darüber anstellen kann, ob die Trocknung innen und außen gleichmäßig erfolgt ist. Die beiden äußeren Schalen werden zusammen vor und nach dem Darren gewogen, ihr Feuchtigkeitsgehalt festgestellt, dasselbe geschieht mit dem Mittelstück.

Wenn das Holz aus der Trockenkammer oder dem Trockenkanal nach Beendigung des Trockenprozesses herausgebracht wird, muß man ihm Gelegenheit geben, vollkommen abzukühlen und sich der Umgebung anzupassen. Es ist zweckmäßig, es in einem trocknen warmen Lagerraum zu halten, damit es in dem Zustand, den man in der Trockeneinrichtung erzielt, auch verbleibt, bis es weiter verarbeitet wird.

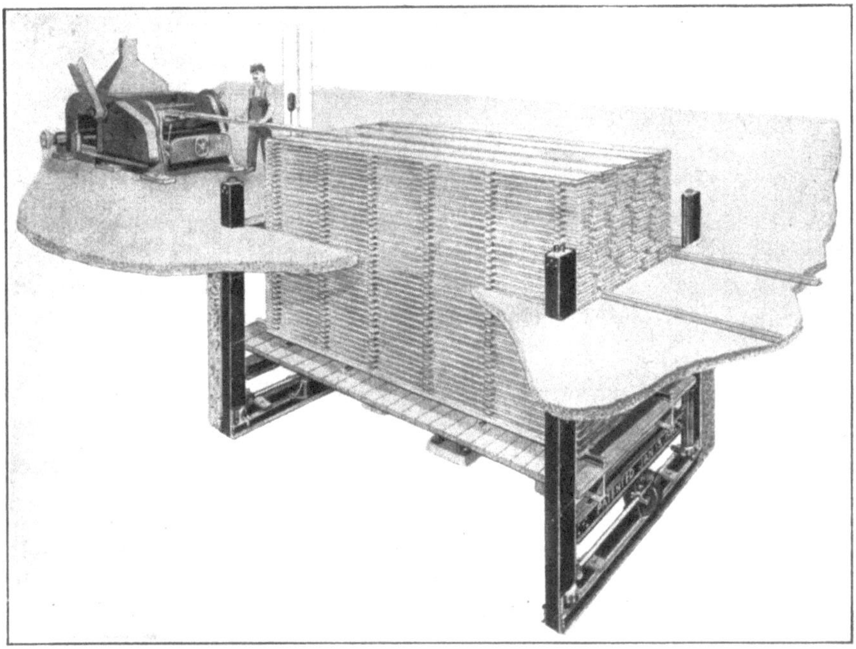

Fig. 139. Elektrisch betriebene Holzhebebühne, die dazu bestimmt ist, die oberste Schicht des Stapels stets so hoch zu halten, daß die Bretter, ohne daß sie gehoben oder gesenkt zu werden brauchen, direkt in die Maschinen eingebracht werden können. (Wegen des großen Geräusches dieser elektrisch oder mechanisch angetriebenen Hebebühne werden in Europa in Sperrholzfabriken hydraulische Hebebühnen bevorzugt, da Preßwasser hier stets vorhanden ist).

(Dank dem Entgegenkommen von Leitelt Iron Works.)

Abrichten.

In modernen Anlagen läßt man die Bretter, wie sie aus der Trockenanlage gestapelt kommen, sich der Temperatur der Umgebung anpassen, sodann kommen sie auf eine Hebebühne. Die Ladung wird soweit gesenkt, bis die oberste Lage sich in der Höhe des Abrichthobels befindet (siehe Figur 139). Allmählich mit abnehmender Ladehöhe steigt die Hebebühne in die Höhe bis die unterste Lage in der Höhe des Abrichthobels steht (siehe Figur 140).

Soweit ist der Fabrikationsweg der amerikanischen und europäischen Methode ziemlich der gleiche. Vor hier ab jedoch tritt eine scharfe Scheidung der beiden Arbeitsmethoden ein. Um die Übersicht der Schilderung nicht zu beeinträchtigen, soll zunächst die Beschreibung der amerikanischen Art der Fertigstellung der geschnittenen Mittellagen zu Ende geführt werden und alsdann die europäische Art beschrieben werden.

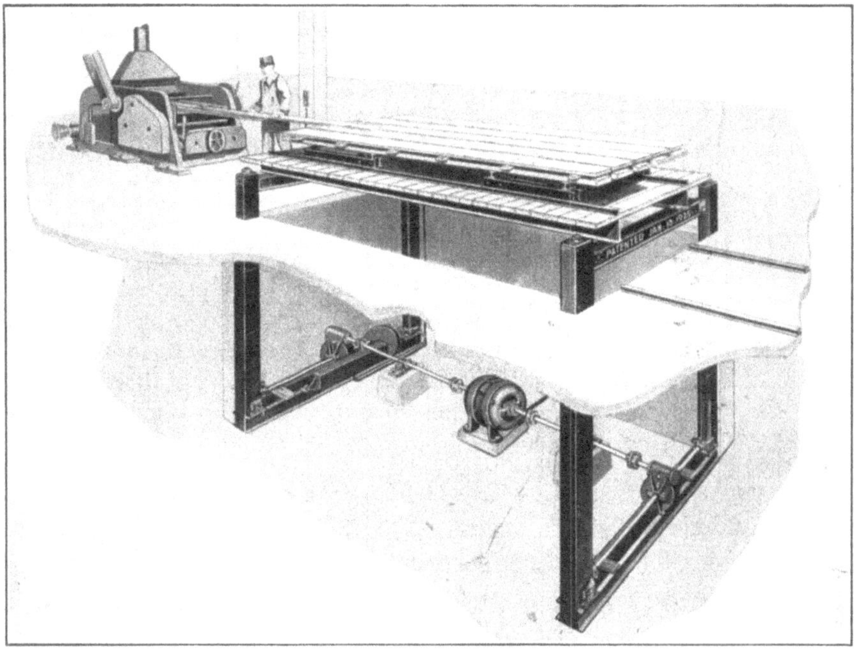

Fig. 140. Derselbe Fahrstuhl wie in der vorigen Figur in der obersten Endstellung. (Dank dem Entgegenkommen von Leitelt Iron Works.)

Weiterverarbeitung der Bretter zu Mittellagen in Amerika.

Vom Abrichthobel (Planer) wandern die Bretter zu einer Pendel- oder Ablängsäge (swing saw oder cutt of sow) und werden auf die Länge zugeschnitten, die man für die Einlagebretter benutzt. Selbstverständlich wird man hierbei darauf achten, mit möglichst geringen Abfällen auszukommen. Größere Fehlstellen werden ausgeschnitten, dann wird nach Längen sortiert. Die Bretter gehen zur Fügesäge, die Kanten werden sauber zugeschnitten und wenn notwendig gefügt.

Kantenfügung (Edge jointing). Die Kanten können entweder auf Fügesägen oder Hobel gefügt werden. Im allgemeinen zieht man mit Rücksicht auf ein sauberes Verleimen die gehobelten Kanten vor. Fügemaschinen sind nichts weiter wie schmale Hobelmaschinen, die mit Transportketten ausgerüstet sind, so daß man Flächen und Kanten genau im

Winkel halten kann. Die Hobelmesser haben sehr hohe Umlaufsgeschwindigkeiten, während der Vorschub verhältnismäßig gering ist. Die verschiedenen Arten der Fügekanten sind in Figur 141 gezeigt.

Wenn das Fügen auf einer Säge geschieht, so wird eine besonders fein gezahnte Fügesäge hierzu verwandt. Die kleinen Unebenheiten des Sägeschnittes begünstigen die Verleimung, und arbeitet die Säge sauber, so ist es schwer, die Fuge von einer gehobelten Fuge zu unterscheiden. Hingegen ist sie nicht so teuer und wird da verwendet, wo es sehr auf Herabdrücken der Kosten ankommt.

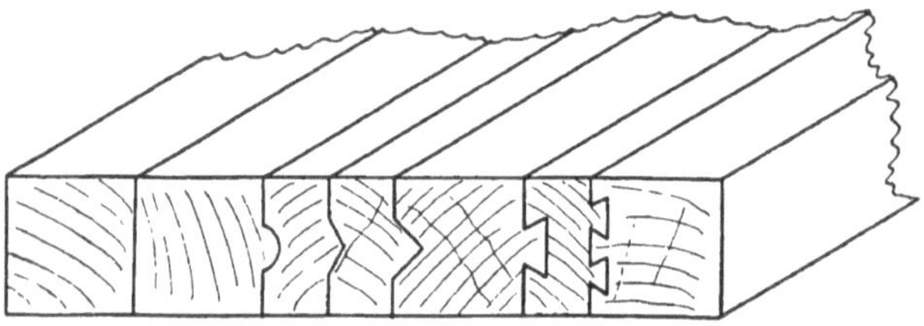

Fig. 141. Links ist die gerade oder flache Fugenkante gezeigt. In der Mitte die V-Fuge und auf der rechten Seite der Schwalbenschwanz (Dovetail oder auch Linderman joint genannt).

Zusammensetzsäge (Matching saw). Von der Füge kommen nun die Stücke auf die Zusammensetzsäge. Sie werden auf die gewünschten Breiten geschnitten und dabei noch etwa vorhandene Defekte weggeschnitten und so zusammengelegt, wie sie zur Mittellage vereinigt werden sollen.

Leimzwingen (Glue clamps). Nachdem die einzelnen Streifen zu Mittellagen zusammengelegt sind, werden sie mit Hilfe einer einfachen Leimwalze an den zusammen zu setzenden Kanten mit Leim versehen und entweder in gewöhnlichen Leimzwingen in der richtigen Zusammensetzung aneinandergepreßt oder in umlaufenden Leimzwingen, wie eine solche in Figur 142 gezeigt ist. Man sieht in derselben die einzelnen Brettabschnitte durch Schraubenzwingen an ihren beleimten Kanten eng zusammengepreßt. In einzelnen Fabriken bringt man die zusammengeleimten Mittellagen in warme Kammern, andere lassen sie in der Werkstatt erkalten. Hat der Leim abgebunden, so werden die Bretter aus den Leimzwingen entfernt.

Hobeln (Surfacing). Es ist unerläßlich, die Mittellagen, nachdem sie auf den Leimzwingen herausgenommen worden sind, vollkommen auch in der Leimfuge trocken werden zu lassen, denn selbstredend dringt auch die Leimfeuchtigkeit des Leimes in das Holz ein und bewirkt ein gewisses Quellen in der Fuge. Würde man diese Mittellage hobeln, bevor die Feuchtigkeit ausgetrocknet ist, so würde sich in der Nähe der Fuge, nachdem die Mittellage ausgetrocknet ist, eine gewisse Einsenkung zeigen, die sich leicht beim fertig überfurnierten Sperrholz markiert. Zweckmäßig pflegt man die Mittellage, bevor man sie an der Oberfläche hobelt, nochmals unter Zuhilfenahme von Stapelhölzern aufzustapeln und nochmals 5—7 Tage im Arbeitsraum zu belassen und dann erst auf Stärken zu hobeln. Stehen Nachtrockenkammern zur Verfügung, so kann man diese Zeit auf etwa zwei Tage beschränken.

Fig. 142. Umlaufende Leimzwingen zum Zusammenleimen von Mittelholz.
(Dank dem Entgegenkommen von Taylor Manufacturing Company and Grand Rapids Veneer Works.)

Früher war es Brauch, die Oberfläche zu zahnen und aufzurauhen, um eine bessere Haftung des Furniers zu gewährleisten. Dieser Brauch ist in den letzten Jahren aufgegeben worden, da er sich kaum noch rechtfertigen läßt.

Rahmen und Umleimer (Railing and Banding Cores). Eine Mittellage, die nach der oben beschriebenen Methode aufgebaut ist, hat, wie man sich ausdrückt, rohe Kanten. Die Enden einer Tischplatte z. B. zeigen Hirnholz. Wenn man dieses abarbeitet, erhält man dunklere Farben als an der Seite. Um dieses zu verhindern, bringt man an der Hirnseite Umleimer an, und zwar meist aus demselben Holz wie das Deckfurnier, oder einem Holz, das zumindest nach der Abarbeitung dem des

Deckfurniers ähnlich sieht. Figur 143 zeigt die verschiedenen Methoden, nach denen man in einfachster Weise verfährt. Figur 144 zeigt schon vollendetere Methoden, wie sie z. B. für Tischplatten Verwendung finden, und Figur 145 zeigt eine Sonderausführung, wie sie bei Türen in Amerika zu finden ist.

Es sei hier eingeschaltet, daß in Europa sich eine kleine Spezialindustrie für Umleimer herausgebildet hat, welche Umleimer der verschiedensten Formen sowohl aus Furnieren wie auch aus Sperrplattenstreifen herstellt,

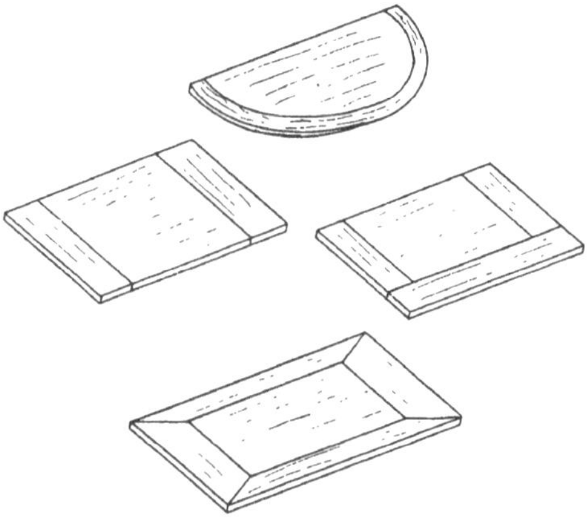

Fig. 143. Die verschiedenen Arten der Einfassung von Mittellagen. Oben gebogene Umleimer für runde Tische. Links die beiden Umleimer an der Hirnseite. Rechts Umleimer an den beiden Hirnseiten und einer Längsseite, unten auf allen 4 Seiten eingefaßt durch auf Gehrung geschnittene Umleimerleisten. Es sind auch andere Ausführungen in Gebrauch.

und zwar mit dem Faserverlauf der Außenfurniere längs wie auch quer. In Figur 146 ist eine Anzahl derartiger Umleimerformen, wie sie im Handel in Europa zu haben sind, dargestellt.

Das Instandsetzen von Mittellagen (Repairing cores). Es ist unvermeidlich, daß sich beim Fertigmachen von Mittellagen mitunter noch Fehlstellen zeigen. Bei dem gegenwärtigen Holzpreis würde es eine nicht zu verantwortende Verschwendung sein, wollte man derartige Mittellagen von der Weiterverarbeitung ausschließen oder auf kleinere Dimensionen verschneiden, wenn Ausbesserungen einwandfrei ausgeführt werden können. Es werden oft runde Holzpflöcke (plugs) verschiedener Durchmesser von den kleinsten bis zu 3″ = 76 mm dazu benutzt, um ausgefallene oder lose gewordene Äste zu ersetzen, die entfernt werden und deren Astlöcher mit einer sogenannten Astlochbohrmaschine sauber und genau auf den passenden Durchmesser gebohrt werden. Für Fehler, die sich durch runde Pflöcke nicht ausbessern lassen, werden in diesem Falle anders geformte Stücke, z. B. Keile (Wedges oder auch Dutchman genannt) verwendet. Die Pflöcke werden eingeleimt. Derartig sauber und sorgfältig reparierte Mittellagen sind im allgemeinen nicht als minderwertig zu betrachten. Natürlich vermeidet man derartige Reparaturen möglichst an den Enden und Kanten. Vertiefungen oder Stücke, die durch den Hobel oder die Säge ausgerissen sind, können mit einer Mischung aus Gips oder Holzspänen ausgefüllt werden. Es gibt auch be-

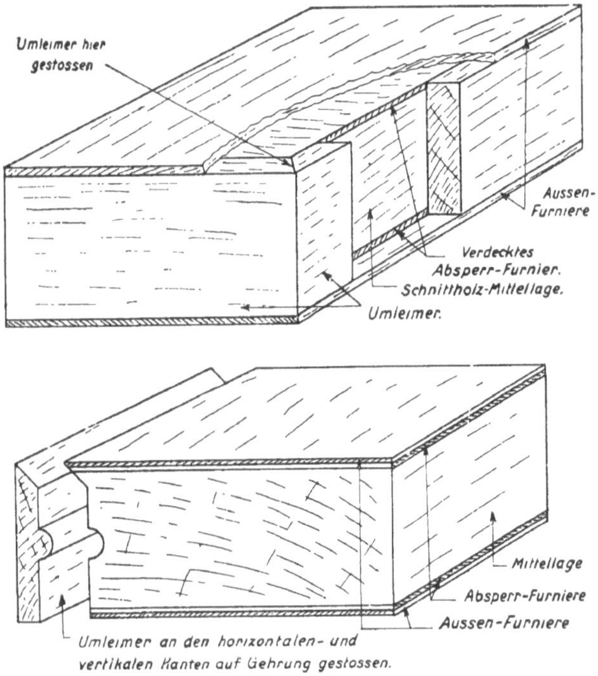

Fig. 144. Die obere Darstellung zeigt das Verdecken der Schnittkanten, wie sie für Tischplatten in Benutzung ist. Der eine Umleimer sowie das Deckfurnier sind angeschnitten, um den Innenaufbau zu zeigen. Die untere Darstellung zeigt eine andere Ausführung, in der der Umleimer auf allen 4 Seiten mit Gehrungskantenschnitt angesetzt ist.

sondere Mischungen hierfür, die man flüssiges Holz nennt. Vielfach wird auch Caseinleim mit Sägespänen gemischt hierzu verwendet. Reparaturen dieser Art sind jedoch weniger empfehlenswert und sollten vor allen Dingen selten oder nie für Außenseiten von Sperrholz benutzt werden.

Jede instandgesetzte Stelle muß auf einer Ziehklinge nachgearbeitet werden, so daß sie vollkommen eben in der Oberfläche sitzt, damit keine Markierungen nach dem Überfurnieren eintreten.

Sorgfältig reparierte Mittellagen für fünffache Absperrung bieten keine Ursache zu Beanstandungen, jedoch bei dreifach abgesperrtem Material besteht immer die Befürchtung, daß sie durch das Außenfurnier nach dem Polieren zu sehen sind. Daraus folgt schon, daß die Mittellagen für dreifach abgesperrte Platten eine bessere sein muß, als eine solche für fünffache Absperrung. (Dreifach und Fünffach in amerikanischem Sinne).

Sind die Mittellagen fertig zum Zusammenlegen (ready to lay), so werden sie zweckmäßig in einem warmen und trocknen Raum gemeinsam mit den Absperrfurnieren und Vorder- und Rückenfurnieren aufbewahrt, die dann alle sich in dem Zustand befinden, in dem sie durch Verleimung zum Sperrholz verbunden werden können.

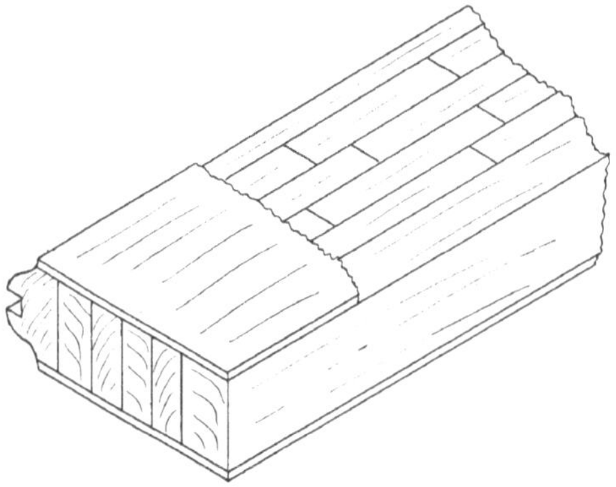

Fig. 145. Eine Türkonstruktion mit $^1/_8''$ (3,2 mm) starkem Furnier, das in der Faserrichtung mit der Einlage gleich gerichtet ist. Der Umleimer besteht aus demselben Holz wie das Deckfurnier.

Europäische Mittellagen für starke Platten.

Die handwerksmäßige Herstellung. Die Methoden, die im vorigen Abschnitt für die Anfertigung von Mittellagen in Amerika beschrieben worden sind, decken sich so ziemlich mit denjenigen, die in Deutschland und in den übrigen Ländern Europas in Tischlereibetrieben und großen Möbelfabriken, die noch Sperrholz in bescheidenem Umfange im eigenen Betriebe herstellen, angewendet werden.

Es dürfte kaum noch größere Verbraucher auch in der Möbelindustrie und bei Tischlereien geben, welche alles Sperrholz, das sie brauchen, handwerksmäßig selbst herstellen. Wenn solche Betriebe eine richtige Kalkulation aufstellen, so werden sie finden, daß sie stets teurer wegkommen, als wenn sie selbst Qualitätssperrholz aus Spezialfabriken kaufen. Diese Erkenntnis hat sich noch nicht überall durchgesetzt, und zwar deswegen nicht, weil bekanntlich gerade in kleinen Betrieben sehr häufig die Erfassung der Selbstkosten nicht in genügend präziser Weise durchgeführt ist. Außerdem besteht immer noch ein Vorurteil bei manchen Verarbeitern gegen fabrikationsmäßig hergestelltes Sperrholz, das nicht selten darauf zurückzuführen ist, daß die betreffenden Verbraucher nicht bereit sind, für fabrikationsmäßig hergestelltes Sperrholz einen Preis anzulegen, der für Qualitätsware angelegt werden muß. Solche Werke dürfen sich nicht wundern, wenn sie dann zu weniger hohen Preisen Platten kaufen, die qualitativ nicht dasselbe ergeben, als diejenigen, die sie vielleicht im eigenen Betriebe mit ausgesuchtem Material herstellen können. Die Notwendigkeit wirtschaftlichen Arbeitens, die Unmöglichkeit, wie früher, das Holz für die

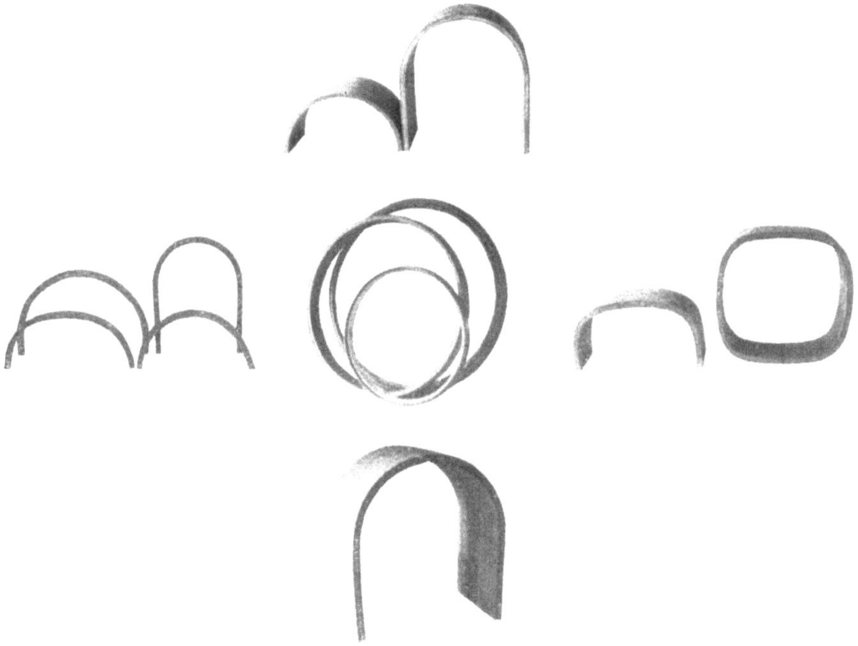

Fig. 146. Europäische Umleimer verschiedener Formen aus Furnieren und aus Sperrholzstreifen hergestellt mit stehenden und liegendem Faserverlauf des Außenfurniers.

(Dank dem Entgegenkommen von August Sommer, Plüderhausen.)

Mittellagen jahrelang liegen zu lassen, ehe es verarbeitet wird, hat jedoch in den letzten Jahren dazu geführt, daß auch die anfangs widerstrebendsten Kreise zu fabrikationsmäßig hergestellten starken Platten übergegangen sind, denn die Einrichtungen zur wirtschaftlichen Herstellung von Mittellagen für starke Platten auf fabrikationsmäßigem Wege erfordern doch ziemlich teure und umfangreiche Anlagen, die sich nur lohnen, wenn auch entsprechende Mengen hergestellt werden.

Die moderne Herstellung in Sperrholzfabriken. Über die Trocknung sowohl von Brettern wie auch von Furnieren, die für Mittellagen verwendet werden sollen, ist im vorigen Abschnitt eingehend gesprochen worden. Es sind hier auch bereits die Verschiedenheiten der europäischen und amerikanischen Anlagen besprochen worden.

Die Bretter, die zu Blöcken, wie sie in Figur 113 dargestellt sind, vereinigt werden sollen, sind parallel besäumt und alle von der gleichen Stärke. Es ist ein großer Irrtum, anzunehmen, daß man minderwertiges Material für derartige Mittellagen verwenden kann oder verwendet, wohl aber ist es möglich, Bretter zu verwenden, die Schönheitsfehler aufweisen, Verfärbungen unschädlicher Art usw. Ob es zweckmäßiger ist, unter

Fig. 147. Beiderseitiges Beleimen von Brettern zum Aufbau von Blöcken. Das unterste Brett ist unbeleimt, das nächste Brett wird beleimt, das das darauffolgende Brett ist wieder unbeleimt, dann folgt ein verleimtes usw. (Dank dem Entgegenkommen der Industrie für Holzverwertung A.-G., Altenessen.)

gewissen Bedingungen schmalere, billigere, oder breitere teurere Bretter zu verwenden, ist eine Frage der Kalkulation, denn es kann wohl vorkommen, daß trotz des geringeren Preises für schmale Bretter infolge der geringeren Holzausnutzungsmöglichkeit die fertige Mittellage teurer wird, als wenn man teurere Bretter breiterer Dimensionen verwendet. Da der Wettbewerb in solchen starken Platten auf dem europäischen Markt sehr groß ist, sind die Fabrikanten gezwungen, deswegen sehr scharf zu kalkulieren, und dieses hat notwendig zur Folge gehabt, daß die Erkenntnis sich durchgesetzt hat, daß man mit verhältnismäßig bestem Einlagenmaterial letzten Endes die wirtschaftlichste Fertigung erzielt und hat somit dazu geführt, daß die Qualität der starken Platte, wie sie jetzt von Deutschland auf den europäischen Markt gebracht wird, jeden Vergleich mit einer handwerksmäßig hergestellten oder nach amerikanischem

System hergestellten Platte aushalten kann. In vielen Fällen wird sie diesen überlegen sein, da sie wegen der feineren Unterteilung der Mittellage die größte Stehfähigkeit aufweisen, die man überhaupt von einer Sperrplatte erwarten kann.

Die sorgsam getrockneten und sortierten Bretter werden durch eine Leimauftragmaschine gesandt, wie in Figur 147 gezeigt, und zwar wird jedes zweite Brett eines Stapels in diesen Leimauftragmaschinen beiderseitig mit Leim versehen. Natürlich kommt ein Kaltleim zur Verwendung,

Fig. 148. Stapeln der beleimten Blöcke.
(Dank dem Entgegenkommen der Industrie für Holzverwertung A.-G,. Altenessen.)

früher war es ausschließlich ein Kaseinleim, neuerdings ist es auch der billigere Pflanzenleim. Die beleimten Bretter werden dann, wie in Figur 148 gezeigt, zu Blöcken gestapelt, meist gleich auf den Unterlagen, mit denen sie dann in die hydraulische Blockpresse gebracht werden. Eine solche hydraulische Blockpresse ist in Figur 149 gezeigt. Zum Verleimen dieser Blöcke ist schon ein beträchtlicher hydraulischer Druck notwendig. Über und unter dem Block befindet sich je eine aus Bretterbohlen zusammengefügte Platte, die mit U-Eisen oder T-Trägern armiert ist, zwischen denen Spannschlösser auf beiden Seiten des Brettes angelegt werden können. Je nachdem beabsichtigt ist, die Blöcke mit Wagen oder durch Hebezeuge zu befördern, wird im ersteren Falle die untere Bohle mit Rädern versehen, so daß sie einen kleinen Wagen bildet, oder aber die Presse besitzt einen besonderen kleinen Wagen, auf dem die Blöcke in die Presse eingeschoben werden. Die Presse wird sodann unter Druck gesetzt. Um zu verhüten, daß beim Zusammendrücken der Presse die Bretter in den Stapeln sich verschieben — was wohl vorkommen kann, da einzelne Werke, besonders wenn der Sägeschnitt an den Brettern nicht sehr sauber ist, dieselben noch nach dem Trocknen, vor dem Beleimen beiderseitig hobeln, und immerhin eine ziemlich beträchtliche Leimschicht, die schlüpferig ist, sich zwischen den einzelnen Brettern befindet —, werden mitunter besonders geartete seitliche Führungen vorgesehen, die dieses seitliche Ausgleiten verhindern. Hat die Presse ihren vollen Druck erreicht, so werden die Spann-

Fig 149. Blockpresse, links mit einem fertig gepreßten Block. Rechts, ein fertig gepreßter Block hängt in einem elektrischen Flaschenzug, der eben auf der oben sichtbaren Laufschiene nach dem Abbindeplatz fährt. Der Block hat eine Lange von etwa 4,6 m und eine Breite von etwa 400 mm.
(Dank dem Entgegenkommen der Firma J. Brüning & Sohn A.-G., Potsdam-Rehfelde.)

schlösser angelegt und angezogen. Es genügt das Anziehen von Hand, da man gewöhnlich den Druck der hydraulischen Presse etwas weiter steigert als für die Verleimung unbedingt notwendig, schon mit Rücksicht auf den unvermeidlichen Druckabfall, der sich auch im gespannten Block beim Trocknen des Leimes zeigt. Sind sämtliche Schlösser angelegt, dann wird die Presse von Druck entlastet und der Block aus der Presse herausgefahren. Ist der Unterteil als Wagen ausgebildet, so wird der betreffende Block meist mit Hilfe von Schiebebühnen auf ein Abstellgleis gebracht, oder wie in Figur 149 gezeigt, von einem elektrischen Flaschenzug ergriffen und an die Stelle abtransportiert, wo der Block bis zum Abbinden des Leimes verbleibt. In Figur 149 ist bereits ein zweiter Block im Begriff, die Presse zu verlassen. Im Vordergrund sieht man Spannschlösser und Profile, wie solche zum Spannen der Blöcke benutzt werden.

Fig. 150. Der fertig verleimte Block wird auf einem Vollgatter zu geleimten Dickten, also Einlagen für starke Platten zerschnitten.
(Dank dem Entgegenkommen der Firma B. Harras G. m. b. H., Böhlen und C. F. P. Fleck Söhne G. m. b. H., Berlin.)

Bei sehr großen Pressen und sehr großen Blöcken, bei denen man Wert darauf legt, die oberen Bohlen mit ihren Spannschlössern nicht von Hand transportieren zu müssen, werden die Blöcke, nachdem sie abgebunden sind, was je nach der Art des verwendeten Leimes 6 bis 24 Stunden dauert, nochmals in die Presse gefahren. Die Presse wird dann soweit geschlossen, daß die Spannschlösser bequem von Hand gelöst werden können. Sie werden so weit aufgeschraubt, daß sie von den Trägern der unteren Bohle abgestreift werden können. Die obere Bohle mit den Spannschlössern wird am Oberteil der Presse festgehängt, verbleibt dort, während das Unterteil mit dem fertigverleimten Block ausgefahren wird und kann dann gleich für den nächsten einzuschiebenden Block verwendet werden. Sind die Blöcke richtig abgebunden, dann werden sie entweder auf einem Vollgatter, Fig. 150, oder auf einer Blockbandsäge, Figur 151, in die sogenannten geleimten Dickten zerlegt, wie man die Mittellagen von starken Platten fachmännisch zu nennen pflegt.

Die Ansichten der Fachleute, welche der beiden Auftrennungsarten, ob mit Vollgatter oder mit Bandsäge zweckmäßiger ist, gehen auseinander. Im allgemeinen nimmt man an, daß der Schnitt der Bandsäge glatter ist und bei der weiteren Verarbeitung geringere Holzverluste verursacht.

Die Blöcke sind gewöhnlich etwa nur zwischen 500 und 600 mm (20″ und 24″) hoch, weil das Sägen höherer Blöcke mit den vielen in ihnen vorhandenen Leimschichten auf Vollgattern schwer durchzuführen ist. Neuerdings sind jedoch auch Blockbandsägen gebaut und in Betrieb genommen worden, die gestatten, Blöcke bis zu 800 mm (31½″) Höhe in Dickten zu zerlegen. Die größte Länge der Blöcke ist etwa 5 m (16½ Fuß). Um eine gute Ausnutzung des Holzes zu ermöglichen, ist es unter Umständen notwendig, auch kürzere Bretter zu verwenden. In diesem Falle werden die Bretter entweder mit sauber geschnittenen Hirnkanten aneinandergestoßen, und zwar so, daß niemals benachbarte Lagen die Stoßfugen an derselben Stelle haben oder die kürzeren Brettabschnitte werden mit fingerartigen Ausfräsungen an den Hirnenden versehen, die genau ineinander passen und die miteinander verleimt werden. Werden Brettermittellagen benötigt für normale Sperrplatten von 1600 oder 1800 mm (63″ oder 71″), so werden ein oder zwei derartig verleimte Dickten zu einer Breite vereinigt. Sie werden an den Kanten gefügt und in ähnlicher Weise zusammengesetzt, wie bei den amerikanischen Verfahren für Bretter beschrieben.

Vor dem Zusammensetzen jedoch müssen die aufgeschnittenen, verleimten Dickten noch einem Trockenprozeß unterworfen werden, um sie von der Nässe zu befreien, die durch den Leim wieder in das Holz gebracht worden ist und die recht beträchtlich sein kann. Dieses Nachtrocknen geschieht entweder in Trockenkanälen oder in Trockenkammern, in denen die Dickten mit Hilfe von Stapelhölzern oder Stapelrosten auf Wagen in ähnlicher Weise getrocknet werden, wie vorher für die Bretter beschrieben. Natürlich findet ein Dämpfen nicht mehr statt, auch geht man mit der Temperatur nicht so hoch, wie beim Trocknen der Bretter, etwa auf 40—70° C (104—158° F) je nach dem verwendeten Leim.

Sind die Dickten von der Leimnässe befreit, und wenn notwendig auf gewünschten Abmessungen durch Zusammensetzen verbreitert, so werden sie zunächst auf genaue Stärke gehobelt, sie sind dann fertig, um mit dem Absperrfurnier zu Sperrplatten verleimt zu werden.

Fig. 151. Der fertig verleimte Block befindet sich auf einer Blockbandsäge. Mehr als die Hälfte des Blockes ist bereits durchgeschnitten. Im Hintergrund ist ein Reservesägeblatt sichtbar und die Arbeitsstelle für die Instandhaltung und Schärfung des Sägeblattes Auch die Spanabsaugeeinrichtung ist deutlich zu erkennen, links stehen 2 weitere verleimte Blöcke.
(Dank dem Entgegenkommen der Industrie für Holzverwertung A.-G., Altenessen.)

Beim Aufbau der Mittellagen für Stäbchenplatten wird in ganz ähnlicher Weise verfahren, nur treten hier anstatt der Bretter Furniere, die auf gleiche Breiten zugeschnitten sind. Das Trocknen der aufgeschnittenen

Dickten, die aus Furnieren aufgebaut sind, muß besonders sorgsam erfolgen, da mit der abnehmenden Stärke der einzelnen Holzlagen, die zum Block vereinigt werden, die Zahl der Leimschichten, mithin das dem Block zugeführte Leimwasser, steigt. Auch das Nachtrocknen dieser Dickten bietet in den beschriebenen Kanälen keinerlei Schwierigkeiten. Selbstverständlich ist es auch zweckmäßig, bei diesem Trockenvorgang Temperatur und Feuchtigkeitsgehalt der Trockenluft sorgsam zu überwachen.

Die Vorzüge der Einlagen für starke Platten, wie sie in Europa üblich sind, haben sich bereits Anerkennung verschafft, so daß Werke es unternommen haben, nur derartige Mittellagen zu fertigen und als Halbfabrikat zu liefern. Es hat natürlich nur dann Zweck, solche Werke zu errichten, wenn sie in unmittelbarer Nähe des Holzvorkommens liegen oder an solchen Stellen, wohin das Holz billig gebracht werden kann. Größere Sperrholzfabriken ziehen es jedoch stets vor, ihre Mittellagen allein herzustellen, einmal, weil die Herstellung derartiger starker Sperrplatten meist in größeren Abmessungen erfolgt, die verhältnismäßig schwere und teure Maschinen und Einrichtungen erfordern, also in größeren Werken, die einen Verbrauch an derartigen Einlagen haben, welche die eigene Fabrikation wirtschaftlich rechtfertigt, außerdem macht ein weiter Transport derartig verleimter Dickten immerhin gewisse Schwierigkeiten, weil die aus einzelnen Stäben bestehenden Mittellagen in sich nicht die Festigkeit haben, um nicht unter der rohen Behandlung beim Transport die Gefahr zu laufen, beschädigt und im Wert vermindert werden. Die Frachtersparnis, die man eventuell bei Bezug solcher verleimten Dickten erzielen kann, kann sehr leicht durch derartige Schäden aufgehoben werden. Bei größeren Sperrholzfabriken, die derartige starken Platten herstellen, ist es im übrigen möglich, die Holzausnutzung vom parallel besäumten Brett bis zur fertig verleimten Dickte. wenn es sich um größere Mengen handelt, so günstig zu gestalten, daß ein Vorteil bei dem Bezug fertig verleimter Dickten nicht herausspringt, um so weniger als für letztere der teurere Kaseinleim wegen der Gefahr des Transportes angewendet werden muß. Es ist auch unvermeidlich, daß die Dickten auf dem Transport zuviel Feuchtigkeit aufnehmen, es müßte also eine nochmalige Nachtrocknung an der Verarbeitungsstelle noch einsetzen, will man nicht Gefahr laufen, wellige Sperrplatten zu erhalten. Diese Nachtrocknung kann wieder die Verleimung beeinträchtigen und Quelle unangenehmer Reklamationen werden.

Kapitel XVI.

Leime für Sperrholzfabrikation.

Allgemeines.

Die Verwendung von Klebstoffen zur Verbindung von Holzstücken ist zweifellos schon in sehr frühen Zeiten bekannt gewesen. In der Nähe von Theben sind aus den Tagen der Blüte des alten Ägyptens Skulpturen gefunden worden, die die Verwendung von Leim für Verbindung von Hölzern zeigen. So sieht man in Figur 152 bereits einen Leimtopf auf einem Feuer stehen, die Arbeiter sind damit beschäftigt, mit einem Pinsel Leim auf Holz aufzutragen. Diese Darstellung dürfte ungefähr 3500 Jahre alt sein.

An den Holzmöbeln, die im Grabe Tutankhamens gefunden worden sind, sind untrügliche Beweise dafür vorhanden, daß Leim damals schon zum Zusammenfügen von Holzteilen, wie auch zum Aufbringen von Furnieren benutzt worden ist. Welcher Art dieser alte Leim war, läßt sich zuverlässig nicht sagen. Man kann aber vielleicht aus der Tatsache, daß er über dem Feuer geschmolzen, mit dem Pinsel aufgetragen wurde und daß die geleimten Stücke dann zusammengelegt und mit Hilfe von Steinbeilagen, die noch mit Sandsäcken beschwert wurden, schließen, daß es sich um einen ähnlichen Leim gehandelt hat, wie dem heutigen tierischen Leim oder Fischleim.

In der Literatur findet man einen Hinweis*) der besagt, daß die Ägypter den tierischen Leim aus gewissen Eingeweideteilen von Fischen gekocht hatten. Der Leim war ähnlich der sogenannten „Hausenblase". Das leimgebende tierische Gewebe wurde nur soweit verkocht, daß noch ein Rest von Fasern die Leimbrühe verdickte. Es war dies wichtig, da die zu verleimenden Flächen mit den damaligen primitiven Mitteln nicht glatt genug hergestellt werden konnten und die breiige Beschaffenheit dieses Leimes das Ausfüllen dieser Lücken erleichterte. Dieselbe Quelle berichtet auch davon, daß die alten Ägypter bereits eine Art Kaseinleim gekannt haben. Es wird dort ausgeführt:

> „Zum Verbinden ebener Holzflächen benutzen die Ägypter ebenso den auch heutzutage noch üblichen Matzleim, eine Verbindung von Käsestoff und Ätzkalk, die den Vorteil bietet, eine geringere Wasserlöslichkeit zu besitzen als auch tierische Leime.

---

*) Geschichte des Möbels von A. Köppen und E. Breuer, Seite 56.

Die alten Ägypter übten weiter auch die Kunst aus, ein geringes Blindholz durch dünne Platten darauf geleimten kostbaren Holzes zu veredeln. So sind z. B. die Eckpfosten des großen Mumienkastens im Alten Berliner Museum mit fast 1 cm starken Furnieren belegt, was man an einem abgeblätterten Teil deutlich sehen kann.

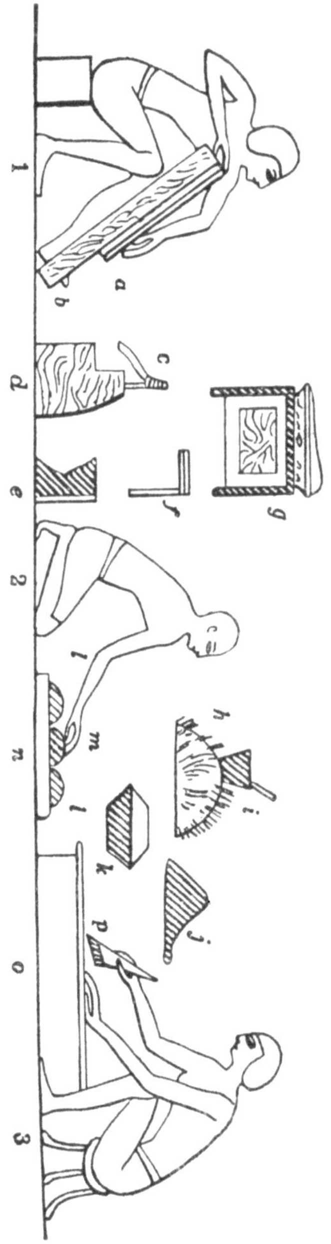

Fig. 152. Schon im alten Aegypten waren Furnier und Sperrholz hoch geschätzt.

Bild 1: a eine dünne Platte dunkles Holz wird auf ein Stück gewöhnliches Holz b aufgeleimt; c Axt in einem Holzbock d derselben Art wie b; e Lehre; f ein Winkel, wie ihn ähnlich heute noch der Tischler benutzt; g ein Behälter.
Bild 2: der Arbeiter schleift eine Platte n mit einem Schleifmittel m und l.
Bild 3: Ein Leimtopf i steht auf einem Feuer h, j ein Stück Leim, k ein Leimbehälter, o ein Arbeiter trägt mit einem Pinsel p Leim auf.

Nach einer Skulptur, gefunden im alten Theben, aus der Zeit von Thotmes III.

Auch von den alten Griechen ist bekannt, daß Leim dort verwendet worden ist. In derselben Quelle wird ausgeführt*):

„Das Leimen war ein beliebtes Verbindungsmittel. Es gab zwei Sorten von Leim, den gewöhnlichen aus tierischen Abfällen bereiteten Tierleim und die Hausenblase, auf deren sorgfältige Bereitung, zumal bei der Verwendung von Furnieren, große Rücksicht genommen wurde, sodann aber auch die Verwendung von Ätzkalk mit Eiweiß oder Käsestoffen, die wir schon bei den alten Ägyptern fanden. Bei dem Leimen achtete man übrigens sorgfältig darauf, wie die einzelnen Holzarten gewachsen waren und daß bei den Verbindungen kein Kopfholz auf Langholz zu sitzen kam.“

Auch Plinius berichtet über den von den Römern verwendeten Leim in seiner Naturgeschichte**), er sagt dort: „Auch Leim spielt eine der Hauptrollen bei allen Furnier- und Mosaikarbeiten.“

Über das, was an Leimen im Mittelalter in Europa benutzt worden ist, gibt es nur wenige Quellen. Man kann jedoch annehmen, daß die Ver-

*) Geschichte des Möbels von A. Köppen und E. Breuer, Seite 121.
**) Buch XVI, Kapitel 83.

wendung von tierischem Leim allgemein bekannt gewesen ist. Kaseinleime waren sicher auch bekannt, sind aber wohl sehr viel weniger in Benutzung gewesen.

Aus der ersten Zeit nach der Kolonisierung von Amerika bis in die letzten Jahrzehnte des 19. Jahrhunderts finden sich kaum irgendwelche Belege dafür, daß man dort etwas anderes als tierischen Leim benutzt hätte.

Die verschiedenen Leimarten.

Die modernen Arbeitsmethoden und besonders die Ansprüche der neuzeitlichen Furnierungs- und Sperrholzindustrie haben eine ganze Anzahl weiterer Leimsorten zur Entwicklung gebracht, von denen jede ihre charakteristischen Merkmale aufweist. Die hauptsächlich im Gebrauch befindlichen Leime können wie folgt eingeteilt werden:

Pflanzenleime (Vegetable Glue),
Tierische Leime (Animal Glue),
Kaseinleime (Casein Glue),
Blutleime oder Blutalbuminleime (Blood Albumin Glue),
Wasserglas (Waterglas oder auch Sodium silicate), und
Flüssige Leime (Liquid Glue),

und als neuestes Bindemittel, das gerade beginnt, in die Furnier- und Sperrholzindustrie sich einzuführen, soll der Vollständigkeit halber noch genannt werden, da es sicher in mancher Beziehung auch größeren Einfluß auf die Vereinfachung der Fabrikationsmethoden zu haben bestimmt ist;

der Trockenleimfilm (Film Glue).

Theorie der Holzleimung.

Die Meinungen darüber, in welcher Weise der Leim die Bindung zwischen zwei Stücken Holz bewirkt, sind seit langem Gegenstand von Erörterungen der Spezialisten, die sich mit diesen Fragen beschäftigen. Völlige Klarheit besteht heute noch nicht über diese Frage. Es ist nicht die Aufgabe dieses Buches, sich in den Streit der Meinungen zu mischen, es soll vielmehr versucht werden, in großen Zügen eine leicht begreifliche Erklärung für die Wirkungsweisen der verschiedenen Leime hier zu geben*).

Die erste wesentliche Eigenschaft, die man von einem Leim verlangt, ist die, daß er flüssig genug ist, um gleichmäßig über die Oberfläche des Holzes verteilt zu werden, und daß er nach der Verteilung noch flüssig genug bleibt, um kleine Fingerchen oder Ausläufer in die Zwischenräume

*) Seit Erscheinen der amerikanischen Ausgabe dieses Buches ist eine ziemlich große Literatur gerade über diesen Gegenstand im In- und Auslande erschienen, auf deren wesentlichste Arbeiten hier in Folgendem nur kurz hingewiesen wird.

zwischen den Holzfasern zu entsenden. Darin kann man den ersten Schritt zur Bindung erblicken. (Neuere Forschungen haben gezeigt, daß das Eindringen von kleinen Ausläufern des Leimes in die Holzfasern nicht unbedingt erfüllt sein muß, um eine gute Verleimung zu erzielen, vielmehr ist man zu der Erkenntnis gekommen, daß die Adhäsion, d. h. das Haftungsvermögen zwischen Leim und Holz das Wesentliche ist, wenn auch das Eindringen des Leimes in die Poren des Holzes, da, wo der Zustand des Leimes und des Holzes dieses zuläßt, die Oberfläche, an der die Adhäsion wirkt, vergrößert wird und dadurch auch eine Vergrößerung der Bindekraft zwischen Leim und Holz herbeigeführt werden kann*).) Die zweite wesentliche Eigenschaft eines Leimes ist die, daß er nach dem Eindringen in die Öffnungen und Poren zwischen den Fasern des Holzes gelatiniert, oder mit anderen Worten, daß er von dem flüssigen in den halbflüssigen Zustand übergeht, in welchem er nicht weiter in das Holz eindringen oder gar durch die Zellwandungen des Holzes hindurchdringen kann, sondern in der Fuge als ein außerordentlich dünner, unregelmäßiger Film verbleibt, der kleine Fingerchen in die beiden Seiten des zu verleimenden Holzes ausstreckt.

Die dritte wesentliche Eigenschaft des Leimes muß die sein, daß er in der Lage ist, zu trocknen, und zwar zu einem Körper mit einer gewissen Festigkeit. Damit erstarren natürlich auch die kleinen, vom Film ausstrahlenden Zacken, die genügend Festigkeit und Elastizität haben müssen, um nicht vom Film abzubrechen. Diese kleinen Fingerchen wirken wie ebenso viele kleine Nägelchen, die zwischen die Fasern des Holzes der beleimten Flächen hineingetrieben werden und so die beleimten Oberflächen zusammenhalten. Siehe Figur 153.

Pflanzenleim z. B., der eine sehr zähe Flüssigkeit ist, wird durch den beim Film ausgeübten Druck zwischen die Fasern des Holzes hineingepreßt. Da das Holz vorher getrocknet ist, beginnt es sofort Wasser aus dem Leim aufzunehmen (Wasser ist kein Kolloid, es besitzt kleine Moleküle, kann daher durch die dünnen Zellwände hindurchgehen). Pflanzenleim gelatiniert oder bindet durch die einfache Entziehung von Wasser ab. Diese Wasserentziehung tritt auch bei allen anderen Leimen ebenso ein, wie beim Pflanzenleim und stellt die durch Außenwirkung nicht unterstützten Ur-

---

*) Adhäsion zwischen Leim und Holz. Eine Kritik der Hypothese, nach der die Stärke der Holzleimbindung hauptsächlich auf mechanische Adhäsion zurückzuführen ist. Von F. L. Browne und Don Brouse. Industrial Engineering Chemestry 1929 Seite 80. Deutsches Referat. Wirtschaftliche Technik 1929, Seite 84.

Eine umfassende Arbeit, welche die Ergebnisse der jahrelangen Untersuchungen des Forest Products Laboratory über Holzleime zusammenfaßt, ist in einer kleinen Broschüre erschienen, betitelt „The Gluing of Wood" von T. R. Truax. Bulletin Nr. 1500 des Forest Products Laboratory. Ins Deutsche übertragen von L. M. Cohn-Wegner. Verlag M. Krayn, Berlin.

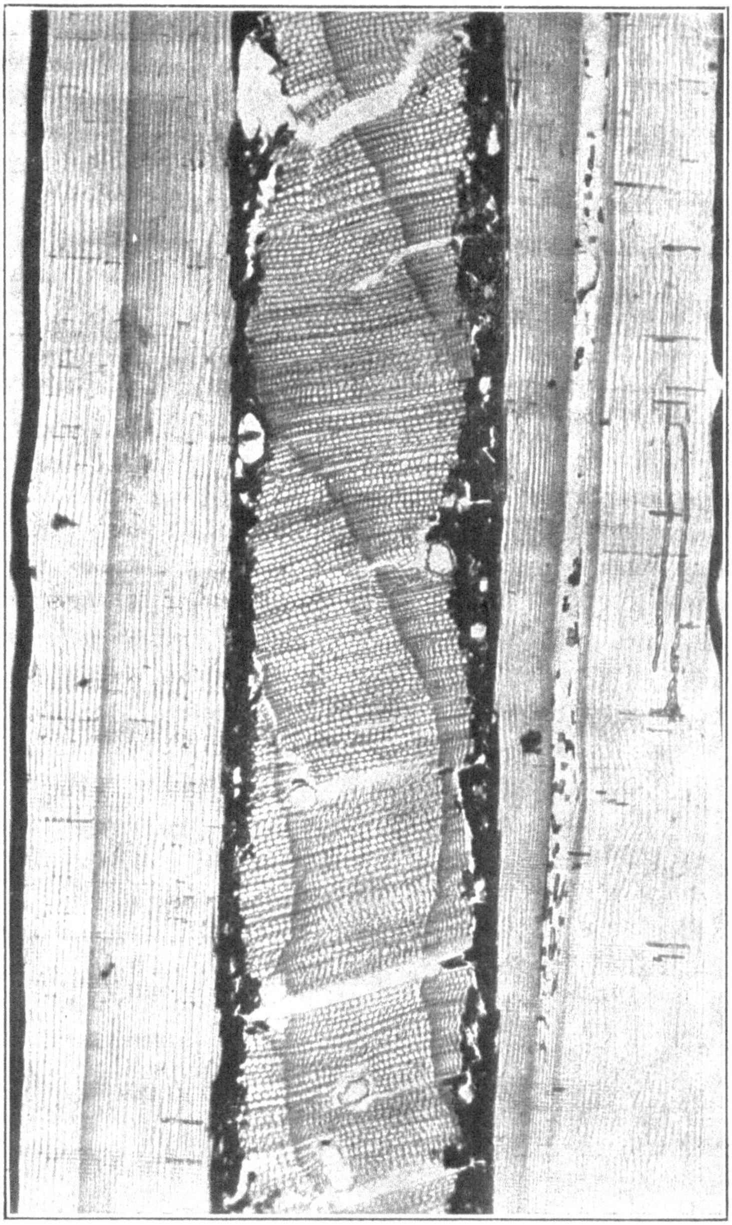

Fig. 153. Vergrößerter Schnitt durch die Leimbindung einer dreifachen Verleimung. Die dunklen Stellen zeigen, wie die Leime zwischen die Fasern des Holzes eindringen. Das Bild stellt eine Blutalbuminverleimung an weicher Fichte dar.
(Dank dem Entgegenkommen von Eloise Gerry in Scientific Amerika.)

sachen für das Setzen der sogenannten „flüssigen Leime“ dar. (Für sogenannte trockene Filmleime trifft das nicht zu, denn sie enthalten kein Wasser.)

Bei tierischen Leimen wird das Abbinden durch die Fähigkeit, infolge Abkühlung zu gelatinieren, unterstützt, (gelatiniertem Stoff ist Wasser sehr schwer zu entziehen). Der Leim wird durch Wärme flüssig gehalten und auf das Holz aufgebracht, dessen Temperatur etwas niedriger gehalten wird als die des Leimes, so daß, nachdem letzterer bis zu einem gewissen Grade in die Poren des Holzes eingedrungen ist, er soweit abgekühlt ist, daß er gelatiniert (halbfest wird) und schließlich trocknet und abbindet. Ist das Holz zu warm, so wird das rechtzeitige Gelatinieren verhindert. Der Leim dringt soweit ein, daß er mehr oder weniger aufgesaugt wird, und eine mittelmäßige oder schwache Leimbindung ist die Folge. Ist das Holz zu kalt, so tritt das Gelatinieren zu früh ein, die innige Verbindung zwischen Holz und Leim kann nicht stattfinden. Auch dann wird keine gute Verbindung erzielt*).

Bei einigen Kaseinleimen spielt noch ein anderer Vorgang eine Rolle. Sobald der Leim gelöst ist, beginnt sich ein ziemlich langsam verlaufender chemischer Prozeß abzuspielen, der den Leim genügend lange flüssig läßt, um ihn aufzubringen und die enge Bindung mit dem Holz herzustellen. Ist dieser chemische Prozeß bei gewöhnlicher Temperatur nach wenigen Stunden beendet (er kann durch Erwärmung sehr beschleunigt werden), so gelatiniert der Leim und wird vollkommen fest, und zwar tritt dieses ein, gleichgültig, ob der Leim auf Holz aufgetragen ist oder nicht. Tritt es in der Leimfuge ein, so verursacht es eine Adhäsion, die die Bindekraft ergibt, tritt es vor der Auftragung auf, so ist der Leim unbrauchbar geworden. Man nennt solche Leime „kurzlebige Leime“.

Eine kleine Überlegung auf Grund des eben Ausgeführten zeigt auch, warum Leime notwendigerweise Kolloide sein müssen und warum manche Substanzen eben Leime sind und andere nicht. Melassen z. B. sind keine Leime, weil Zucker kleine Moleküle hat, die die Zellwandungen des Holzes durchdringen und aus der Fuge verschwinden würden, ferner, weil sie nicht gelatinieren, nicht halbfest werden, schließlich, weil sie in getrocknetem Zustand zu geringe mechanische Festigkeiten zeigen. Weitere Überlegungen und Erläuterungen an Hand dieser Tatsachen weisen die Wege, die zur Verbesserung und zur Prüfung der genannten Leime und zum Auffinden neuer Leime führen.

Pflanzenleime.

Pflanzenleim besteht der Hauptsache nach aus einer Lösung einer Stärke in einem kaustischen Alkali.

*) Sehr klare Darstellungen mit zahlreichen Abbildungen, welche das hier Ausgeführet erläutern, sind zu finden in der Arbeit „Die Bedeutung der mechanischen Holzleimprobe für die Auswahl von Holzleim von T. R. Truax, F. L. Browne und Don Brouse. Industrial Engineering Chemestry 1929, Seite 74, Deutsches Referat wirtschaftliche Technik 1929, Seite 81. Siehe auch das vorher erwähnte Buch von Truax.

Dieser Leim begann erst im Jahre 1910 in der Sperrholzindustrie in den Vereinigten Staaten eine Rolle zu spielen (in Europa wird Pflanzenleim in der Sperrholzindustrie fast gar nicht benutzt, erst in letzter Zeit wird die Verleimung der Einlagebretter oder Furniere zu Blöcken zur Herstellung der aufzusägenden Dickten für Tischlerplatten oder Stäbchenplatten statt mit Kaseinkaltleim mit Pflanzenleim vorgenommen, weil dieser wesentlich billiger ist als die Kaseinleime, trotzdem er nicht wasserbeständig ist.) Der früheste Nachweis über die Herstellung von Pflanzenleim stammt aus einem deutschen Formelbuch, das wohl im Jahre 1870 gedruckt worden ist, in dem man ein Rezept für die Herstellung eines Leimes aus Stärke, Wasser und kaustischer Soda findet.

Der Pflanzenleim, der in der Holzverarbeitung gebraucht wird, ist nicht zu verwechseln mit dem Haushaltskleister, der auch aus Stärke hergestellt wird. In dem Zustande, in dem er in der Sperrholzindustrie gebraucht wird, erscheint er als eine durchsichtige, bernsteinfarbige Flüssigkeit einer Konsistenz, die den Beobachter darüber im Zweifel läßt, ob es sich um eine halbstarre Flüssigkeit oder eine halbflüssige feste Substanz handelt.

Wie bereits erwähnt, besteht die Trockensubstanz des Pflanzenleimes der Hauptsache nach aus Stärke, und zwar meist aus Tapiokastärke, die meist in Java gewonnen wird. Die Sperrholzfabriken beziehen sie in Form eines weißen Pulvers oder in gröberen Körnern, die jedoch leicht zu pulverisieren sind. Der Versand geschieht in Säcken. Der trockene Leim wird durch Lösung oder Kochen in Gebrauchsform gebracht.

Die Zubereitungsart des Pflanzenleimes aus dem Stärkepulver sei hier an einem typischen Beispiel unter Annahme von Durchschnittsdaten und Zahlen gezeigt, die für die einzelnen Phasen des Prozesses in Betracht kommen. Der Leim wird zunächst mit kaltem Wasser im Gewichtsverhältnis von 100 Teilen Trockensubstanz zu 200 bis 225 Gewichtsteilen Wasser angesetzt. Nachdem Leim und Wasser gut miteinander vermischt sind, und etwaige Klumpen gründlicher zerkleinert sind, wird eine vorher sorgfältig abgewogene Menge einer kaustischen Sodalösung langsam hinzugefügt. Diese kaustische Sodalösung wird getrennt angesetzt. Sie besteht durchschnittlich aus etwa 3 Gewichtsteilen trockener kaustischer Soda auf 10 Teile Wasser.

Der Zusatz der Sodalösung kann zu der Mischung von Stärke und Wasser vor oder nach ihrer Erhitzung erfolgen. Nach der innigen Mischung von Leim mit Wasser zeigt die Mischung das Aussehen von kalkigem Wasser. Das Rühren wird fortgesetzt. Die Dampfheizung, mit welcher der Mischapparat versehen ist, wird eingeschaltet. Wenn die Temperatur der Mischung sich etwa 100° F (38° C) nähert, ändert sich das Aussehen derselben bis sie etwa Buttermilch ähnelt. Bei weiterer Erhöhung der Temperatur dickt sie bis auf die Konsistenz von Brotteich ein. Bei weiterem Kochen wird die Masse etwas durchscheinend. Die Konsistenz nimmt ab bis etwa auf diejenige von schweren Syrup.

Die Kochzeit bis zur Erreichung dieses Zustandes ist verschieden, je nach der Konstruktion des betreffenden Mischapparates, dem Dampfdruck, der gleichzeitig zubereiteten Leimmenge und dem Verhältnis der Zusätze, besonders der kaustischen Soda. Die Temperatur sollte niemals 180° F (82° C) überschreiten. (Manche Fachleute halten als Höchsttemperatur etwa 160° F (71° C) für zulässig.) Die Erhitzung wird so lange fortgesetzt, bis der Leim hell bernsteinfarbig ist und von dem Ende eines eingetauchten Prüfstabes wie klarer, durchsichtiger Syrup abfließt.

Unter weiterem Rühren wird die Masse dann nach Abstellung der Heizung auf Raumtemperatur abgekühlt. Der Leim wird kalt verarbeitet.

Wird während des Kochprozesses ein schwacher Geruch nach verbranntem Zucker wahrnehmbar, so ist das ein Zeichen dafür, daß die Masse zu lange und zu heiß gekocht worden ist. Sie muß dann sofort auf Raumtemperatur abgekühlt werden. Der Geruch von verbranntem Zucker zeigt einen Gefahrenpunkt an, bei welchem Dextrinbildung beginnt. Wenn die ganze angesetzte Leimmasse nicht sofort und schnell abgekühlt werden kann, so zeigt sich, daß die Bindekraft eine wesentliche Einbuße erlitten hat.

Die oben genannten Angaben für die Größe der Zusätze können und werden häufig sehr stark variiert. Für die verschiedenen Arbeiten, die mit dem Leim ausgeführt werden sollen, schwankt z. B. der Zusatz von kaustischer Soda zwischen etwa ½% bis zu 10%, bezogen auf die Trockensubstanz. Verwendet man 7% oder mehr kaustische Soda, so ist das Erhitzen unnötig, da der Leim vollkommen durch das Alkali in kalter Lösung aufgelöst wird. Dieser hohe Prozentsatz von kaustischer Soda ist aber nicht ungefährlich, er verursacht, vor allen Dingen bei dünnen Furnieren infolge der Wirkung des Alkalis auf die Farbsubstanz im Holz, dunkle Flecken, bei Mahagoni, Ahorn usw., außerdem auch eine starke Zermürbung des Holzes.

Bei Sperrholzwerken, welche dünne Furniere, z. B. aus Vogelaugenahorn oder Eiche verarbeiten, bei denen man eine helle Farbe in der Verarbeitung zu erzielen wünscht, wird ein Zusatz von nur ½% oder 1% kaustischer Soda, bezogen auf das Leimtrockengewicht, angewendet.

Diese geringen Zusätze erfordern ein viel längeres Kochen und Rühren des Leimes, unterstützen aber die Verarbeitung von Sperrholz mit hellen Deckfurnieren. Vom Standpunkt der Leimfestigkeit aus beurteilt, erhält man nach den vorliegenden Erfahrungen die besten Ergebnisse, wenn man

3—4% kaustische Soda in Handelsqualität, bezogen auf das Leimtrockengewicht, zugibt. Figur 154 zeigt in graphischer Darstellung den Zusammenhang zwischen der Bindefestigkeit des Leimes in Abhängigkeit von der Höhe des Zusatzes von kaustischer Soda.

In Amerika wird in weitaus größtem Maße solcher Pflanzenleim in der Sperrholz- und Furnierindustrie verwendet. Der Preis ist geringer als der irgendeines anderen Bindemittels, mit Ausnahme von Wasserglas. Ist er richtig gemischt und aufgetragen, so bietet es gar keine Schwierigkeiten,

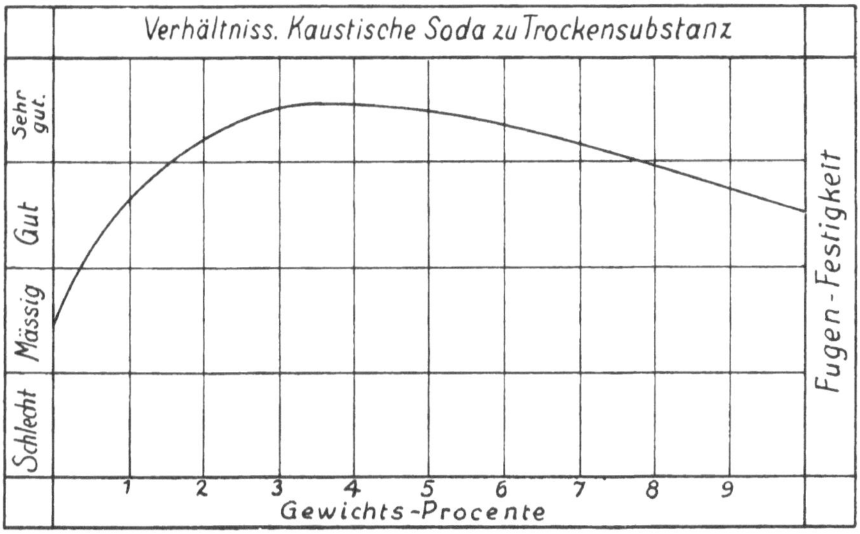

Fig. 154. Abhängigkeit der Fugenfestigkeit von dem Gehalt an kaustischer Soda als Zusatz zu Pflanzenleim.
(Dank dem Entgegenkommen von Glower M. Birk.)

gute Leimverbindungen zu erhalten, die auch beträchtliche Temperaturschwankungen nicht beeinflussen, und der langlebig genug ist, daß man sich mit dem Unterdruckbringen der beleimten Stücke nicht zu sehr zu beeilen braucht.

Eine der wichtigsten Vorbedingungen für die Benutzung von Pflanzenleim ist jedoch, daß sowohl Mittellagen wie Furniere sehr gut getrocknet sind, so daß dem Leim das Wasser in genügenden Mengen entzogen wird. Wo Schwierigkeiten bei der Verleimung mit Pflanzenleim auftreten, liegt der Fehler meistens darin, daß die Furniere und die Mittellagen nicht genügend getrocknet waren.

Im allgemeinen verlangt man, daß die Hölzer bis auf unter 5% Feuchtigkeitsgehalt getrocknet sein sollen, wenn man auch im Laboratoriumsversuch noch bei Hölzern mit 10% Feuchtigkeit gute Ergebnisse erzielt hat.

Richtig zubereitete Pflanzenleime sind langlebig, d. h. sie können von einem Tag bis zum anderen in der Leimmaschine oder auch im Mischer verbleiben, sie können selbst eine Woche, nachdem sie angemacht worden sind, verarbeitet werden, ohne daß die Bindefestigkeit wesentlich beeinflußt wird. Trotzdem hält man es für zweckmäßig, den Leim nicht länger als 2—3 Tage stehen zu lassen. Pflanzenleime erfordern keine Heizpressen, sie sind nicht wasserbeständig, sind aber ziemlich unempfindlich gegen bakterielle Angriffe, freilich nur in der Trockenheit und gegen den Einfluß von trockener Hitze. (Prüfung von Pflanzenleimen***).)

Tierische Leime.

Die gewöhnlichen tierischen Leime, die im Handel erhältlich sind, stammen aus Abfallprodukten der Fleisch-, wie auch der Haut- und Lederindustrie. Nahezu alles, was nicht zu Nahrungsmitteln oder Kleidungsstücken verarbeitet werden kann, wird zu irgendeiner Art von Leim oder Dünger verarbeitet. Die Gewinnung von Lederleim ist von Robert H. Bogue und Jerom Alexander eingehend beschrieben worden*). Eine sehr übersichtliche und vollständige Darstellung alles dessen, was den Verbraucher von Lederleim interessiert, enthält die Leimfibel von Dr. Hermann Stadlinger**).

Gelatine in Tafeln ist der höchste Grad von tierischem Leim, fast ausschließlich aus Häuten hergestellt.

Die handelsüblichen Grade von tierischem Leim sind mannigfach. Die verschiedenen Fabrikanten haben verschiedene Normen. Es gibt in Amerika noch keinen allgemein anerkannten Standard.

In Deutschland sind unter Mitwirkung der Industrie und der wissenschaftlichen Forschungsstätten Normen für tierische Leime, ebenso wie für Pflanzenleime vom Reichsausschuß für Lieferbedingungen beim Reichskuratorium für Wirtschaftlichkeit in Bearbeitung. Für Pflanzenleime sind die Arbeiten abgeschlossen***).

Die reinsten Grade von Hautleim sind die besten für die Fälle, in denen hohe Festigkeit verlangt wird, die Bewertung geht herunter bis zu den niedrigsten Graden, in denen der Leim mehr als Füllung und Dichtungsmaterial verwendet werden soll. Die tierischen Leime sind leicht zu bereiten. Der Leim wird im Wasser aufgequollen und durch Erhitzung im Wasserbade oder einer ähnlichen Einrichtung auf den gewünschten Flüssig-

*) The Chemestry and Technologie of Gelatine and Glue. Von Robert H. Bogue Verlag Macgraw Hill Book Co. New York, Glue and Gelatine von Jerom Alexander, Verlag Chemical Katalog Comp. New York.

**) Allgemeiner Industrieverlag G. m. b. H. Berlin!

***) Lieferbedingungen und Prüfverfahren für vegetabilische Leime, Klebstoffe und Bindemittel. Nr. 280a Reichsausschuß für Lieferbedingungen, Beuth-Verlag Berlin.

keitsgrad gehalten. In der Regel soll man Temperaturen von 140—150° F (entspr. 60—66° C) nicht überschreiten. Höhere Temperaturen beeinflussen die Bindekraft ungünstig. Niedrigere Temperaturen begünstigen bakterielle Zersetzungen, der Leim wird zu dick zum Auftragen. Hochwertiger Leim gibt gute Ergebnisse, wenn auf ein Gewichtsteil Trockenleim zwei Gewichtsteile Wasser genommen werden. Bei sehr vorsichtiger Arbeit kann man bis zu drei Gewichtsteilen Wasser gehen. Je minderwertiger der Leim, um so schwächer ist die Leimbindung, unabhängig davon, wie viel Wasser zugesetzt wird*).

Tierischer Leim dringt vorzüglich in das Holz ein, wenn dieses auf der richtigen Temperatur gehalten ist, muß jedoch warm verarbeitet werden. Sind große Flächen, wie bei Sperrholz, mit Leim zu versehen, so müssen sowohl die Räume ziemlich hohe Temperaturen haben, wie auch Holz und Furniere ziemlich warm gehalten sein. Bei Aufbringen durch Leimauftragmaschinen müssen diese geheizt werden, um ein vorzeitiges Erstarren des Leimes zu verhindern. Da der Leim beim Abkühlen schnell dick wird und leicht in das Holz eindringt. müssen die beleimten Flächen so schnell wie möglich unter Druck gebracht werden, möglichst innerhalb 5 Minuten, wenn der aufgebrachte Leim während der ganzen Zeit bis zum Einbringen in die Presse der Luft ausgesetzt ist, innerhalb 10 Minuten, wenn dieses nur zum Teil der Fall ist.

Diese Ausführungen treffen hauptsächlich für Amerika zu und für solche europäischen Betriebe, die noch handwerksmäßig arbeiten.

Moderne europäische Sperrholzfabriken, die immer noch in beträchtlichem Maße, weil die Kundschaft mit Hautleim verleimte Platten verlangt, tierische Leim verwenden, verfügen, wie in späteren Kapiteln gezeigt wird, über Pressen, die mit geheizten Platten versehen sind, welche den Leim wieder vollkommen verflüssigen. Der Leim wird in europäischen Fabriken mit geheizten Leimauftragmaschinen auf Holz mit gewöhnlicher Raumtemperatur aufgebracht. Es besteht keine Notwendigkeit, sich mit dem Einbringen in die Presse zu beeilen. Vielfach geht man sogar so weit, und zwar mit gutem Erfolge, daß man den Leim auf den Mittellagen vollkommen antrocknen läßt, um möglichst wenig Leimwasser in die Verbindung zu bringen, und um das Durchdringen bei den dünnen Außenfurnieren, das zu Flecken führen kann, zu vermeiden. Diese Mittellagen mit angetrocknetem tierischen Leim können wochenlang gehalten werden, ohne daß die Leimbindung leidet. Vor dem Einbringen in die Heizpresse jedoch pflegt man die Oberfläche wieder ein ganz klein wenig anzufeuchten, damit die Verankerung mit den zu verleimenden Furnieren begünstigt wird. Es sind

*) Siehe die auf Seite 240 und 242 angezogenen Arbeiten von Truax, Browne und Don Brouse, wie auch die Leimfibel von Stadtlinger.

besondere Einrichtungen geschaffen, um, nachdem der Leim in den heißen Pressen wieder flüssig geworden ist, ihn dann zu einem schnellen Abbinden zu bringen, und zwar dadurch, daß zunächst mit Dampf geheizte Platten nach Vollendung der Heizung von kaltem Wasser durchflossen werden, also abgeschreckt werden (auf etwa 30—35° C = 86—95° F), wodurch ein sehr schnelles und zuverlässiges Gelatinieren und Abbinden des Leimes erreicht wird. Man hat vor allen Dingen, gegenüber dem amerikanischen Verfahren und dem handwerksmäßigen in Europa noch geübten Verfahren, es damit vollkommen in der Hand, die Perioden vom flüssigen Zustand oder dem gelatinierten bis zum festen Zustand ziemlich zu kontrollieren und in gewissen Grenzen nach Belieben zu variieren. Bei Leim, besonders wenn er sehr dünnflüssig zu Verwendung kommt, also mit hohem Wassergehalt, wie es beim handwerksmäßigen und auch beim amerikanischen Verfahren der Fall ist, besteht immer die Gefahr, daß der Leim die dünnen Furniere durchdringt, um so mehr, je poröser oder dünner die Furniere sind. Man verwendet als Gegenmittel hierfür das Tränken solcher Furniere in einer dünnen Leimbrühe, durch die die Furniere gezogen werden. Wie es oft bei derartigen Erscheinungen der Fall ist, finden Vorschläge, die die Schwierigkeiten anscheinend leicht überwinden lassen, nur zu leicht Anklang. So gibt es für gewisse tierische Leime sogenannte Zusatzmittel, die jedoch meist nichts weiter als billige Streckmittel sind, die recht teuer verkauft werden, und an denen eigentlich nur der Lieferant wegen des hohen Verdienstes eine Freude hat. Sie sind nicht von Vorteil für die Verleimung. Es sind das Mittel, die Poren füllend wirken, eine größere Ausgiebigkeit vortäuschen, jedoch die Güte der Verleimung ganz wesentlich beeinträchtigen.

Drei derartige Mittel, die mit großer Reklame angepriesen und auch teilweise viel von Tischlern gekauft worden sind, haben bei der chemischen Untersuchung folgende Zusammensetzung gezeigt:

Leimzusatz a) 90% Gips, 10% Holzmehl;

Leimzusatz b) fast 100% Gips mit geringen Verunreinigungen an Eisen- und Kieselsäure;

Leimzusatz c) fast 100% einer besonders reinen Tonart.

Was bei der Verwendung solcher Zusatzmittel übersehen wird, ist, daß dem tierischen Leim auch der besten Qualität hierdurch sehr viel seiner Elastizität genommen wird. In neuester Zeit hat sich gezeigt, daß eine ganze Anzahl von Reklamationen, welche von Stellen erhoben worden sind, die fabrikationsmäßig hergestelltes Sperrholz gekauft und dann mit Hilfe von tierischem Leim mit derartigen Zusätzen Edelfurniere auf dieses aufgeleimt haben, und bei denen die dünnen Edelfurniere sogar Risse quer zur Längsfaser aufwiesen, darauf zurückzuführen sind, daß der Leim durch diese Zusätze zu spröde geworden ist und jede Nachgiebigkeit verloren hat. Zu Unrecht hat man dem Sperrholz hierfür die Schuld zuschieben wollen.

In Amerika wird tierischer Leim in Sperrholzfabriken nur zum Zusammensetzen von Mittellagen und Deckfurnieren benutzt, auch um Umleimer an Platten anzubringen und für ähnliche Arbeiten. Im allgemeinen sind Verbindungen mit tierischem Leim nicht wasserfest, sie sind auch nicht hitzebeständig, trotzdem sind tierische Leime ein außerordentlich nützliches Bindemittel. Sie binden schnell ab, die Leimbindungen sind dicht, man braucht sehr wenig Leimdruck, sie sind sehr leicht aufzubringen und geben gewöhnlich eine viel festere Leimbindung, als man sie mit Rücksicht auf die Festigkeit der verleimten Hölzer verlangt.

Kaseinleime.

Wie bereits angeführt, waren Kaseinleime bereits im alten Ägypten, in Griechenland und auch im mittelalterlichen Europa in Benutzung. In den Vereinigten Staaten tauchten sie erstmalig etwa um das Jahr 1870 auf, und zwar in der Bürstenbinder- und Papierindustrie. Als Holzleim bekamen sie erst in Amerika Bedeutung, als man während des Krieges für Flugzeugkonstruktionen verhältnismäßig wasserbeständige Leimmittel verlangen mußte. Es würde zu weit führen, hier eine genaue Definition von Kasein zu geben; es sei auf angegebene Literatur verwiesen*). Ohne zu ausführlich zu werden kann man etwa sagen, daß Kasein die Albuminkonstituante der Milch ist.

Es wird dadurch erzeugt, daß man entrahmte Milch sauer werden läßt oder ihr Säure zuführt. Kasein fällt dann in der bekannten Form von Quark aus, wird von der Molke separiert, gewaschen, getrocknet und gemahlen, gewöhnlich bis zu einer Feinheit von 30—40 Maschen. Argentinien ist der Hauptlieferant von Kasein. Es werden dort etwa 12 000 bis 14 000 t jährlich erzeugt, während in den Vereinigten Staaten nur etwa 2500 bis 5000 t, hauptsächlich in Kalifornien, Wisconsin und New York, hergestellt werden. (Auch Neuseeland liefert beträchtliche Mengen, jedoch bevorzugt Europa von den eingeführten Kaseinsorten ebenfalls das argentinische als das beste.) Kaseinleime sind im allgemeinen gegen den Einfluß von Feuchtigkeit oder Wasser, selbst kochendes Wasser, relativ beständig, was ihr Hauptvorzug für die Sperrholzfabrikation ist. Der Nachteil dabei ist nur der, daß schon verhältnismäßig geringe Abweichungen von den Optimalbedingungen auch die relative Wasserbeständigkeit in Frage stellen können. Wasserbeständig im eigentlichen Sinne, wie z. B. Gummi, oder wie die später behandelten Leimfilme. ist Kasein nicht.

*) „Caseingewinnung und -Anwendung" Dr. W. L. Davis „The Chemical Age 1928", Seite 23. Deutsches Referat „Kunstdünger- und Leimindustrie 1929, Nr. 5 und 6".

Kasein kommt als hartes, kernartiges oder feines, sandiges Pulver in den Handel, das im Wasser quillt, sich aber nicht auflöst.

(Für den Bezug von Milchsäure-Kasein als Rohstoff sind Lieferbedingungen und Prüfverfahren für Deutschland vom Reichsausschuß für Lieferbedingungen beim Reichskuratorium für Wirtschaftlichkeit, Berlin, aufgestellt worden, die sich z. Z. im Druck befinden*).)

Es kann im Wasser durch Zusatz von Alkali, wie z. B. kaustische Soda, Pottasche oder Borax unter Bildung von Alkali-Kaseinat löslich gemacht werden. Ein solcher Leim ist durchaus nicht wasserbeständig. Er würde sich nach dem Trocknen wieder im Wasser lösen. Wird Kalkhydrat zu Kasein und Wasser zugeführt, so wirkt dieser auf das Kasein dahin, daß sich ein unlösliches Kalzium-Kaseinat bildet. Auch dieses kann als Leim benutzt werden und ist natürlich wasserbeständig, aber spröde, hat geringes Anhaft- und Durchdringungsvermögen.

Die Kaseinleime, die in der Sperrholzindustrie benutzt werden, sind Kombinationen verschiedener Grade der beiden oben erwähnten Typen, d. h. sie alle enthalten ein Alkali, das die teilweise Umwandlung des Kaseins zu Alkali-Kaseinat bewirkt, welches dem Leim Festigkeit, Eindringungsvermögen, Beständigkeit und einige Elastizität verleiht. Sie enthalten auch Kalk, der allmählich auf das ungebundene Kasein und auf das Alkali-Kaseinat einwirkt, unter Bildung von unlöslichem Kalzium-Kaseinat, das dem Leim seine selbstabbindenden und wasserwiderstandsfähigen Eigenschaften verleiht. Außerdem setzen manche Fabrikanten noch andere Chemikalien und andere Kolloide zu, um gewisse Sondereigenschaften zu erzielen. Oft wird Natronwasserglas benutzt, es enthält das notwendige Alkali. Auch Kieselsäure, sowie Kupfersalze sind wiederholt empfohlen worden, um dem Kasein eine größere Wasserbeständigkeit zu verleihen.

Manche dieser Zusätze, durchaus nicht alle, geben tatsächlich eine geringe Erhöhung der Wasserbeständigkeit, es muß jedoch ein anderer, schwerwiegender Nachteil in den Kauf genommen werden, der die geringen Vorteile wieder aufwiegt, und das ist vor allem der Nachteil, daß Sperrplatten, welche mit derartigen Leimen geleimt worden sind, sich schwer schneiden und sägen lassen. Es zeigt sich ein außerordentlich schnelles Stumpfwerden der Schneid- und Sägewerkzeuge, so daß die verarbeitende Industrie an der Verwendung solcher Leime keinen Gefallen hat.

Die nachstehende Tabelle gibt die Zusammenstellung einer Anzahl Analysen von sogenannten Kasein-Kaltleimen, wie sie im Handel zu haben sind. (Von der Nennung der Handelsmarken ist leicht begreiflicherweise Abstand genommen.) Die meisten von ihnen sind recht teuer.

*) Beuth-Verlag Berlin.

Einige Analysen handelsmäßiger Kasein-Kaltleimpulver.

Leim	I	II	III	IV
Kasein	57 %	50.7%	57.6%	60 %
Wasser	9 %	6.4%	11.7%	9.4%
Calciumoxyd	15.6%	27.5%	14.9%	11.9%
entspr. gelöschter Kalk .	(20.6%)	(36.3%)	(20 %)	(16 %)
Fluor	Vorhanden	Vorhanden	Vorhanden	Reichlich
Kohlensäure	—	—	—	Reichlich

Diese Leime werden in kräftigen Rührwerken hergestellt, welche Klumpenbildung verhindern. Der trockene Leim wird in kaltem Wasser von 50—80° F (10—27° C) ohne Erhitzung aufgelöst und kalt aufgetragen. Er heißt aus diesem Grunde Kaltleim. (In Deutschland bezeichnet man im übrigen alle Furnier- und Sperrholzleime, die kalt abbinden, als Kaltleime, also auch der Pflanzenleim fällt hier unter die Kategorie der Kaltleime.)

Kaseinleime sind eine undurchsichtige Flüssigkeit von weißer, kremartiger Färbung mit einer Konsistenz dicker Anstrichfarbe. Ist der Leim nach ein paar Stunden dick geworden, so wird er, je wasserbeständiger er ist, um so zäher, und schließlich gelatiniert er zu einer gummiartigen Masse. Kaseinleime müssen daher verbraucht werden, ehe dieses eintritt. Sie sind kurzlebige Leime. Kaseinleime, die Kalk enthalten, sind hart und nutzen die Schneidkanten scharfer Messer und Werkzeuge schnell ab; sobald sie alkalisch sind, verfärben sie diejenigen Holzarten, die Farbstoffe enthalten und schwächen im übrigen die Holzfasern.

Eine Verwendungsart, die in Amerika sehr wenig oder fast gar nicht vorzufinden ist, ist die Verarbeitung der Kaseinleime in Heißpressen, die dagegen häufig in den großen Sperrholzfabriken Europas und einiger anderer Länder geübt wird. Der Kaseinleim wird unter Verwendung von Kalk in ähnlicher Weise auf kaltem Wege hergerichtet, wie eben beschrieben. Einige Werke geben noch einen Zusatz von Wasserglas von 5% bis höchstens 10% zu. Der Leim wird durch Leimauftragmaschinen auf die Mittellage aufgebracht, und dann werden die zu verleimenden Hölzer so schnell als möglich in die mit geheizten Platten versehene Presse eingebracht. Es wird meist nur so viel Leim hergerichtet, als man in etwa zwei Stunden verarbeiten kann, da die Temperatur in den betreffenden Räumen infolge der Anwesenheit von geheizten Pressen meist verhältnismäßig hoch ist. Sobald die beleimten Hölzer und Furniere in die Presse eingebracht sind, muß diese schnellstens geschlossen werden, damit keine Abbindung des Kaseinleimes eintritt, bevor der notwendige Leimdruck vorhanden ist. In diesen Heizpressen bindet der Kaseinleim sehr schnell ab.

Je nach der Stärke der Außenfurniere beträgt die Abbindezeit nur 4—20 Minuten. Nach erfolgter Abbindung ist eine Abkühlung nicht notwendig, die Presse wird geöffnet und das fertig verleimte Holz wird, freilich noch in warmem Zustande, der Presse entnommen. Da der Kaseinleim, der für diese Zwecke verwendet wird, auf einen Teil Trockensubstanz ungefähr 4—6 Teile Wasser enthält, ist es natürlich notwendig, daß Furniere und auch Mittellagen gut getrocknet sind. Mit Rücksicht auf den hohen Wassergehalt wird auch bei Verleimung in der Heizpresse gewöhnlich eine Temperatur von 80° C (176° F) selten überschritten, da anderenfalls die Gefahr der Blasenbildung auftritt.

Die Tatsache, daß man mit Kaseinleim auch in Amerika Sperrholz herstellen kann, für das Pflanzenleime oder tierische Leime völlig unbrauchbar sind, hat ihm auch dort einen gewissen Verwendungsbereich gesichert. Kaseinleim hat den Vorteil, daß es sich für die Fabrikation von geschweiften Teilen eignet. Besonders geartete Kaseinleime werden auch für die Fugenleimung von Holzeinlagen benutzt, vor allen Dingen finden sie bei Flugzeugteilen, Eisschränken und ähnlichen Artikeln Verwendung, wo man auf eine bestimmte Wasserfestigkeit Wert legen muß.

Blutalbuminleim.

Blutalbuminleim ist in den Vereinigten Staaten von Amerika zuletzt in den Handel gekommen. Es ist wahrscheinlich, daß seine Benutzung wieder zurückgegangen ist, seit dem der Bedarf an wasserfesten Verleimungen für Kriegszwecke nachgelassen hat. Es wurde seinerzeit in Amerika für den Bau von Wasserfahrzeugen verwendet. Man pflegte das Sperrholz zwischen geheizten Formen zu verleimen.

In Rußland hat man Blutalbumin schon kurz nach dem Jahre 1900 in größeren Mengen verwendet. (In den ersten Anfängen hat man in Rußland mit frischem Blut gearbeitet. Es gibt jetzt noch in Polen Werke, die frisches Blut aus nahe gelegenen Schlachthäusern beziehen und verarbeiten.) Sowohl frisches Blut wie auch Blutalbumin wird heute noch im Osten Europas sehr viel verarbeitet, jedoch auch in anderen Ländern Europas findet es des öfteren Anwendung, besonders wenn die Preise für Kasein sehr hoch sind. Es gibt auch Werke, die Blutalbumin dem Kaseinleim beimischen. Bei der Zubereitung des Blutalbumins muß darauf geachtet werden, daß der Koagulationspunkt, der bei etwa 160° F (71° C) liegt, nicht überschritten wird. Erst wenn der Leim auf die zu verbindenden Hölzer aufgetragen und diese in eine geheizte Presse eingebracht worden sind, darf diese Temperatur überschritten werden, damit die Koagulation eintritt. Der Leim erstarrt und gibt eine nahezu wasserfeste Verleimung.

Es gibt verschiedene Arten der Zubereitung solcher Leime, von denen manche unter Patentschutz stehen. Eine der bekanntesten ist folgende: 100 Gewichtsteile zu 90% lösbares Blutalbumin, 180 Gewichtsteile Wasser von etwa 80° F (27° C), 4 Gewichtsteile Ammoniak, 3 Gewichtsteile Kalkhydrat. Man läßt das Blutalbumin einige Stunden im Wasser quellen, dann wird es langsam gerührt, und wenn notwendig, um unlösliche Teile zu entfernen, filtriert. Das Ammoniak wird dann unter vorsichtigem Rühren — um Schäumen zu verhindern — zugesetzt. Schließlich wird Kalkhydrat in der Konsistenz dicker Sahne zugegeben und das Rühren weiter fortgesetzt. Hierbei muß die Vorsicht geübt werden, keinen Überschuß von Kalkhydrat zuzufügen, weil dabei ein Eindicken nahe bis zum Gelatinierpunkt eintreten kann. Der fertige Leim soll mittlere Konsistenz besitzen, er bleibt dann mehrere Stunden verarbeitbar.

Der Leim kann mit dem Pinsel oder der Leimauftragmaschine bei gewöhnlicher Werkraumtemperatur aufgebracht werden. Bei Benutzung einer Auftragmaschine muß darauf geachtet werden, daß dieselbe nicht nunnütz läuft, damit kein Schäumen eintritt.

Will man die Vorteile des Blutalbuminleimes voll ausnutzen, so ist es zweckmäßig, in jedem Zwischenraum zwischen je zwei geheizten Platten immer nur eine Sperrplatte herzustellen. In Amerika wählt man die Außenfurniere bzw. Absperrfurniere, also die Außenlagen, nicht stärker als $^1/_{16}$″ (1,6 mm). Im Osten Europas ist man in der Beziehung nicht so engherzig. Bei richtig geheizten Pressen kann man auch wesentlich stärkere Furniere sehr gut und wasserfest mit Blutalbumin verleimen.

Bei der Verwendung von nassen Furnieren, die, wie oben erwähnt, in manchen Ländern von Osteuropa noch üblich ist, wird ebenfalls frisches Blut oder Blutalbumin häufig verwendet. Es werden dann zwischen je zwei geheizten Platten 8—12 Sperrholzlagen auf einmal verleimt. Die Gesamtstärke der in jedem Zwischenraum zwischen den Heizplatten hergestellten Sperrhölzer beträgt also bis zu etwa 50 mm (2″). Man legt gewöhnlich zwischen die Heizplatten und die zu verleimenden Furniere noch eine Beilage aus Sperrholz, um eine zu starke Überhitzung der äußeren Lagen zu verhindern. Dieses Verfahren gibt natürlich keine gleichmäßige Verleimung, da, trotzdem die zu verleimenden Hölzer etwa ¾ Stunde in der geheizten Presse bleiben, die nicht selten auf 120° C (248° F) erwärmt wird, die Temperatur in den einzelnen Blutalbuminschichten verschieden sein wird. Das ist eine weitere Ursache für die geringere Qualität solcher Sperrhölzer, die aus naßverleimten Furnieren hergestellt werden.

Will man gleichmäßige, gute Platten mit Blutalbumin und getrockneten Furnieren herstellen, so verleimt man in jedem Zwischenraum der Heizplatten ein, höchstens zwei, bei ganz dünnen Sperrhölzern drei Sperrhölzer gleichzeitig. Die Temperatur der Heizplatten wird hierbei auf 212—230° F (100—110° C) gebracht, also über den Koagulationspunkt, und zwar, nachdem die Platten in der Presse unter Druck gesetzt worden sind. Auch bei Blutalbumin sollen die Platten möglichst bald nach Aufbringung des Leimes, und zwar möglichst schnell, in die Presse eingebracht werden, und diese schnell geschlossen werden, damit nicht ein Abbinden der zuerst eingebrachten Lagen eintreten kann, bevor dieselben unter Druck gekommen sind.

Sollen Multiplexplatten hergestellt werden, so ist es auch hier zweckmäßig, erst die dreifache Verleimung auszuführen und dann in besonderen Arbeitsgängen je zwei weitere Furniere zur 5- und 7fachen Verleimung aufzubringen.

Es hat sich gezeigt, daß die Wasserfestigkeit mit der Temperatur steigt. Man hat auch versucht, bei Verwendung von Furnieren, die noch so feucht waren, daß sie sich leicht biegen ließen, eine Blutalbuminverleimung in Formen durchzuführen, und soll hierdurch verhältnismäßig wasserfeste, geformte Sperrhölzer erzielt haben. Neuerdings ist in Amerika eine neue Blutalbuminmischung gefunden worden, von der behauptet wird, daß sie eine wasserfeste Verleimung ergibt, auch wenn sie kalt verleimt wird. Dieser Prozeß ist noch zu neu und zu wenig erprobt, um hieraus irgendwelche praktischen Schlüsse ziehen zu können. Man glaubt jedoch in Amerika, daß, wenn sich diese Verleimmethode bewährt, besonders für technische Zwecke ein gutes wasserfestes Sperrholz herstellen zu können.

Über andere Versuche, Blutalbumin trocken zu verarbeiten, wird bei dem Abschnitt Leimfilm noch gesprochen werden.

Blutalbumin ist in gewisser Hinsicht ein recht unangenehm zu verarbeitendes Material, es ist jedoch nicht so spröde wie Kasein und verhält sich bezüglich des Eindringens in die Furniere ähnlich wie tierische Leime. In Amerika ist seine Verwendung deswegen beschränkt, weil man dort sehr wenige Anlagen mit Heißpressen im Betriebe hat. Gerade Verleimungen mit Blutalbumin zeigen in noch höherem Maße als solche mit Pflanzen-, Tierischen- und Kaseinleimen geringe Widerstandsfähigkeit gegen bakterielle Einflüsse.

Wasserglas.

Wasserglas wird ausschließlich aus mineralischen Bestandteilen hergestellt, und zwar durch Schmelzen von Sand zusammen mit Soda oder Pottasche. Das hieraus sich ergebende Produkt wird in Wasser gelöst und ist in diesem Zustande im Handel als Wasserglas erhältlich. Es gibt verschiedene Arten von Wasserglas, je nach dem Verhältnis von Pottasche zu der Silikatgruppe und je nach dem Wassergehalt.

Das Wasserglas, das in der Holzbearbeitung benutzt wird, ist eine klare, syrupartige Flüssigkeit. Für Möbelsperrholz wird es nicht benutzt, sondern nur in Amerika für Verpackungssperrholz. Infolge der langsamen Einwirkung der Luft auf das Alkali des Silikates und dem allgemeinen Zusammenbruch des Kolloides zerfallen Wasserglasverbindungen nach wenigen Monaten von selbst. Es ist aber sehr billig, und da es eine wasserfeste Verbindung für die Herstellung dichter, starker und leichter Verpackungskisten ergibt, an die keine Ansprüche langer Haltbarkeit gestellt werden, ein ausgezeichneter Leim für solche Zwecke.

Flüssige Leime.

Es gibt eine große Anzahl von fertigen Leimen, die jedoch für die fabrikationsmäßige Verarbeitung, mit Rücksicht auf ihre Kosten, selten angewendet werden. Der weitaus größte Teil wird aus Fischblasen hergestellt. Im allgemeinen erzielt man eine hohe Bindefestigkeit. Hauptsächlich werden solche Leime für Hausgebrauch und in Reparaturwerkstätten verwendet, in Fabriken nur da, wo geringe Mengen in Frage kommen. Wo man jedoch in Fabriken eine gründliche Erwärmung der zu verleimende Teile nicht erreichen kann, findet man sie auch dort hin und wieder in Anwendung, wenn sie auch in ihrer Bindekraft an tierische Leime und auch Kasein nicht heranreichen.

Wenn von Leim gesprochen wird, denkt der Laie unwillkürlich an diese flüssigen Leime, die ihm aus dem täglichen Gebrauch bekannt sind, während sie tatsächlich fabrikationsmäßig fast nie verwendet werden.

Leimfilm.

Bei der Besprechung der Vorbereitung von Furnieren und Mittellagen für die Sperrholzfabrikation und auch der Edelfurniere für ihre Verarbeitung als Außenlagen ist immer wieder betont worden, daß eine gründliche Trocknung des Holzes Vorbedingung ist für die Erzielung einer guten Qualität. Aus der Besprechung der bisher behandelten Leimsorten geht hervor, daß alle einen recht beträchtlichen Gehalt an Wasser aufweisen. Dieses Leimwasser wird bei der Kaltverleimung und auch bei der Verleimung mit Hilfe von erwärmten Zulagen, die später beschrieben werden, zum größten Teil von den Mittellagen und Furnieren aufgenommen, denen man vorher sorgsam die Feuchtigkeit, soweit wie möglich, entzogen hat. Es handelt sich hier um recht beträchliche Mengen von Wasser. Nimmt man z. B. einen Kaseinleim von durchschnittlicher Zusammensetzung, so ergibt sich, daß für eine dreifache Verleimung etwa 400 bis 500 Gramm

Wasser mit dem Leim jedem Quadratmeter der Verbindung zugeführt werden, eine Menge, die bei dünnen Sperrplatten recht beträchtlich ist im Verhältnis zur Aufsaugefähigkeit des Holzes. Ähnlich steht es mit dem tierischen und dem Pflanzenleim. Aber auch für stärkere Platten ist diese Menge Leimwasser durchaus nicht zu unterschätzen, im Gegenteil, es wird in den nächsten Kapiteln gezeigt werden, daß man besondere Arbeitsgänge einschalten muß, um die Leimnässe wieder aus dem Sperrholz zu entfernen. Das ist ganz besonders da der Fall, wo unter gewöhnlicher oder nur wenig erhöhter Temperatur geleimt wird. Bei der Verwendung geheizter Pressen liegen die Verhältnisse etwas günstiger, der hohe Wassergehalt verhindert aber die Verwendung höherer Temperaturen als etwa 90° bis 100° C (192° bis 212° F), die z. B. beim Blutalbumin, wenn man einigermaßen Wasserfestigkeit erzielen will, durchaus erwünscht sind. Es tritt oft die so gefürchtete Blasenbildung auf, da ein Teil des Leimwassers verdampft, unter Spannung kommt, und die zu verleimenden Flächen an der innigen Berührung hindert oder nach Entlastung der Presse voneinander trennt.

Es ist bereits bei der Besprechung der Behandlung der Furniere erwähnt worden, daß man mit der Feuchtigkeitsentziehung nicht zu weit gehen darf. Die Grenze liegt da, wo die Furniere anfangen zu brüchig zu werden, was stets eine Vergrößerung des Holzabfalles, also eine Verringerung der Holzausnutzung, mit sich bringt. Der hohe Wassergehalt ist es auch, der das Durchdringen der Furniere, das Fleckigwerden derselben, den sogenannten Durchschlag, verursacht. Es lag nun nahe zu versuchen, den Leim in trockener Form zu verwenden. Wenn Versuche in dieser Hinsicht verhältnismäßig spät angestellt worden sind, so ist vielleicht nicht zuletzt die Ansicht daran schuld, welche erst durch neuere Arbeiten (s. die angezogenen Arbeiten von Brown und Don Brouse) widerlegt worden ist, nämlich, daß die Holzleimbindung hauptsächlich auf mechanische Adhäsion zurückzuführen ist. Die Erklärung des Eindringens von Fingerchen und Zäpfchen gleich Nägelchen in die Holzporen der zu verbindenden Holzflächen erklärt dem Laien leichter die Wirkung des Leimes, als er die Wirkung der Adhäsion an sich verstehen würde, die nach der heute wohl vorherrschenden Ansicht das Maßgebende für die Festigkeit der Leimbindung ist. Bei Verwendung trockener Leime fehlt das Mittel, welches die Leimfingerchen in das Holz hineinträgt, nämlich die Leimfeuchtigkeit. Da nun, wie hier schon vorweg genommen werden darf, man mit sehr dünnen Leimfilmen auch bei dichten Hölzern mit sehr geringen Poren eine ganz vorzügliche Leimbindung erhält, dürften die Ansichten der Verfechter der Adhäsionstheorie unterstützt werden.

In Amerika hat man während des Krieges versucht, Blutalbumine in dünne Leimfilme trocken auszuwalzen*). Solche Leimfilme wurden zwischen Lagen von feuchten Furnieren gelegt und in einer heißen Presse gepreßt. Das Ergebnis soll nahezu ebenso zufriedenstellend gewesen sein als dasjenige bei der Benutzung feuchten Leimes bei trockenen Furnieren. Hauptsächlich wurden entsprechend der Verwendung für Flugzeugplatten dünne Furniere von $^1/_{40}$ bis $^1/_{100}$″ (0,6 bis 0,25 mm) Stärke benutzt, bei denen flüssiger Leim einfach hindurchtreten und die Sperrplatten sehr schnell verfärben würde. Dieser Prozeß wird in Amerika jedoch als zu schwierig für gewöhnliche Arbeiten angesehen.

Durch die zunehmende Verwendung von Kunstharzen zur Herstellung von Bakeliteprodukten für die Elektroindustrie und für Kunstmassen, in denen auch mit Kunstharzen getränkte Papiere, sogenannte Bakelitepapiere, verwendet wurden, tauchte der Gedanke auf, diese, eine vorzügliche Klebkraft besitzenden Bakelitepapiere oder Bakelitefilme, auch für die Verwendung von Sperrholz zu benutzen. Irgendein praktisches Ergebnis konnte jedoch nicht erzielt werden, und zwar einmal deswegen, weil die Drucke und Temperaturen, die allgemein zum wirtschaftlichen Verleimen mit Bakeliten vorgeschrieben sind, für die Sperrholzherstellung zu hoch sind. Außerdem zeigte sich der große Übelstand, daß die Bakeliteverleimung sehr spröde war und der abgebundene Bakelitefilm die Schneiden der Werkzeuge, mit denen Sperrholz bearbeitet werden muß, sehr schnell stumpf machten.

Es sind auch Vorschläge aufgetaucht, sogenannte Zellulose-Esterleime für die Kaltabbindung von Sperrholz zu verwenden. Auch diese haben zu einem praktischen Ergebnis nicht geführt, wegen der komplizierten Vorbehandlung, die die Oberflächen der zu verleimenden Furniere erfahren mußten, und wegen der Sprödigkeit der Verbindung; wenn auch sowohl diese Verbindung, wie die mit Bakelitefilm, eine wasserfeste Verleimung ergaben, die den Verleimungen von Blutalbumin und Kasein weit überlegen waren.

Erst nach Erscheinen des Originalwerkes in Amerika ist in Deutschland ein Trockenfilm, unter der Bezeichnung „Tegofilm", auf dem Markt erschienen, der nach den vorliegenden Großversuchen sich sowohl für Verleimung von Sperrholz, wie auch zum Aufbringen von Edelfurnieren auf Sperrholz eignet.

Da es sich bei der Herstellung dieses Filmes um ein grundsätzlich neues Herstellungsverfahren handelt, dessen Patentschutz noch weiter ausgebaut wird, ist es zur Zeit nicht möglich, genaue Angaben über die Zusammensetzung und die Bestandteile dieses Filmes zu erhalten. Es kann

*) Siehe Bericht Nr. 66 „des Forest Products Laboratory", Madison, 1920 „Glues used in Airplan Parts".

nur so viel gesagt werden, daß der Film rein synthetischer Natur ist. Dieser Film kommt in Rollen bis zu 1000 m (3300 Fuß) Länge und in den verschiedenen Breiten, die für die Sperrholzfabrikation gebraucht werden, in den Handel. Der Film wird von den Rollen in den benötigten Längen abgeschnitten, die der Fläche des zu verleimenden Sperrholzes oder aufzubringenden Furniers entspricht, und wird zwischen die einzelnen Lagen im trockenen Zustande gelegt. Zum Verleimen werden die Furniere bzw. Mittellagen mit den zwischengelegten Filmen in eine Heißpresse eingebracht. Die Verleimung erfolgt bei einer Temperatur von mindestens 120 bis 145° C (248—293° F). Die Abbindezeit nimmt mit steigender Temperatur ab. Sind die Außenlagen oder Absperrfurniere nicht stärker als etwa 1,5 mm ($^1/_{16}$″), so hat der Leim bereits im 4—5 Minuten völlig abgebunden; bei stärkeren Furnieren, etwa 3—4 mm ($^1/_8$—$^5/_{32}$″), werden 10—15 Minuten vorgeschrieben. Wie bei Kasein- und Blutalbuminleim können die Sperrplatten dann warm aus der heißen Presse herausgenommen werden. Die Bindung ist eine absolut wasserfeste. Die Leimverbindung ist in einen gegen Wasser oder Feuchtigkeit oder Wasserdampf unempfindlichen Zustand übergegangen. Man kann das so hergestellte Sperrholz soweit anfeuchten oder auch dämpfen, daß es sich leicht biegen läßt, ohne daß die Verleimung sich löst, und hat auch Mittel damit an der Hand, gebogene Furniere genau so leicht herzustellen, wie z. B. gebogene Formen aus unverleimten Hölzern. Besonders bemerkenswert ist, daß die Bindefestigkeit dieses Leimfilmes im feuchten Zustande der Sperrplatte in der Regel fast so hoch ist, als im trockenen Zustande. Die Leimfestigkeit liegt im trockenen Zustande mindestens genau so hoch wie bei Kasein- und Blutalbuminleim.

Da durch den Leimfilm Feuchtigkeit in die Verbindung nicht mehr hereingebracht wird, hat die Anwendung der genannten höheren Temperatur keinen Nachteil gezeigt, wie sie bei den flüssigen Leimen überall zu verzeichnen ist. Die Furniere brauchen nicht tiefer als auf etwa 8—12% Feuchtigkeitsgehalt getrocknet zu werden, da zusätzliche Leimfeuchtigkeit nicht vorhanden ist, der Bruchverlust wird geringer. Da der Tego-Film nach den bisherigen Erfahrungen unbegrenzte Lebensdauer hat, kann das Zusammenlegen der Furniere und der Leimfilme zur Vereinigung zum Sperrholz mit der nötigen Sorgfalt, ohne Übereilen, vor sich gehen. Es braucht dies nicht in unmittelbarer Nähe der Presse zu erfolgen, wie bei anderen Leimen, wo nach ihrer Aufbringung die Hölzer möglichst schnell, wie oben mehrfach erwähnt, unter Druck gebracht werden müssen. Das Zusammenlegen kann an einem beliebigen Ort zu beliebiger Zeit erfolgen. Die Arbeitseinteilung ist also hier weit leichter, nur ist darauf zu achten, daß der Film nicht schon, bevor er unter Druck kommt, längere Zeit einer höheren Temperatur als 40° C (104° F) unterworfen ist, und außerdem ist auch hier darauf zu achten, daß das Beschicken der Heißpresse in den verschiedenen Etagen ziemlich rasch erfolgt, damit die zuerst eingebrachten Lagen nicht zu lange der hohen Temperatur der Presse ausgesetzt sind, bevor sie unter Druck kommen. Es sei hier schon erwähnt, daß Vorrichtungen in Europa gebaut werden, die der Gefahr einer verschieden langen Erwärmung der einzelnen Lagen in der Presse dadurch begegnen, daß mechanisch alle Lagen auf einmal in die Presse eingebracht werden können. Der Tego-Film erfordert nur die Vorsicht, ihn vor Verwendung vor Nässe zu schützen, die im übrigen auch für alle anderen Leime im Anlieferungszustande verlangt wird. Gegen bakterielle Einflüsse ist die Leimverbindung mit Tegofilm völlig unempfindlich in Gegensatz zu allen anderen Leimen, sie ist auch tropenfest.

Leimprüfung.

Die wissenschaftliche Untersuchung von Leim stellt die etwas ungewohnte Aufgabe, organische und anorganische Elemente in ihrer Wechselwirkung aufeinander zu untersuchen. Hier muß sowohl die Physik wie die Chemie herangezogen werden. Schon im Jahre 1844 hat Peter Cooper eine Normung für die Beurteilung von tierischen Leimen aufgestellt. Er war jedoch Leimfabrikant, und die von ihm angegebenen Methoden konnten sich von diesem etwas einseitigen Standpunkt des Fabrikanten nicht ganz frei machen. Trotzdem ist seine Norm in Amerika bis jetzt noch als Maßstab für die Leimqualität anerkannt.

Die National Association of Glue Manufacturers (die nationale Vereinigung amerikanischer Leimfabrikanten) ist ernstlich damit beschäftigt, eine bessere Norm für die Qualität, für die Feststellung der Bindefestigkeit und für die Lieferbedingungen zu finden. Ihr Interesse liegt aber zum größten Teil auf dem Gebiete des tierischen Leimes und läßt die anderen Leime fast ganz außer Betracht.

In Deutschland hat der Reichsausschuß für Lieferbedingungen beim Reichskuratorium für Wirtschaftlichkeit, Berlin, sich mit diesen Fragen befaßt und in Gemeinschaft mit Lieferanten und Verbrauchern Vorarbeiten für die Lieferbedingungen und Prüfverfahren für Haut-, Leder-, Knochen- und Mischleime geleistet, die bereits zu einer Normung für die Lieferbedingungen geführt haben*), auf die hier hingewiesen werden kann, und zwar behandeln diese Lieferbedingungen Haut-, Leder-, Knochen- und Mischleime. Dieselbe hat auch Lieferbedingungen und Prüfverfahren für Milchsäurekasein als Rohmaterial für Kasein-Kaltleim und für flüssige

*) Lieferbedingungen Nr. 093A2 in der Liste des Reichsausschusses für Lieferbedingungen (RKL) beim Reichskuratorium für Wirtschaftlichkeit. Beuth-Verlag Berlin.

Kaltleime und Bindemittel in Bearbeitung. Es ist mit der Veröffentlichung dieser Bedingungen und Verfahren in kurzer Zeit zu rechnen*).

Auch die Verbraucher von Kasein anderer europäischer Länder interessieren sich für die in Deutschland hierfür geleisteten Arbeiten und wollen sich diesen anschließen. Auf alle Fälle sollten bei der Verwendung irgendwelche Leime diejenigen Untersuchungsmethoden, die bereits bekannt sind, nicht außer acht gelassen werden und benutzt werden, ehe die Leime in die Betriebe kommen. Auf diesem Gebiete ist noch ein weites Feld für die wissenschaftliche Forschung offen.

Man kann annehmen, daß auch in dieser Beziehung die Leimfilme die Verhältnisse erleichtern werden, weil es sich um ein Fertigprodukt handelt, das sowohl in seiner Zusammensetzung, wie auch in seiner Wirkung, leichter zu kontrollieren ist, wie Leime, die in Form von Rohprodukten zum Ankauf kommen und erst besondere Zubereitungsprozesse im Betrieb durchmachen müssen, in denen noch zahlreiche Möglichkeiten zur Begehung von Fehlern offen stehen.

Über die Untersuchungen ausgeführter Verleimungen wird nach der Beschreibung der Herstellung von Sperrholz im zweiten Bande noch gesprochen werden.

Ein Vergleich der Leime.

Jeder Leim hat seine Vorzüge und seine Freunde. So viel kann man aber sagen, daß es keinen Leim gibt, der allen anderen in jeder Hinsicht überlegen ist.

Pflanzenleime sind billiger als tierische Leime. In Amerika werden sie allgemein für Überfurnierung und für die Herstellung von Sperrholz angewendet, da sie eine gute, gleichmäßige Leimbindung ergeben, die mit ihnen verleimten Hölzer sich gut bearbeiten lassen und sich leichter aufbringen lassen als alle anderen Leime (vielleicht mit Ausnahme von Kasein). Hier muß eingeschaltet werden, daß sie natürlich den Leimfilm, was Aufbringung anbelangt, unterlegen sind. Werden die Leime richtig hergestellt und aufgebracht, so ergeben diese Leime Bindungen, die gewöhnlich fester sind als das Holz. Proben zeigen gewöhnlich Holzbruch; das ist nach europäischer Ansicht durchaus nicht immer ein Zeichen, daß die Leimbindung stärker ist als das Holz. Korrekter ausgedrückt ist die Leimbindung nur stärker als das vom Leim beeinflußte Holz, und es gibt alkalische Leime, die die Festigkeit des Holzes an den Leimflächen herabsetzen. Die Leime sind jedoch nicht wasserbeständig und lassen sich mit dem Pinsel nicht aufbringen.

*) Auch diese werden im Beuth-Verlag Berlin erscheinen.

Tierische Leime sind seit altersher bekannt. Seine besten Sorten sind jedoch teurer als alle anderen Leime, mit Ausnahme von Fischleim. Es wird jedoch allgemein anerkannt, daß sie ein ganz vorzügliches Bindemittel für verschiedene Verwendungszwecke darstellen. Tierische Leime sind nicht wasserbeständig. Alle Bemühungen, sie wasserbeständig zu gestalten, haben bisher fehlgeschlagen. In feuchten und heißen Räumen ist die Bindung nicht beständig.

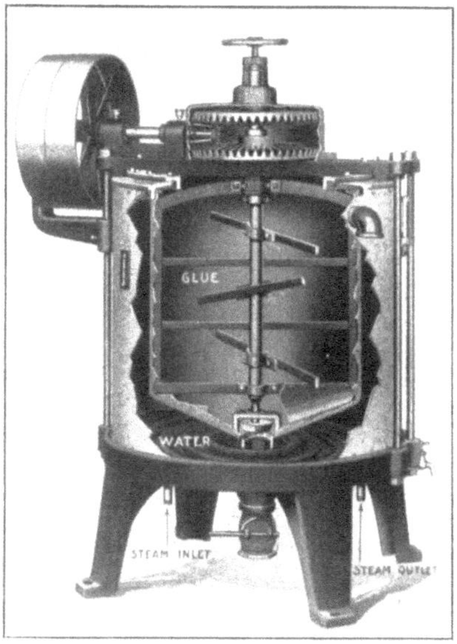

Fig. 155. Amerikanischer Mischer, mit einem dampfgeheizten Wasserbad umgeben, der sowohl für Pflanzenleim als auch für Kaseinleim benutzt werden kann. Antrieb im Bilde für Riemen, er wird jedoch auch für direkten elektrischen Antrieb eingerichtet.

(Dank dem Entgegenkommen von Chas. E. Francis Co.)

Kasein- und Blutalbuminleime sind relativ wasserbeständig. Unter gewissen Bedingungen kann man sie praktisch wasserbeständig gestalten. Ihr Preis liegt zwischen dem von tierischen und Pflanzenleim. Die Art und Weise, wie Kasein- und Blutalbuminleim abbinden, bedingen eine etwas schwierigere Handhabung, als wie sie tierischer oder Pflanzenleim erfordert. Wo Heißpressen notwendig werden, sind die Anlagen teuer (in Europa gibt es kaum noch größere und bedeutende Sperrholzfabriken, die keine Heißpressen besitzen).

Der Leimfilm ist bis jetzt noch wenig bekannt, da er erst vor kurzem auf den Markt gekommen ist. Sein Preis liegt unter dem des tierischen Leimes, etwa in der Höhe von Kasein- und Blutalbuminleim, wenn mit diesen beiden letzteren wirklich gute und relativ wasserfeste Verleimungen erzielt werden sollen. Seine Anwendung ist die einfachste von sämtlichen bekannten Leimen, er erfordert für die Verarbeitung jedoch Einrichtungen mit Heißpressen. Vor allen anderen Leimen zeichnet er sich dadurch aus, daß er auch in feuchter Umgebung gegen bakterielle Einflüsse unempfindlich ist.

Leimbereitungs- und Mischmaschinen.

Tierischer Leim kann in jedem mit Wasserbad versehenen Kocher geschmolzen und aufgelöst werden, wenn nur geringe Mengen in Frage kommen. Andere Leime jedoch erfordern mechanische Mischer, wie auch tierische Leime, wenn sie in großen Mengen angemacht werden sollen.

Leimbereiter für Pflanzenleim.

Da dieser Leim in Amerika hauptsächlich für die Sperrholzfabrikation und für Überfurnieren verwendet wird, kommen meist Maschinen mit größerem Fassungsvermögen, und zwar etwa von 50—150 Gallonen (227 bis 681 Liter) in Frage. Wie vorher beschrieben, ist der Leim während seines Zubereitungsstadiums ziemlich dick, so daß ein sehr kräftiges Rührwerk notwendig ist, damit der Inhalt des Behälters kräftig durchgemischt wird. (Siehe Figur 155.) Das Rührwerk, das mit 50—60 Umdrehungen pro Minute läuft, erfordert zum Antrieb beträchtliche Kräfte. Der Mantel soll nicht nur für Dampfheizung, sondern auch für Wasserkühlung eingerichtet sein, um gegebenenfalls eine rasche Abkühlung zu ermöglichen; ferner soll er mit einem Ablauf versehen sein. Ein Thermometer muß so angebracht werden, daß es die Temperatur des in Bearbeitung befindlichen Leimes messen läßt. Häufig ordnet man die Leimbereiter auf einer Galerie oder einem Balkon über der Leimauftragmaschine an, um den Leim durch Rohrleitungen je nach Bedarf direkt in die Leimauftragmaschine gelangen zu lassen. Natürlich müssen Vorrichtungen vorhanden sein, um die schweren Säcke bequem anzuheben und zu entleeren, wie auch, um die Trockensubstanzen und die Flüssigkeiten abwiegen zu können.

Mischer für tierische Leime.

Auch hier handelt es sich um ummantelte Typen, die mit Dampf, Gas, Öl oder elektrisch geheizt werden können. Gewöhnlich genügt aber ein einzelner Rührarm. Der oben offene Kessel wird zweckmäßig mit einem Deckel versehen, um Verdampfung und Überlaufen zu verhindern. Thermometer müssen so angebracht werden, daß sie die Temperatur des Leimes und nicht des Mantels zeigen. Die Temperatur soll 140° F (60° C) niemals überschreiten. Die Geschwindigkeit des Rührarmes braucht nicht größer zu sein als 25—30 Umdrehungen pro Minute. Das Rühren wird jedoch zweckmäßig während der Bereitung nicht unterbrochen.

Kasein-Leim-Mischer.

Es handelt sich hier um eine ähnliche Type von Leimmischer, wie für Pflanzenleim beschrieben, jedoch ist die Tourenzahl des Rührwerkes auf 100—110 Umdrehungen pro Minute zu bemessen, da Kasein während einer kürzeren Zeit ein viel energischeres Umrühren erfordert, als irgendein anderer Leim. Die Ummantelung des Mischers ist nicht notwendig, jedoch die mechanische Vorrichtung zum Heben des Rohstoffes und zum Abwiegen der einzelnen Bestandteile. Auch diese Mischer werden oft über den Leimauftragmaschinen aufgestellt. Manche Sperrholzfabriken statten ihre Mischer mit veränderlichen Geschwindigkeiten aus, um sie sowohl für Kasein als auch für Pflanzenleim benutzen zu können. In diesem Falle werden die Maschinen auch mit Heiz- und Kühlvorrichtungen versehen. Es kommt häufig vor, daß Fabrikanten für die verschiedenen Verwendungszwecke verschiedene Leime verwenden.

Bronze, Kupfer und Aluminiumteile sollen bei der Konstruktion der Mischer nicht verwendet werden.

Blutalbumin-Mischer.

Bei diesen Leimen kommt nur ein sehr vorsichtiges und leichtes Rühren in Frage, bei dem Schaumbildung nicht zu befürchten ist. Man zieht deswegen Kessel vor, bei denen ein Drehen oder ein Schaukeln derselben ermöglicht ist. Blutalbuminleim wird kalt angerührt.

Es ist wichtig, bei allen diesen Holzleimen genaue Vorrichtungen zur Abwägung der einzelnen Bestandteile vorzusehen. Die Reaktionen der verschiedenen Chemikalien und der Hitze sind manchmal sehr überraschend. Es ist daher zweckmäßig, sich sehr streng an die Vorschriften der Leimlieferanten zu halten. Verfügt man über die nötige Erfahrung, so ist es nicht schwer, einen geordneten Fabrikationsgang zu sichern.

Leimfilm.

Die Behandlung der allein am Markt befindlichen Tego-Leimfilme ist die einfachste, denn sie kommen gebrauchsfertig in den Handel. Es ist nur die von dem Fabrikanten vorgeschriebene Vorsicht zu üben, sie trocken aufzubewahren, und sie vor Benutzung keiner höheren Temperatur als etwa 40° C (104° F) auf die Dauer auszusetzen. Im übrigen sind sie im Anlieferungszustand sofort brauchbar. Entstehen aus irgendeinem Grunde beim Zuschneiden Abfälle, so können diese durch leichtes Anfeuchten der Ecken wieder zu größeren Stücken kalt zusammengeklebt werden.

Es ist niemals ratsam, eine Charge Leim, gleichgültig welcher Art, in Benutzung zu nehmen, über deren Bindefestigkeit Zweifel bestehen. Ein paar hundert Quadratmeter fehlerhaftes Sperrholz kann mehr Schaden verursachen, als der Verlust einer Charge Leim, deren Qualität man nicht ganz sicher ist.

Leim-Auftragmaschinen.

Verschiedene der beschriebenen Leime können von Hand mit Pinseln aufgetragen werden. Beim Furnieren größerer Flächen, und bei der Fertigung von Sperrholz ergibt jedoch diese Methode kein zufriedenstellendes Ergebnis, da es nicht möglich ist, größere Oberflächen von Hand schnell und gleichmäßig zu bestreichen. Mechanische Leimauftragmaschinen (Figur 157 und 158) bestehen aus lang oder rund geriffelten Rollen mit angebauten Leimbehältern, die genügend Leim aufnehmen können, um auf den Walzen eine gleichmäßige Lage Leim fortlaufend zu erzeugen. Die Menge des Leimes, die aufgegeben wird, wird durch Zwischenräume zwischen den Walzen bzw. den Druck, der auf die in vertikaler Richtung beweglichen Oberwalzen ausgeübt wird, geregelt. Außerdem sind Vorrichtungen vorgesehen, um den Abstand der Rollen, entsprechend der Stärke der zu beleimenden Hölzer, einstellen zu können. Es sind kleine Metalltaster an den Rollen zu dem Zweck vorgesehen, um zu verhindern, daß sich die zu beleimenden Platten oder Furniere um dieselben herumwinden. Wenn diese Leimauftragmaschinen für tierische Leime verwendet werden, so sind die Leimbehälter mit Heizvorrichtungen versehen, welche eine Temperatur von 140° F (60° C) einhalten lassen.

Über die Tiefe der Rillen gehen die Meinungen auseinander. In Amerika hat man für Pflanzenleime gute Erfahrungen mit Leimwalzen gemacht, bei denen die Rillen in der Richtung der Längsachse verlaufen. Die Breite der Rillen ist etwa $^1/_{24}''$ (1,06 mm), und zwar auf je 1 Zoll 12 Rillen, die Tiefe etwa $^1/_{32}''$ (0,8 mm).

Eine andere Leimauftragmaschine zum Auftragen von Kaseinleim hat 8 Längsrillen auf den Zoll von $^1/_{16}''$ (1,5 mm) Breite und $^1/_{32}''$ (0,8 mm) Tiefe.

Für tierischen Leim hält man in Amerika eine Maschine, die 4 Längsrillen pro Zoll aufweist, mit einer Tiefe von etwa $^1/_{20}''$ (1,25 mm) als sehr geeignet.

Die Leimauftragmaschinen aller Bauarten haben gerillte Walzen. Es muß darauf geachtet werden, daß die Rillung der jeweiligen Konsistenz und der Art der Leimung richtig angepaßt wird, damit die Verteilung des Leimes auf die zu verleimenden Hölzer gleichmäßig erfolgt, und nicht etwa als Abbild der Rillen sich Teile mit starken Leimmengen mit solchen mit geringen Leimmengen abwechseln, was bei den soeben für Amerika als gebräuchlich genannten Rillungen durchaus nicht ausgeschlossen erscheint. Es hat keinen Zweck, die Rillen tiefer zu machen, als sie notwendig sind, um die Leimmenge aufzunehmen, die auf die von der Walze befahrenen Teile des Holzes aufgebracht werden sollen. Eingehende Versuche, die in

Fig. 156.

Fig. 157.

Fig. 156 u. 157. Leimauftragmaschinen. Die Furniere kommen beim Beleimen aus der Bildfläche heraus. Die Maschine, Fig. 157, ist mit heizbaren Leimbehältern versehen. Die Handräder dienen zum Verstellen des Abstandes zwischen den Walzen und zur Druckgebung.

(Dank dem Entgegenkommen von Chas. E. Francis & Co.)

Deutschland angestellt worden sind, haben z. B. für Kaseinleim der hier gebräuchlichen Konsistenz als beste Rillung, und zwar Rillung parallel zur Drehachse, ergeben*): Rillenbreite 3,1 mm ($^1/_8$″), Breite des Steges zwischen je zwei Rillen 2,9 mm (0,115″), Rillentiefe der Oberwalze 0,4 mm (0,016″), der unteren Walze 0,5 mm (0,02″).

Es werden auch mitunter Walzen benutzt, die eine Rundrillung oder sowohl eine Rundrillung wie auch eine Längsrillung haben.

Arbeiter an Leimauftragmaschinen, die kaustische Leime verarbeiten, müssen mit Schutzhandschuhen versehen sein.

Es ist stets wichtig, die Leimauftragmaschinen nach Beendigung der Arbeit gründlich zu säubern, damit keine alten Leimreste in der Maschine verbleiben.

*) Nach den Untersuchungen des Leim-Laboratoriums der Firma Th. Goldschmidt A. G. Essen-Ruhr.

Man hat versucht, auch neuere Verteilungsmethoden für die Leimauftragung zu verwenden, so z. B. auch das Spritzen von Leim, jedoch lassen sich weder tierische Leime noch Kasein- oder Blutalbuminleime in befriedigender Weise mit Spritzeinrichtungen auftragen.

Der Versuch, hinter der Leimwalze weiche Bürsten zur gleichmäßigen Verteilung der Leime vorzusehen, hat bei den beschriebenen Leimen zu keinem Erfolg geführt, weil die Bürsten sehr schnell verschmutzen und hart werden.

Bei Leimfilmen sind Auftragvorrichtungen nicht notwendig.

Kapitel XVII.

Verleimung von Furnieren unter Druck.

Methoden der Vorzeit.

Selten kann man an graphischen und leicht verständlichen Unterlagen einen so weitgehenden Eindruck in die Kunstfertigkeit des Altertums tun, wie in den Überresten der alten ägyptischen Stadt Theben. Zu diesen alten Zeiten mußte der reisende Zimmermann, oder besser gesagt, Künstler und Baumeister, eine außerordentliche Vielseitigkeit besessen haben. Er hat nicht nur das Haus gebaut, sondern auch die ganzen Inneneinrichtungen geschaffen, er war Arbeiter, Konstrukteur, Architekt und Künstler, alles in einer Person.

In seinem Werk „The Manners and Customs of the Ancient Egyptians"*) veröffentlicht Sir Gardner Wilkenson, der bekannte britische Archäologe, die Abbildung, die hier als Figur 152 bereits wiedergegeben worden ist. Er führt zu dem Bilde folgendes aus:

> „Das Überfurnieren ist bereits in den Skulpturen von Theben schon aus den Tagen von Thothmes III. gezeigt, und zwar die Anbringung eines Stückes seltenen Holzes von rötlicher Farbe auf ein gelbes Brett, anscheinend einer Sykamore oder einer anderen Art gewöhnlichen Holzes wird klar zum Ausdruck gebracht. Zum Zeichen, daß das gelbe Holz geringerer Qualität ist, hat der Arbeiter die Axt nachlässig in einen Holzblock derselben Farbe gehauen, während er die Überfurnierarbeiten ausführt. In seiner Nähe sind Werkzeuge mit einer kleinen Truhe oder Behälter abgebildet, die mit Einlagen und Furnierholz verschiedener Färbungen verziert sind."

In demselben Werk wird weiter ausgeführt, daß die alten Ägypter nicht nur das Überfurnieren geübt haben, sondern auch die Kunst, die Holzmasern zu imitieren. Gewöhnliche Hölzer wurden so bearbeitet, daß sie das Aussehen edlerer Hölzer erhielten. Wilkenson äußert sich hierüber wie folgt:

> „Behälter, Stühle, Tische, Sofas und andere Möbelstücke waren häufig aus Ebenholz mit eingelegtem Elfenbein gefertigt. Sykamore und Akazie wurden mit 3 Lagen überfurniert und mit Schnitzereien

*) Verlag John Murray, London 1878, Band II, Seite 198.

versehen, die aus seltenen Hölzern hergestellt, aufgeleimt oder eingelassen waren. Die Beliebtheit dieser Mode veranlaßte dann die Ägypter, gewöhnliche Hölzer so zu bemalen, daß sie das Aussehen fremder, wertvoller Holzarten erhielten, eine Mode, die bis auf den heutigen Tag sich erhalten hat. Die Farben wurden gewöhnlich auf einer dünnen Schicht von Stuck aufgestrichen, der glatt auf das vorher vorbereitete Holz aufgebracht war. Die verschiedenen Äste und Faserbilder, die auf dieser Unterlage aufgemalt waren, deuten die Holzqualität an, die man nachahmen wollte."

Seit dieser ältesten Zeit, bis zum Auftauchen der Perioden eigener Möbelstile, sind in der Geschichte wenig Quellen zu finden, die über die Methode und die Werkzeuge Aufschluß geben, welche für die Ausübung der Furnierkunst Verwendung gefunden haben. Die Kunstfertigkeit, auf welche man aus den uns überkommenen Möbeln schließen muß, ist aber jedenfalls ein interessanter Beweis für eine außerordentliche Handgeschicklichkeit, gleichzeitig aber auch dafür, daß fast alles Handarbeit geblieben ist, und daß nur einfache Werkzeuge und primitive Methoden Jahrhunderte weiter im Gebrauch gewesen sind. Bis tief ins 19. Jahrhundert hinein sind bekanntlich mechanische Hilfsmittel in der Holzbearbeitung nicht verwendet worden, und selbst das 17. und 18. Jahrhundert und die erste Hälfte des 19. Jahrhunderts zeigen, daß alles von der persönlichen Geschicklichkeit des betreffenden Künstlers oder Handwerkers abhing.

Moderne Methoden.

Was die Enzyklopädien und Konversationslexika älterer Jahrgänge, z. B. aus dem Jahre 1847, über Furniere ausgesagt haben, ist bereits in Kapitel II dieses Bandes wiedergegeben.

Freilich findet man bis auf den heutigen Tag in den Konservationslexika das Wort „Sperrholz" überhaupt nicht. Was über das Verleimen von Furnieren gesprochen wird, befindet sich unter dem Stichwort „Furnier".

Ein neuzeitlicher amerikanischer Schriftsteller, der ein großer Freund von Sperrholz geworden ist, gibt den Eindruck, den er nach Besichtigung von Sperrholzfabriken gewonnen hat, wie folgt wieder*):

„Das Geheimnis des Sperrholzes ist jetzt offenbar geworden. Sperrholz ist ein aus verschiedenen Lagen hergestelltes Brett oder Panel. Eine Lage wird die Mittellage oder Innenlage genannt. Auf beiden

*) Diese Ausführungen müssen den Europäer zum Widerspruch herausfordern, weil sie rein durch die amerikanische Brille gesehen sind und einer objektiven Kritik nicht standhalten können. Da der Standpunkt des Amerikaners die Grundlage dieses Werkes ist, und dasselbe auch den Zweck hat, die Ansichten Amerikas zu übermitteln, sollen sie hier trotzdem wiedergegeben werden.

Seiten dieser Mittellage ist je eine weitere Lage aufgeleimt, deren Fasern sich unter einem rechten Winkel mit den Fasern der Mittellage kreuzen. Diese beiden Lagen nennt man Absperrlagen. Auf der einen Seite der letzteren ist ein schön gezeichnetes Furnier für die Oberseite, und auf der anderen ein anderes Furnier für die Unterseite aufgeleimt. Eine so aufgebaute und fertiggemachte solide Holzkonstruktion nennt man „Sperrholz".

Es gibt auch ein aus drei Lagen aufgebautes Sperrholz, das nur aus der Mittellage, mit einem oberen und unteren Furnier besteht. Dies ist die einzige Sperrholzkonstruktion, die schon den Künstlern des alten Ägyptens, Babylons und anderen Ländern bekannt war.

Sperrholz, das aus 5 Lagen besteht, ist zweifellos der Triumph moderner Arbeitskunst. Wir möchten sagen, daß es spezifisch amerikanisch ist, da amerikanische Genies es auf die gegenwärtige Höhe seiner Brauchbarkeit und Dauerhaltigkeit gebracht haben. (Es sei gestattet, hier einzufügen, daß, wer die Geschichte der Entwicklung der europäischen Sperrholzindustrie kennt, weiß, daß auch die 5fache Verleimung nicht von Amerika gekommen ist, sondern schon in Rußland und auch in Deutschland, völlig unabhängig und vermutlich früher entwickelt worden ist, als in Amerika. Dabei muß beachtet werden, daß das, was der Amerikaner 5fache Absperrung nennt, in Europa eine 3fach abgesperrte Platte ist, der ein Edelfurnier auf der Vorder- und der Rückseite aufgeleimt worden ist, oder ein Edelfurnier auf der Vorderseite und auf der Rückenseite ein Ausgleichfurnier zu diesem, minderer Qualität.)

Die Prozesse, welche Sperrholz und seine einzelnen Aufbauteile in einer modernen Fabrikationsanlage zu durchlaufen haben, sind buchstäblich Offenbarungen einer Einigkeit. Tatsächlich hat der Besucher einer der führenden amerikanischen Fabriken sich geäußert: Ich hatte keine Ahnung, welche außerordentliche Sorgfalt und Vorsicht bei der Ausführung des gewöhnlichen Fabrikationsprozesses waltet, der die Fabrikation von Sperrholz charakterisiert, wie es von amerikanischen Firmen erhältlich ist. Es ist die Erziehung zur peinlichen, ernsten Arbeit, und der Anwendung wissenschaftlicher Erkenntnisse der modernen Fabrikationsmethode unter der Ägide von „Onkel Sam". Man muß hierbei im Auge behalten, daß der Schlüssel zum Erfolg in der Fertigung von Sperrholz darin liegt, daß bei keinem anderen Fabrikationsvorgang die einzelnen Faktoren, die sowohl zur Erzielung von Festigkeit, wie Schönheit dienen, derart vereint werden müssen, wie beim Sperrholz. Hierauf muß etwas näher eingegangen werden. Das

Holz der Außenfurniere bringt die Schönheit in Farbe und Zeichnung der seltensten und kostbarsten Schätze des Waldes. Diese Außenlagen (bei 5facher Absperrung) laufen parallel mit der Faser der Mittellagen, während zur Verstärkung und als Widerstandselement gegen Spannung das Sperrholz über die doppelte Lage seiner Absperrfurniere verfügt, die ihrerseits wieder als Bindemittel zwischen Festigkeit und Schönheit dienen. Massivholz splittert in den Fasern, hat es immer getan und wird es immer tun. Sperrholz kann nicht splittern, es ist mit seinen Absperrlagen armiert und durch die Verleimung gehalten, und diese Absperrlagen sind ihrerseits wieder mit der Mittellage fest verbunden. Mit anderen Worten, dieses ist die Konstruktion, die es dem Holz ermöglicht, auch gegen die Unsicherheiten beständig zu werden, die die Eigenart des Holzes selbst sind, denn es kann sich nicht werfen noch verdrehen oder sonst ändern, da es eine Einheit geworden ist."

Man kann vielleicht diese Darstellung für eine Glorifizierung von Sperrholz betrachten, das ist aber nicht die Absicht derselben, und um dieses zu beweisen, soll in der Beschreibung dessen fortgefahren werden, was in einer Sperrholzfabrik vor sich geht, und wie das Sperrholz in ihr entsteht.

Aufgaben in Amerika und Europa.

Bei der Beschreibung der Vorbereitung der einzelnen Elemente, aus denen sich das Sperrholz aufbaut, bis zu ihrer Vereinigung, ist wiederholt darauf hingewiesen worden, daß gewisse prinzipielle Unterschiede zwischen den amerikanischen und europäischen Methoden bestehen, und daß zum Teil z. B. für die Verleimung der einzelnen Holzlagen in den beiden Weltteilen vorzugsweise verschiedene Bindemittel benutzt werden. Es ist weiter angedeutet worden, daß das Endprodukt, auf welches die amerikanische und die europäische Sperrholzfabrikation hinzielen, nicht das gleiche ist, daß z. B. in der fabrikatorischen Herstellung von Sperrholz in Europa meist ein Halbfabrikat geschaffen wird, das noch eine weitere Veredelung der Oberflächen in den Möbelfabriken oder sonstigen Verbraucherstätten von Sperrholz erfährt, und daß nur in Sonderfällen auch der europäische Sperrholzfabrikant diese Oberflächenveredelung im eigenen Betriebe bereits durchführt. In Amerika hingegen zählt zur Fabrikation des Sperrholzes in den meisten Fällen bereits das Aufbringen der Edelfurniere. Das bedeutet, daß auch in den Abmessungen der Fertigware viel mehr das abgepaßte Maß vorherrscht, welches die Werkstätten verlangen, welche die bereits soweit fertig gemachten Sperrhölzer zu Gebrauchsgegenständen vereinigen.

Es kann in dieser Beziehung darauf hingewiesen werden, was in dem einleitenden Kapitel I des Buches ausgeführt worden ist. Das erklärt auch, warum die Betriebseinrichtungen in Europa sich mehr auf die Erzielung von großen Mengen des „Halbfabrikates" Sperrholz entwickelt haben,

Fig. 158. Links ist eine Leimmaschine sichtbar, aus der gerade eine frischbeleimte Absperrlage herauskommt. Im Hintergrund steht die hydraulische Presse, deren obere Druckplatte elektrisch angetrieben ist. Auf einem Wagen im Vordergrund wird gerade ein Stapel zur Vereinigung von Sperrholz aufgebaut. Die Zwischenlagen zwischen den einzelnen Sperrhölzern sind auf dem Wagen, der vor der Presse steht, sichtbar.
(Dank dem Entgegenkommen von New Albany Veneering Co.)

die andere Einrichtung wirtschaftlicher anwenden lassen, als solche Betriebe, die bereits vorzugsweise ein Fertigfabrikat herstellen, das in Europa erst unter Zuhilfenahme des Halbfabrikates in anderen Betrieben hergestellt wird. Das erklärt ferner, warum die amerikanischen Sperrholzfabriken in ihrem Maschinenpark vielmehr dem ähneln, was in Europa in Möbelfabriken und Fabriken für Innenausstattungen oder sonstigen Sperrholz verarbeitenden Betrieben gefunden wird.

Diese Tatsache macht es notwendig, hier wieder eine Trennung in der Beschreibung des Fabrikationsganges zwischen den amerikanischen und europäischen Methoden vorzunehmen.

Amerikanische Methoden.

Die Lagerung der zum Verleimen fertigen Teile im Vorratsraum. Furniere und Mittellagen werden gewöhnlich in einem trockenen Lagerraum in der Nähe des Preßraumes aufgewahrt. Im Falle von großen und schwierigen Bestellungen ist schon ein sorgsames Disponieren und eine genaue Betriebskontrolle notwendig, damit von jedem Teil gerade genügend und nicht zu viel in der richtigen Qualität für die Ausführung der Bestellung greifbar ist, d. h., für je 100 5fach abgesperrte Tischplatten müssen je 100 Vorderseiten, Rückenseiten, vordere Absperrfurniere, hintere Absperrfurniere und Mittellagen vorhanden sein, unter Berücksichtigung einer gewissen Toleranz für Abfälle, für die man gewöhnlich etwa 5% in Ansatz bringt.

Die größten Schwierigkeiten macht die Bereitstellung der Vorderfurniere, da immer die Möglichkeit besteht, daß die für den betreffenden Auftrag ausgewählten Flitsches zu wenig oder zu viel gegenüber der angeforderten Zahl von Furnieren ergeben kann. Entweder müssen mehr Flitches dann herangezogen werden, oder der Überfluß muß für andere Bestellungen zurückgestellt werden. Sowohl für die Vorderfurniere, wie auch in gewissem Maße für die Rückenfurniere, Absperrfurniere und Mittellagen genügt es nicht einfach, wie bei anderen Werkstoffen, die notwendige zahlenmäßige Menge bereitzustellen, vielmehr kommt es auch auf die Qualität und die Abstimmung aufeinander an.

Furniere, die zur Verleimung bereit sein sollen, müssen in trockenen Lagerräumen so gestapelt sein, daß sie flach und gerade bleiben. Sie dürfen niemals unregelmäßig gestapelt sein, die Temperatur der Furniere soll im allgemeinen zwischen 70—90° F (21—32° C) betragen. Zweckmäßig werden sie vor der Verleimung zum Sperrholz auf 4—5% Feuchtigkeitsgehalt nachgetrocknet.

Die einzelnen Lagen von Vorder- und Rückenfurnieren wechseln beim Aufbau der zu verleimenden Stapel ab. Sie werden durch Beilagebretter oder durch Papierlagen so voneinander getrennt, daß die nebeneinander liegenden Sperrhölzer nicht durch den Leim, der mitunter die Außenfurniere durchdringt, zusammenkleben können.

Die meisten Fabrikanten ziehen geölte Beilagebretter vor, andere benutzen altes Zeitungspapier.

Handelt es sich um Panele für die Innenausstattung oder um die Fertigung von Sperrholz in normalen Größen, so pflegt man in dem trockenen Lagerraum einen gewissen Vorrat an Mittellagen, Absperrfurnieren, Vorder- und Rückenfurnieren vorzusehen, die man, je nach Anforderung, auf verschiedene Stärken und Abmessungen miteinander verleimen kann. Auf alle Fälle müssen die einzelnen Hölzer, gleichgültig, ob besondere Abmessungen oder normale Maße hergestellt werden, sehr sorgfältig bezeichnet sein, damit keine Verwechslungen entstehen können.

Das Zusammenlegen der Furniere. Der Preßraum einer Sperrholzfabrik, der oft auch der Verleimraum genannt wird, weist große Geschäftigkeit auf, da jede Bewegung genau zugemessen ist, und Verzögerungen im Einbringen der frisch beleimten Ware in die Presse die Gefahr ungenügender Leimbindung mit sich bringt.

Bei 5facher Absperrung läßt man die Absperrlagen durch Leimauftragmaschinen laufen, wie sie in Figur 158 abgebildet sind. Beide Seiten werden mit einer möglichst gleichmäßigen Leimschicht versehen, so daß die eine Seite fest mit der Mittellage, die andere Seite mit dem Vorder- oder Rückenfurnier verbunden werden kann. Die von den Leimmaschinen kommenden Absperrfurniere werden von den „Legern", die mitunter Handschuhe tragen, um ihre Hände gegen die Einwirkung des im Leim vorhandenen Alkalis zu schützen, sorgsam in die richtige Lage gelegt.

Für manche Pflanzenleime hält man das Tragen von Handschuhen nicht für notwendig. Andere Mannschaften stapeln die trockenen Mittellagen und je ein trockenes Vorder- und Rückenfurnier auf das Absperrfurnier, dann folgt wieder ein doppelt beleimtes Absperrfurnier usw., bis so ein Stapel noch losen Sperrholzes entsteht, wie ein solcher in Figur 159 dargestellt ist.

Bei der Herstellung von 3fach abgesperrten Panelen wird die Mittellage, gleichgültig, ob es sich um Schnittholz oder Furniere handelt, durch die Leimauftragmaschine geschickt und auf beiden Seiten mit einer Leimschicht versehen. Im übrigen wird genau so wie bei der 5fachen Verleimung vorgegangen.

Einige Fabrikanten stellen die 5fach verleimte Platte noch so her, daß zunächst die Mittellagen mit Absperrfurnieren als 3facher Aufbau miteinander verleimt werden. Ist diese Verleimung durchgeführt, so wird diese 3fach abgesperrte Platte so behandelt, wie vorher die Mittellage für die 3fache Operation beschrieben, so daß hieraus schließlich die 5fache Absperrung entsteht. Hierbei muß darauf geachtet werden, daß bei der zweiten Verleimung nicht die Leimbindung der zuerst durchgeführten Verleimung beeinträchtigt wird. (Es sei hier darauf hingewiesen, daß man in Europa andere Wege geht, und die Sicherheit gegen diese Gefahr durch weitgehende Verwendung wasserfester Verleimungen erzielt hat.)

Am günstigsten liegen die Verhältnisse bei Abmessung der Platten von $2' \times 4'$ (610×1219 mm). Eine gut eingearbeitete Mannschaft fertigt erfahrungsgemäß größere Mengen dieser Abmessung, als wenn kleinere oder größere Platten gefertigt werden sollen. Werden kleinere Platten verlangt, so werden gewöhnlich 2, 3 oder 4 in einer Lage hergestellt, um die Arbeit im Pressenraum zu erleichtern und um die Anlage besser auszunutzen. Größere Platten sind zu umständlich zu hantieren und drücken die Leistung des Beleimens, Pressens und Spannens herab.

Der Vorarbeiter der Legekolonne muß sehr darauf achten, daß jedes Blatt in der richtigen Lage liegt, daß vor allen Dingen die Furniere in den mit Papier zusammengeleimten Fugen weder sperren noch überlappen, und daß genügend Leim gleichmäßig über die ganze Oberfläche verteilt ist. Er trägt die Verantwortung dafür, daß die Zwischenlagen richtig eingelegt sind, und daß die einzelnen Stapel die richtige Höhe für die Presse haben, ferner dafür, daß sie unter Druck kommen, bevor der Leim sich zu setzen angefangen hat.

Außenfurniere und Absperrfurniere sollen, soweit wie irgend angängig, mit der dem Stamm zugewendeten Seite auf die Mittellage gelegt werden, um die Schneidrisse weniger in Erscheinung treten zu lassen, und auch um eine bessere Leimbindung zu erzielen. Die Außenseiten haben immer die dichtere Oberfläche. Bei symmetrisch zusammengesetzten Außenfurnieren freilich ist es unvermeidlich, daß die aneinanderstoßenden Blätter abwechselnd die dichte und die losere Seite in derselben Fläche zeigen.

Gefügte und mit Papierstreifen verleimte Furniere werden so gelegt, daß der Papierstreifen außen liegt, damit derselbe beim Ziehklingen oder Sandpapierschleifen entfernt werden kann. Gefügte und mit Papierstreifen zusammengeklebte Absperrfurniere werden mit den Papierstreifen auf die Mittellagen gelegt, um die Möglichkeit einer nicht fehlerlosen Verleimung unmittelbar unter den Außenfurnieren zu verringern.

Wird tierischer Leim für die Herstellung von Sperrholz benutzt, so muß der Leim in der Leimmaschine auf der richtigen Temperatur gehalten werden, und die Mittellagen und Furniere, die verleimt werden sollen, müssen vorgewärmt werden. Die Temperatur des Leimraumes soll möglichst in der Nähe von 100° F (38° C) gehalten werden. (Das ist in europäischen Anlagen bei tierischem Leim nicht notwendig; im übrigen eine Temperatur, die etwas an die „Hölle“ erinnert, sollte das nicht etwas zu

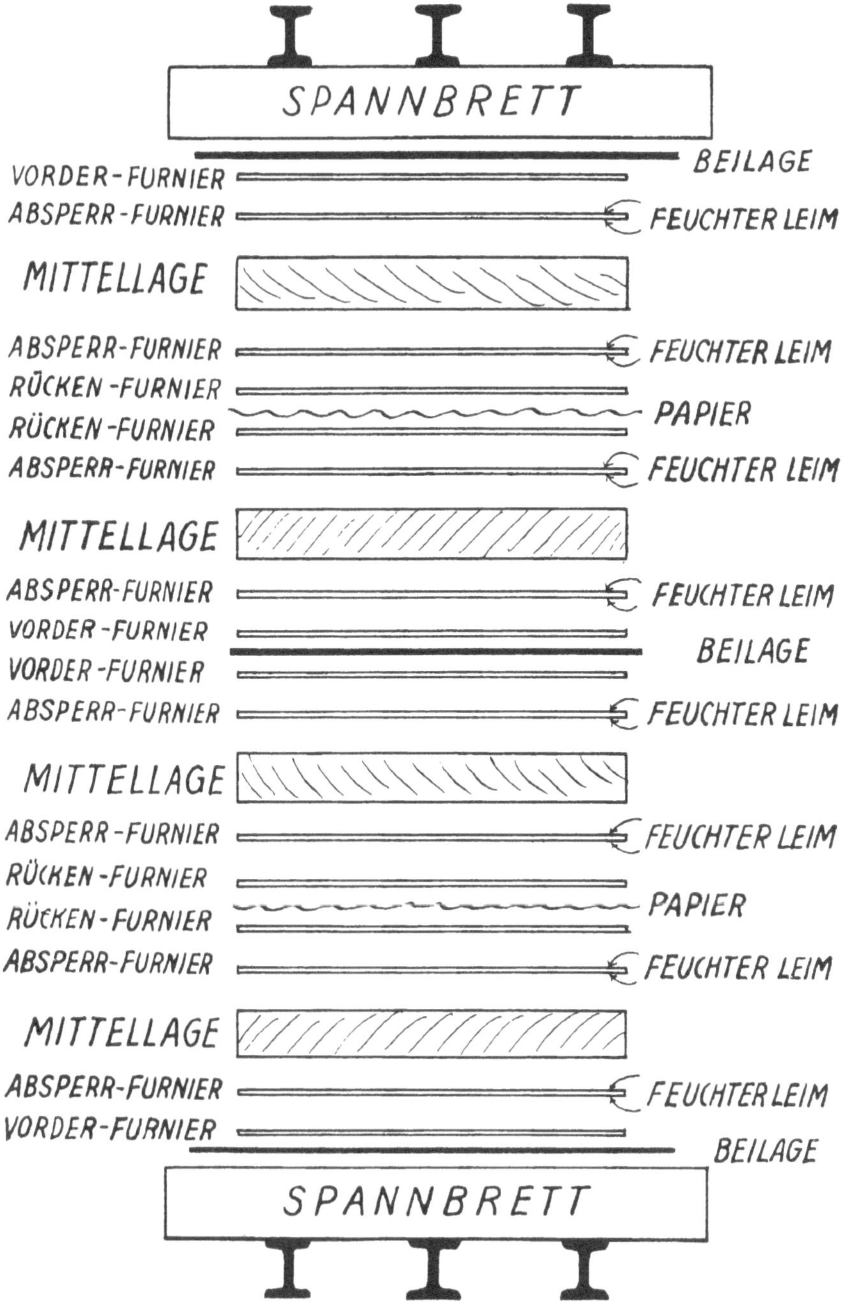

Fig. 159. Das Schema zeigt, wie die einzelnen Lagen im zum Pressen fertigen Stapel abwechseln. Die Doppel-T-Träger, an welche die Spannhölzer angelegt werden, sind oben und unten in dem Schema sichtbar.

hoch begriffen sein?) Trotzdem man mit tierischem Leim fast überall sehr gute Verleimungsergebnisse erzielt hat, so ist man doch mit Rücksicht auf die Kosten des Leimes und die Unannehmlichkeiten, welche, wie oben angegeben, bei seiner Verwendung in den Kauf genommen werden müssen, von ihm abgekommen.

Beilagen (Cauls). Als Beilagen werden große Bleche aus Metall, Vulkanfiber oder Holzlagen benutzt, welche zwischen den Außenfurnieren, wie in Figur 159 gezeigt, angeordnet werden. Sie haben die Aufgabe, die zusammengelegten Lagen flach und gerade zu halten, und Fehler, die durch das Zusammenkleben von aufeinander liegenden Lagen entstehen können, zu verhüten. Manche Fachleute empfehlen Aluminiumbeilagen, mit Rücksicht darauf, daß sie dünn und leicht sind, und auch mit Rücksicht darauf, daß der Leim an ihrer glatten Oberfläche nicht so leicht haftet. Andere ziehen Beilagen aus Vulkanfiber von etwa 1/4″ (6,4 mm) Stärke vor, die jedoch, um das Anhaften von Leim zu verhüten, eingefettet oder auch gewachst werden müssen. Der größten Beliebtheit erfreuen sich jedoch die Holzbeilagen. Sie werden von vielen leitenden Fabriken als allen anderen überlegen bezeichnet. Man bemängelt an den Metallbeilagen, daß ständig die Gefahr der Verletzung der Oberflächen besteht, und daß Unebenheiten in der Metalloberfläche entsprechende Unebenheiten bei den anliegenden Furnieren hervorruft. Die Vulkanfiberbeilagen zeigen eine zu große Neigung zum Werfen und Drehen. Holzbeilagen werfen sich nicht so leicht. Manche Fabrikanten führen ferner für die Holzbeilagen noch ins Feld, daß sie Feuchtigkeit, die das Außenfurnier durchdringen, leicht aufnehmen und dadurch das richtige Trocknen und Abbinden der Leimschicht in den normalen Fabrikationen unterstützen. Natürlich muß sehr sorgfältig darauf geachtet werden, daß die Beilagen sauber und glatt gehalten werden, weil sicher alle Unebenheiten sich auf das Außenfurnier übertragen, bevor der Leim sich gesetzt hat.

Auch über die Art der Anwendung dieser Beilagen besteht keine einheitliche Meinung unter den Fabrikanten. Manche behaupten, daß ihre Holzmittellagen so genau hergestellt sind, daß der Sperrholzstapel flach und gleichmäßig gehalten wird, die anderen behaupten im Gegenteil, daß es notwendig ist, jedes Sperrholz auf beiden Seiten mit einer Beilage zu versehen, wie dies in Figur 159 gezeigt ist. Zweifellos ist dieses der bessere Weg, und die besten Sperrholzqualitäten werden nach dieser Methode hergestellt. Immerhin muß zugegeben werden, daß dieser Weg teurer ist, weil eine große Anzahl von Beilagen benötigt wird, und weil man in einem Stapel gleicher Höhe nur eine geringere Anzahl von Sperrplatten gleichzeitig herstellen kann. So lange tierischer Leim in größerem Maßstabe in der Sperrholzfabrikation gebraucht wurde, pflegte man auf beiden Seiten jeder Sperrholzlage eine Beilage anzuordnen und diese Beilage vorher so anzuwärmen, daß das Abbinden des tierischen Leimes beschleunigt wird, andererseits durften sie nicht so warm sein, daß das Furnier beeinträchtigt wurde und daß sie nicht hantiert werden konnten. (In europäischen Möbelfabriken und Tischlereien benutzt man die oben beschriebene Methode dazu, um bei den fertig bezogenen Sperrplatten die Edelfurniere aufzubringen. Man verwendet ebenfalls Beilagen, und zwar kommen ausschließlich Metall-

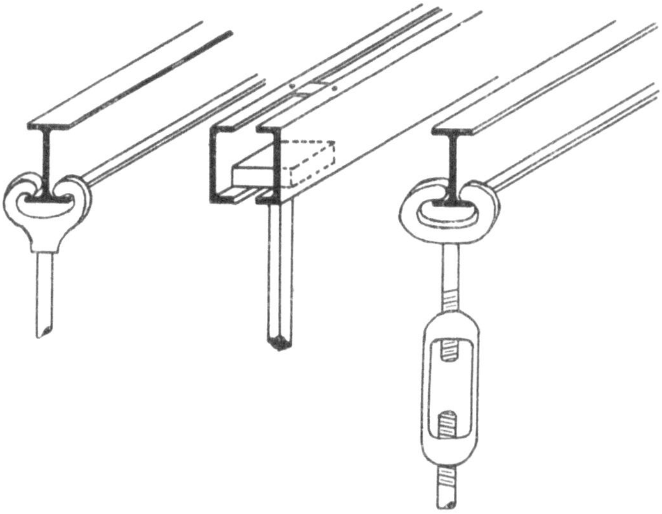

Fig. 160. Verschiedene Arten von Spannschlössern oder Schließen. Meist werden die links und rechts dargestellten Schlösser benutzt.

beilagen in Frage, weil in Europa noch zum weitaus größten Teil, mit Rücksicht auf seine vorzügliche Bindefestigkeit, tierischer Leim, und zwar Lederleim oder Knochenleim, verwendet wird. Diese Beilagen werden in Öfen, die mit Dampf, Gas oder elektrisch beheizt werden, vorgewärmt. Der Aufbau der Lagen geschieht in ähnlicher Weise, wie sie Figur 159 zeigt, nur mit dem Unterschiede, daß die Mittellagen und die Absperrfurniere bereits verbunden sind. In neuerer Zeit geht man mehr zu Aluminiumplatten über, zumal es möglich geworden ist, durch eine besondere Behandlung der Oberfläche bei ihrer Herstellung sie leimabweisend zu machen.)

Spannschlösser und Schließen (Retainers). Bevor die zu Sperrholz zu verleimenden Einzellagen auf den Wagen gestapelt werden, wird auf denselben ein Spannbrett (retainer board) oder eine glatte starke Beilage 3—4″ (76—100 mm), die gewöhnlich etwas größer ist, als die zu verleimenden Platten, mit darunter gelegten Profileisen aufgebracht, so wie in Figur 159 im Schema gezeigt. Dieses untere Spannbrett ist das untere

Widerlager für den unter Druck zu haltenden Stapel. Ein gleiches Spannbrett, jedoch mit darüber liegenden Profileisen, wird oben, auf den fertiggelegten Stapel, als oberes Widerlager angeordnet, s. Figur 159. Diese beiden Spannbretter mit den Profileisen haben die Aufgabe, den Stapel, nachdem er in der hydraulichen Presse unter Druck gesetzt worden ist und nachdem zwischen den über die Spannbretter hinausragenden Profileisen entsprechende Spannschlösser oder Schließen (retainers) angelegt worden sind, unter Druck zu halten. Diese Schließen werden erst an dem Tage, der demjenigen folgt, an dem der Stapel unter Druck gesetzt worden ist, wieder geöffnet, nachdem die Abbindung des Leimes erfolgt ist; auch wenn dann die einzelnen Sperrplatten noch nicht trocken genug sind, um bereits weiter verarbeitet zu werden. Die Spannbretter sind eigentlich nichts weiter als eine außerordentlich starke Beilage. Sie werden mindestens aus 5fach abgesperrten Brettern hergestellt, bei denen die mittelsten und äußersten den gleichen Faserverlauf haben, während die dazwischen liegende quer zur Faser derselben liegt. Die Spannbretter müssen stark genug sein, um sich bei dem angewendeten Druck nicht durchzubiegen, und selbst bei verhältnismäßig roher Hantierung der fertig gespannten Stapel nicht Schaden zu leiden, wenn dieselben z. B. von Hand oder mit Kränen befördert werden.

Die verschiedenen Arten von Spannschlössern, die gebräuchlich sind, sind in Figur 160 dargestellt.

Wenn die Spannschlösser angezogen werden, muß darauf geachtet werden, daß dieses möglichst gleichmäßig geschieht, damit in dem ganzen Wagen auch ein möglichst gleichmäßiger Druck erhalten bleibt.

Auch in Europa werden Spannschlösser gleicher oder ähnlicher Art dort verwendet, wo Kaltverleimung geübt wird, wie auch in solchen Betrieben, in denen tierische Leime und geheizte Beilagen verwendet werden, in denen nicht genügend Pressen vorhanden sind, oder aus wirtschaftlichen Gründen nicht angeschafft werden, um das Abbinden des Leimes in der Presse selbst zu ermöglichen. Es sind im übrigen dieselben Arten von Schlössern, die bereits bei der Verleimung von Brettern und Furnieren zu Blöcken, die später zu Dickten für starke Platten aufgegattert werden sollen, erwähnt worden sind.

Amerikanische Furnierpressen.

In Amerika unterscheidet man im allgemeinen drei verschiedene Typen: Die Handpresse in ihrer verschiedenen Ausführung, die mechanisch angetriebene Spindelpresse und die hydraulische Presse.

Handpressen (hand presses) werden immer noch in ausgiebigem Maße in kleineren Werkstätten benutzt, sie sind jedoch auch noch in größeren Werken für die Ausführung geringerer Mengen von Spezialarbeiten zu finden, für die sich die Anschaffung einer mechanischen oder hydraulischen Presse nicht rentieren würde, außerdem werden sie zur Herstellung von Sperrholz in unregelmäßigen Formen benutzt, die gewöhnlich in einer normalen Presse nicht Platz finden. Eine typische derartige Presse ist in Figur 161 gezeigt.

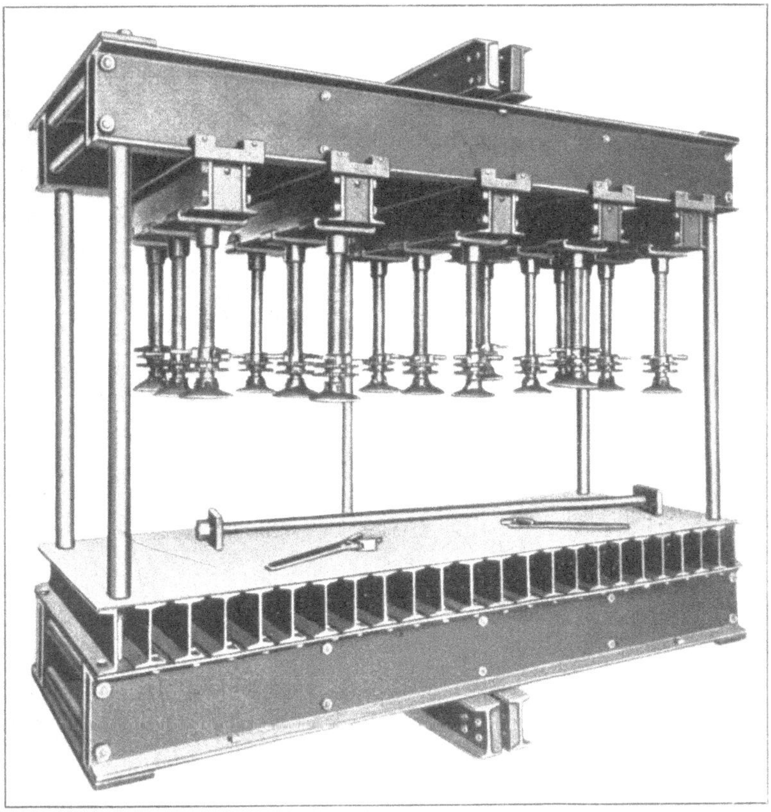

Fig. 161. Handpresse für Sperrholz mit zahlreichen einzelnen Spindeln, deren Mutter in dem oberen Preßrahmen liegt. Der lange vordere Spindelbolzen ist, um den Blick auf die Presse nicht zu beeinträchtigen, abgenommen und auf das untere Pressenbett gelegt worden.

(Dank dem Entgegenkommen von Handy Manufacturing Co.)

Die *mechanische Spindelpresse* (power screw press) wird entweder so ausgeführt, wie in Figur 162a oder 162b gezeigt.

Bei der ersten Ausführung sind die Preßspindeln an den beiden Seiten der Presse angeordnet. Sie werden meist durch Elektromotore in Umdrehungen versetzt und ziehen den oberen Preßbalken, mit denen die Muttern dieser Spindeln fest verbunden sind, herunter. In Figur 162a ist die Pressung bereits beendet und die Schlösser sind angelegt. In der Ausführung 162b liegt die mechanisch oder elektrisch angetriebene Spindel horizontal mit Links- und Rechtsgewinden versehen. Die Muttern werden beim Zusammenpressen einander genähert und hierdurch eine Art Kniehebelsystem in Bewegung gesetzt, das sich oben gegen ein festes Widerlager stützt und das unten angeordnete Preßhaupt herunter bewegt. In Figur 162b ist der Stapel gerade eingebracht und die Pressung beginnt. Die Spannschlösser sind noch nicht angelegt.

Fig. 162a. Eine direkt wirkende Spindelpresse. Die Spindeln sind durch Elektromotore angetrieben. Es gibt derartige Pressen auch in 4-spindliger Ausführung. (Dank dem Entgegenkommen von Black Bros. Co.)

Trotzdem sich mit dieser Art von Pressen ganz gute Erfolge erreichen lassen, wird bei ihnen doch wohl bei größeren Drucken die nötige Gleichmäßigkeit der Pressung nicht erzielt, vor allen Dingen besteht nicht die Möglichkeit, den erzeugten Leimdruck (Preßdruck auf die zu verleimende Fläche), pro qcm (Quadratzoll) geleimter Fläche genau festzustellen und zu regeln.

Die *hydraulische Presse* (hydraulic press) ist die modernste Form von Furnierpressen, welche die gleichmäßigste Druckerzeugung ermöglicht. Man kann so viel Preßzylinder anordnen, als zur Erzielung eines gleichmäßigen Druckes für notwendig erscheinen, vor allen Dingen kann man jeden gewünschten Leimdruck erzielen, da zwischen dem Druck auf dem Kolben

Fig. 162b. Kniegelenk-Spindel-Presse mit Transportwagen zum Anfahren der beleimten Stapel und Abfahren der fertigen Sperrhölzer.
(Dank dem Entgegenkommen der Grand Rapids Veneer Works.)

der Zylinder und dem Leimdruck auf die zu beleimende Fläche eine einfach zu berechnende Beziehung besteht.

Die obere Preßplatte der hydraulischen Presse ist mit dem unteren Teil, der die Zylinder trägt, an den vier Ecken durch starke Säulen verbunden (s. Figur 163). Während der Kriegszeit wurden für besondere Arbeiten

Mehrzylinderpressen gebaut, bei denen jeder Zylinder für sich betätigt werden konnte. Im allgemeinen arbeiten diese Pressen mit Unterdruck, d. h. im Gegensatz zu den vorher beschriebenen Pressen wird nicht das Oberteil der Presse nach unten gedrückt, sondern das untere Preßstück wird gegen das obere gedrückt. In einigen wenigen neuen Anlagen benutzt man auch sogenannte kombinierte, doppelt wirkende Pressen, bei denen das untere Preßstück durch hydraulische Zylinder bewegt wird, während das obere Preßstück mit Hilfe von elektrisch angetriebenen Zahnradübersetzungen nach unten oder oben bewegt werden kann. Solche Ausführungen kommen da in Frage, wo die Stapel in verschiedenen Höhen zur Pressung gelangen, und wo man Beilagen aus Holz vermeiden will, die anderenfalls angewendet werden müssen, um bei Pressung geringerer Mengen die normale Stapelhöhe zu erhalten. Siehe Figur 158.

Die fertig gelegten Stapel mit ihren oberen und unteren Spannbrettern und Profileisen werden gewöhnlich auf einem kleinen Transportwagen zur hydraulischen Presse gefahren und in sie eingebracht, sodann wird die hydraulische Pumpe in Bewegung gesetzt, der Preßtisch, der auf dem Kolben ruht, hebt sich. Mit Hilfe einer jeder Presse beigegebenen Schaulinie oder Tabelle kann festgestellt werden, welcher Wasserdruck im Zylinder, der an einem Manometer abgelesen werden kann, dem gewünschten Leimdruck entspricht. Ist dieser Druck erreicht, dann werden die Spannschlösser oder Schließen, wie in Figur 160 gezeigt, an den Formeisen angelegt und angezogen, sodann wird der Wasserdruck abgelassen, der Stapel wird durch die Spannschlösser unter Druck gehalten. Er wird aus der Presse gezogen und auf Wagen oder mit Kränen zum Abbinderaum befördert, in dem Feuchtigkeit und Temperatur zweckmäßig geregelt werden. Dort verbleiben die unter Druck stehenden Stapel bis zum nächsten Tage. Gewöhnlich quillt eine ganze Menge Leim aus den Leimfugen heraus, dieser muß vor der Entspannung des Stapels gut trocken geworden sein.

Die Spannbretter und Beilagen müssen sorgfältig gereinigt werden, ehe sie wieder benutzt werden dürfen, da angetrocknete Leimteilchen die Außenfurniere ernstlich beschädigen können, wenn sie auf den Beilagen verbleiben.

Wo Blutalbuminleim benutzt wird, muß mit dem Druck gleichzeitig Wärme den zu verleimenden Sperrhölzern zugeführt werden. In diesem Falle werden Pressen mit Stahlheizplatten verwendet. Mit Rücksicht darauf, daß Blutalbumin nicht unter 160° F (71° C) koaguliert, sind diese Pressen gewöhnlich so eingerichtet, daß man mit ihnen Temperaturen von 200 bis 220° F (93—104° C) erreichen kann. Bei Anwendung höherer Temperaturen besteht die Gefahr, daß die Feuchtigkeit im Holz und im Leim in

Dampf umgesetzt wird. Bei Außenfurnieren von $^{1}/_{16}''$ (1,6 mm) erhält man recht gute Verleimungen bei 212° F (100° C) in 3 bis 5 Minuten. In dieser Zeit ist die Wärme durch die Stärke der Außenfurniere hindurch zur Leimschicht gedrungen und hat diese zum Abbinden gebracht. Will

Fig. 163. Hydraulische Presse mit Pumpe. Rechts ist die Leimauftragmaschine und der Transportwagen sichtbar. Der Block ist bereits unter Druck gesetzt, die Spannschlösser sind angelegt, sowohl die Spannbretter, wie auch die Beilagen sind deutlich sichtbar, im Vordergrund steht die hydraulische Pumpe.

(Dank dem Entgegenkommen von Chas. E. Francis & Co.)

man mehr als ein Sperrholz in einem Heizzwischenraum verleimen, dann braucht man entsprechend längere Zeit, da nicht nur die Stärke eines Außenfurniers, sondern zum mindestens die Stärke eines Außenfurniers und der Mittellage von der Heizwärme durchdrungen sein muß, um zu der den Heizplatten abgewendeten Leimschicht zu gelangen. Hierdurch wird die Leistung der Presse wesentlich beeinträchtigt. Will man Multiplexverleimungen ausführen, so verfährt man in Amerika so, daß man zunächst eine dreifach verleimte Platte herstellt, dann in einem besonderen Arbeitsgang das 4. und 5. Furnier, in einem weiteren Arbeitsgang das 6. und 7. Furnier, und dann so fort, aufleimt.

Nach amerikanischer Ansicht ist der Herstellung von einzelnen Sperrplatten in je einem Zwischenraum von Heizplatten, selbst wenn man mehrere Heizplatten übereinander, also Etagenpressen, verwendet, ein teurer und langsamer Arbeitsprozeß, der tatsächlich in Amerika nur zur Herstellung von wasserfesten Sperrhölzern benutzt wird, für die man auch einen besonderen Preis erzielen kann. (Wir werden sehen, daß man in Europa anderer Ansicht ist.) Amerikanische Heizpressen sind in Figur 164 gezeigt.

Leimdruck. Bei der Besprechung der europäischen Verleimmethoden wird eingehender die Frage des Leimdruckes, seine Bestimmung und die nötigen Maßnahmen für die betriebsmäßige Einstellung desselben besprochen werden. Es sei hier nur so viel angeführt, daß man in Amerika, wo hydraulische Pressen verwendet werden, für normale Arbeiten einen Druck auf die zu verleimende Fläche von 75—100 lbs. per Quadratzoll (5,25 bis 7 kg/qcm) für ausreichend hält. Natürlich ändert sich der Druck, je nach der Art des Holzes und der Konsistenz des Leimes.

Europäische Methoden.

Wie an verschiedenen Stellen dieses Buches bereits ausgeführt, zeigt die europäische Arbeitsmethode bei der Verleimung der Furniere miteinander oder mit einer Schnittholzeinlage wesentliche Abweichungen von den in Amerika geübten Methoden. Da in diesem Buch nicht nur die Herstellung von Sperrholz, sondern auch das Verarbeiten von Furnieren behandelt wird, ist es notwendig, auch die Aufbringung von Edelfurnieren auf Sperrholz außer der Herstellung des Sperrholzes selbst zu besprechen.

Die Arbeitsteilung, wie sie sich in der europäischen Industrie entwickelt hat, hat dazu geführt, daß die Herstellung von Sperrholz an sich in großen Spezialfabriken ein selbständiger Industriezweig geworden ist, während das Aufbringen der Edelfurniere noch zum weitaus größten Teil bei den Verarbeitern des Sperrholzes erfolgt, also in den Tischlereien, Möbelfabriken, Ausstattungsfirmen, kurz in allen Betrieben, die schön gemasertes Furnier zur Veredelung der Oberflächen benutzen. Für die Sperrholzfabriken Europas waren deshalb andere Gesichtspunkte, auch für die Auswahl der Verleimung, maßgebend, als in Amerika. Einen weiteren Unterschied brachte die Tatsache, daß man in Europa als Bezieher von abgesperrten Platten, also von Sperrholz im eigentlichen Sinne, mit Rücksicht auf wirtschaftlichen Zuschnitt, möglichst große Abmessungen verlangt, was natürlich auch einen gewissen Einfluß auf den Gang der Entwicklung

Fig. 164. Hydraulische Etagenpresse mit Dampf geheizten Platten, die für die Verleimung von Blutalbumin besonders konstruiert sind. In jedem Zwischenraum zwischen je zwei Heizplatten wird immer nur ein Sperrholz hergestellt.
(Dank dem Entgegenkommen von Haskelit Co.)

ausübte. In Amerika hingegen herrscht bei den weitaus meisten Werken die Lieferung abgepaßter Maße in sehr großen Mengen vor. Es ist durchaus nicht selten der Fall, daß Sperrholzbetriebe dort für einzelne, oder jedenfalls für eine geringere Zahl von Weiterverarbeitern, große Mengen derselben Abmessung herstellen, und diese abgepaßten Maße gleich mit den Edelfurnieren versehen, liefern. Auch in Amerika werden natürlich gewisse Standarddimensionen für Lager geliefert, jedoch lange nicht in dem Ausmaße wie in Europa.

Es ist bereits ausgeführt worden, daß in Europa einzelne große Sperrholzfabriken, zum Teil sehr große Platten in nicht unbedeutenden Mengen, ebenfalls mit Edelfurnieren, vorzugsweise Eiche versehen, liefern, jedoch sind dieses Speziallieferungen, die gegenüber der großen Menge der ohne Edelfurniere gelieferten Platten wenig ins Gewicht fallen. Auch in Europa macht sich das Bestreben, abgepaßte Maße geliefert zu erhalten, besonders in letzter Zeit in größerem Maßstabe bemerkbar, jedoch hat dieses nicht die Bedeutung wie in Amerika, weil eine besonders wirtschaftliche Einrichtung der Betriebe für abgepaßte Maße sich nur da lohnt, wo sehr große Mengen in denselben Abmessungen angefordert werden, und das ist in Europa nicht im entferntesten in dem Maße der Fall wie in Amerika.

Der europäische Sperrholzfabrikant muß bei der Herstellung seiner Sperrplatten großes Gewicht darauf legen, daß die Festigkeit der Leimbindung seiner Platten nicht durch Maßnahmen gefährdet werden kann, mit denen man beim Aufbringen des Edelfurniers rechnen muß, d. h., da die Edelfurniere bis vor kurzem fast ausschließlich mit nassen Leimen, genau wie in Amerika, aufgebracht werden, nicht mit Kaltleim (Pflanzenleim), sondern zum überwiegenden Teil mit tierischem Leim, legt der europäische Fabrikant großen Wert darauf, möglichst gegen Feuchtigkeit und Wiedererwärmung beständige Verleimungen durchzuführen. Begünstigt wurde die Entwicklung in diesem Sinne auch dadurch, daß die ersten Anfänge der Sperrholzindustrie in Rußland bereits eine ziemlich feuchtigkeitswiderstandsfähige Verleimung zeigten, nämlich die durch Blut, und auch die später einsetzende Kaseinverleimung zeigte eine relative Wasserbeständigkeit.

Es soll nicht unerwähnt bleiben, daß mangelnde Kenntnis sowohl der chemischen wie auch der physikalischen Vorgänge bei der Verleimung mit diesen Leimen bei Ungeübten gewisse Schwierigkeiten mit sich gebracht hat, die in manchen Kreisen, die mit der Verleimung von tierischen Leimen gut vertraut sind, den Wunsch bis heute erhalten hat, auch Sperrplatten zu beziehen, die mit tierischem Leim verleimt sind, auch wenn diese Verleimungen, wie bekannt, teurer und nicht beständig gegen Feuchtigkeit und Wiedererwärmung sind, jedoch gegenüber Kasein- und Albuminverleimungen den Vorteil der größeren Leimbindefestigkeit aufweisen. Außerdem bieten sie die Möglichkeit, bei Fehlverleimungen in einfacher Weise diese auch noch in der fertigen Platte beseitigen zu können, soweit Warmpressen oder zum mindestens sehr gut gewärmte Beilagen zur Verfügung stehen.

Das *Aufbringen von Edelfurnieren* auf abgesperrten Platten geschieht in Deutschland in derselben Weise, wie für Amerika für die Sperrholzverleimung an sich beschrieben, und zwar für den Fall der Verwendung geheizter Beilagen, so daß in dieser Beziehung auf die vorhergehenden Ausführungen verwiesen werden kann.

Die Leimauftragung. Die Auftragung des Leimes erfolgt sowohl beim Aufbringen der Edelfurniere, wie auch bei Herstellung des Sperrholzes in Europa, in ähnlicher Weise, wie in den amerikanischen Werken, mit Hilfe von Leimauftragmaschinen (siehe Figur 157). Meist wird die Mittellage beiderseitig beleimt. Bei starken Platten fast immer die Mittellage, nur wo 5fache Verleimungen vorgenommen werden, werden die der Mittellage benachbarten Furniere durch die Leimmaschine geschickt. Bei kurzlebigen Leimen, vor allen Dingen bei Kasein, muß das Auftragen sehr schnell erfolgen. Es wird meist so gearbeitet, daß die Zeit, die zum Fertigpressen einer voll beschickten Presse benötigt wird, ausreicht, um die nächste Beschickung vollständig zu beleimen und zusammenzulegen. Bei Verwendung von Tego-Leimfilmen werden die entsprechenden Filmlängen von den Filmrollen passender Breite abgeschnitten und zwischen die Furnierlagen in der richtigen Reihenfolge gelegt. Das kann beliebig lange Zeit vor der Verleimung erfolgen, da erst bei Einbringung in die Heizpresse mit dem Schmelzen des Filmes der Abbindeprozeß eingeleitet wird. Wie in den nächsten Absätzen erläutert, werden Aluminiumbeilagen vielfach verwendet, die beim Zusammenlegen der einzelnen Lagen gleich in der richtigen Weise zwischen den einzelnen Sperrplattenlagen angeordnet werden.

Im allgemeinen überwiegt in Europa heute jedoch noch die Verwendung der Handspindelpressen, etwa in der Form, wie sie in Figur 165 gezeigt ist. Für große, abnormale Abmessungen sind auch in Europa Pressen in Benutzung, wie sie in Figur 161 abgebildet worden sind. Neuerdings ist man auch dazu übergegangen, in Möbelfabriken, Tischlereien und ähnlichen Betrieben leichte Pressen zu verwenden, wie sie in Figur 162a und 163 gezeigt worden sind, also elektrisch angetriebene Spindelpressen und schwächere hydraulische Pressen, jedoch, entsprechend den hier meist gebräuchlichen Leimen mit angewärmten Beilagen, und zwar kommen natürlich nur Metallbeilagen in Frage. Früher waren es Beilagen, die aus Zinkblechen bestanden, neuerdings ist man mehr und mehr zu Aluminiumbeilageblechen übergegangen. Man hat Mittel und Wege gefunden, die Oberflächen dieser Aluminiumbeilagen so zu gestalten, daß sie nahezu leimabweisend sind, d. h., daß der Leim an ihnen nicht haften bleibt, der entweder durch die dünnen Außenfurniere hindurchtreten oder auf die Beilagenoberflächen gelangen kann, wenn in einer Lage mehrere Stücke überfurniert werden und seitlich Leim austritt.

Es sind auch Pressen gebaut worden, bei denen als Zwischenlage zwei miteinander verbundene Aluminiumbleche verwendet werden, die durch Distanzstücke in einem gewissen Abstand voneinander gehalten werden, und die seitlich einen Abschluß erhalten, so daß zwischen den beiden Aluminiumblechen Hohlräume entstehen, die mit warmem Wasser oder Dampf beheizt werden können, also eine Art Etagenheizpresse. Bei manchen Konstruktionen sind zwischen den Aluminiumblechen Dampfrohre mit viereckigen Querschnitten eingebaut. Alle solche Pressen sind jedoch nur ein mangelhafter Ersatz der später beschriebenen richtigen Etagenheizplatten mit gebohrten massiven Stahlplatten, da die leichten Platten nicht betriebssicher genug bei Drücken sind, die eine moderne Leimbindung erfordert und auch die dafür verlangten Temperaturen nicht vertragen. Neuerdings kommen auch elektrisch beheizte Aluminiumblechbeilagen in Aufnahme.

Moderne Sperrholzpressen in europäischen Sperrholzfabriken.

Wenn man die Mehrzahl der amerikanischen Sperrholzfabriken mit europäischen Betrieben vergleichen will, so erhält man wohl das zutreffendste Bild, wenn man in bezug auf die Verleimungseinrichtungen sagt, daß die amerikanischen Sperrholzfabriken, ins Große übersetzt, diejenigen Einrichtungen zeigen, welche in den Tischlereien, Möbelfabriken und sonstigen Betrieben, die in Europa Sperrholz mit Edelfurnieren versehen, zu finden sind, während die europäischen Fabriken (mit Ausnahme einiger schwedischer Betriebe, die ganz das amerikanische System adoptiert haben, und einiger noch nicht modernisierten französischen Fabriken) Einrichtungen verwenden, die im kleinsten Maßstabe von den wenigen amerikanischen Betrieben benutzt werden, welche die sogenannten wasserfesten Verleimungen herstellen, und zwar größtenteils unter Verwendung von Blutalbuminleim.

Hydraulische Warmpressen.

In Europa herrscht die hydraulische Warmpresse, und zwar die Etagenwarmpresse vor, das ist eine hydraulische Presse, die eine Anzahl von Stahl-Heizplatten übereinander angeordnet zeigt, und zwar sind es gewöhnlich, je nach der Größe der Preßfläche, 10, 13 oder 16 Platten, die übereinander angeordnet sind, also 9, 12 oder 15 Etagen oder Arbeitszwischenräume ergeben.

Bei der Besprechung der Bedingungen, welche bei der Benutzung der verschiedenen Leime zu beachten sind, ist bereits gezeigt, daß ein beträchtlicher Unterschied in den Bedingungen besteht, die bei Kaltverleimung mit Pflanzenleim, wie in Amerika meist üblich, und der Warmverleimung mit tierischem Leim, Kaseinleim, Blutalbumin usw. zu beachten sind. Die

Fig 165. Handspindelpresse, dreiteilig. Die Presse kann von der Breitseite. wie auch von der Schmalseite, dem Beschauer in obiger Figur rechts zugewandt, beschickt werden und zwar können entweder Platten in der Größe der ganzen Presse oder 2 Pressabteilungen oder kleinere Abmessungen gepreßt werden. In obiger Figur ist jede der drei Abteilungen mit verschiedenen Größen und Höhen beschickt. Die angewärmten Beilagen sind besonders in der mittelsten Abteilung gut sichtbar. Jede Abteilung hat ihre Spindel, die mit einer sogenannten Knarre oder Hebel und Sperrvorrichtung angetrieben wird. Der Hebel steckt im Antrieb der mittleren Spindel. Das Loch im Antrieb der hinteren, in das er gesteckt wird, wenn diese betätigt werden soll, ist deutlich sichtbar. Im Hintergrunde liegen auf den Schränken gewöhnliche hölzerne Furnierzwingen. Im Vordergrund sind eiserne Furnierzwingen sichtbar, die für abnormal geformte Stücke zur Verwendung kommen.

(Dank dem Entgegenkommen von L. Blumschein G. m. b. H., Berlin.)

Warmverleimung stellt ohne Zweifel höhere Ansprüche an die genaue Einhaltung der Bedingungen, welche zur Erzielung der besten Ergebnisse vorgeschrieben werden, als die Kaltverleimung.

Die Anwendung von höheren Temperaturen bei der Verleimung erfordert zunächst die Möglichkeit der Temperaturbestimmung und ihrer Regelung. Der Einfluß des Wassergehaltes des Leimes und des Holzes kommt bei der Warmverleimung viel schärfer zum Ausdruck, da er in verschiedener Weise bei den verschiedenen Holzarten und Holzstärken zur Auswirkung kommt und seinerseits auch einen gewissen Einfluß übt auf die höchstzulässige Leimtemperatur und auf die Zeitdauer, während welcher die zu verleimenden Hölzer der betreffenden Temperatur ausgesetzt werden müssen, also auf die sogenannte L e i m d a u e r. Sowohl Temperatur als auch der Wassergehalt der fertig gelegten Lagen haben neben der Eigenfestigkeit des Holzes einen Einfluß auf den Stärkeverlust, der beim Verleimen und bei der Pressung der Platten stattfindet, also bei dem L e i m d r u c k , wie man diese Pressung nennt. Die charakteristischen Eigenschaften des Leimes und sein Feuchtigkeitsgehalt, sowie die bei den verschiedenen Holzarten verschiedene Aufnahmefähigkeit für die Feuchtigkeit, entscheiden über die Zeit, die verfließen darf von dem Augenblick an, an dem die zu verleimenden Lagen in die geheizten Pressen eingebracht werden, bis sie unter Druck gelangen, eine Zeit, die man als S c h l i e ß z e i t in der Presse bezeichnet, die also nicht nur die Zeit umfaßt, die notwendig ist, um die Etagen der Presse zu schließen, sondern um den für die Leimung notwendigen Druck zu erzeugen. Welchen Einfluß diese verschiedenen Faktoren auf das fertige Sperrholz ausüben, wird besprochen werden, nachdem zunächst jetzt die in Europa verwendeten Pressen beschrieben worden sind.

Die hydraulische Etagenheizpresse.

Erzielung und Kontrolle von Leimdruck, Leimtemperatur, Schließzeit und Leimdauer.

Die hydraulischen Pressen haben den großen Vorteil gegenüber anderen Pressen, daß bei ihnen der Druck, unter dem die einzelnen Sperrhölzer zur Verleimung kommen, sich genau errechnen und auch betriebsmäßig kontrollieren läßt, außerdem haben sie den Vorzug, daß eine sehr gleichmäßige Verteilung des Druckes auf die ganze Preßfläche möglich ist, wenn notwendig, durch Verwendung einer größeren Anzahl von Zylindern und durch schwere Ausführung der sogenannten Preßtische und Preßhäupter, zwischen denen der Druck sich auswirkt. Fast alle Leime, die unter Wärme zur Abbindung gebracht werden, einschließlich der trockenen Leimfilme, erfordern, wenn getrocknete Furniere verwendet werden, was, wie hier bereits erwähnt, für gute Sperrhölzer notwendig ist, daß die in die Presse gebrachten Lagen nicht zu lange der Wärme der Heizplatten ausgesetzt werden, ehe sie unter Druck kommen, d. h., die Pressen müssen s c h n e l l s c h l i e ß b a r sein, eine Bedingung, die auch mit hydraulischen Pressen in einfacher Weise erfüllt werden kann.

Der Druck, der auf die zu verleimenden Platten oder Flächen ausgeübt wird, wird L e i m d r u c k genannt und meist in kg/qcm ausgedrückt.

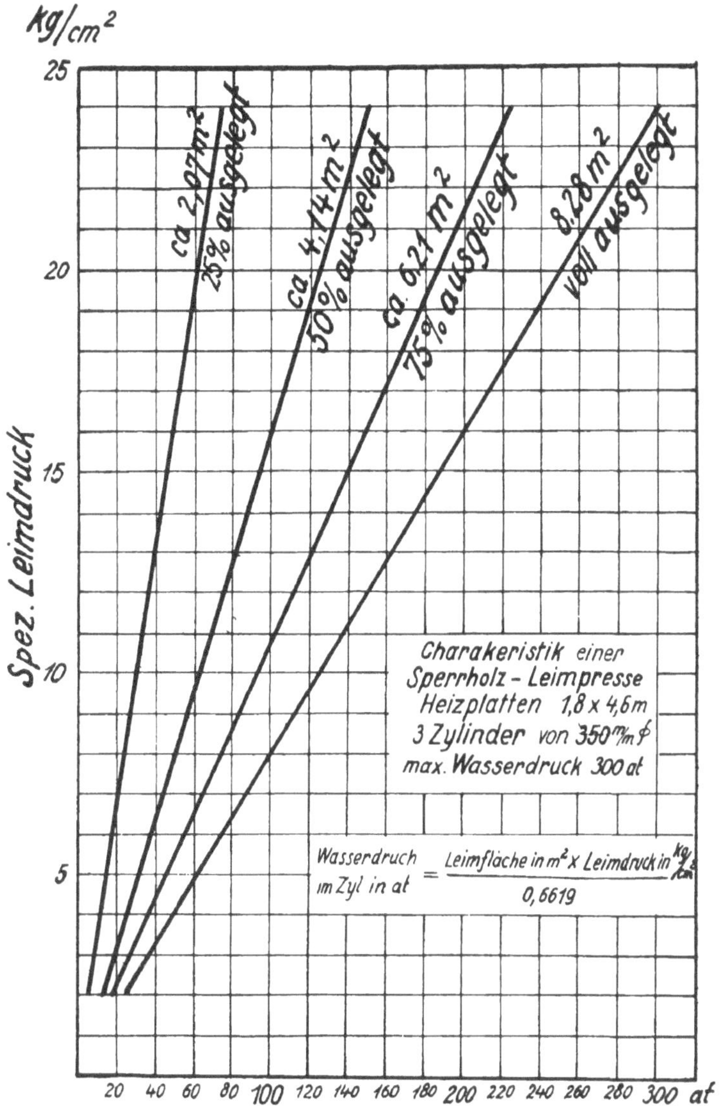

Fig. 166 zeigt den Zusammenhang zwischen Wasserdruck in den Zylindern und dem Leimdruck bei voller und auch teilweiser Auslegung der Pressenflächen. Will man z. B in einem bestimmten Falle mit einem Leimdruck von 15 kg/qcm arbeiten, so muß das Manometer an den Zylindern bei voll ausgelegter Presse etwa 188 Atm. zeigen, ist die Presse nur zu 75 Proz. ausgelegt, so wird der Wasserdruck 140 Atm., bei 50 Proz. Auslegung 94 Atm. sein müssen.

Der Druck, der in den hydraulischen Zylindern auf die Kolben wirkt, welche den Preßtisch anheben, wird Wasserdruck genannt und in Atmosphären gemessen. An jeder Presse befindet sich ein sogenanntes Hydraulik-Manometer, das den Wasserdruck in den Zylindern ablesen läßt.

Die Beziehung zwischen dem Wasserdruck im Zylinder und dem Leimdruck ergibt sich aus folgender Gleichung:

Wasserdruck im Zyl. in Atm. $\times$ Kolbenfläche in qcm
$=$ Leimdruck in kg/qcm $\times$ zu verleimende Fläche in qcm.

Sind mehrere Zylinder in der Presse vorhanden, so tritt die Summe sämtlicher Kolbenflächen in qcm in die Gleichung an Stelle der einen Kolbenfläche in qcm bei einer Einzylinderpresse ein.

Aus dieser Gleichung geht hervor, daß bei dem gleichen Wasserdruck im Zylinder der Leimdruck um so höher wird, je kleiner die zu verleimende Fläche ist. Wenn auf den Pressen kleinere Platten hergestellt werden, die geringere Abmessungen haben als die Oberfläche der Heizplatten, so muß, wenn man einen bestimmten konstanten Leimdruck erzielen will, auch der Wasserdruck geringer gehalten werden, als wenn, wie man sich ausdrückt, die Presse voll ausgelegt ist, d. h. die zu verleimenden Sperrplatten in jeder Etage dieselben Oberflächenabmessung haben, wie die Heizplatten.

Es werden in den Betrieben Schaulinien ausgehängt, die diese Zusammenhänge zeigen und die es dem Pressenmeister ermöglichen, aus diesen Schaulinien für jeden Fall den richtigen Wasserdruck zu entnehmen. In Figur 166 ist eine solche Schaulinie dargestellt, die für eine große Presse mit Heizplatten von 1,8 m Breite und 4,6 m Länge, die mit drei Zylindern arbeitet, bestimmt ist. In dieser Schaulinie ist der Fall einer 100%igen, 75%, 50% und 25%igen Auslegung berücksichtigt, dazwischen liegende Werte können leicht aus der Schaulinie selbst ermittelt werden. Es ist auch zur Kontrolle noch einmal die zahlenmäßige Beziehung in der Schaulinie angegeben, in der jedoch der bequemen Rechnung wegen die Leimfläche in qm erscheint. Gewöhnlich ergänzt der Betriebsleiter die von dem Pressenfabrikanten aufgestellte Schaulinie noch durch weitere Linien, die öfter vorkommende Auslegungsfaktoren berücksichtigen.

Die Einstellung des jeweils benötigten hydraulischen Druckes wird dadurch erreicht, daß die hydraulische Pumpe, die das Wasser in den Zylinder schafft und dort unter Druck setzt, mit automatischen Auslösevorrichtungen versehen ist, die bei einem bestimmten einstellbaren Wasserdruck die Wasserförderung einstellen. Ist aus irgendwelchen Gründen, sei es durch Stärkenschwund der einzelnen Lagen der Sperrholzplatten, durch Undichtigkeiten usw. dieser eingestellte Preßdruck unter einen bestimmten, geringen Toleranzwert gesunken, dann treten diese Pumpen wieder automatisch in Wirkung und stellen den eingestellten Druck auch automatisch wieder her.

Da bei Warmverleimung mit getrockneten Furnieren nur verhältnismäßig kurze Preßdauern in Frage kommen, werden in modernen Anlagen nur noch selten sogenannte hydraulische Akkumulatoren aufgestellt. Das

Fig. 167. Hydraulische Heizplatten-Etagenpresse. Heiz-Plattenabmessung 1,60 × 5 m. Rechts ist das Hydraulikventil für Schnellschluß der Presse sichtbar, neben dem das Hydraulikmanometer angebracht ist. Auf der linken Seite sind die Kniegelenkrohre, welche die Verbindung zwischen den beweglichen Heizplatten und den feststehenden Heizrohren herstellen. An der zweiten Säule rechts sind Leiteplatten sichtbar, auf deren Stufen sich die an den Heizplatten befestigten Tragelemente auflegen, welche beim Oeffnen der Presse die Platten im richtigen Abstand voneinander halten. Für die unteren 4 Platten befinden sich die Leiterplatten auf der dem Beschauer abgewandten Seite der Leiterplattenträger. Die Presse ist mit 3 hydraulischen Arbeitszylindern und 6 Schnellschlußzylindern versehen. Die Presse steht in einem Verbindungsgang zwischen dem Leimraum und Fertigraum, ihre Druckleistung ist etwa 2 Millionen kg (4,4 Millionen lbs).

Dank dem Entgegenkommen der Firmen B. Harras G. m. b. H., Böhlen und Becker & van Hüllen A.-G., Krefeld.)

sind Wasserbehälter, in denen ein Kolben durch Gewichts- oder Luftdruckbelastung unter Druck gehalten wird, die mit den Pressenzylindern in Verbindung gesetzt werden und an sich dann einen gleichmäßigen Druck während der ganzen Preßzeit aufrecht erhalten. Diese Akkumulatoren werden ihrerseits durch Pumpen gefüllt gehalten.

Die einzelnen Heizplatten werden bei geöffneter Presse in bestimmten Abständen voneinander durch Auflageelemente gehalten, welche auf sogenannten Leiterplatten aufliegen, das sind meist abgestufte, aufrechtstehende Flacheisen (s. Figur 167).

Beschickung der Pressen. Zwischen den einzelnen Heizplatten befinden sich die Etagen oder Arbeitszwischenräume, deren Höhe von der Stärke der zu fertigenden Sperrhölzer abhängt. Gewöhnlich schwankt der Abstand zwischen 40 bis 70 mm ($1^9/_{16}$ bis $2^3/_4''$). (Bei Verleimung ungetrockneter Furniere, die im Osten Europas z. B. in Rußland und Polen noch geübt wird, beträgt der Abstand 70—100 mm ($2^3/_4$—$4''$), da bis zu 12 Sperrplatten in jedem Zwischenraum hergestellt werden, denen beim Pressen noch je eine Ausschußsperrplatte oben und unten beigelegt werden.) Die Abstände werden so gewählt, daß das zu verleimende Gut einschließlich seiner Beschickungsbleche bequem eingebracht werden kann.

Da die Außenlagen, besonders die von großen Platten, aus mehreren Furnierblättern zusammengesetzt sind (auch wenn die Außenlagen aus einem Stück bestehen, liegen dieselben nicht flach, sondern zeigen im getrockneten Zustande oft sperrige Wellen), würde die Einbringung der Lagen in die einzelnen Etagen sehr vorsichtig und langsam erfolgen müssen, besonders wenn die Außenlagen schwach sind, auch wenn dieselben an ihren Fugen stumpf verleimt sind. Andererseits wieder erfordert die Vermeidung einer zu langen Erwärmung der zuerst eingebrachten Lagen (bevor die Presse vollkommen beschickt ist und unter Druck gebracht ist) ein sehr schnelles Beschicken der Presse. Aus diesem Grunde benutzt man für die hydraulischen Pressen Beschickungsbleche aus einem Spezialaluminium, und zwar ein Blech über und ein Blech unter der Beschickung für jede Etage. Zwischen diesen beiden Blechen liegen die einzelnen Furnierlagen fest. Mit ihnen kann das Hereinschieben in die Presse und das Herausnehmen schnell erfolgen. Die Stärke dieser Aluminiumplattenbeilage, die meist aus einer Sonderlegierung von Aluminium mit verhältnismäßig hoher Festigkeit und Härte, jedoch andererseits von großer Planheit bestehen, schwankt je nach Größe der Presse zwischen $1^1/_2$ und 3 mm ($^1/_{16}$ bis $^1/_8''$). Gewöhnlich werden auch große Pressen nach den neuesten Erfahrungen so ausgeführt, daß sie von der Schmalseite aus beschickt werden (s. Figur 167), weil es schwer wäre, z. B. eine Platte von 1,60 m Breite und 5 m Länge ($63'' \times 197''$) mit der Breitseite schnell in eine solche Etagenpresse einzuführen, weil naturgemäß die Platten durchhängen würden und außerdem auch die Konstruktion der Presse für eine derartige Anordnung viel zu teuer würde. Das trifft schon für kleinere Abmessungen, z. B. $1{,}60 \times 2{,}30$ m zu (63″ × 90″), ganz besonders, wenn es sich um dünne Sperrplatten handelt.

Die Aluminiumbleche haben jedoch noch eine andere Aufgabe. Gewisse Holzarten, wie z. B. Eiche und auch die afrikanischen Okumésorten, Gaboon, Abachi usw. enthalten gewisse Mengen Gerbsäure. Sind nun die Furniere etwas

Fig. 168. Mechanische Beschickungsvorrichtung für die Fertigung von schwachen Platten. In der Mitte ist eine Einzylinder-Etagenpresse sichtbar, über der ein Wasserbehälter angeordnet ist, in dem beim Oeffnen der Presse das Druckwasser zurückfließt und der beim Schließen der Presse das Wasser der Presse und Pumpe zuführt. Links und rechts sind Etagen aus Formeisenkonstruktion aufgestellt, die genau den Etagen der Heizpresse entsprechen. Auf diesen Formeisenetagen liegen Aluminiumbleche, die durch Mitnehmer an den (links deutlich sichtbaren) Wagen in die Presse hinein- und aus der Presse wieder herausgeschoben werden können, da diese Etagen in der Mitte geteilt sind. Die Wagen beider Seiten sind zwangsläufig durch Elektromotore und Zahnräder angetrieben. Im Bilde sind die Aluminiumbleche der hinteren Seite gerade in der Presse, während die der rechten Seite außerhalb der Presse sind.

(Dank dem Entgegenkommen der Firma Becker & van Hüllen A.-G., Krefeld.)

feucht, oder durch die Leimnässe feucht geworden, und kommen sie mit der Stahloberfläche der Heizplatten in Berührung, so entstehen Verfärbungen der Oberfläche, die durch Aluminiumbeilagen, die natürlich in kaltem Zustande benutzt werden, vermieden werden. Eine weitere Ursache für die Benutzung der Aluminiumplatten ist die, daß die in der Presse schwer zugängigen Oberflächen der Heizplatten vor Verschmutzung durch Leim geschützt werden. Auch hier sind die Spezialbleche mit Leim abweisenden Oberflächen von besonderem Wert.

Mechanische Beschickungsanlagen Es ist klar, daß bei der Beschickung solcher Pressen von Hand stets die zuerst eingebrachten Lagen eine längere Zeit der Erhitzung ausgesetzt sind, wie die zuletzt eingebrachten. Man muß also außerordentlich schnell arbeiten und geübtes Personal zur Bedienung haben, wenn man nicht den Schaden tragen will, der dann entsteht, wenn der Leim in den zuerst eingebrachten Lagen sich zu setzen begonnen hat, bevor die Presse geschlossen und unter Druck gesetzt worden ist. Deswegen verwenden moderne Werke neuerdings sogenannte mechanische Beschickungsvorrichtungen, wie eine solche Figur 168 abgebildet ist. In der Mitte sieht man die Presse, kenntlich durch den Wasserbehälter, der über ihr angeordnet ist; und die Säulen, die das obere Preßstück der Presse mit dem Zylinder verbinden. Beiderseits von der Presse sind aus Formeisen zweiteilige Etagen entsprechend den Etagen der Heizplatten angeordnet. Die zu verleimenden Lagen werden zunächst auf der einen Seite in die Formeisenetagen eingebracht und durch den kleinen, links sichtbaren, durch Elektromotor und Vorgelege angetriebenen Wagen auf einmal in die Presse eingeschoben. Hierbei ruhen die einzelnen Lagen ebenfalls auf Aluminiumblechen, die als Träger für sie dienen. Die Mitnehmer des Wagens greifen an den Aluminiumblechen an, gleichzeitig werden auf der anderen Seite der Presse diejenigen Lagen, welche vorher in der Presse gewesen sind, durch ihre Wagen aus der Presse herausgezogen. Da die Bewegung der Wagen zwangsläufig miteinander gekuppelt ist, erfolgt das Herausziehen der fertigen Platten und das Einbringen der neuen Platten immer in der richtigen Weise. Die Formeisenetagen können auf Hubplattformen angeordnet werden, so daß man, ähnlich wie in Figur 139 und 140 gezeigt, die jeweils zu beschickenden Etagen immer in eine bequeme Beschickungshöhe bringen kann, so daß das Heben von Hand auf ein Mindestmaß beschränkt ist. Bei der Fertigung größerer starker Platten sind recht beträchtliche Gewichte zu heben, man kann z. B. annehmen, daß eine Sperrplatte einer bestimmten deutschen Normalabmessung von 1,5 × 4,5 m (5′ × 15′) bei 40 mm ($1^5/_8$″) Stärke mit ihren Beschickungsblechen etwa 240 kg (530 lbs) wiegen kann. Die Höhe, auf die z. B. die oberste Platte gehoben werden müßte, kann bis zu 1,70 m (67″) betragen. Es ist verständlich, daß hier schon eine bedeutende Arbeit geleistet werden muß, wenn diese von Hand mit der wünschenswerten Geschwindigkeit geschehen soll. Auch für diese schweren Platten gibt es bereits mechanische Beschickungsvorrichtungen (s. Figur 169). Sie unterschieden sich im wesentlichen dadurch von den eben beschriebenen,

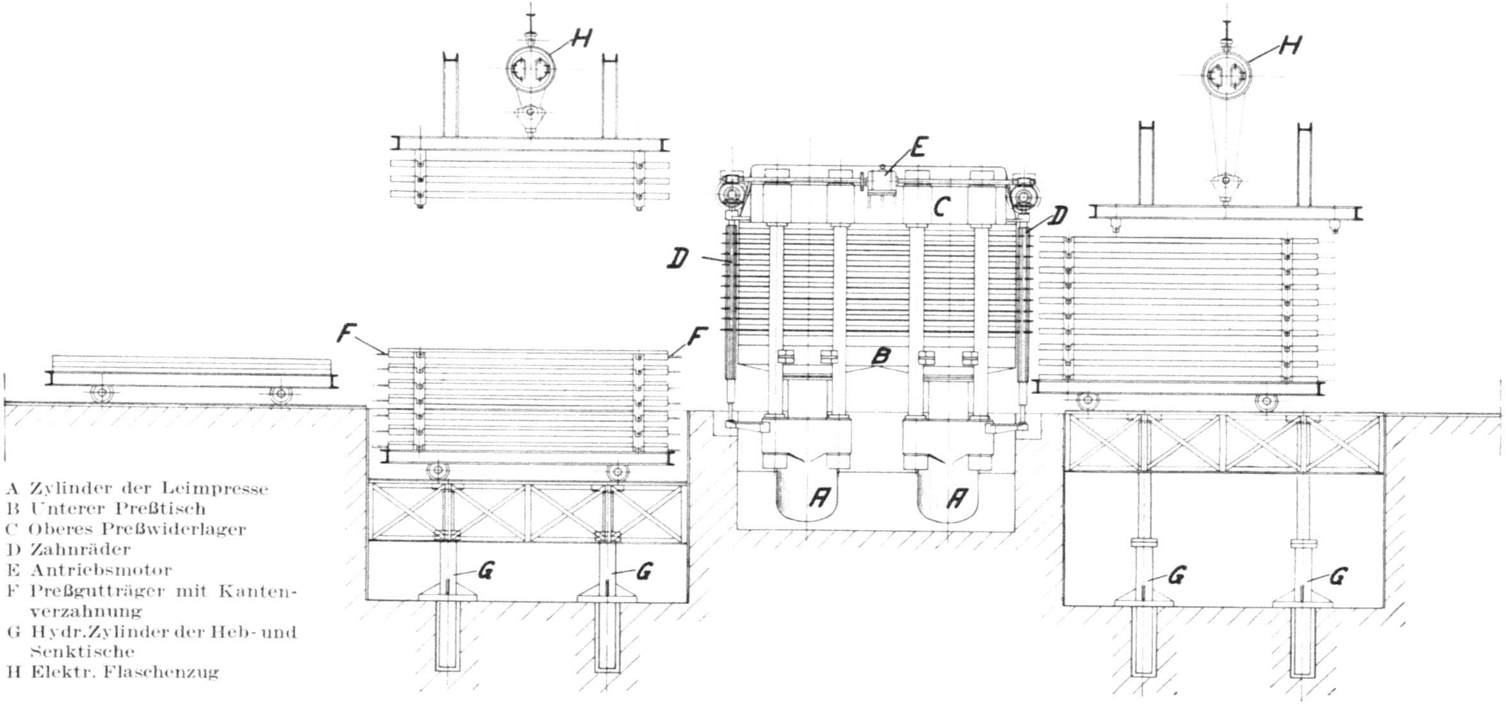

Fig. 169. Mechanische Beschickungsvorrichtung für große Hydr. Leimpressen. D. R. P. angem. Die Presse ist gefüllt und unter Druck. Auf der rechten Seite sind die Beschickungsetagen bereit, nach Oeffnung der Presse, die Beschickung aufzunehmen, die auf den Pressgutträgern ruht, welche durch das rechte Zahnradsystem aus der Presse herausbewegt werden. Auf der linken Seite wird die Vorrichtung in normaler Arbeitshöhe beschickt. Es fehlen noch 3 Lagen. Die Rahmen für diese hängen am elektrischen Flaschenzug. Der Heb- und Senktisch wird so eingestellt, daß das Preßgut ohne Hebarbeit herübergeschoben oder direkt auf die Rahmen und Preßgutträger gelegt werden kann. Nach vollendeter Stapelung steigt die Vorrichtung so hoch, bis die Etage mit den Etagen der Presse gleichstehen, dann wird der Wagen etwas an die Presse gerückt, bis die Preßgutträger im Eingriff mit dem linken Zahnradsystem D stehen, bei dessen Bewegung die ganze Beschickung in die Presse wandert.

(Dank dem Entgegenkommen der Firma Becker & van Hüllen A.-G., Krefeld.)

daß kein festes Etagengestell, wie in Figur 168 dargestellt, auf beiden Seiten der Presse vorgesehen wird, sondern ein abnehmbares Gestell, das sich auf je einer Hubplattenform befindet. Zum Beschicken ist der Teil des Gestells, der gerade beschickt werden soll, durch die Hubvorrichtung in die normale Arbeitshöhe gebracht. Ist die Lage für die betreffende Etage richtig zusammengelegt, so wird der Rahmen, der die nächste Etage von dieser trennt, und der unterdessen von einer Hebevorrichtung hochgehalten wird, abgesetzt, und die Vorrichtung soweit gesenkt, daß wieder die normale Arbeitshöhe für die nächsten Lagen vorhanden ist und so wird fortgefahren, bis sämtliche Etagen übereinander angeordnet sind, dann fährt das Ganze so aufgebaute Etagengestell hoch, bis es mit den Etagenhöhen der Presse genau übereinstimmt. Auch hier ruhen die einzelnen in jeder Etage zu verleimenden Lagen auf Aluminiumblechen, und auch über jeder Lage ist ein schwächeres Aluminiumblech vorgesehen. Die tragenden Aluminiumbleche sind z. B. bei der Vorrichtung in Figur 169 seitlich mit Zahnung versehen, in die gemeinsam angetriebene Zahnräder eingreifen, welche, sobald die Presse geöffnet ist, die fertig gestellten Platten auf das leere Gestell der einen Seite herausbefördern, während die neu zusammengelegten Lagen in die Presse hineinbefördert werden. Die Entladung erfolgt so, daß zunächst das Etagengestell durch seine Hubvorrichtung soweit gesenkt wird, daß die oberste Platte bequem abgenommen werden kann. Der oberste Rahmen wird abgehoben, die nächste Sperrplatte entfernt usw. unter langsamem Emporsteigen der Hubplattform, bis der ganze Stapel abgebaut ist.

Durch Sondervorrichtungen hat man die weiteren Schwierigkeiten überwunden, die bei der Warmverleimung mit Rücksicht auf die gleichmäßige Einwirkungsdauer der Wärme auf die Sperrplatten bestand. Mit geeigneten hydraulischen Einrichtungen bietet es gar keine Schwierigkeiten, die Presse so schnell zu schließen und unter Druck zu setzen, daß wesentliche Unterschiede in der Beheizung der einzelnen Lagen nicht mehr zu verzeichnen sind. Es sind moderne hydraulische Pumpen mit Schnellschlußreglern konstruiert worden, die jeden Ansprüchen genügen, z. B. hat man in modernen Anlagen selbst bei ganz großen Pressen mit 15 Etagen Schließzeiten von höchstens 7—15 Sek. ohne Akkumulatoren ohne jede Schwierigkeit erreichen können.

Die Beheizung der Platten erfolgt meist durch Dampf, der durch schlangenförmige, in den massiven Platten hergestellten Bohrungen geht. In Figur 167 ist links die Verbindung zwischen den beweglichen Heizplatten und den feststehenden Dampfzuführungsrohren sichtbar, und zwar sind sogenannte Kniegelenkrohre bei dieser Presse verwendet worden, vielfach werden auch statt dieser Kniegelenkrohre biegsame Metallschläuche verwendet. Die Presse, die in Figur 170 zu sehen ist, zeigt solche biegsamen Metallschläuche, vereinzelt findet man auch Teleskoprohre.

Bei der Verwendung von Kaseinleim, Blutalbuminleim, wie auch von Leimfilm genügt die Beheizung der Presse allein, da, sobald der Leim eine gewisse Zeit der Wärme ausgesetzt worden war, er abgebunden hat. Wird

Fig. 170. Blick in eine deutsche Sperrholzfabrik. Eine der Pressen ist in der Mitte der Halle angeordnet. Die Plattenabmessungen sind 1,50 × 4,50 m. Rechts neben der Presse ist die Pumpe sichtbar. Die Platten der Presse sind durch biegsame Schlauche mit den Heizrohren verbunden. Im Vordergrund stehen Transportkarren mit fertigen Platten. Links befindet sich eine Besäumsäge. Auf der rechten Seite sind die Platten, die geleimt worden sind, zum Abkühlen unter Zwischenlagen von Stapelhölzern gestapelt. Die im Vordergrund rechts sichtbaren Stapel sind fertig zur Abfuhr in den Lagerraum.
(Dank dem Entgegenkommen der Firma J. Brüning & Sohn A.-G., Potsdam, Werk Rehfelde.)

tierischer Leim verwendet, so ist durch entsprechende Ventile auch die Möglichkeit gegeben, die Bohrungen der Heizplatten statt von Dampf von Wasser durchströmen zu lassen. Sobald die Temperatur, die zum Abbinden des tierischen Leimes notwendig ist, genügend lange eingewirkt hat, wird der Dampf abgesperrt und Kühlwasser durch die Platten gelassen. Die Abkühlung wird bis auf etwa 30—35° C (86—95° F) gebracht, alsdann ist der tierische

Leim fest geworden und die Platten werden aus den Pressen entfernt. Natürlich ist diese Arbeitsweise teurer als die mit anderen Leimen, weil einmal die Presse pro Stunde weniger oft beschickt werden kann, da die Abkühlung schon unter günstigen Verhältnissen mindestens 25—40 Minuten dauert. Ferner ist dieses Verfahren auch wärmewirtschaftlich teurer, weil bei jeder Beschickung die nicht zu unterschätzenden großen Stahlmassen der Heizplatten auf eine Temperatur von mindestens 70° C (158° F) oft auf 90° C (194° F) und in manchen Betrieben sogar auf etwas über 100° C (222° F) gebracht werden müssen, um dann wieder abgekühlt zu werden. Es ist dies wohl auch die Ursache dafür, daß man nur in einzelnen Fällen noch tierischen Leim verarbeitet und diejenigen Leime vorzieht, die keiner Abkühlung bedürfen. Neue Lederleimfilme bedürfen auch keiner Abkühlung.

Die Bestimmung und Einstellung der Temperatur der Platten, also die Leimtemperatur, spielt bei der Warmverleimung eine sehr große Rolle. Gewöhnlich werden in den Platten Bohrungen vorgesehen, in die elektrische Pyrometer eingebracht werden, deren Anzeigeapparat direkt an den Pressen selbst angeordnet ist, so daß der Vorarbeiter in der Lage ist, durch Zuführung von mehr oder weniger Dampf die Temperatur zu regeln. Es gibt auch moderne Betriebe, in denen außer den Anzeigeapparaten registrierende Apparate vorgesehen sind, damit der Betriebsleiter jederzeit in der Lage ist, feststellen zu können, wie zu bestimmten Zeiten, auch während er nicht anwesend war, gearbeitet worden ist. In Figur 171 ist eine solche Etagen-Dampfpresse während der Arbeit zu sehen. Es werden gerade fertig gepreßte Platten aus der Presse entfernt.

Die Figuren 120, 170 und 171 zeigen, daß es sich bei den europäischen Sperrholzfabriken schon gewissermaßen um Großbetriebe handelt. Es sind umfangreiche Räumlichkeiten notwendig, um die Menge der großen Platten wirtschaftlich hantieren zu können. Man sieht große, möglichst freitragende Räume vor und sorgt für den richtigen Feuchtigkeitsgehalt durch eine geeignete Beheizung derselben. Vor allen Dingen zeigen die modernen europäischen Anlagen, daß auf gute Beleuchtung großer Wert gelegt ist. Man ist davon abgekommen, niedrige, stark überhitzte Räume zu benutzen, wie es früher der Fall war, einmal wegen der ungenügenden Beleuchtungsmöglichkeit und der Unübersicht, und auch deswegen, weil in den modernen europäischen Anlagen die meisten Maschinen nicht handwerksmäßige Maschinen in großer Zahl, sondern richtige große Fabrikationsmaschinen sind; das gilt besonders von den Pressen.

Es wird in Europa in modernen Anlagen großer Wert darauf gelegt, auch das Netz den Frischdampf-, Abdampf-, Abwasser-, Frischwasser-, Druckwasserleitungen, wie auch die elektrischen Leitungen so übersichtlich wie möglich zu legen, genau so, wie man das in Großbetrieben gewohnt ist, die Metalle oder andere Werkstoffe verarbeiten.

Die Praxis hat überall gezeigt, daß eine Übersichtlichkeit des Betriebes die Leistung quantitativ und qualitativ steigert und den Abfall verringert.

Nachdem nunmehr erläutert worden ist, wie die Verwendung von hydraulischen Pressen, Beschickungseinrichtungen usw. die Mittel bieten, um diejenigen Faktoren zu meistern, die für die Warmverleimung von

Fig. 171. Große Sperrholzpresse mit 3 Zylindern für einen Gesamtdruck von etwa 2 Millionen Kilogramm. Plattengröße 1,8×4,6 m. Die fertigen Sperrholzplatten werden aus der Presse genommen. Im Vordergrund liegen fertig gepreßte Platten. Verbindung der Heizplatten mit Dampfstander durch Kniegelenkrohre.

(Dank dem Entgegenkommen von Sperrholzfabrik Max Heumann, Kremperheide und Masch.-Fabrik Becker & van Hullen A.-G., Krefeld.)

ausschlaggebender Bedeutung sind, soll hier kurz die Wirkung der verschiedenen Faktoren auf das Sperrholz angedeutet werden, ehe in der Beschreibung der Fertigung fortgefahren wird.

Auswirkung der maßgebenden Faktoren auf das Ergebnis der Warmverleimung.

Wie bei der Kaltverleimung ausgeführt, sind natürlich auch bei der Warmverleimung die Eigenschaften des Sperrholzes abhängig von den verwendeten Holzarten und von dem Aufbau selbst. Bei Sperrholz aus denselben Hölzern und derselben Aufbauweise kann man das Endprodukt durch die bei der Heißverleimung maßgebenden Faktoren, die Leimtemperatur, Leimdruck, Feuchtigkeitsgehalt des Holzes und Leimdauer wesentlich beeinflussen und variieren, auch bei Gebrauch desselben Leimes.

Im allgemeinen nimmt die Festigkeit der Leimbindung und auch die Festigkeit des ganzen Sperrholzes mit zunehmendem Leimdruck zu, andererseits jedoch bewirkt eine Erhöhung des Leimdruckes, besonders bei weicheren Hölzer, wie Pappel, Whitwood, Kiefer, Fichte und den tropischen Hölzern Gaboon, Okumé und Abachi eine größere Zusammenpressung des Holzes, das heißt also, einen größeren Holzschwund in der Stärke. Da die Sperrhölzer nach Stärken gehandelt werden, bedeutet also eine unnötige Erhöhung des Preßdruckes eine Verringerung der Holzausnutzung und damit des Nutzens. Eine Erhöhung des Leimdruckes jedoch erhöht auch die Stärke der Leimbindung zwischen den Hölzern, erhöht also auch für solche Sperrhölzer, bei denen es auf eine sehr hohe Festigkeit an sich nicht ankommt, doch die Qualität. Es bedarf daher sehr eingehender betriebsmäßiger Erwägungen, um von Fall zu Fall, d. h. je nach dem Zweck, dem das Sperrholz dienen soll, den richtigen wirtschaftlichen Wert für den Leimdruck zu finden. (Bei Verleimung ungetrockneter Furniere ist der Leimdruck meist höher, als bei getrockneten, trotz des hierbei auftretenden größeren Holzschwundes in der Stärke. Derselbe wird in Kauf genommen, da der Schwund quer zur Faser praktisch nicht in Erscheinung treten kann, da die Trocknung der Furniere der Hauptsache nach erfolgt während sie unter dem Leimdruck stehen oder nachdem sie abgesperrt sind, also in Zuständen, in denen eine Schrumpfung verhindert ist. Daher zeigen auch solche Platten große innere Spannungen, die sich durch zahlreiche Haarrisse auslösen.) Zu hoher Leimdruck kann bei aufgebauten Mitellagen Wellen verursachen.

Die Leimtemperatur muß zunächst selbstverständlich den Mindestwert erreichen, der notwendig ist, um ein richtiges Abbinden des Leimes zu gewährleisten. Eingehende Versuche haben jedoch ergeben, daß auch bei sogenannten wasserfesten Leimen, wie z. B. bei den relativ wasserfesten Blut und Kaseinleimen, wie auch bei den völlig wasserfesten Leimfilmen, die Wasserbeständigkeit um so sicherer und vollkommener ist, je höher die Temperatur innerhalb der zulässigen Grenze gewesen ist. Nun ist aber auch die Temperatur von Einfluß auf den Holzschwund in der Stärke, d. h. bei gleichem Druck und gleichem Feuchtigkeitsgehalt des Holzes und demselben Leim steigt, wenn auch in geringerem Maße, der Holzschwund mit steigender Temperatur, also auch hier muß von Fall zu Fall der wirtschaftlichste Wert auf Grund von Serienversuchen mit Rücksicht auf den jeweiligen Verwendungszweck festgestellt werden.

Die Leimdauer hängt außer von der Leimart, im wesentlichen von der Leimtemperatur und der Stärke der verwendeten Außenfurniere bzw. bei Mehrfachverleimungen von der Stärke der Lagen ab, die zwischen den von der Heizplatte am weitesten entfernten Leimschicht und der Heizplatte liegt, außerdem von der Holzfeuchtigkeit.

Einen sehr wesentlichen Einfluß hat der Feuchtigkeitsgehalt des Holzes, sowohl herrührend von dem Feuchtigkeitsgehalt, der nach vollentdeter Trocknung bzw. vor dem Zusammenlegen der Hölzer noch in den einzelnen Lagen vorhanden war, und dem Feuchtigkeitsgehalt, den die Hölzer noch aus dem Leimwasser aufgenommen haben. Sowohl die Leimtemperatur wie die Leimzeit wie auch der Druck müssen je nach diesem Gesamtfeuchtigkeitsgehalt eingestellt werden. Ist der Feuchtigkeitsgehalt zu hoch, so darf man mit der Temperatur nicht zu hoch gehen, damit keine Blasenbildung auftritt. Diese Gefahr besteht bei allen nassen Leimen, daher kommt es auch, daß man z. B. mit Blutalbumin- und Kaseinleim sehr oft die für die relative Feuchtigkeitsbeständigkeit günstigsten Temperaturen nicht anwenden kann. Auch den Leimdruck kann man dann nicht hoch wählen, weil der Holzschwund, d. h. der Stärkenverlust, ganz wesentlich mit zunehmendem Feuchtigkeitsgehalt des Holzes wächst, da bekanntlich feuchtes Holz sich leichter zusammendrücken läßt als trockenes. Auch hier ist die Stärkenänderung zu einem gewissen Prozentsatz eine bleibende, da gewissermaßen bei der Verleimung auf der Heizplattenpresse eine Art Verschalung der ganzen Kombination bei zu hohem Feuchtigkeitsgehalt der Lagen eintreten kann. (Am deutlichsten tritt dieses im extremen Fall der Verleimung nasser Furniere in Erscheinung.) Man sieht, daß auch in dieser Beziehung die Verhältnisse bei Leimfilmen am günstigsten liegen, weil Leimwasser in ihnen überhaupt nicht vorhanden ist und die Furniere und Mittellagen nur den Feuchtigkeitsgehalt aufweisen, den sie nach vollendeter Trocknung besitzen, vermehrt durch die geringe Feuchtigkeitsaufnahme beim Lagern, die man zu regeln bequem in der Hand hat.

Bei der Besprechung der physikalischen und chemischen Eigenschaften im zweiten Bande dieses Buches, welche man bei Sperrholz erreichen kann, werden die Einflüsse dieser Faktoren bei den verschiedenen Hölzern und Leimen zahlenmäßig gezeigt werden.

Verleimungen von Furnieren in Formen.

Bisher ist die Verleimung von Furnieren zu Sperrholz nur für gerade Platten behandelt worden. Für verschiedene Zwecke werden die Furniere gleich zu bestimmten Formen verleimt, also zu geschweiften oder gebogenen Sperrhölzern.

Die Arbeitsverfahren sind im allgemeinen in Amerika und in Europa ziemlich die gleichen, bis darauf, daß auch in Europa in größerem Maßstabe statt der amerikanischen Kaltverleimung die Warmverleimung angewendet wird. Nach der erfolgten Besprechung der grundsätzlichen Unterschiede dieser beiden Verleimmethoden kann jedoch nunmehr weiter in einer gemeinsamen Behandlung fortgefahren werden.

Edelfurniere werden für solche Arbeiten selten benutzt, auch vermeidet man Furnierlagen, die mit Papierstreifen miteinander verbunden sind. Die Leimauftragung erfolgt in gleicher Art, wie für die flachen Furniere beschrieben, jedoch sind die Spannvorrichtungen und Auflagen in den amerikanischen Betrieben anders geartet, wie bei flachen Sperrplatten. Der Leimdruck soll bei der Verleimung auch gebogener Sperrplatten über die ganze Fläche möglichst gleichmäßig sein, außerdem besteht natürlich das Bestreben, die lichte Weite der Presse (in Amerika werden für diesen Zweck meist solche von 42″ (1067 mm) lichte Weite verwandt) möglichst weitgehend auszunutzen. Für diese Arbeiten zieht man Metallformen und Metallbeilagen mit Rücksicht auf ihre größere Festigkeit und Haltbarkeit vor. Um an Gewicht zu sparen, werden diese Formen oft hohl gegossen. Die Metallformen haben außerdem den Vorteil, daß sie leichter, speziell auf genaue Formen gearbeitet werden können, daß sie sich besser halten und ihre Oberflächen nicht so bald beschädigt wird, wie bei Holzformen.

Zwischen den meist gebräuchlichen einzelnen Aluminiumformen werden gleichzeitig eine größere Anzahl zum Beispiel von Sperrholzlehnen genau gleicher Stärke und genau gleicher Form hergestellt. Es ist damit auch die Gesamtstärke für jeden Arbeitszwischenraum gegeben. Die Rundung der oberen Beilage und diejenige der unteren Beilage werden aus der gegebenen Gesamtstärke berechnet, unter Berücksichtigung dessen, daß die Druckverteilung möglichst gleich über die ganze Fläche ist und daß jedes Sperrholz die richtige Biegung hat. Das oberste Sperrholz wird naturgemäß den kleinsten Radius haben, der Radius wird langsam zunehmen, der unterste zeigt den größten Biegungsradius. Die geringen Radiusunterschiede sind jedoch im allgemeinen sehr klein. Man kann auch die Form für verschieden starke Sperrhölzer geeignet konstruieren, d. h. man kann sie z. B. so herstellen, daß sie eine bestimmte Anzahl $^5/_{16}$″ oder $^3/_8$″ oder $^5/_8$″ starke Platten (7,9 oder 9,5 oder 15,9 mm) in vollkommen richtiger Form, die auch überall gut verleimt sind, herstellen lassen. In Figur 172 sind z. B. Preßformen gezeigt, die zur Herstellung von 12 Sperrplatten von je $^5/_{16}$″ (7,9 mm) entworfen sind, d. h. von insgesamt $3^3/_4$″ (95,3 mm). In diesem Fall ist der Radius der größten Platte $3^7/_{16}$″ (87,3 mm) größer als derjenige der kleinsten Platte, so daß die gesamte Stärke aller Furniere ihre richtige Form erhält und daß auch die Leimbindung überall von einer Kante bis zur anderen vollkommen einwandfrei wird. Wollte man etwa dieselben Formen auch dazu benutzen, um z. B. fünf $^1/_2$″ (12,7 mm) Platten zu erhalten, so würde man weder Platten der richtigen Form erzielen können, noch auch eine gleichmäßige Verleimung über die ganze Fläche, vielmehr erhält man ungleichmäßig geformte Platten, schlechte Verleimung, unter Umständen auch gerissenes Material. Der Hauptfehler würde der sein, daß der Leimdruck auf die Flächen verschieden wäre und daß man später mit losen Stellen zu rechnen hätte. Man kann jedoch bei einer Gesamtstärke von $3^3/_4$″ (95,3 mm) nicht nur 12 Platten von $^5/_{16}$″ (7,9 mm), sondern auch 10 Platten

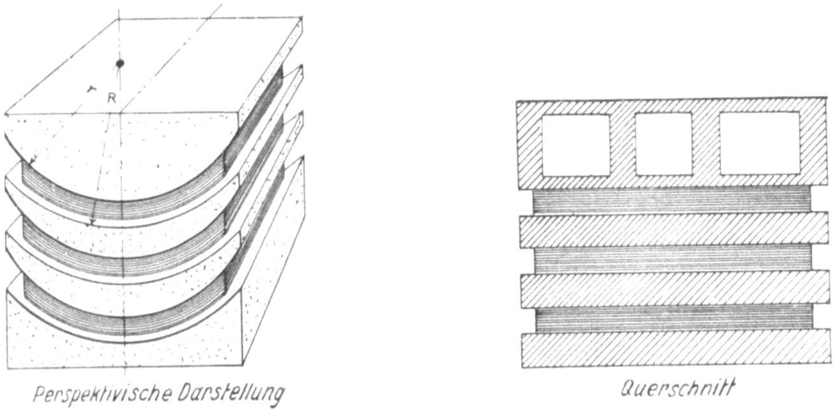

Fig. 172. Ein Satz Aluminiumformen zum Herstellen von gebogenen Lehnen für Theatersitze. Der Radius des untersten Kreisbogens der oberen Form ist $3\,^7/_{16}$″ kürzer als der Radius des obersten Kreisbogens der zweiten Form. Beide Kreisbögen haben denselben Mittelpunkt. Der ganze Formsatz wird in ähnlicher Weise, wie ein Stapel flacher Platten in einer Presse, wie in Fig. 161 oder 163 gezeigt, unter Durck gesetzt.

von $^3/_8$″ (9,5 mm) oder 6 Platten von $^5/_8$″ (15,9 mm) ordnungsgemäß herstellen. Natürlich kann man auch Formen anderer Art als diejenigen, die in Figur 172 gezeigt, in ähnlicher Weise herstellen. Eine gewisse Schwierigkeit wird bei diesen Arbeiten dadurch verursacht, daß die mit Leim versehenen Mittellagen der Hölzer beim Druckgeben sich leicht verschieben, das ist besonders dann der Fall, wenn es sich nicht um eine einfache, sondern um eine mehrfache Biegung handelt. Gewöhnlich pflegt man Wachspapier zwischen die einzelnen Lagen oder auch die Formen zu legen, damit die Stapel nach erfolgter Pressung leicht auseinander genommen werden können.

Die in die Formen gelegten beleimten Furniere kommen dann genau in derselben Weise in die Presse, wie vorher für flache Sperrplatten beschrieben. Sie werden, da die oberste und unterste Form oben beziehungsweise unten glatte, horizontale Flächen haben (Figur 172), in einfacher Weise mit Hilfe der Spannbretter, Profile und Spannschlösser, nachdem sie in der hydraulischen Presse unter Druck gesetzt worden sind, unter Druck gehalten, bis die Abbindung des Leimes erfolgt. Natürlich kann man Formen verschiedenster Art ausführen. Es würde zu weit führen, das alles hier zu beschreiben.

In Europa benutzt man zur Herstellung von gebogenem Sperrholz ebenfalls Etagen-Heizpressen. Entweder sind die Heizplatten in entsprechenden

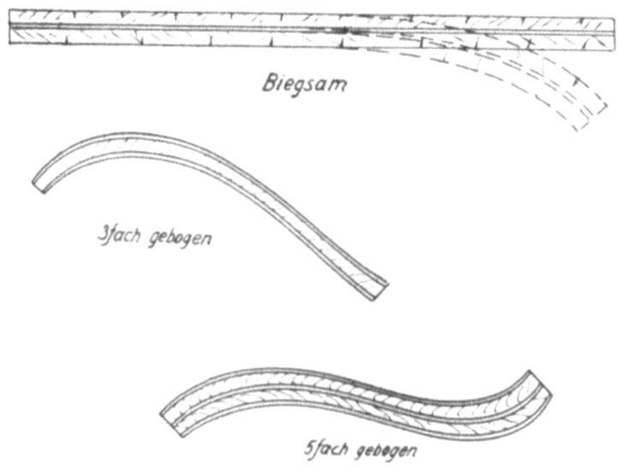

Fig. 173. Biegsames und gebogenes Sperrholz. Man beachte das Verhältnis der Stärke der einzelnen Lagen. Quer zur Faser läßt sich auch starkes Furnier leicht biegen, in Richtung der Fasern nur dünnes Furnier.

Formen durchgesenkt (bombiert) oder aber es werden auf flachen Heizplatten Metallformen — wegen der leichteren Durchheizung meist aus Aluminium — die die richtige Form besitzen, befestigt.

Biegsames Sperrholz.

Bei dieser Gelegenheit mögen auch die biegsamen Sperrhölzer beschrieben werden. Es ist bekannt, daß sich Furniere nicht leicht in der Richtung der Fasern biegen lassen. Man erreicht ein sehr biegsames Sperrholz, wie Figur 173 zeigt, wenn man eine sehr dünne Mittellage mit zwei Außenlagen versieht, die mit der losen Seite nach außen verleimt sind. Die oberste Darstellung in Figur 173 zeigt, daß die Formänderung eines solchen Sperrholzes sehr leicht durchzuführen ist. In früheren Jahren wurden Schlittenkufen in dieser Weise hergestellt. Die Biegsamkeit dieses Sperrholzes ist überraschend. Es wird jedoch meist nur für gewöhnliche Zwecke verwendet. Das gebogene Sperrholz stellt die weitere Ausarbeitung dieser Idee dar. Der doppelt gebogene, dreifach oder vierfach abgesperrte Opersitz muß so gebogen werden, daß er nicht biegsam bleibt sondern starr wird. Leimt man auf das in der obersten Darstellung gezeigte, biegsame Sperrholz auf beiden Seiten noch zwei dünne Furniere so auf, daß die Fasern längs verlaufen, so erhält man ein starres, gebogenes Panel. Diese letzte Art von doppelt gebogenen oder auch einfach gebogenen Panelen werden jedoch in Formen, wie oben beschrieben, hergestellt. Die Schwierigkeit und die Kosten der Herstellung von geformtem

Fig. 174. Anlage zur Herstellung von Margarinekübeln aus Sperrholz. Die einzelnen Teile werden aus fertigen, flachen Sperrplatten gestanzt. Die Formen der gestanzten Einzelteile sind vor der Spezialpresse sichtbar. Auf der kleineren Presse links wird der Boden umgebördelt. Die beiden Laschen und die umgebördelten Kanten des Bodens werden mit Leim bestrichen. Zunächst werden die Laschen, dann der Boden, zum Schluß die Seitenstücke in die Presse eingebracht. Ober- und Unterform der Presse sind geheizt. Die Presse wird geschlossen. Es entsteht infolge der konischen Form ein Druck auf die beleimten Laschen. Da auch der Boden und der 4-teilige Unterteil der Form, über die der Boden gestülpt wird, nach außen sich ausdehnen, werden sämtliche beleimten Stellen unter Druck gesetzt. Nach 1½ bis 2 Minuten ist die Abbindung vollendet, der fertige Kübel kommt aus der Presse. Fertige Kübel stehen vor der rechten Presse.

(**Dank dem Entgegenkommen der Hydraulik G. m. b. H., Duisburg und der Rheinischen Faß- und Sperrholzfabrik A.-G., Andernach.**)

Sperrholz nehmen mit der Größe desselben zu. Neuerdings haben sich in Europa andere Möglichkeiten geboten, auch sehr große Formen in einfacher Weise herzustellen, und zwar durch Verwendung von wasserbeständigem Leim. Man kann z. B. Sperrplatten auch größerer Stärke, etwa 6½ mm (¼"), die mit Tego-Leimfilm verleimt worden sind, nach der Verleimung in warmem Wasser oder Dampf biegsam machen, dann in Holzformen biegen und in diesem gebogenen Zustand trocknen. Die so behandelten Hölzer behalten dann ihre Form nahezu. Gewöhnlich biegt man sie etwas stärker, damit nach dem Zurückgehen, das in geringem Maße stattfindet, die gewünschte Form vorhanden ist.

Fig. 175. Hydraulische Anlage zum Antrieb der Kübelpressen-Anlage, nach Fig. 174. Links sind Hydraulik-Akkumulatoren mit Luftdruck sichtbar, rechts die Antriebspumpe und der Luftkompressor sowie die kleinen Elektromotore, welche die Anlage antreiben, und die Schaltanlage.
(Dank dem Entgegenkommen der Hydraulik, G. m. b. H., Duisburg und der Rheinischen Faß- und Sperrholzfabrik A.-G., Andernach.)

Neuerdings ist man auch dazu übergegangen, fertigverleimtes Sperrholz nachträglich in Formen zu bringen, und zwar zur Herstellung von Sperrholzgefäßen, für Butter, konsistente Fette usw. In Figur 174 und 175 ist eine Anlage abgebildet, in der Margarinekübel aus flachem Sperrholz hergestellt werden. Am Fuße der in der Mitte von Figur 174 stehenden hydraulischen Presse sind die Formen der Teile zu sehen, aus denen der Kübel besteht. In der Mitte steht der runde Boden, links die halbe Wandung (es sind also zwei dieser Teile notwendig) und rechts die Lasche, von der auch zwei zu jedem Kübel notwendig sind. Die Presse besitzt eine Hohlform und einen Stempel, die, vollkommen zusammengefahren, einen geringen Raum zwischen einander lassen, der der Stärke des Sperrholzes entspricht. Die einzelnen Teile sind aus flachen Sperrplatten gestanzt, der Boden ist umgebördelt. Das Umbördeln geschieht auf der hydraulischen Presse, welche in Figur 174 links sichtbar ist. Zunächst werden die beiden Laschen in entsprechenden Vertiefungen der Seitenwandung der Form eingelegt, nachdem sie auf der Innenseite mit Leim bestrichen worden sind, sodann wird der umgebördelte Boden über ein aus vier Teilen bestehendes Bodenstück in die untere Form gestülpt. Dann werden die beiden Seitenteile unter schwacher Biegung mit der Hand in die Form geschoben, der Stempel wird von oben hineingesetzt. Stempel und Form sind mit Dampf geheizt. Sobald der Stempel den Boden erreicht hat, bewegen sich die vier Teile, über die der gebördelte Boden gestülpt war, nach außen, und der umgebördelte Rand, der ebenfalls mit Leim versehen war, wird gegen die Seitenwandungen gedrückt, desgleichen die Seitenwandungen gegen die beiden Laschen durch den Stempel. Nach etwa $1^1/_2$—2 Minuten hat der Leim abgebunden, und die fertigen Kübel werden nach Hochfahren des Stempels automatisch aus der Preßform gelöst. Auf dem Bilde wird soeben ein fertiger Kübel aus der Presse genommen.

Figur 174 zeigt die hydraulische Pumpenanlage zum Antrieb dieser eigenartigen Presse, und zwar sind hydraulische Luftakkumulatoren für Niederdruck und Hochdruck in dieser Anlage vorgesehen.

Kapitel XVIII.

Fertigmachen der verleimten Platten.

Austrocknen des Leimwassers.

Je nachdem zur Verleimung Leime mit mehr oder weniger Wassergehalt verwendet worden sind oder dieselbe auf kaltem Wege (die Verwendung geheizter Beilagen fällt auch hierunter) oder auf warmem Wege erfolgt, zeigt das fertig verleimte Sperrholz einen größeren oder geringeren Feuchtigkeitsgehalt, der über das Maß hinausgeht, welches die vorher sorgsam getrockneten Furniere und Mittellagen vor der Verleimung gehabt haben. Wird mit dem Trockenleimfilm verleimt, so ist der Wassergehalt nicht gestiegen, vielmehr durch die Anwendung der heißen Presse bei den verhältnismäßig hohen Temperaturen geringer geworden, und zwar hat er an den Außenlagen, welche den Heizplatten näher liegen, mehr abgenommen als in der Mittellage. Bei denjenigen Platten, die durch Heißverleimung hergestellt worden sind, kommen im übrigen die Platten meist in warmem Zustande aus den Pressen, nur bei Verwendung von tierischem Leim werden die Heizplatten abgekühlt. Auf alle Fälle befinden sich die Platten in einem Zustande, der zunächst entweder eine Nachtrocknung oder aber eine Anpassung an die Temperatur und den Feuchtigkeitsgehalt der Umgebung notwendig macht, ehe sie weiter verarbeitet werden können. Wird diese Vorsicht außer acht gelassen, so zeigen sie später Fehler, die sehr oft nicht mehr wieder gut zu machen sind.

Bei der sogenannten Naßverleimung, d. h. der Verleimung ungetrockneter Furniere, kommen die Platten mit einem so hohen Feuchtigkeitsgehalt aus der Presse, daß eine sehr energische Nachtrocknung eintreten muß, und zwar unter einem gewissen, wenn auch geringen Druck, um die Platten gerade zu erhalten. Dazu dient entweder eine hydraulische Trockenpresse, das ist eine Etagenheizpresse ähnlicher Bauart, wie die beschriebenen derartigen Pressen für die Verleimung, jedoch mit einem wesentlich geringeren Druck, 3—5 kg/qcm (43—70 lbs per inch square) Plattenfläche und mit einer lichten Weite von etwa 20 mm (rund $^3/_4$″), da in jedem Zwischenraum immer nur eine Platte nachgetrocknet wird, oder es werden in neuester Zeit Atmungstrockner hierzu verwendet, wie sie in Figur 89a und 89 b abgebildet sind. Vereinzelt wird noch eine Nachtrocknung in Kanälen vorgenommen. Wie bereits früher erwähnt, dienen solche Platten nur niederen Zwecken, vorzugsweise für die Herstellung der Tee- und Gummikisten. Sie genügen höheren Ansprüchen wegen der Ungleichmäßigkeit der Verleimung, der inneren Spannungen und dem unvermeidlichen Auftreten von Haarrissen nicht.

In Amerika läßt man im allgemeinen die Sperrhölzer mindestens sechs Stunden in ihren Spannvorrichtungen unter Druck. Meistens verfährt man

Fig 176. 5-fach verleimtes Sperholz, das die Spannvorrichtung verlassen hat und mit Hilfe von Stapelhölzern auf kleinen Wagen verstapelt ist, Man beachte die Beschwerung der obersten Lage durch Trägerabschnitte. Die Stapel stehen in einem Nachtrockenkanal, in dem die Leimfeuchtigkeit aus den fertigen Sperrplatten entfernt werden soll.

(Dank dem Entgegenkommen von New Albany Veneering.)

sogar so, daß man sie erst an dem Tage, der demjenigen der Verleimung folgt, aus den Spannvorrichtungen herausnimmt.

Um bereits vor der Entspannung die Feuchtigkeit zu entfernen, die noch in dem Leim vorhanden ist, der beim Pressen an den Kanten der einzelnen Lagen austritt, pflegt man die noch beladenen Spannvorrichtungen in eine Art Trockenraum unterzubringen, der entweder nur geheizt oder auch belüftet ist.

Die Sperrholzplatten werden, sobald sie aus den Spannvorrichtungen herausgenommen werden, auf kleinen Wagen unter Zuhilfenahme von

Stapelhölzern aufgestapelt, und zwar müssen diese Stapelhölzer genau die gleiche Stärke und Breite haben und müssen in den Packen ganz genau übereinander gestapelt liegen. Anderenfalls macht man die Erfahrung, daß die Sperrplatten nach Verlassen des Trockenraums weder flach noch gerade sind. Außerdem ist es angebracht, jeden Stapel oben entsprechend zu beschweren, bevor er in den Trockenraum eingebracht wird, damit auch die obersten Lagen flach bleiben. Wird Sperrholz in flachem Zustande getrocknet, so bleibt es auch flach, das ist eine Tatsache, die man bei der Behandlung von Sperrholz wohl beachten soll.

Ein typischer amerikanischer Trockenraum ist in Figur 176 dargestellt.

In einem modernen wirtschaftlichen Sperrholznachtrockenraum kann man in 24 Stunden das Sperrholz auf einen Feuchtigkeitsgehalt bis zu 8% und darunter, bei einer Temperatur der Trockenluft von 110—120° F (43—49° C) und einem Feuchtigkeitsgehalt von 40—42% heruntertrocknen. Will man diese Leistung erreichen, so ist es freilich notwendig, die Kanäle kräftig durch Ventilatoren zu durchlüften. Diese künstliche Durchlüftung unter den angegebenen Verhältnissen wirkt ungefähr wie ein kräftiger Märzwind. Es ist eine natürliche Trocknung, die lediglich durch die energische Durchlüftung und höhere Temperatur beschleunigt ist. Unterläßt man diese Nachtrocknung des Sperrholzes in dieser energischen Weise, so kann es vorkommen, daß die Lagen sich bereits beim Zuschneiden voneinander lösen, daß die Platten sich werfen können, oder daß sich auch Blasen unter den Außenfurnieren beim Schleifen oder Ziehklingen zeigen.

Will man sich einen Begriff über die Menge Wasser machen, die z. B. bei der Herstellung einer fünffach verleimten Platte bei Pflanzenleim und amerikanischer Verleimart durch die Leimnässe in das Sperrholz hereingebracht wird, so braucht man nur die folgende kleine Rechnung anzustellen:

Auf ein Gewichtsteil Trockensubstanz kommen im fertigen Leim $2^1/_2$ Teile Wasser. Die Ausgiebigkeit des Leimes ist erfahrungsgemäß die, daß 1 lb (454 g) Trockensubstanz auf 40 Quadratfuß (3,715 qm) kommt, d. h. pro qm werden rund 120 g Trockensubstanz verwendet oder bei dem oben angegebenen Gewichtsverhältnis zwischen Trockensubstanz und Wasser rund 300 g Wasser. Da nun in einer fünffach verleimten Platte vier Leimlagen vorhanden sind, sind in solch eine Platte rund 1200 g Wasser hereingebracht worden. Bei dreifacher Verleimung wären das 600 g Wasser. Die Verhältnisse liegen in Europa ganz ähnlich. Nimmt man z. B. bei Kasein-Warmverleimung einen Verbrauch von 50 g Trockensubstanz pro 1 qm Leimfläche an, und zieht das übliche Gewichtsmischungsverhältnis von Trockensubstanz zu Wasser im Durchschnitt von 1 : 5 in Betracht, so ergibt das 250 g Wasser pro Leimlage. Sehr häufig wird auch das Gewichtsverhältnis 1 : 6 gewählt, dann erhält man 300 g Wasser pro Leimlage und kommt zu demselben Ergebnis, wie vorher für amerikanische Verhältnisse errechnet. Bei den europäischen Warmverleimungen geht schon ein beträchtlicher Teil des Wassers während des Aufenthaltes in der Presse heraus, jedoch bleiben immer noch recht beträchtliche Mengen im

Fig. 177. Doppelbesäumsage mit Kettentransport, auf der zwei gegenüberliegende Kanten parallel beschnitten werden.

(Dank dem Entgegenkommen von Unterwood Veneer Co.)

Sperrholz, so daß auch in Europa ein Nachtrocknen, wenn auch nicht in dem Umfange wie in Amerika, notwendig ist, das in modernen Werken in ähnlicher Weise ausgeführt wird, wie für Amerika beschrieben.

Bei der Durchführung des Nachtrocknungsprozesses dürfen nicht Sperrhölzer verschiedener Bauart sich in dem Trockenkanal befinden, da z. B. schwache Sperrplatten mit Furnierzwischenlagen eine stärkere Nachtrocknung erfordern als starke Platten mit ihren starken Schnittholzmittellagen, die in der Lage sind, mehr Feuchtigkeit aufzunehmen. Bei Filmverleimungen ist ein Nachtrocknen nicht notwendig, wohl aber eine Abkühlung, ferner ist es zweckmäßig, auch solchen Sperrhölzern Gelegenheit zu geben, sich dem umgebenden Feuchtigkeitsgehalt durch Wiederaufnahme von etwas Feuchtigkeit an den übertrockneten Außenlagen anzupassen. Für das Stapeln des nachzutrocknenden Sperrholzes eignen sich die in Figur 85a und 85b gezeigten Stapelroste mehr als gewöhnliche Stapelhölzer.

Zuschneiden.

Das Sperrholz wird mit entsprechender Zugabe verleimt. Es enthält sein endgültiges Maß durch Sägenzuschnitt. In Figur 177 ist eine doppelte Besäumsäge, mit der gleichzeitig je zwei gegenüberliegende Kanten parallel zueinander besäumt werden können, abgebildet. Die Platten werden meist an allen vier Kanten besäumt. Handelt es sich nicht um quadratische Platten, so sind gewöhnlich zwei derartige Einrichtungen hintereinander vorgesehen, von denen die eine auf das Breitenmaß, die andere auf das Längenmaß eingestellt ist, oder es werden Sägen verwendet, bei denen zunächst eine Breitseite mit einem querlaufenden Sägeblatt geschnitten wird, dann rechtwinklich hierzu die beiden Langseitenkanten parallel besäumt, und dann, nachdem die betreffenden Platten bis zu der Stellung des querlaufenden Sägeblattes durchgelaufen sind, die zweite Breitseite, oder es werden auch zwei querlaufende Sägen angeordnet, damit kontinuierlich durchgearbeitet werden kann (Winkelsäge).

In Europa wird meist so verfahren, daß die Sperrplatten nicht einzeln, sondern in Packen besäumt werden. Der Abstand der Sägeblätter voneinander ist bei diesen Maschinen regelbar.

Schleifen der Oberflächen. (Sanding.)

Bei den europäischen Sperrholzfabriken werden von manchen Kunden die Sperrplatten ungeschliffen bezogen, da sie die Oberflächenbehandlung vor Aufbringung der Edelfurniere in ihren eigenen Werkstätten durchführen. Jedoch kommt es auch vielfach vor, daß geschliffene Platten verlangt werden, besonders, wenn es sich um große Platten handelt, für welche die Verarbeitungswerkstätten häufig die großen Schleifmaschinen nicht besitzen, oder wenn die großen Platten bereits in den Sperrholzfabriken mit Edelfurnieren versehen worden sind, soweit nicht die Eigenart der Furniere eine andere Oberflächenbehandlung, nämlich statt des Schleifens das Ziehklingen, erfordert, über das nachher noch gesprochen werden soll.

In Figur 178 ist eine große Dreitrommelschleifmaschine gezeigt, die für das Schleifen von großen Platten von etwa 1,50 bis 1,80 m Breite (59″ bis 72″) und 5 m (197″) Länge gebraucht wird.

Das Schleifen von Sperrplatten, die mit Edelfurnieren versehen sind, gehört zu den empfindlichsten Arbeiten, da die Edelfurniere außerordentlich dünn sind und, wie bereits früher angegeben, mit der Stärke derselben bis zu $^1/_{28}''$ (0,9 mm) herunter gegangen wird. Es besteht hierbei die Gefahr, daß die Furniere durchgeschliffen werden, wenn das Sperrholz sich geworfen hat oder ungleichmäßig in der Stärke ist, oder wenn hervorstehende Ungenauigkeiten in der Oberfläche der Mittellage oder Absperrfurniere während des Verleimprozesses in das Edelfurnier hereingepreßt worden sind. Figur 179 zeigt eine solche Schleifmaschine, wie sie in Amerika für mittlere und kleinere Platten in Benutzung ist. Es sind das auch sogenannte

Fig. 178. Dreitrommelschleifmaschine zum Schleifen von großen Sperrplatten.
(Dank dem Entgegenkommen der Industrie für Holzverwertung A.-G., Altenessen.)

Trommelschleifmaschinen, die mit zwei oder drei Schleiftrommeln versehen sind. Diese Trommeln sind mit Sandpapier belegt. Gewöhnlich wird jede Fläche für sich geschliffen, nur bei Sperrholztüren oder Sperrplatten mit starken Außenfurnieren, z. B. von $^1/_{16}''$ (1,6 mm) oder $^1/_{12}''$ (2,1 mm) kann man eine Doppel-Schleifmaschine verwenden. Das Sandpapier auf der ersten Rolle ist gröber, es wird auf der zweiten feiner und auf der dritten noch feiner, auf der es gewöhnlich schon die Feinheit eines Polierpapiers besitzt. Hierdurch erhält man eine Oberfläche, die bereits zum Füllen bzw. zum Lackieren geeignet ist.

Wo Papierstreifen zum Verbinden der einzelnen Furniere benutzt worden sind, werden diese beim Schleifen entfernt. Die Fugen zwischen den nebeneinander liegenden Furnieren sollen bis auf eine kaum sichtbare Linie, in der die Richtung der Fasern der zusammengesetzten Furniere sich ändert, nicht in Erscheinung treten. Bei symmetrisch zusammengesetzten Edelfurnieren, bei denen das eine Furnier umgeklappt worden ist, kann nach dem Sanden eine Verschiedenheit in der Schattierung der Farbe bemerkbar

Fig 179. Eine Trommelschleifmaschine für kleinere Sperrplatten.
(Dank dem Entgegenkommen von Underwood Veneer Co.

werden. Betrachtet man eine solche geschliffene Platte unter verschiedener Beleuchtung, so erhält man die verschiedenartigsten Effekte, die den Kenner erfreuen, bei Nichteingeweihten mitunter den Eindruck einer schlechten Abstimmung des Furniers hervorrufen. Vom künstlerischen Standpunkt aus ist gerade die Verschiedenheit der Schattierung außerordentlich anziehend. Man sollte gerade hierauf die Laienwelt mehr wie bisher aufmerksam machen.

Hat das Sperrholz die Trommelschleifmaschine verlassen, so kann es vorkommen, daß bei der Nachprüfung noch Reste der Papierstreifen oder rauhe Stellen gefunden werden. Um auch diese zu entfernen, bedient man sich der in Figur 180 dargestellten Bandschleifmaschine, in der ein feinkörniges Poliersandblatt mit der Sandkörnung nach innen umläuft. Der Arbeiter kann mit einem Handgriff dieses Band an den Stellen, die noch nachgeschliffen werden sollen, auf die Platten herunterpressen, um auch diese letzten Schönheitsfehler zu beseitigen.

Das tadellose Aussehen, die Glätte, Politur, Lackierung usw. hängen wesentlich von der Vollkommenheit des voraufgegangenen Schleifens ab.

Sind die Furniere zu dünn geschliffen, so lassen sie sich nicht gut abarbeiten, es kann sogar vorkommen, daß der Leim durchscheint.

Fig. 180. Eine Bandschleifmaschine zum Fertigschleifen von solchen Stellen, die noch einer Nacharbeit bedürfen.
(Dank dem Entgegenkommen von Unterwood Veneer Co.)

Ziehklingen.

Die zweite Methode der Oberflächenbearbeitung ist diejenige des Ziehklingens (scraping). Die Ziehklingenmaschine besteht aus einer der Breite der zu bearbeitenden Platten entsprechend langen Welle, die mehrere, oft gewundene Messer trägt, die mit sehr hohen Tourenzahlen umlaufen, und die sich sehr genau einstellen lassen. Die Ziehklingenmaschine ergibt bei geringerem Stärkenverlust der Furniere eine glattere Oberfläche als die Schleifmaschine, bei der vor allen Dingen die Poren nicht mit Schleifstaub gefüllt sind. Mit Ausnahme jedoch von gradfaserigen Hölzern kann man die Ziehklinge nicht benutzen, da die Gefahr besteht, daß sie kleine

Teile aus der Oberfläche herausreißt. Sie wird hauptsächlich zur Bearbeitung von härteren Furnieren verwendet, vor allen Dingen ist sie für Eiche sehr viel in Benutzung.

Abarbeitung der Kanten.

In welcher Weise die Kanten, besonders die Hirnkanten bei Sperrplatten, dem Blick entzogen werden können, ist in Kapitel XV bereits beschrieben worden. Es ist hier nur noch nachzutragen, daß man die Kanten auch überfurnieren kann. Handelt es sich um gewöhnliche, rechtwinklige Kanten, so geschieht das in einfacher Weise durch Auflagen von entsprechend zugeschnittenen Furnierstücken mit Hilfe von Zwingen. Überstehende Furnierkanten werden mit einer besoderen kleinen Säge entfernt, wie eine solche in Figur 181 gezeigt ist. Es ist dies ein elektrisch angetriebenes Werkzeug, das sehr saubere Arbeit gestattet. Gewöhnlich wird das Überfurnieren der Kanten vor dem Sanden vorgenommen.

Instandsetzen.

Ein „Furnier- und Sperrholzhospital“ ist für diejenigen Stücke nicht zu entbehren, die im Laufe der vielen Operationen, welche das Sperrholz bis zu seiner Fertigstellung durchzumachen hat, Schaden genommen haben. Geschehen solche Arbeiten kunstgerecht, so ist das Sperrholz in keiner Weise minderwertig geworden, da ein sauberes Einsetzen fehlerfreien Materials und gesunde Leimfugen genau so haltbar sind, wie das Sperrholz.

Haarrisse und offene Fugen verursachen dem Sperrholzfabrikanten graue Haare. Sie können aus den verschiedensten Gründen auftreten, z. B. durch feuchte Außenfurniere, durch unsaubere Furnierfugen, durch mangelhaftes Zusammenkleben der Furniere, durch fehlerhaftes Absperrfurnier, wie auch Leimfehler.

Das einzige Mittel, um die möglichen Fehler zu vermeiden, ist ein energisches Durchgreifen und eine Verbesserung der Arbeitsmethoden. Man kann durch die Nacharbeitung manches wieder gut machen, aber der Sachkenner läßt sich selten täuschen. Oft werden offene Furnierfugen und lose Furniere dem Sperrholzfabrikanten in die Schuhe geschoben, trotzdem er an ihnen unschuldig ist. Es gibt Füller, Beizen und andere Ingredenzien der Abarbeitung, die die Leimfestigkeit beeinflussen können. Das Tauchen von kleinen Sperrholzartikeln in Beizflüssigkeit hat oft üble Folgen. Es gibt Spiritus- und Ölbeizen, die schädlichen Einfluß haben. Das beste Mittel ist es, nicht zuviel Beize zu verwenden, jedes Tauchen ist schädlich; Tropfen sollen so schnell wie möglich entfernt werden, desgleichen alle Ansammlungen von Beize. Die besseren Qualitäten von Beize greifen die

Leimfuge nicht an, wenn sie richtig angewendet werden. Es muß aber vom Verarbeiter von Sperrholz mindestens dieselbe Sorgfalt verlangt werden, wie vom Fabrikanten.

Selbstverständlich müssen die Kosten in jedem gutgeleiteten Betriebe der Sperrholzindustrie für jede Handhabung sorgsam überwacht werden.

Kontrolle.

Während des Herstellungsprozesses muß das Sperrholz sowohl mit Rücksicht auf fehlerhaften Werkstoff, wie auch auf richtige Bearbeitung dauernd unter Kontrolle gehalten werden, um alle Fehler bei der Bearbeitung sofort ausschalten zu können. Viele Sperrholzfabrikanten halten

Fig. 181. Furnierkantensäge mit elektrischem Antrieb, welche die überliegenden Furnierstreifen der umleimten Furniere glatt und sauber besäumt.
(Dank dem Entgegenkommen von Mattison Machine Works.)

es für die wirtschaftlichste und wirksamste Methode, zunächst alles Rohmaterial, das in die Sperrholzfabrik gebracht wird, sehr eingehend zu prüfen und auszuwählen. Nur hierdurch ist es möglich, das Beste in der Sperrholzfabrikation zu leisten. Auch während des Arbeitsganges ist eine regelmäßige Kontrolle schon deswegen notwendig, um unter den Arbeitern einen gewissen Ehrgeiz in der Fertigung von Qualität hervorzurufen. Ein richtiggehender Holzbearbeiter muß seine Kunst lieben, keine mechanische Vorrichtung und keine Werkskontrolle kann die wahre Kunst der Holzbearbeitung ersetzen. Wie oft sieht man nicht, daß Holzliebhaber ihren Produkten ihre ganz besondere Zuneigung zuwenden, die sich für das fertige Produkt zu einer Art Liebe steigern kann.

Die Schlußkontrolle findet in den Werken gewöhnlich in einem besonderen Raum statt, der neben dem Versandraum gelegen ist, und der bei großen Fabriken recht bedeutenden Platz beansprucht. In Figur 182 ist ein solcher Inspektionsraum abgebildet, in dem gerade große, starke Platten auf Gradheit geprüft werden.

Verpackung, Versand und Lagerung.

Wenn Sperrholz verpackt werden soll, so pflegt man die Außenseiten der einzelnen Platten gegeneinander zu legen und die Rückseiten nach außen. Alle Staubteilchen sollte man bei abgearbeiteten Oberflächen sorgsam vor dem Verpacken entfernen. Sehr oft sind Schrammen auf Sorg-

Fig. 182 Schlußinspektion der Platten vor Versand. Eine Tischlerplatte von 1,50 m Breite und 4.50 m Länge wird auf Gradheit geprüft.

(Dank dem Entgegenkommen der Industrie für Holzverwertung A.-G., Altenessen.)

losigkeit in dieser Beziehung zurückzuführen. Sperrholz, dessen Außenseiten noch nicht abgearbeitet sind, nimmt schnell an der Oberfläche Feuchtigkeit auf und soll deswegen in einem trockenen und warmen Raum aufbewahrt werden. Wenn während des Versandes die Gefahr besteht, daß das Sperrholz feuchter Atmosphäre ausgesetzt werden kann, so sollte es zweckmäßig in wasserundurchlässigem Papier verpackt sein. Auch wenn das Sperrholz an seinem Bestimmungsort angekommen ist, muß es in der richtigen Weise gelagert werden, damit es nicht während der Lagerung beim Verbraucher, bevor es weiter verarbeitet wird, Schaden leidet. In Deutschland hat der Verband der Deutschen Sperrholzfabrikanten und der deutschen Sperrholzhändler gemeinsam Richtlinien hierfür aufgestellt, aus denen hier folgendes wiedergegeben werden soll:

1. Versand: Im gedeckten Wagen mit einwandfreiem, dichtem Dach und Wänden oder bei kurzem Transport auf Lastwagen unter Plandeckung. Gegen Bodenfeuchtigkeit sind die Platten zu schützen durch Ausstreuen von Sägespänen, Holzspänen u. dgl.

2. Lagerung: In trockenen, geschlossenen, staubfreien, möglichst temperierten Lagerräumen. Der Fußboden muß so dicht sein, daß aufsteigende Erdfeuchtigkeit nicht an die Platten herankommen kann. Die Platten dürfen nicht schräg gegen die Wand gelehnt werden; sie sind vielmehr in angemessener Entfernung von der Wand waagerecht auf trockene Stapelhölzern zu lagern, die so dicht zusammengelegt sind, daß ein Durchhängen der Platten vermieden wird. Oben sind die einzelnen Stapel mit einer Schutzplatte abzudecken und nach Möglichkeit zu beschweren. Vorzuziehen ist ein luftiges Stapeln mit reichlich verwendeten trockenen Stapelleisten (Aufhölzern).

Vor der Weiterverarbeitung durch den Tischler sind die Platten, insbesondere die empfindlichen Tischlerplatten (starke Platten), zwecks Nachtrocknung eine angemessene Zeit in einem gut temperierten Raum aufzustapeln.

Kapitel XIX.

Holzmosaik und Intarsien.

Die gebräuchlichen Ausdrücke. Holzmosaik, auch Marketerie (marketry) und Einlagen sowie Intarsien (Inlay) sind moderne fachtechnische Ausdrücke, die ein ziemlich großes Gebiet von Arbeiten umfassen, welche den Zweck haben, künstlerische Effekte mit Hilfe von Furnieren zu erzielen. Das Wort Marketerie kommt von dem französischen Wort „marqueter", d. h. zu bezeichnen, zu markieren her. Es bezieht sich hauptsächlich auf das Verfahren, aus mehreren verschieden gefärbten dünnen Holzfurnieren, die übereinander geschichtet sind, dasselbe Muster auszuschneiden, so daß man durch denselben Schnitt 8 oder 10 Einzelstücke verschiedener Farbtönung erhalten kann, die zueinander passen, und die nur richtig zusammengestellt und verleimt zu werden brauchen. In Meyers Konversationslexikon, Ausgabe 1877, findet sich darüber folgendes:

„. . . Was die Holzmosaik (Marketerie) betrifft, so war sie ebenfalls schon im Altertum bekannt, und wurde auch in den ersten christlichen Jahrhunderten sowie später vielfach angewendet. Besonders in italienischen Kirchen findet man Holzmosaiken aus dem Mittelalter und der späteren Zeit. Zu den schönsten Arbeiten dieser Art gehören die Holzmosaiken des Benedetto da majano und Giovanni da Verona (1500), eines Schülers Bruneleschis. Auch aus dem 17. Jahrgibt es schöne Holzmosaiken. Außerdem wird die Holzmosaik auch mit Inkrustationen, Elfenbein, Metall usw. verbunden. Alle diese verschiedenen Techniken gehören jedoch nur im uneigentlichen Sinn zum Mosaik"*).

Intarsien (Intarsia) ist ein alter Ausdruck für Einlagen (inlay), und bezieht sich hauptsächlich auf die älteren Verfahren, indem man in einem massiven Holz Aussparungen schafft, die nachher mit Teilen eines kostbaren Holzes oder mit einem Stein ausgefüllt werden. Viele der älteren Einlegearbeiten sind so hergestellt worden und sehen oft Furnierarbeiten außerordentlich ähnlich. „Mit kostbaren Metallen und Elfenbein ausgelegt" ist eine Beschreibung, die man in sehr vielen Fällen für die Charakterisierung alter Kunst findet, für die im zweiten Bande dieses Buches noch Beispiele gegeben werden.

---

*) Näheres über Geschichte und Bedeutung der Bezeichnungen siehe Bd. II.

Die Bezeichnung Parkettarbeit (parquetry) bezieht sich meist auf das Aneinanderfügen in geometrischen Figuren, wie z. B. in großen Quadraten und Rhomben. Diese Arbeit wird viel mehr für Fußböden und Verkleidungen als in Möbeln angewendet, trotzdem man es hin und wieder auch bei diesen findet.

Die verschiedenen Methoden der Ausführung eingelegter Musterarbeiten lassen eine glatte Oberfläche erreichen, die abgearbeitet und sehr gut poliert werden kann. Es ergab dieses nicht nur ein gutes Bild, sondern verhinderte auch das Festsetzen von Staub, gestattete ein einfaches Reinigen. Die schönen Linien blieben erhalten, und auch gegen größere Beanspruchungen war der nötige Widerstand vorhanden.

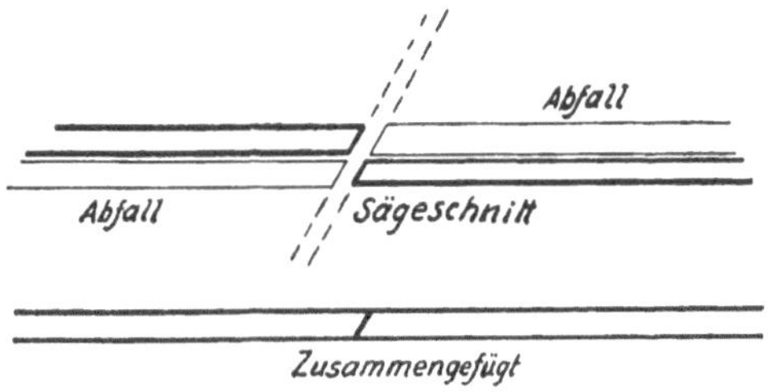

Fig. 183. Schema in vergrößertem Maßstabe der Schrägschnittes, der beim Intarsienschneiden üblich ist und ein sehr dichtes Zusammenpassen der einzelnen Stücke gestattet.

Historische Entwicklung. Ein altes deutsches Buch aus dem Jahr 1669 gibt eine sehr interessante Beschreibung, wie in früheren Jahren Verzierungen ausgeführt wurden, die unter die Bezeichnung „Marketerie" fallen:

„Holzhandwerker erzeugen Gemälde dadurch, daß sie kleine, verschieden gefärbte Hölzer nach entsprechender Vorzeichnung in ausgehöhlte Bretter einlegen, sie dort festleimen und an der Oberfläche mit einem Eisen so polieren, daß sie vollkommen glatt werden. Zur Zeit werden auf diese Weise Tische, Juwelenkästen, Truhen in höchster künstlerischer Vollendung mit Bildwerken versehen. Auch die Werke berühmter Meister werden durch Aneinanderfügen solcher Figuren kopiert. Zunächst schneidet man sehr dünne Stücke aus Birnen- oder Lindenholz und färbt sie mit verschiedenen Farbstoffen, die in einem besonderen Verfahren hergestellt werden, so, daß das Holz durch und durch dieselbe Farbe zeigt. Dann werden die Stücke entsprechend den Anforderungen des Bildes auf Größe und Form zugeschnitten, und auf ein Brett aufgeleimt. Statt Holz wird manchmal Knochen, Horn, Schildplatt in feine Streifen geschnitten, mitunter auch Elfenbein und Silber. Diese Arbeit nennen die Deutschen „Einlegen oder Furnieren", weil trotzdem jedes Teilchen für sich getrennt aufgesetzt wird, keines aus der Unterlage hergestellt ist, auf die diese Figuren aufgebaut oder eingelegt werden, vielmehr die Unterlage vollkommen bedeckt ist.“

Buhl- oder (Boule)-arbeiten. Einer der berühmtesten Künstler der Vergangenheit war André Charles Boule (1642—1732). Man nannte ihn den „königlichen Holzmarketer“. Er war der Hoftischler König Ludwigs XIV.

Fig. 184. Einige Muster von Einlegeborten, die aus verschiedenartig gefärbten Furnieren hergestellt sind.
(Dank dem Entgegenkommen von Marqueterie Importing Corporation.)

Der englische Ausdruck Buhl und der deutsche Ausdruck Pule sind von diesem Namen abgeleitet und werden auf den besonderen Stil von ausgesparten oder auch eingelegten Holzarbeiten mit Metall oder Schildplatt angewendet, die Boule zuerst ausgeführt hat (s. auch Band II).

Die Technik des Schneidens von Marketerie. Marketerie erreichte die höchste Blüte in Frankreich unter der Regierung von Ludwig XIV. und

Ludwig XV. Es mag hier eine sehr gute Beschreibung der Kunst, Marketerie zu schneiden, zitiert werden, die in der allerersten Zeit entstanden ist, also wohl das primitivste Verfahren zeigt:

„Eine Zeichnung des Musters wird auf der einen Seite eines Furniers aufgeklebt, das die Basis bildet, während andere Furniere, aus denen die einzelnen Bildteile hergestellt werden sollen, getrennt durch eine Papierzwischenlage auf der anderen Seite dieser Furnierbasis aufgeklebt werden. Das Schneiden der Muster nach dem auf der Oberseite aufgeklebten Entwurf erfolgt auf einem Schnitzstuhl, im Englischen unter dem Namen „donkey" bekannt, an dessen Enden

Fig. 185. Eine Fräsmaschine zum Herstellen der Vertiefung für Einlagearbeiten. Gewöhnlich werden Metallschablonen verwendet. Der Fräser hat sehr hohe Umlaufgeschwindigkeit, er wird entweder pneumatisch oder elektrisch angetrieben.

ein längerer Rahmen befestigt ist, mit dem sich die Säge horizontal bewegt, während die Spannvorrichtung aufrecht steht, ganz ähnlich, wie ein Sattler auf seinem Arbeitsstuhl mit der Ahle arbeitet. Der Handwerker sitzt rittlings auf dem Stuhl, hält das Furnier in der Spannvorrichtung, bewegt es mit der linken Hand, während er die Säge mit der rechten Hand betätigt. Der Sägerahmen ist so einstellbar, daß man schräge Schnitte ausführen kann, um gute Passungen zu sichern. Marketerieschneider sind gewöhnlich Leute, die nur solche Arbeiten ausführen. Sie bekommen daher eine außergewöhnliche Fertigkeit hierin. In der Regel machen sie sich sogar ihre Sägen selbst, die aus Uhrfederstahl sehr fein ausgeführt werden. Ist das Zuschneiden beendet, so werden die einzelnen ausgeschnittenen Stücke auf einem Brett zusammengelegt, und wenn notwendig, mit den verschiedenen Abschattierungen versehen. Dieses Abschattieren, das eigentlich ein Brennen ist, geschieht in der Weise, daß die einzelnen Furnierstückchen in heißen Sand getaucht werden. Sind alle Musterstückchen fertiggestellt, so werden sie in der richtigen Zusammenstellung auf ein Papier aufgeklebt und dem Tischler zum Einlegen übergeben. Sind Gravierungen notwendig, so werden diese erst dann vorgenommen, wenn die Mosaikarbeiten an der Oberfläche gereinigt sind. Die Furniere

Fig. 186. Appliquéskanten, die über die Fläche des Außenfurniers sich erheben, auch Auflagen genannt.
Dank dem Entgegenkommen von Birky & Gay Furniture Co.)

werden in allen möglichen Farben und Farbschattierungen gefärbt, so daß man z. B. sehr natürlich wirkende Bilder von Blumenmustern usw. erhält. Federkiele, Muscheln usw. werden in derselben Weise zugeschnitten und gefärbt*).

*) Modern Cabinett Work, von Percy A. Wells und John Hooper. Verlag J. B. Lippingcott Co. Philadelphia, 1922, Seite 386.

Die Darstellung in Figur 183 zeigt in einem vergrößerten Schema, wie der Schrägschnitt des Intarsienschneiders ein sehr dichtes Zusammensetzen der einzelnen Furnierstücke gestattet.

Eingelegte Kanten. In modernen Arbeiten werden oft eingelegte Kanten (inlaid borders) benutzt. Die Einlegearbeiten werden in schmalen Streifen entweder einfarbig oder in verschiedenen Farben ausgeführt; sie bestehen aus sorgsam zusammengeleimten Furnierstückchen. In Figur 184 sind eine ganze Anzahl der gebräuchlichsten Muster wiedergegeben. Diese Muster findet man bei Türen, Tischplatten usw. häufig. Die Aussparungen in den Unterlagen werden mit Hilfe eines Fräsers hergestellt. Die Fräsmaschine ist in einem verstellbaren Rahmen mit weiter Ausladung befestigt. In Figur 185 ist eine solche Maschine dargestellt. Als Schablonen für die Führung des Fräsers dienen entweder solche aus dünnem Metall oder Holz. Die schmalen Einlegestreifen können sowohl rund, wie auch auf Gehrung geschnitten werden.

Die kunstgerechte Anwendung derartiger Kanten trägt oft wesentlich zur Verschönerung der Möbel und Innenausstattungen bei. Das Ausfräsen für die Einlagen wird bei Sperrholz, nachdem die Verbindung beendet ist, vorgenommen, bevor die Platten zugeschnitten und geschliffen werden.

Appliqués oder Auflagen. Appliqués oder Auflagen (Overlays) sind Reliefarbeiten, bei denen schön gemusterte Furniere für die Herstellung der erhabenen Teile benutzt werden, deren Stärke zwischen $^1/_{32}''$ und $^1/_8''$ (0,8 und 3,2 mm) schwankt. Beim Aufleimen muß man dafür Sorge tragen, daß nicht etwa die Leimschicht des Außenfurniers der Sperrholzunterlage darunter leidet. Das Glätten und Polieren in den Zwischenräumen zwischen diesen Auflagen ist eine recht schwierige Arbeit. Die Effekte, die jedoch bei solchen Arbeiten erzielt werden, werden außerordentlich geschätzt. Für die Auflagen sind die mannigfachsten Formen und Muster im Gebrauch, oft sind es Kreise, Ovale, Sterne usw. (siehe Figur 186). Die auf billigen Möbeln und Innenausstattungen benutzten Verzierungen, die aus plastischen Stoffen gepreßt sind, dürfen natürlich mit den echten Auflagearbeiten nicht verwechselt werden.

Kapitel XX.

Prüfung und Beurteilung von Furnier- und Sperrholz.

Die Überschrift dieses Kapitels umfaßt einen beträchtlichen Teil des Inhalts des zweiten Bandes dieses Buches.

Prüfung und Beurteilung von Furnier und Sperrholz. Die Art der Prüfung eines Werkstoffes muß abhängig gemacht werden von dem Zweck, dem er dienen soll. Das trifft nicht nur für Furnier- und Sperrholz, sondern auch ganz allgemein für alle Werkstoffe zu. Man hat längst auch für die Untersuchung und Beurteilung von Metallen, die am meisten ausgebildet sind, wie auch für Chemikalien erkannt, daß es nicht genügt, den Werkstoff in der Form nur zu untersuchen, in der er als Halbfabrikat dem Verbraucher zugeht, sondern auch in der Form, in der er zusammengebaut mit anderen Elementen, oder auch mit verschiedenen Qualitäten derselben Werkstoffart benutzt wird. Es erscheint daher zweckmäßig, die Besprechung der Untersuchungs- und Beurteilungsmethoden von Sperrholz erst folgen zu lassen, nachdem die einzelnen Anwendungsgebiete behandelt worden sind, und zwar wird dieses getrennt geschehen für die Verwendung von Sperrholz für Möbelbau, Innenausstattung und für das große Anwendungsgebiet der Technik, in das es mehr und mehr eindringt. Hierbei werden auch die heute in den verschiedenen Ländern in Übung befindlichen Handelsgebräuche für den Verkauf und Bezug von Furnieren und Sperrholz eingehend besprochen werden.

Die Art der Verwendung von Sperrholz in der Möbelkunst, Innenarchitektur und Technik. Bis vor wenigen Jahren sind Furnier und Sperrholz hauptsächlich fast ausschließlich für die Herstellung von Möbeln und Innenausstattungen benutzt worden.

Es wird gezeigt werden, welche Rolle sie in den verschiedenen Kunstperioden gespielt haben, dann wird erläutert werden, wie die Gegenwart sie verwendet, die mannigfachen Holzarten, die heute zur Herstellung von Furnieren und Sperrhölzern dienen, werden im einzelnen in Wort und Bild besprochen, und um den Wirrwarr, den verschiedene Bezeichnungen für dieselben Holzarten im internationalen Verkehr anrichten, zu beheben, wird eine Gegenüberstellung der deutschen und englischen Bezeichnungen mit den wissenschaftlichen Lateinischen gegeben werden.

Ein besonderer Abschnitt wird die Verwendung des Sperrholzes für die Technik behandeln, der auch Prüfmethoden in sich schließen wird. Welche Variationen der Eigenschaften von Sperrholz durch die Verwendung verschiedener Hölzer, verschiedener Holzstärken, verschiedener Bindemittel und verschiedener Herstellungsmethoden möglich sind, wird, soweit der Stand der Wissenschaft es heute ermöglicht, auch zahlenmäßig gezeigt werden.

Anhang.

Deutsche Maße und Gewichte — Englische Maße und Gewichte.

Umwandlungs-Tabelle.

Bei Umrechnung von	Multipliziere mit
Zoll in Centimeter	2,54
Fuß in Meter	0,305
Quadrat-Centimeter in Quadrat-Zoll	0,155
Quadrat-Yards in Quadratmeter	0,836
Quadrat-Zoll in Quadrat-Centimeter	6,45
Quadratmeter in Quadrat-Fuß	10,76
Quadrat-Fuß in Quadratmeter	0,0929
Kubikmeter in Kubik-Fuß	35,32
Kubik-Fuß in Kubikmeter	0,0283
Kubik-Zoll in Kubikcentimeter	16,39
Gramm in Gran	15,4
Tonnen (engl.) in Kilogramm	1016
Pfund (engl.) in Gramm	453,6
Unzen in Gramm	28,35
Gran in Gramm	0,065
Engl. Pfund (Handelsgew.) in Gran (Phys. Gew.)	7000
Wasser-Gallon in engl. Pfund	10
Gallon in Liter	4,5435
Kubik-Fuß in Gallon	6,24
Kubikmeter in Gallon	220
Kubikfuß in Liter	28,3
Engl. Pfund für Wasser in Liter	0,454
Kubik-Fuß für Wasser in engl. Pfund	62,4
Stundenmeile in Minutenfuß	88
Sekundenmeter in Minutenfuß	197
Engl. Pfund pro Quadrat-Zoll in Gramm pro Quadrat-Centimeter	70,3
Engl. Pfund pro Quadrat-Zoll in Wassersäule-Fuß	2,3
Engl. Pfund pro Quadrat-Zoll „ „ Meter	0,7
Engl. Pfund pro Quadrat-Zoll „ Atmosphären	0,07
Kilogramm pro Quadrat-Millimeter in engl. Pfund pro Quadratzoll	1422
Gramm pro Quadrat-Centimeter in engl. Pfund pro Quadrat-Zoll	0,014
Wassersäule-Meter in engl. Pfund pro Quadrat-Zoll	1,4
Wassersäule-Fuß in engl. Pfund pro Quadrat-Zoll	0,43
Atmosphären in engl. Pfund pro Quadratzoll	14,7
Karzel-Lampe in Kerzen	9,5
Deutsche Kerze in Englische	0,9
Engl. Pfund Fahrenheit in Fuß/Pfund (engl.)	772
Engl. Pfund Fahrenheit in Kilogrammeter	107
Kilogrammeter in Fuß/Pfund (engl.)	7,2
Engl. Pfund pro Quadrat-Fuß in Kilogramm pro Quadrat-Meter	0,04
Pferdekraft in Watt	736
Pferdekraft in Fuß/Pfund pro Minute	33000
Pferdekraft engl. (HP) in Kilogrammeter pro Sekunde	76
Kilo-Watt in Kilogrammeter pro Sekunde	102
to/Zoll Quadrat in kg/mm²	1,67

Beziehungen zwischen Teilen von engl. Zöllen und Millimetern.

Teile eines Zolles			Teile eines Zolles			Teile eines Zolles			Teile eines Zolles		
Zoll	Dezimal	mm	Zoll	Dezimal	mm	Zoll	Dezimal	mm	Zoll	Dezimal	mm
1/64 =	0,015	0,369	17/64 =	0,266	6,746	33/64 =	0,516	13,096	49/64 =	0,766	19,446
1/32 =	0,031	0,793	9/32 =	0,281	7,143	17/32 =	0,531	13,492	25/32 =	0,781	19,842
3/64 =	0,047	1,190	19/64 =	0,297	7,540	35/64 =	0,547	13,890	51/64 =	0,797	20,239
1/16 =	0,063	1,587	5/16 =	0,313	7,937	9/16 =	0,563	14,287	13/16 =	0,813	20,637
5/64 =	0,078	1,984	21/64 =	0,328	8,334	37/64 =	0,578	14,683	53/64 =	0,828	21,033
3/32 =	0,094	2,381	11/32 =	0,344	8,730	19/32 =	0,594	15,080	27/32 =	0,844	21,429
7/64 =	0,109	2,778	23/64 =	0,359	9,127	39/64 =	0,609	15,477	55/64 =	0,859	21,827
1/8 =	0,125	3,175	3/8 =	0,375	9,525	5/8 =	0,625	15,875	7/8 =	0,875	22,225
9/64 =	0,141	3,571	25/64 =	0,391	9,921	41/64 =	0,641	16,271	57/64 =	0.891	22,621
5/32 =	0,156	3.968	13/32 =	0,406	10,318	21/32 =	0,656	16,667	29/32 =	0,906	23,017
11/64 =	0,172	4,365	27/64 =	0,422	10,715	43/64 =	0,672	17,064	59/64 =	0,922	23,414
3/16 =	0,188	4,762	7/16 =	0,438	11,112	11/16 =	0,688	17,462	15/6 =	0,938	23,812
3/64 =	0,203	5,159	29/64 =	0,453	11,508	45/64 =	0,703	17,858	61/64 =	0,953	24,208
17/32 =	0,219	5,556	15/32 =	0,469	11,905	23/32 =	0,719	18,255	31/32 =	0,969	24,604
15/64 =	0,234	5,952	31/64 =	0,484	12,302	47/64 =	0,734	18,652	63/64 =	0,984	25,002
1/4 =	0,25	6,350	1/2 =	0,5	12,700	3/4 =	0,75	19,050	1 =	1	25,400

Beziehungen zwischen Drahtlehren und Millimetern.

Millimeterlehre		Nummern der Lehre	Dicke des Drahtes in Millimetern			
Dicke in mm	Millimeter Nr.		Birmingham wire gauge (B W G)	Imperial standard wire gauge (StWG)	Halifax wire gauge (H W G)	Brown and Sharpe wire gauge (B S G)
—	—	6/0	—	—	—	14,72
—	—	5/0	—	—	—	13,10
—	—	4/0	—	—	—	11,68
7,60	76	3/0	10,70	9,45	10,70	10,40
7,00	70	2/0	9,65	8,84	9,65	9,27
6,50	65	0	8,63	8,23	8,63	8,25
6,00	60	1	7,62	7,62	7,62	7,35
5,50	55	2	7,21	7,01	7,21	6,54
5,00	50	3	6,57	6,40	6,57	5,83
4,60	46	4	6,04	5,89	6,04	5,19
4,20	42	5	5,58	5,38	5,58	4,62
3,80	38	6	5.15	4,88	5,15	4,12
3,40	34	7	4,57	4,47	4,57	3,67
3,10	31	8	4,19	4,06	4,19	3,26
2,80	28	9	3,75	3,66	3,75	2,91
2,50	25	10	3,40	3,25	3,40	2,58
2,20	22	11	3,04	2,95	3.04	2,31
2,00	20	12	2,76	2,64	2,76	2.05
1,80	18	13	2,41	2,34	2,41	1,82
1,60	16	14	2,04	2,03	2,04	1,63
1,40	14	15	1,83	1,83	1,82	1,45
1,30	13	16	1,65	1,63	1,65	1,29
1,20	12	17	1,47	1,42	1,47	1,15
1,10	11	18	1,24	1,22	1,24	1,02
1,00	10	19	1,06	1,02	1,12	0,91
0,90	9	20	0,88	0,91	1,06	0,81
0,80	8	21	0,81	0,81	0,88	0,72
0,70	7	22	0,71	0,71	0,81	0,64
0,60	6	23	0,63	0,61	0,71	0,57
0,55	5/5	24	0,56	0,56	0,68	0,51
0,50	5	25	0,51	0,51	0,60	—
0,45	4/5	26	0,46	0,46	0,50	—
0,40	4	27	0,40	0,42	0,45	—
0,37	3/7	28	0,36	0,38	0,40	—
0,34	3/4	29	0,33	0,35	0,35	—
0,31	3/1	30	0,30	0,31	0,33	—
0,28	2/8	31	0,25	0,29	0,30	—
0,27	2/7	32	0,22	0,27	0,28	—
0,26	2/6	33	0,20	0,25	0,25	—
0,25	2/5	34	—	0,23	0,24	—
0,24	2/4	35	—	0,21	0,22	—
0,23	2/3	36	—	0,19	0,20	—
0,22	2/2	—	—	—	—	—
0,20	2	—	—	—	—	—

Beziehungen zwischen englischem Zoll und Millimeter.

1 engl. Zoll = 25,3995 mm

Zoll	0	1/16	1/8	3/16	1/4	5/16	3/8	7/16	1/2	9/16	5/8	11/16	3/4	13/16	7/8	15/16	Zoll
0	0,000	1,587	3,175	4,762	6,350	7,937	9,520	11,112	12,700	14,287	15,875	17,462	19,050	20,637	22,225	23,812	**0**
1	25,400	26,987	28,574	30,162	31,749	33,337	34,924	36,512	38,099	39,687	41,274	42,862	44,449	46,037	47,624	49,212	**1**
2	50,799	52,387	53,974	55,561	57,149	58,736	60,324	61,911	63,499	65,086	66,674	68,261	69,859	71,436	73,024	74,611	**2**
3	76,199	77,786	79,374	80,961	82,549	84,136	85,723	87,311	88,898	90,486	92,073	93,661	95,248	96,836	98,423	100,01	**3**
4	101,60	103,19	104,77	106,36	107,95	109,54	111,12	112,71	114,30	115,89	117,47	119,06	120,65	122,24	123,82	125,41	**4**
5	127,00	128,59	130,17	131,76	133,35	134,94	136,52	138,11	139,70	141,28	142,87	144,46	146,05	147,63	149,22	150,81	**5**
6	152,40	153.98	155,57	157,16	158,75	160,33	161,92	163,51	165,10	166,68	168,27	169,86	171,45	173,03	174,62	176,21	**6**
7	177,80	139,38	180,97	182,56	184,15	185,73	187,32	188,91	190,50	192,08	193,67	195,26	196,85	198,43	200,02	201,61	**7**
8	203,20	204,78	206,37	207,96	209,55	211,13	212,72	214,31	215,90	217,48	219,07	220,66	222,25	223,83	225,42	227,01	**8**
9	228,60	230,18	231,77	233,36	234,95	236,53	238,12	239,71	241,30	242,88	244,47	246,06	247,65	249,23	250,82	252,41	**9**
10	254,00	255,58	257,17	258,76	260,35	261,93	263,52	265,11	266,70	268,28	269,87	271,46	273.05	274,63	276,22	277,81	**10**
11	279,39	280,98	282,57	284,16	285,74	287,33	288,92	290,51	292,09	293,68	295,27	296.86	298,44	300,03	301,62	303,21	**11**
12	304,79	306,38	307,97	309,56	311,14	312,73	314,32	315,91	317,49	319,08	320,67	322,26	323,84	325,43	327,02	328,61	**12**

Beziehungen zwischen Fuß, Zoll und Millimeter.

Fuße	Zoll											
	0	1	2	3	4	5	6	7	8	9	10	11
0	0	25,4	51	76	102	127	152	178	203	229	254	279
1	305	330	356	381	406	432	457	483	508	533	559	584
2	610	635	660	686	711	737	762	787	813	838	864	889
3	914	940	965	991	1016	1041	1067	1092	1118	1143	1168	1194
4	1219	1245	1270	1295	1321	1346	1372	1397	1422	1448	1473	1499
5	1524	1549	1575	1600	1626	1651	1676	1702	1727	1753	1778	1803
6	1829	1854	1880	1905	1930	1956	1981	2007	2032	2057	2083	2108
7	2134	2159	2184	2210	2235	2261	2286	2311	2337	2362	2388	2413
8	2438	2464	2489	2515	2540	2565	2591	2616	2642	2667	2692	2718
9	2743	2769	2794	2819	2845	2870	2896	2921	2946	2972	2997	3023
10	3048	3073	3099	3124	3150	3175	3200	3226	3251	3277	3302	3327
11	3352	3378	3403	3429	3454	3479	3505	3530	3555	3581	3606	3632
12	3657	3682	3708	3733	3759	3784	3810	3835	3860	3886	3911	3936
13	3961	3988	4013	4039	4064	4090	4115	4140	4166	4191	4217	4242
14	4267	4293	4318	4344	4369	4394	4420	4445	4470	4496	4521	4547
15	4572	4598	4623	4648	4674	4699	4725	4750	4775	4800	4826	4852
16	4877	4902	4928	4953	4979	5004	5029	5055	5080	5106	5131	5156

Vergleichstabelle für Temperaturgrade.

Celsius — Fahrenheit — Réaumur

C	F	R	C	F	R	C	F	R	C	F	R
Celsius	Fahrenheit	Réaumur	Celsius	Fahrenheit	Réaumur	Celsius	Fahrenheit	Réaumur	Celsius	Fahrenheit	Réaumur
— 10	**14,0**	**— 8**	35	95,0	28,0	**80**	**176,0**	**64,0**	125	257,0	100,0
— 9	15,8	— 7,2	36	96,8	28,8	81	177,8	64,8	126	258,8	100,8
— 8	17,6	— 6,4	37	98,6	29,6	82	179,6	65,6	127	260,6	101,6
— 7	19,4	— 5,6	38	100,4	30,4	83	181,4	66,4	128	262,4	102,4
— 6	21,2	— 4,8	39	102,2	31,2	84	183,2	67,2	129	264,2	103,2
— 5	23,0	— 4,0	**40**	**104,0**	**32,0**	85	185,0	68,0	**130**	**266,0**	**104,0**
— 4	24,8	— 3,2	41	105,8	32,8	86	186,8	68,8	131	267,8	104,8
— 3	26,6	— 2,4	42	107,6	33,6	87	188,6	69,6	132	269,6	105,6
— 2	28,4	— 1,6	43	109,4	34,4	88	190,4	70,4	133	271,4	106,4
— 1	30,2	— 0,8	44	111,2	35,2	89	192,2	71,2	134	273,2	107,2
0	**32,0**	**0**	45	113,0	36,0	**90**	**194,0**	**72,0**	135	275,0	108,0
+ 1	33,8	0,8	46	114,8	36,8	91	195,8	72,8	136	276,8	108,8
2	35,6	1,6	47	116,6	37,6	92	197,6	73,6	137	278,6	109,6
3	37,4	2,4	48	118,4	38,4	93	199,4	74,4	138	280,4	110,4
4	39,2	3,2	49	120,0	39,2	94	201,2	75,2	139	282,2	111,2
5	41,0	4,0	**50**	**122,0**	**40,0**	95	203,0	76,0	**140**	**284,0**	**112,0**
6	42,8	4,8	51	123,8	40,8	96	204,8	76,8	141	285,8	112,8
7	44,6	5,6	52	125,6	41,6	97	206,6	77,6	142	287,6	113,6
8	46,4	6,4	53	127,4	42,4	98	208,4	78,4	143	289,4	114,4
9	48,2	7,2	54	129,2	43,2	99	210,2	79,2	144	291,2	115,2
10	**50,0**	**8,0**	55	131,0	44,0	**100**	**212,0**	**80,0**	145	293,0	116,0
11	51,8	8,8	56	132,8	44,8	101	213,8	80,8	146	294,8	116,8
12	53,6	9,6	57	134,6	45,6	102	215,6	81,6	147	296,6	117,6
13	55,4	10,4	58	136,4	46,4	103	217,4	82,4	148	298,4	118,4
14	57,2	11,2	59	138,2	47,2	104	219,2	83,2	149	300,2	119,2
15	59,0	12,0	**60**	**140,0**	**48,0**	105	221,0	84,0	**150**	**302,0**	**120,0**
16	60,8	12,8	61	141,8	48,8	106	222,8	84,8	151	303,8	120,8
17	62,6	13,6	62	143,6	49,6	107	224,6	85,6	152	305,2	121,6
18	64,4	14,4	63	145,4	50,4	108	226,4	86,4	153	307,4	122,4
19	66,2	15,2	64	147,2	51,2	109	228,2	87,2	154	309,2	123,2
20	**68,0**	**16,0**	65	149,0	52,0	**110**	**230,0**	**88,0**	155	311,0	124,0
21	69,8	16,8	66	150,8	52,8	111	231,8	88,8	156	312,8	124,8
22	71,6	17,6	67	152,6	53,6	112	233,6	89,6	157	314,6	125,6
23	73,4	18,4	68	154,4	54,4	113	235,4	90,4	158	316,4	126,4
24	75,2	19,2	69	156,2	55,2	114	237,2	91,2	159	318,2	127,2
25	77,0	20,0	**70**	**158,0**	**56,0**	115	239,0	92,0	**160**	**320,0**	**128,0**
26	78,8	20,8	71	159,8	56,8	116	240,8	92,8	161	321,8	128,8
27	80,6	21,6	72	161,6	57,6	117	242,6	93,6	162	323,6	129,6
28	82,4	22,4	73	163,4	58,4	118	244,6	94,4	163	325,4	130,4
29	84,2	23,4	74	165,2	59,2	119	246,2	95,2	164	327,2	131,2
30	**86,0**	**24,0**	75	167,0	60,0	**120**	**248,0**	**96,0**	165	329,0	132,0
31	87,8	24,8	76	168,8	60,8	121	249,8	96,8	166	330,8	132,8
32	89,6	25,6	77	170,6	61,6	122	251,6	97,6	167	332,6	133,6
33	91,4	26,4	78	172,4	62,4	123	253,4	98,4	168	334,4	134,4
34	93,2	27,2	79	174,2	63,2	124	255,2	99,2	169	336,2	135,2

Sachregister

Es bedeuten: a = auch, s = siehe, Bd. II = Band II
Bei den englischen Worten sind nur diejenigen Seiten angegeben, auf denen die deutschen Bezeichnungen für sie zu finden sind.

L

T

U

V

W

Z

Großdruckerei Paul Dünnhaupt, Köthen (Anh.)

A. ROLLER
BERLIN N 20 ✡ GEGRÜNDET 1855
SPEZIALFABRIK FÜR MASCHINEN ZUR
FURNIER- und SPERRHOLZFABRIKATION
HOLZSTIFT-MASCHINEN
ZAHNSTOCHER-MASCHINEN

HARRASS
TISCHLERPLATTE
MIT DEN
AUFGETEILTEN
STABEINLAGEN
IN OSTPREUSSISCHER
KIEFER
MAASSE BIS 1530 X 5000 m/m
FURNIERE:
GABUN · ERLE
WHITEWOOD · ABACHI
OREGONPINE · EICHE
B HARRASS B
18 58
B. HARRASS GMBH
BÖHLEN
THÜRINGER WALD
ERSTE SPERRHOLZFABRIK DEUTSCHLANDS
WOTZKOW

TRADE MARK

MERRITT

Engineering & Sales Co., Inc.

Lockport, New York, U.S.A.

Furnier- und Sperrholz-Maschinen

Mesco-Furnier-Schälmaschine

Eine Prüfung der Mesco-Furnier-Schälmaschine zeigt eine ganze Anzahl neuer und wirkungsvoller Konstruktionsprinzipien, die ein erfolgreiches Arbeiten unter modernen Bedingungen gewährleisten. Mesco-Furnier-Schälmaschinen sind zum Arbeiten unter den jetzt verlangten hohen Geschwindigkeiten gebaut und mit modernsten Geschwindigkeitsreglern ausgestattet.

Wer die beste Konstruktion zu besitzen wünscht, mit höchster Vollkommenheit beim Schneiden der Furniere, wer größte Leistungen verlangt, wird die Mesco-Schälmaschine wählen, ferner auch derjenige, der eine Maschine sucht, die hohen Beanspruchungen gewachsen ist und Einrichtungen zur schnellen und zuverlässigen Einstellung besitzt.

Der „Dryad“

Der „Dryad“ ist eine Heißplattenpresse, die auf der einen Seite mit nassen Furnieren beschickt wird, sie preßt, automatisch weiter bewegt und trocken auf der anderen Seite abliefert. Die Maschine arbeitet nach einem neuartigen Trockenprinzip. Sie zeigt eine vollendete mechanische Konstruktion und ergibt die höchste Ausnutzung in Bezug auf Kraftbedarf und Wärme. Sie bedarf wenig Raum bei großer Leistung. Es besteht keine Feuersgefahr. Sie arbeitet vorzüglich und ihre Leistung macht ihre Anschaffung bezahlt.

Andere Furnier-Maschinen

Zu **Merritt**-Fabrikaten gehören **Furnierscheeren, Clipper, Fügemaschinen, Nachtrockner und Pressen.** Diese Maschinen sind in einem besonderen Büchlein beschrieben, das auf Wunsch zur Verfügung steht.

Kolibri 360 GmbH
Ferdinand-Jühlke-Straße 7
99095 Erfurt, Deutschland
produktsicherheit@kolibri360.de